全国高职高专“十二五”规划教材

3ds Max 2012 室内设计基础教程

主　编　刘　琳　杨丽芳

副主编　杨　飞　杨秀杰

中国水利水电出版社

www.waterpub.com.cn

内 容 提 要

本书全面系统地介绍了 3ds Max 2012 的基本操作方法，包括基本知识和基本操作、创建基本几何体、二维图形、三维模型、复合对象、多边形建模、材质和纹理贴图、灯光和摄像机及渲染输出效果图等内容。

本书通俗易懂、版式清晰、由浅入深、层层递进地讲述了基本命令，操作简单，在讲解时每章以“效果展示+知识点介绍+任务实施”的形式进行展开，通过操作任务的演练，学生可以快速地熟悉软件功能。同时每章中的拓展练习可以拓展学生的实际应用能力，提高学生的软件使用技巧。另外，随书附赠 1 张光盘，内容包括本书所有实例的源文件、贴图，方便读者学习。

本书定位于从零开始学习室内建模及室内效果图制作的初学者，适合作为高等职业院校以及大中专院校室内设计专业、景观设计专业的学生学习 3ds Max 课程的教材，也可作为相关人员的参考用书。

图书在版编目（CIP）数据

3ds Max 2012室内设计基础教程 / 刘琳，杨丽芳主编. -- 北京 : 中国水利水电出版社，2015.1（2018.7 重印）
全国高职高专“十二五”规划教材
ISBN 978-7-5170-2726-3

Ⅰ. ①3… Ⅱ. ①刘… ②杨… Ⅲ. ①室内装饰设计－计算机辅助设计－三维动画软件－高等职业教育－教材 Ⅳ. ①TU238-39

中国版本图书馆CIP数据核字(2014)第289177号

策划编辑：寇文杰　　责任编辑：魏渊源　　封面设计：李　佳

书　　名	全国高职高专“十二五”规划教材 3ds Max 2012 室内设计基础教程
作　　者	主　编　刘　琳　杨丽芳 副主编　杨　飞　杨秀杰
出版发行	中国水利水电出版社 （北京市海淀区玉渊潭南路 1 号 D 座　100038） 网址：www.waterpub.com.cn E-mail：mchannel@263.net（万水） sales@waterpub.com.cn 电话：（010）68367658（发行部）、82562819（万水）
经　　售	北京科水图书销售中心（零售） 电话：（010）88383994、63202643、68545874 全国各地新华书店和相关出版物销售网点
排　　版	北京万水电子信息有限公司
印　　刷	三河市鑫金马印装有限公司
规　　格	184mm×260mm　16 开本　18.5 印张　473 千字
版　　次	2015 年 1 月第 1 版　2018 年 7 月第 2 次印刷
印　　数	3001—6000 册
定　　价	42.00 元（赠 1CD）

前　　言

3D Studio Max，常简称为 3ds Max 或 MAX，是由 Autodesk 公司出品的一款基于 PC 系统的三维动画制作和渲染软件，是目前国内最主流的三维动画软件之一，主要应用于建筑设计、三维动画、影视制作等各种静态、动态场景的模拟制作。

3ds Max 软件具有强大的建模、渲染、动画功能。随着我国经济的飞速发展，城市建设进程的加快，对于建筑室内室外的设计要求越来越高，从而效果图的制作也就更为普遍。因此 3ds Max 软件已成为当今室内设计专业学生的必修课程。

本书分为基本体建模、二维图形建模、高级建模方法、材质的应用、渲染输出、室内效果图制作六大块内容，21 个任务操作。涵盖了 3ds Max 的各个功能模块，由易到难，由简到繁，全面系统地介绍了 3ds Max 从基础建模到材质灯光的创建，以及制作效果图的基本方法与技巧。

本书突破了原有理论贯穿的思路，以任务驱动－知识点介绍－具体操作步骤的模式来组织内容，对建模中的基本体、图形、可编辑多边形、常用修改器命令、材质、灯光、摄像机等都做了较为全面的介绍。从最基础的基本体建模，到最后完成客厅效果图的制作，循序渐进，由浅入深，激发读者兴趣，引导读者主动学习。

通过本书的操作练习，读者应该能够：

- 掌握 3ds Max 常用的建模工具，能根据 AutoCAD 图纸创建室内模型。
- 掌握 3ds Max 摄像机的创建方法及技巧。
- 掌握常见的室内模型材质的制作。
- 掌握室内灯光的创建方法。
- 运用 3ds Max 软件制作室内效果图。

本书由刘琳、杨丽芳任主编，杨飞、杨秀杰任副主编，其中第 1、6 章由杨丽芳编写，第 2、4 章由刘琳编写，第 3 章由杨秀杰编写，第 5 章由杨飞编写，参与本书编写的还有云正富、戴宇、杨建存，全书统稿、定稿由刘琳负责完成。本书能够顺利完成并出版，与各位编者的不懈努力以及出版社多位编辑和业内人士的帮助是分不开的，在此一并表示感谢。

由于时间仓促，加之作者水平有限，书中难免存在错误和不妥之处，敬请广大读者批评指正。

编　者

2014 年 8 月

目 录

前言
第 1 章 基础——基本体的建模 …… 1
任务 1.1 3ds Max 2012 的基础操作 …… 1
1.1.1 效果展示 …… 1
1.1.2 知识点介绍——3ds Max 的基本操作 … 1
1.1.3 任务实施——设置 3ds Max 的工作界面 …… 17
任务 1.2 书桌的制作 …… 22
1.2.1 效果展示 …… 22
1.2.2 知识点介绍——标准基本体 …… 22
1.2.3 任务实施 …… 34
任务 1.3 单人沙发的制作 …… 40
1.3.1 效果展示 …… 40
1.3.2 知识点介绍——扩展基本体 …… 41
1.3.3 任务实施 …… 45
1.4 拓展练习 …… 49
第 2 章 进阶——二维图形建模方法 …… 52
任务 2.1 厨房置物架的制作 …… 52
2.1.1 效果展示 …… 52
2.1.2 知识点介绍——二维图形创建及样条线的编辑 …… 52
2.1.3 任务实施 …… 70
任务 2.2 书柜的制作 …… 74
2.2.1 效果展示 …… 74
2.2.2 知识点介绍——"挤出"命令 …… 74
2.2.3 任务实施 …… 76
任务 2.3 酒杯的制作 …… 78
2.3.1 效果展示 …… 78
2.3.2 知识点介绍——"车削"命令 …… 79
2.3.3 任务实施 …… 81
任务 2.4 门的制作 …… 83
2.4.1 效果展示 …… 83
2.4.2 知识点介绍——"倒角"与"倒角剖面"命令 …… 83
2.4.3 任务实施 …… 87
任务 2.5 餐桌椅的制作 …… 93
2.5.1 效果展示 …… 93
2.5.2 知识点介绍——三维模型修改器命令 …… 93
2.5.3 任务实施 …… 98
任务 2.6 枕头的制作 …… 102
2.6.1 效果展示 …… 102
2.6.2 知识点介绍——FFD 修改器 …… 102
2.6.3 任务实施 …… 104
2.7 拓展练习 …… 105
第 3 章 提高——高级建模方法 …… 109
任务 3.1 烟灰缸的制作 …… 109
3.1.1 效果展示 …… 109
3.1.2 知识点介绍——布尔运算 …… 109
3.1.3 任务实施 …… 119
任务 3.2 台灯的制作 …… 123
3.2.1 效果展示 …… 123
3.2.2 知识点介绍——放样命令建模 …… 123
3.2.3 任务实施 …… 132
任务 3.3 花瓶的制作 …… 143
3.3.1 效果展示 …… 143
3.3.2 知识点介绍——多边形建模 1 …… 143
3.3.3 任务实施 …… 157
任务 3.4 坐便器的制作 …… 161
3.4.1 效果展示 …… 161
3.4.2 知识点介绍——多边形建模 2 …… 161
3.4.3 任务实施 …… 167
3.5 拓展练习 …… 177
第 4 章 核心——材质的应用 …… 179
任务 4.1 制作茶盘中各物体材质 …… 179
4.1.1 效果展示 …… 179
4.1.2 知识点介绍——标准材质 …… 180

4.1.3 任务实施 ………… 188
任务 4.2 制作组合沙发材质效果 ………… 192
4.2.1 效果展示 ………… 192
4.2.2 知识点介绍——复合材质 ………… 192
4.2.3 任务实施 ………… 201
任务 4.3 制作盆景植物材质 ………… 204
4.3.1 效果展示 ………… 204
4.3.2 知识点介绍——贴图坐标 ………… 205
4.3.3 任务实施 ………… 219
4.4 拓展练习 ………… 222
第 5 章 提炼——渲染输出 ………… 224
任务 5.1 制作吊灯灯光 ………… 224
5.1.1 效果展示 ………… 224
5.1.2 知识点介绍——3ds Max 中标准灯光的应用 ………… 224
5.1.3 任务实施 ………… 235
任务 5.2 制作室内灯光效果 ………… 236
5.2.1 效果展示 ………… 236
5.2.2 知识点介绍——3ds Max 2012 光度学灯光与高级照明 ………… 237
5.2.3 任务实施 ………… 241
任务 5.3 渲染室内效果图 ………… 244
5.3.1 效果展示 ………… 244
5.3.2 知识点介绍——摄像机与渲染设置 ………… 244
5.3.3 任务实施 ………… 252
5.4 拓展练习 ………… 254
第 6 章 实战——室内效果图制作 ………… 255
任务 6.1 制作卧室效果图 ………… 255
6.1.1 效果展示 ………… 255
6.1.2 知识点介绍——3ds Max 制作室内效果图的步骤 ………… 255
6.1.3 任务实施 ………… 257
任务 6.2 制作客厅效果图 ………… 273
6.2.1 效果展示 ………… 273
6.2.2 知识点介绍——3ds Max 室内效果图的注意事项 ………… 274
6.2.3 任务实施 ………… 275
6.3 拓展练习 ………… 288
参考文献 ………… 290

第 1 章　基础——基本体的建模

本章将简要介绍 3ds Max 2012 的基础操作方法，以及基本几何体的创建方法。通过本章的学习，读者可以使用标准基本体及扩展基本体创建简单的家具模型。

学习目标：

- 3ds Max 2012 的基础操作
- 创建标准基本体
- 创建扩展基本体
- 利用基本体创建模型

任务 1.1　3ds Max 2012 的基础操作

1.1.1　效果展示

本任务主要是对 3ds Max 2012 室内建模的基础界面进行设置，并通过标准基本体创建一个简易的茶几、茶壶、茶杯模型，如图 1-1 所示。

图 1-1　茶几、茶壶、茶杯效果

1.1.2　知识点介绍——3ds Max 的基本操作

3ds Max 是 Autodesk 公司出品的顶级三维制作软件之一，它在模型制作、渲染等方面功能十分强大，是最受欢迎的三维制作软件之一，广泛应用于室内设计表现、建筑与景观设计表现、工业造型设计等领域。

当设计师设计出施工图后，可以通过计算机将头脑中的设计理念以效果图的形式展现出来，进而实施，使其变为现实。而 3ds Max 2012 就是将设计理念转化为效果图的最好工具。本教材侧重于模型的创建以及室内设计的表现。

1. 3ds Max 2012 的界面简介

启动 3ds Max 2012 后，将进入如图 1-2 所示的操作界面，该界面主要由标题及菜单栏、工具栏、视图区域、提示区、状态栏、命令面板、动画控制区、视图控制区这 8 个部分组成，如图 1-2 所示。

图 1-2 3ds Max 2012 的操作界面

2. 标题及菜单栏

3ds Max 2012 的标题及菜单栏集合了“文件菜单”按钮、快速访问区、标题名称和各种操作命令，如图 1-3 所示。3ds Max 2012 包含了 12 个菜单，分别为“编辑”、“工具”、“组”、“视图”、“创建”、“修改器”、“动画”、“图形编辑器”、“渲染”、“自定义”、“MAXScript”、“帮助”菜单，如图 1-3 所示。

图 1-3 标题及菜单栏

3. 工具栏

工具栏是工作中最常用的区域，许多常用的操作命令都能以图表按钮的形式出现在这里。在默认状态下，工具栏包括了 30 多项工具按钮，它们都是较常用的工具。在工作中，用户可以对工具栏进行以下几项设置。

（1）重新放置工具栏的位置。

用鼠标按住并拖动工具栏左侧的两条垂直线，即可将它分离出来，使工具栏成为一个浮动面板，如图 1-4 所示。将工具栏分离出来后，用户可以拖动工具栏的标题栏，将它放到操作界面的左边、右边或下边，以适应自己的操作习惯，如果要将工具栏重新并入窗口中，可以双击工具栏的标题栏。

图 1-4　工具栏

注意

通常在 1280 像素*1024 像素的分辨率下，工具按钮才能完全显示在工具栏中。当显示器分辨率低于 1280 像素*1024 像素时，可以将光标移动到工具栏空白处，当光标变为手形标志时，按住鼠标左键并拖拽光标，工具按钮会跟随光标滚动显示。

（2）选择工具栏中的附属工具。

某些工具按钮右下角有一个小三角形，表示此工具按钮中包含了其他的工具。单击并按住带有附加工具的工具按钮，可以显示该工具按钮中的附属工具，如图 1-5 所示。将鼠标移动到要选择的工具上，然后松开鼠标左键即可选择所需的附属工具。

（3）显示工具按钮的名称提示。

当用户不了解某个工具按钮的名称时，可以借助工具按钮来获得帮助，3ds Max 的这种功能给用户带来了极大的方便，用户只需将鼠标指针移动到工具栏中的某个工具按钮上，稍后便会弹出该工具按钮的名称，从而了解它是什么工具，如图 1-6 所示。

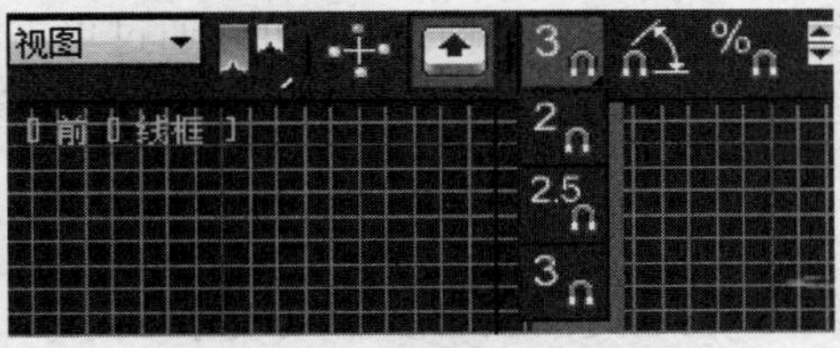

图 1-5　附属工具

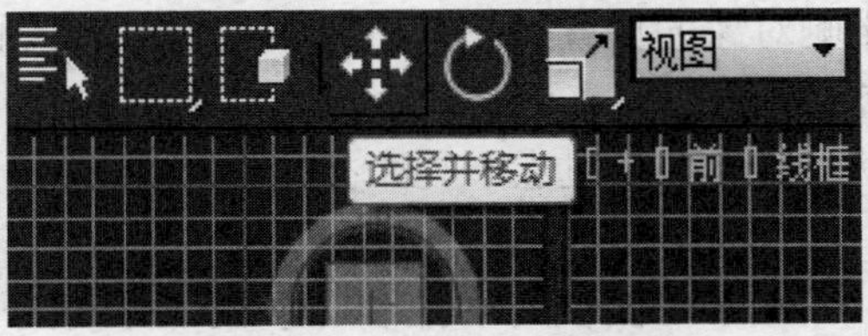

图 1-6　名称提示

4. 命令面板

命令面板是操作中使用最频繁的区域。在默认状态下，它位于整个操作界面的右侧，由 6 个部分组成，分别是“创建”面板、“修改”面板、“层级”面板、“运动”面板、“显示”面板、“工具”面板。

（1）“创建”面板。

“创建”面板中集合了各种对象的创建命令，单击其中的按钮，便可以启用该命令。根据创建对象类型的不同，可将“创建”面板划分为 7 个类别，而每个类别又包含了许多子项。这 7 个类别分别是几何体、图形、灯光、摄像机、辅助体、空间扭曲物体和系统工具，如图 1-7 所示。

（2）“修改”面板。

“修改”面板是对创建的对象进行编辑加工的地方，包括重命名、更改对象的颜色、重新定义对象的参数等，如图 1-8 所示。

在修改器堆栈中，可以查看编辑修改器的种类及数量，可以对其中的修改器进行重新编辑，并且可以删除任意一个修改器，还可以从“修改器列表”下拉列表框中重新选择一个编辑修改器添加到修改器堆栈中。

（3）“层级”面板。

“层级”面板包含 3 个按钮：“轴”、“IK”和“链接信息”，如图 1-9 所示。单击“轴”按钮后，可以移动并调整对象轴心的位置，常在调整对象变形时使用该功能；“IK”和“链接信息”按钮用于为多个对象创建相关联的复杂运动，从而创建更真实的动画效果。

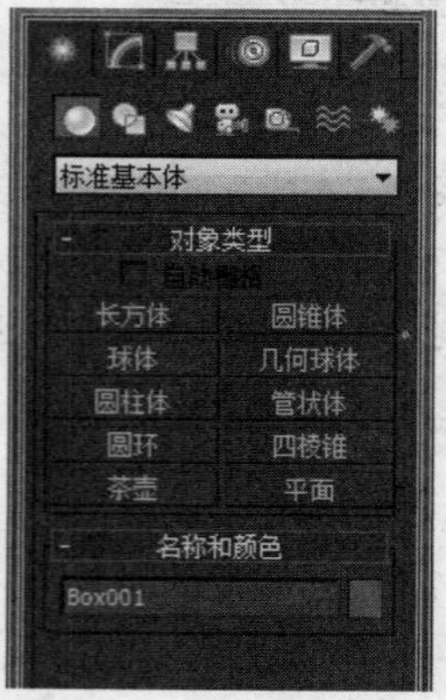

图 1-7 “创建”面板

图 1-8 “修改”面板

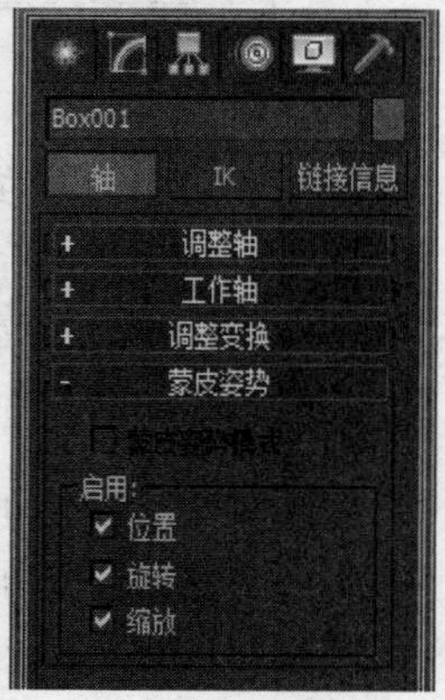

图 1-9 “层次”面板

（4）“运动”面板。

“运动”面板包含“参数”和“轨迹”两个按钮，其作用是为对象的运动施加控制器或约束，如图 1-10 所示。

单击“参数”按钮，可以访问动画控制器和约束界面。使用动画控制器可以用预置方法来影响对象的位置、选择和缩放；通过约束界面则能限制一个对象如何运动。可以通过单击“指定控制器”按钮来访问动画控制器选择列表。使用“轨迹”按钮可以把样条曲线转换为对象的运动轨迹，并通过卷展栏来控制参数。

（5）“显示”面板。

“显示”面板用于控制对象在工作视图中的显示。通过此面板可以隐藏或冻结对象，也可以修改对象所有的参数，如图 1-11 所示。

（6）“工具”面板。

工具面板包含各种功能强大的工具，例如资源浏览器、摄像机匹配、测量器、塌陷、运动捕捉 MAX 及脚本等，如图 1-12 所示。要使用这些工具，只需单击对应的按钮或从附加的实用程序列表中选择即可，单击“更多”按钮可以访问附加的实用程序列表。

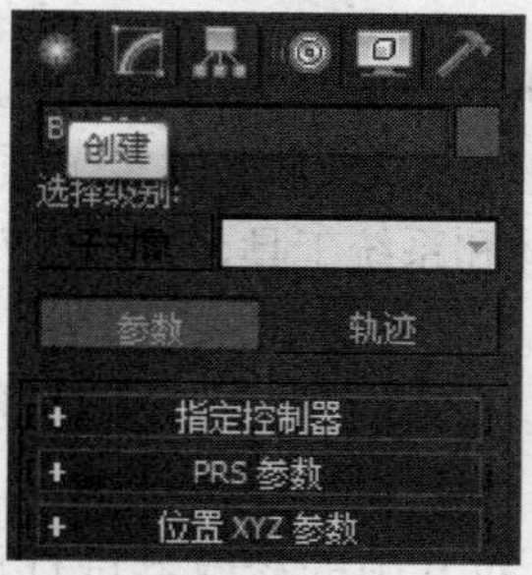

图 1-10 “运动”面板

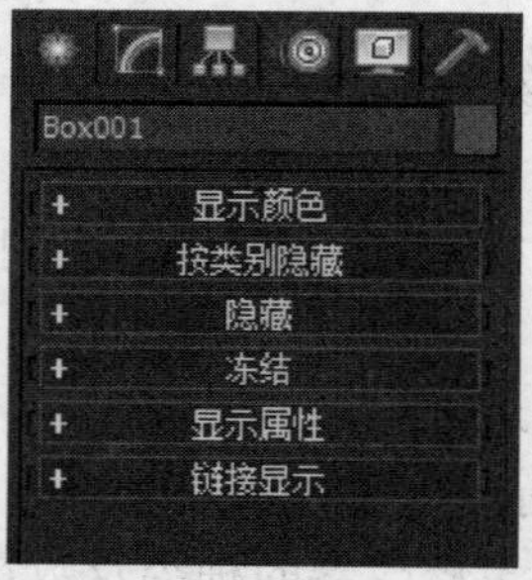

图 1-11 “显示”面板

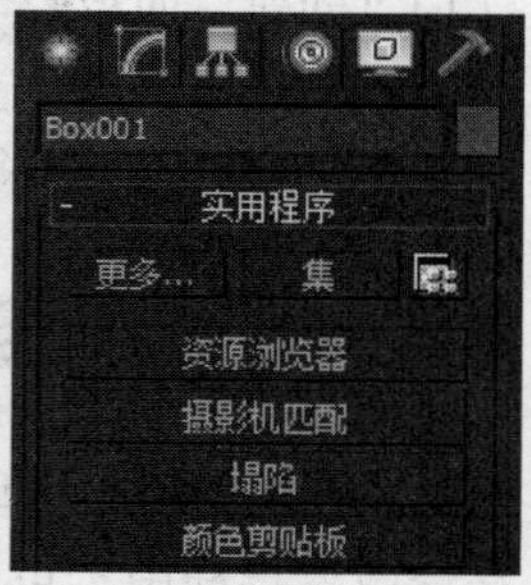

图 1-12 “工具”面板

5. 视图区域

视图区域是 3ds Max 2012 操作界面中最大的区域，位于操作界面的中部，它是主要的工作区。在视图区域中，3ds Max 2012 系统本身默认为 4 个基本视图，如图 1-13 所示。

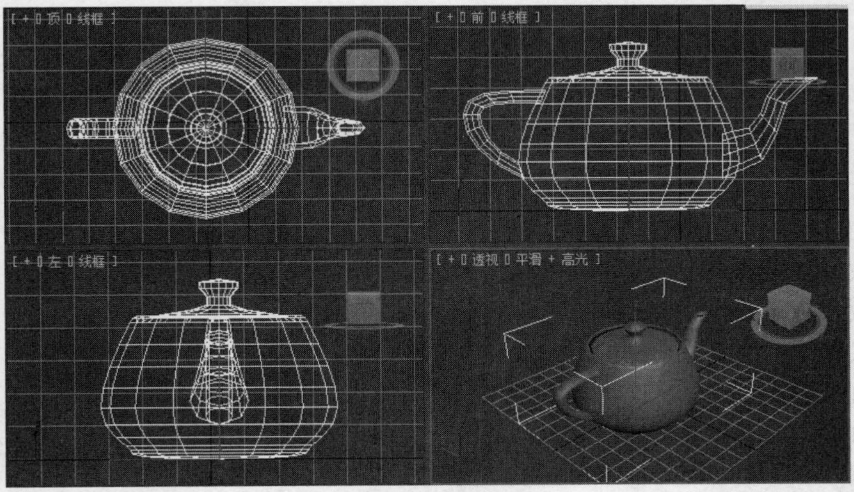

图 1-13　视图区域

顶视图：从场景正上方向下垂直观察物体对象。

前视图：从场景正前方观察物体对象。

左视图：从场景正左方观察物体对象。

透视图：能从任何角度观察物体对象的整体效果，可以变换角度进行观察。透视图是以三维立体方式对场景进行显示观察，其他 3 个视图都是以平面形式对场景进行显示观察的。

4 个视图的类型是可以改变的，激活视图后，在视图的左上角都有视图类型提示，将光标移动到提示类型上并单击鼠标右键，在弹出的菜单中选择要切换的视图类型即可，如图 1-14 所示。

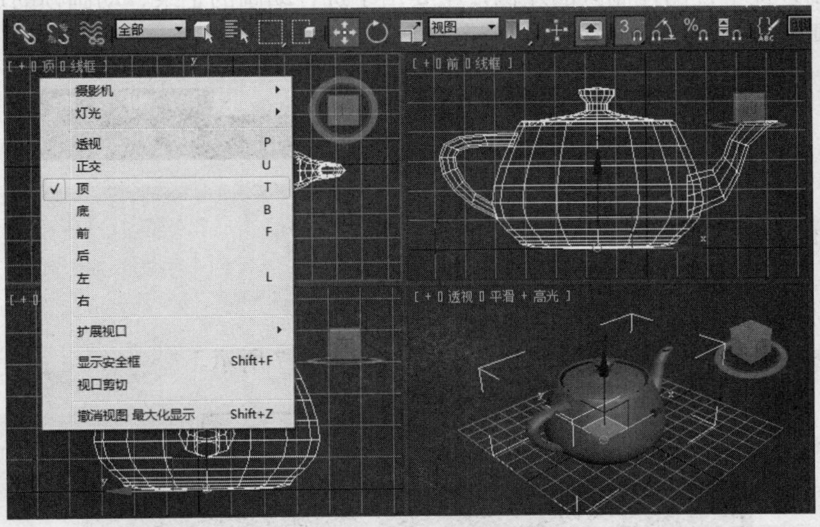

图 1-14　视图类型的切换

6. 视图控制区

视图控制区位于 3ds Max 2012 操作界面的右下角，该控制区内的功能按钮主要用于控制视图的显示状态，但并不改变视图中物体本身的大小及结构，部分按钮内还有隐藏按钮，如图 1-15 所示。

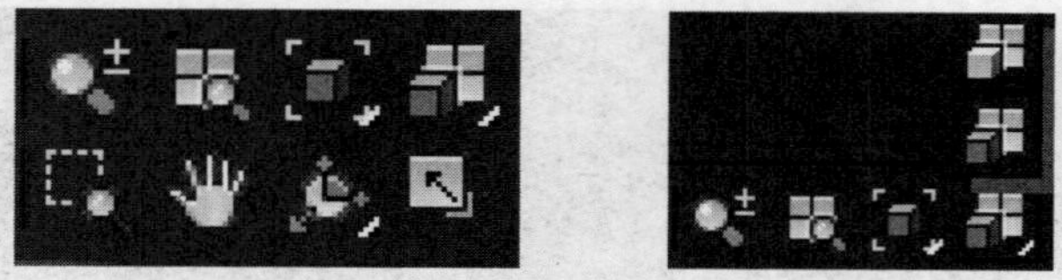

图 1-15　视图控制按钮

视图控制区中常用工具的含义如下：

缩放：放大或缩小目前激活的视图区域。

缩放所有视图：放大或缩小所有视图区域。

最大化显示：将所选择的对象放大到最大范围。

所有视图最大化显示：将视图中的所有对象以最大的方式显示。

所有视图最大化显示选定对象：将所有视图中的选择对象以最大的方式显示。

缩放区域：拖动鼠标缩放视图中的选择区域。

视野：同时缩放透视图中的指定区域。

平移视图：沿着任何方向移动视窗，但不能拉近或推远视图。

环绕：围绕场景旋转视图。这是一个弹出式按钮，这个命令主要用于透视图和用户视图的角度调整。如果在其他正交视图中使用此命令，会发现正交视图自动切换成为用户视图。

最大化视口切换：在原视图与满屏之间切换激活的视图。

提示　在透视图或用户视图中，按住【Alt】键的同时按住鼠标滚轮并移动鼠标，也可以对物体进行视角的旋转。

7. 动画控制区

动画控制区位于视图控制区的左侧，主要用于进行动画的记录、动画帧的选择、动画的播放以及动画时间的控制。如图 1-16 所示。

图 1-16　动画控制区

8. 提示区

提示区主要用于建模时对模型空间位置的提示。

9. 状态栏

状态栏主要用于建模时对模型的操作说明，如图 1-17 所示。

图 1-17　状态栏与提示区

10. 文件的基本操作

文件的基本操作包括新建文件、重置文件、保存文件、打开文件等方面的操作。

（1）新建文件。

当启动 3ds Max 2012 以后，程序会自动创建一个新的文件供用户使用。当在工作过程中需要创建一个新的文件时，可以使用以下 3 种方法新建文件。

- 单击“快速访问区”中的“新建”按钮。
- 按组合键【Ctrl+N】。
- 单击“文件菜单”按钮，选择“新建”命令。

选择“新建”菜单的右向箭头，在弹出的级联菜单中有 3 个选项，如图 1-18 所示，在选择所需要的选项后，即可创建一个新的文件。级联菜单中的 3 个选项含义如下：

新建全部：在新建文件的场景中不保留之前的任何内容。

保留对象：在新建文件的场景中保留了原有的物体，但各物体之间的层级关系消除了。

保留对象和层次：在新建文件场景中，仍保留原有的物体以及各物体之间的层级关系。

（2）重置文件。

单击“文件菜单”按钮，选择“重置”命令，可以新建一个文件并重新设置系统环境，这个命令在 3ds Max 中会经常用到。

在选择“重置”命令后，将打开一个询问对话框，如图 1-19 所示，如果单击“是”按钮，将创建一个新的文件，并恢复到默认状态下的操作环境；如果单击“否”按钮，将取消这次操作，返回到当前的场景中。

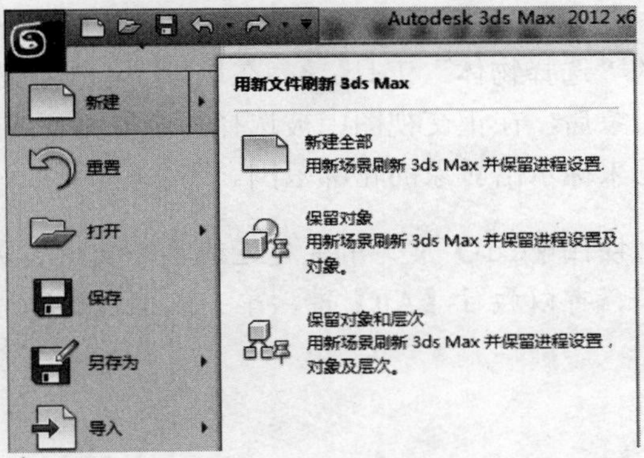

图 1-18　“新建”菜单

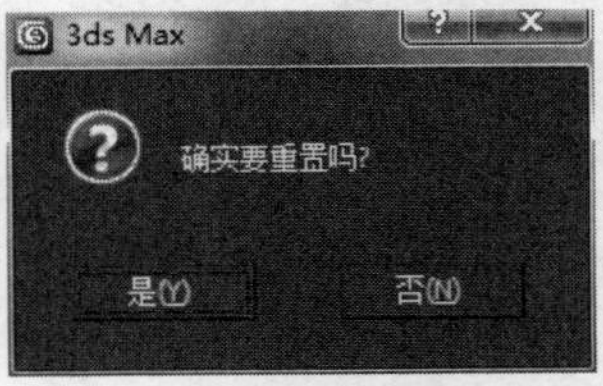

图 1-19　“重置”询问对话框

注意　使用“新建”命令创建的场景将保持所有目前界面的设置，包括视图和命令面板。使用“重置”命令，将回到默认状态下的操作界面。

（3）保存文件。

当完成一个比较重要的操作步骤或工作环节后，应及时对文件进行一次保存，避免因死机或停电等意外情况造成数据的丢失。

单击“文件菜单”按钮，选择“保存”命令，或直接按下【Ctrl+S】组合键，即可对文件进行保存。如果场景没有被保存过，系统会弹出“文件另存为”对话框，如图 1-20 所示，在该对话框中可以选择保存文件的路径。

如果对场景已经进行了保存，当再次对文件进行保存时，文件将以原文件名进行保存。如果此时要以其他名称进行文件保存，则需要单击“文件菜单”按钮，选择“另存为”命令，在弹出的“文件另存为”对话框中根据需要将文件重命名，单击“保存”按钮即可。

（4）打开文件。

“打开”命令用于打开一个已有的场景文件。单击“文件菜单”按钮，选择“打开”命令，或按【Ctrl+O】组合键，将弹出“打开文件”对话框，如图 1-21 所示。

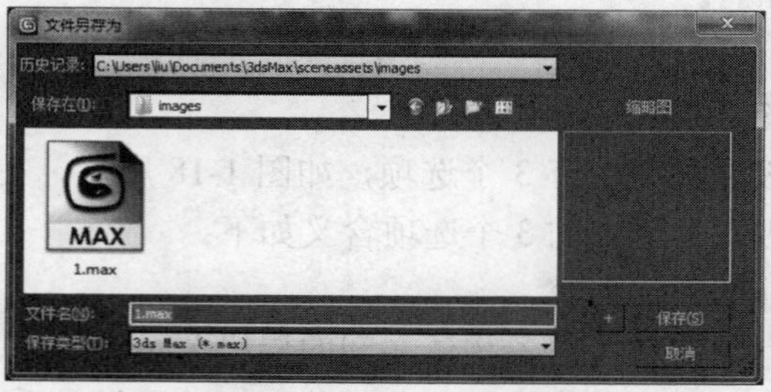

图 1-20 “文件另存为”对话框

图 1-21 “打开文件”对话框

在“打开文件”对话框中选择指定的文件后，单击“打开”按钮即可打开该文件。由于 3ds Max 2012 一次只能打开一个场景，所以在打开一个新的场景文件后，将自动关闭前面已经打开的场景。

11. 选择对象

在物体进行编辑之前，首先要做的就是对所要编辑的对象进行选择，然后才能对其进行编辑。在 3ds Max 中可以通过不同的方式对物体进行选择。

（1）直接选择对象。

选择物体最基本的方法是使用工具栏上的“选择物体”工具，在场景中单击要选择的物体便可以将其选中。用鼠标单击场景中的对象后，在正交视图中被选择的对象将变成白色，在透视图中被选择对象的四周会出现白色线框来标示出对象的轮廓范围。

提示 如果要同时选择多个物体，可以按住【Ctrl】键，用鼠标连续单击或框选要选择的物体，如果要取消其中个别的选择，可以按住【Alt】键，单击或框选要取消选择的物体。

（2）按名称选择对象。

使用工具栏上的“按名称选择”工具可以通过物体的名称对其进行选择，单击该按钮，将打开“从场景选择”对话框，如图 1-22 所示。

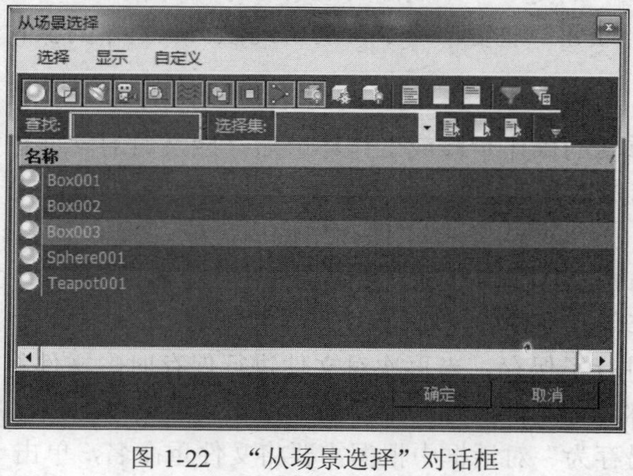

图 1-22 “从场景选择”对话框

在“从场景选择”对话框的名称列表中列举了场景中存在的对象，在对话框的工具栏中提供了显示对象的类型（如几何体、图形、灯光等），只需要在“查找”文本框中输入要选择的对象名称，即可选择指定的对象。或者在“名称”列表框中选择对象，单击“确定”按钮，也可完成对指定对象的选择。

提示　在比较复杂的场景中，使用“选择物体”工具往往无法正确地选择到所需的对象，使选择操作显得十分困难，如果这时使用“按名称选择”工具就轻松多了。

（3）区域选择。

3ds Max 2012 提供了多种区域选择方式。“矩形选择区域”按钮是系统默认的选择方式，其他选择方式都是在矩形选择方式下的隐藏选项。

矩形选择区域：用于在矩形选区内选择对象，如图 1-23 所示。

圆形选择区域：用于在圆形选区内选择对象，如图 1-24 所示。

围栏选择区域：用于在不规则的“围栏”形状中选择对象，如图 1-25 所示。

套索选择区域：用于在复杂的区域内通过单击鼠标操作选择对象，如图 1-26 所示。

绘制选择区域：用于将鼠标在对象上方拖动以将其选中，如图 1-27 所示。

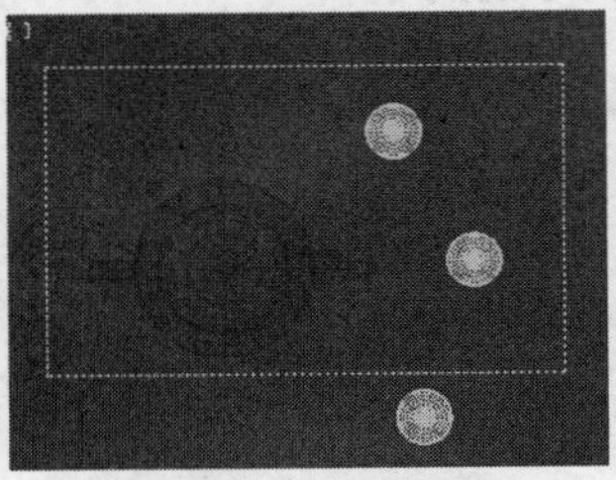

图 1-23　矩形选择区域

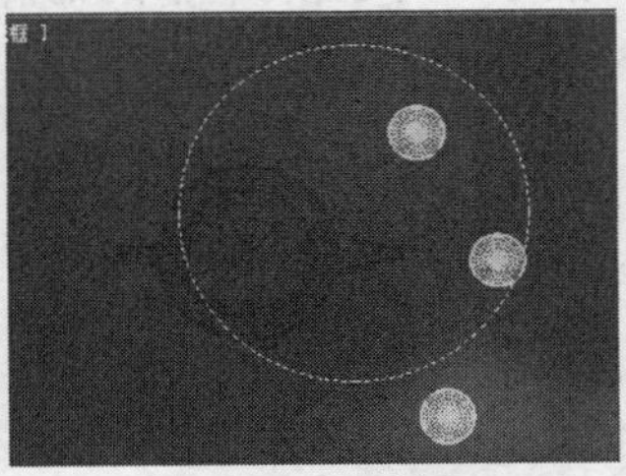

图 1-24　圆形选择区域

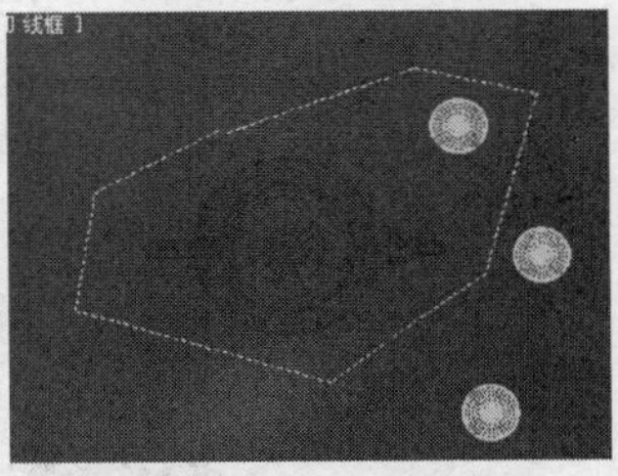

图 1-25　围栏选择区域

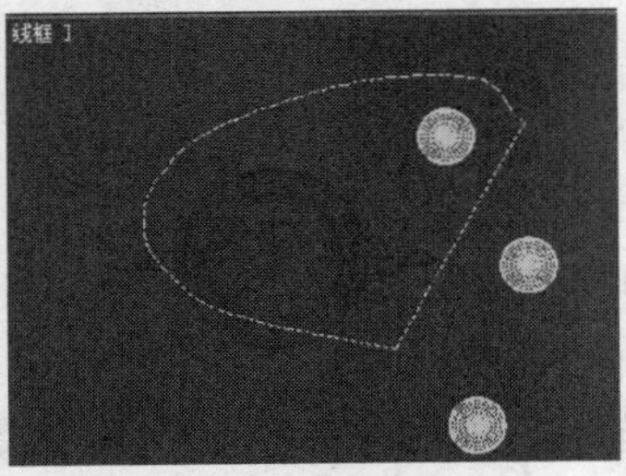

图 1-26　套索选择区域

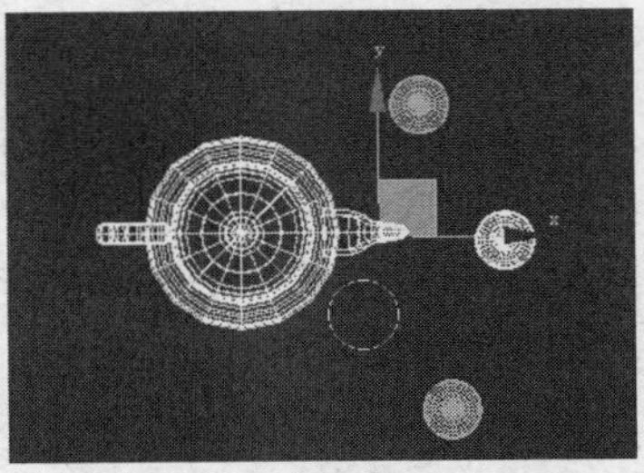

图 1-27　绘制选择区域

（4）设置选择范围。

在按区域选择时，可以选择是按窗口或按交叉方式选择对象。单击工具栏中的“窗口/交叉”按钮，可以在窗口或交叉模式之间进行切换。

窗口选择方式：只有完全在选择框内的对象才能被选择。

交叉选择方式：选择框之内以及与选择框接触的对象都将被选择。

（5）过滤选择集。

过滤选择工具用于设置场景中能被选择的物体类型，比如只选择几何体或只选择灯光，这样可以避免在复杂场景中选错物体。

在过滤选择工具的下拉列表框 全部 中，包括几何体，灯光、摄像机等物体类型。如图 1-28 所示。

全部：表示可以选择场景中的任何物体。

G-几何体：表示只能选择场景中的几何形体。

S-图形：表示只能选择场景中的图形。

L-灯光：表示只能选择场景中的灯光。

C-摄像机：表示只能选择场景中的摄像机。

H-辅助物体：表示只能选择场景中的辅助物体。

W-扭曲：表示只能选择场景中的空间扭曲物体。

组合：可以将两个或多个类别组合为一个过滤器类别。

骨骼：表示只能选择场景中的骨骼。

IK 链对象：表示只能选择场景中的 IK 连接物体。

点：表示只能选择场景中的点。

（6）物体编辑成组。

物体编辑成组是将多个对象编辑为一个组的命令，选择要编辑成组的物体后，单击“组”命令，会弹出下拉菜单，如图 1-29 所示。下拉菜单中的命令用于对组的编辑。

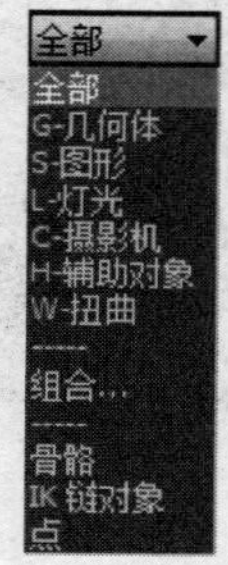

图 1-28 过滤选择集

图 1-29 “组”菜单

成组：用于把场景中选定的物体编辑为一个组。

解组：用于把选中的组解散。

打开：用于暂时打开一个选中的组，可以对组中的物体单独编辑。

关闭：用于把暂时打开的组关闭。

附加：用于把一个物体对象增加到一个组中。先选中一个物体，执行附加命令，再单击组中任意一个物体即可。

分离：用于把物体从组中分离出来。

炸开：能够使组以及组内所嵌套的组都彻底解散。

集合：用于将多个物体对象、组合并至单个组。

下面通过一个例子，来介绍“组”命令，操作步骤如下。

1）在视图中任意创建几个几何体，选中所有对象，如图 1-30 所示。（几何体的创建将在下一节中介绍。）

2）选择“组”→“成组”命令，弹出“组”对话框，在“组名”文本框中可以编辑组的名称，如图 1-31 所示，单击“确定”按钮，被选择的几何体成为一个组，任意选择其中一个几何体，整个组都会被选择。

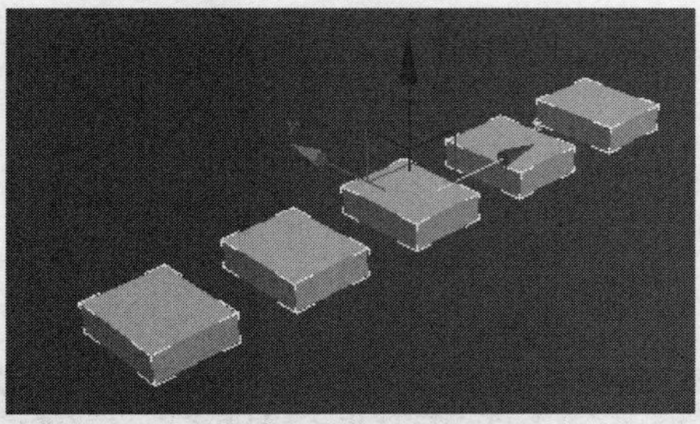

图 1-30　选择几何体

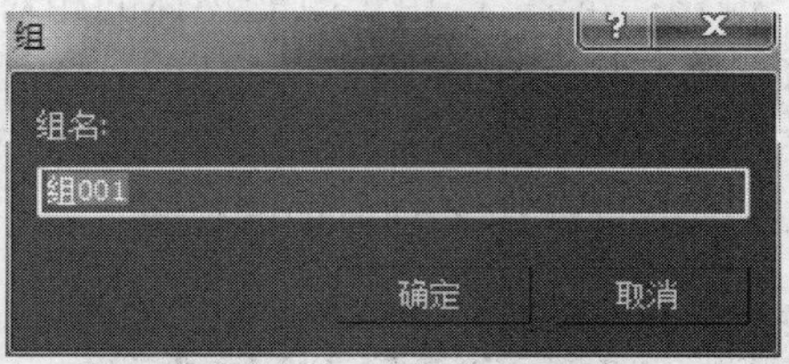

图 1-31　“组”对话框

3）选择“组”→“打开”命令，该组会被暂时打开，选择其中一个物体，可以对该物体进行单独编辑。

4）选择“组”→“关闭”命令，可以使打开的组闭合。选择“组”→“炸开”命令，可以使这个组彻底解散。

注意　将物体编辑成组在建模中会经常用到，对于较为复杂的场景，应该在创建组的同时给所创建的组编辑名称，以便于后期选择修改。

12. 调整对象

在创建好模型后，通常需要对模型的位置、角度、大小进行调整，以满足绘图的要求，下面将介绍调整对象的方法。

（1）移动对象。

移动对象是最常用的操作之一，使用工具栏上的“选择并移动”工具不仅可以对场景中的物体进行选择，还可以将被选择的物体移动到指定的位置，快捷键是【W】键。

单击“选择并移动”工具，然后单击所要选择的物体即可将该物体选择，当鼠标光标移动到物体坐标轴上时（比如 X 轴），光标会变形，并且坐标轴（X 轴）会变成亮黄色，表示可以移动，如图 1-32 所示。此时按住鼠标左键不放，并拖动光标，物体就会跟随光标一起移动。

利用移动工具可以使物体沿两个轴向同时移动，每两个坐标轴之间都有共同的区域，当鼠标光标移动到此处区域时，该区域会变黄，如图 1-33 所示。按住鼠标左键并拖动光标，物体就会跟随光标一起沿两个轴向移动。

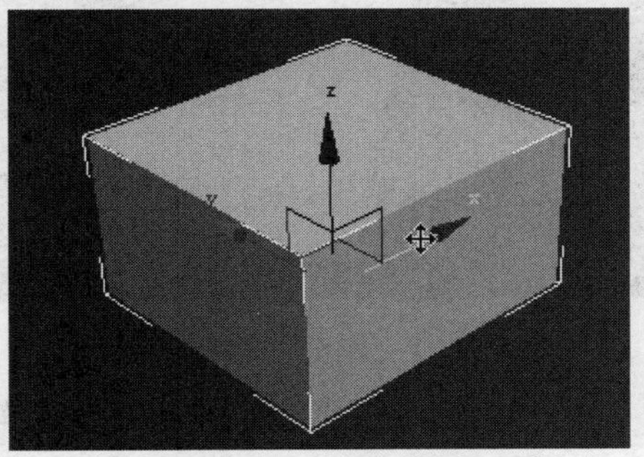

图 1-32　单向移动对象

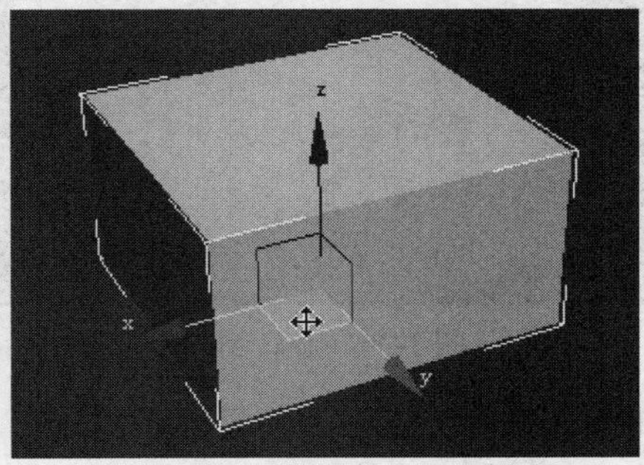

图 1-33　沿两个轴向移动对象

用拖动鼠标的方法只能将物体移到一个大致的位置，如果要将物体精确地移动一段距离，则需要在选择对象后，右击“选择并移动”工具，在打开的“移动变化输入”对话框中输入对象需要移动的距离，如图 1-34 所示，然后敲击【Enter】键确认，如图 1-35 所示。

“绝对：世界”：用于改变物体的绝对坐标。

“偏移：屏幕”：用于改变物体的相对位置。

X：改变物体在 X 轴方向的位置。

Y：改变物体在 Y 轴方向的位置。

Z：改变物体在 Z 轴方向的位置。

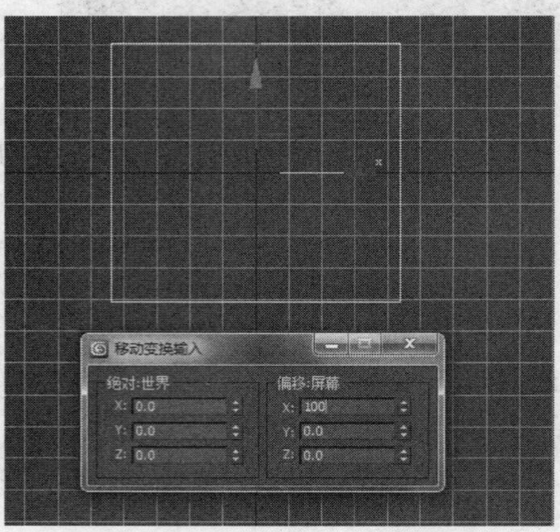

图 1-34 输入移动距离

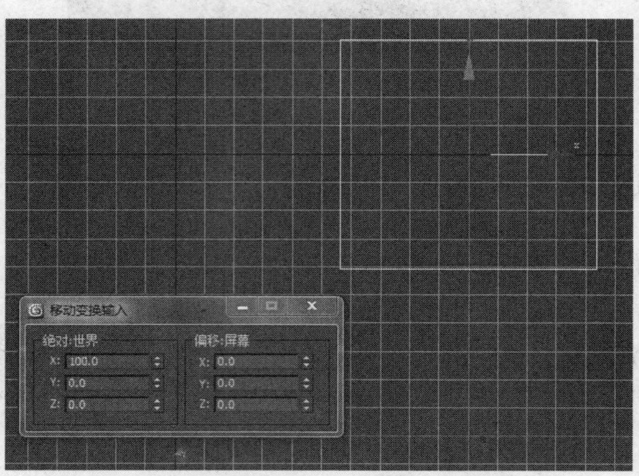

图 1-35 移动对象

（2）旋转对象。

“选择并旋转”工具可以选择物体并对物体进行旋转操作，快捷键为【E】键。

选择物体并启用旋转工具，当鼠标光标移动到物体的旋转轴上时，光标会变为形状，旋转轴的颜色会变成黄色，如图 1-36 所示。按住鼠标左键不放并拖拽光标，物体会随光标的移动而旋转，如图 1-37 所示。红、绿、蓝分别对应 X、Y、Z 三个轴向，旋转物体只能用于单方向旋转。

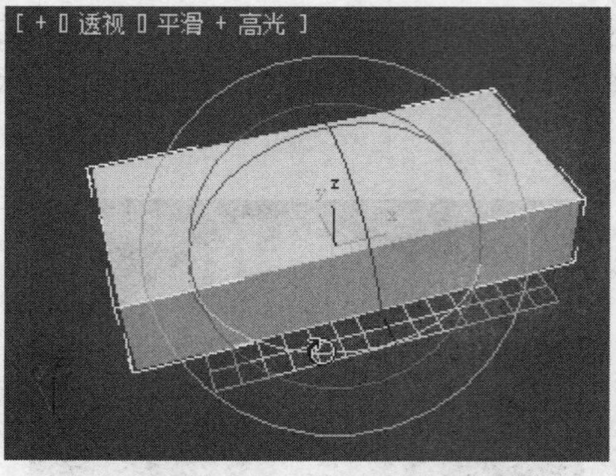

图 1-36 旋转物体

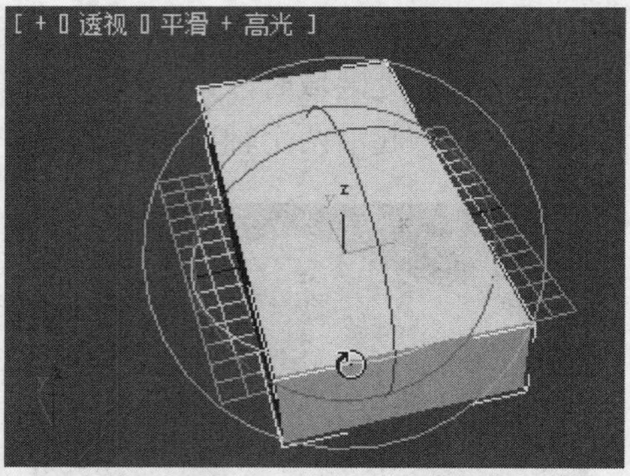

图 1-37 沿 Z 轴旋转物体

如果想精确旋转角度，可以在“选择并旋转”工具上右击，在弹出的“旋转变换输入”对话框中输入准确的数值，对物体进行旋转，如图 1-38 所示。

（3）缩放对象。

“选择并均匀缩放”工具可以在选择物体后，对物体进行缩放处理。按住“选择并均匀缩放”工具不放，将展开各种缩放工具，其中包含了“选择并均匀缩放”工具、“选择并非均匀缩放”工具和“选择并挤压”工具三种，如图 1-39 所示。

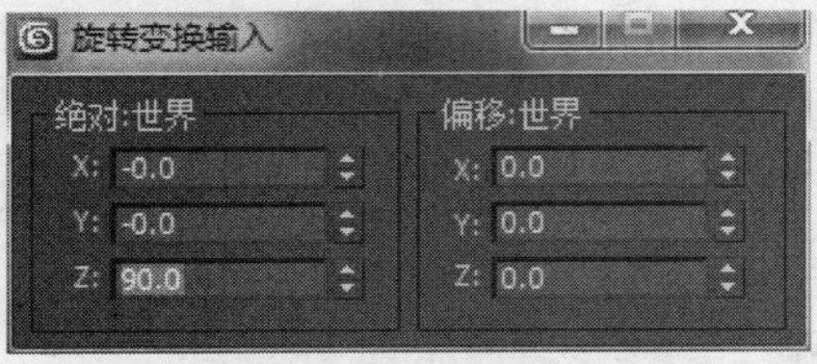

图 1-38 “旋转变换输入”对话框

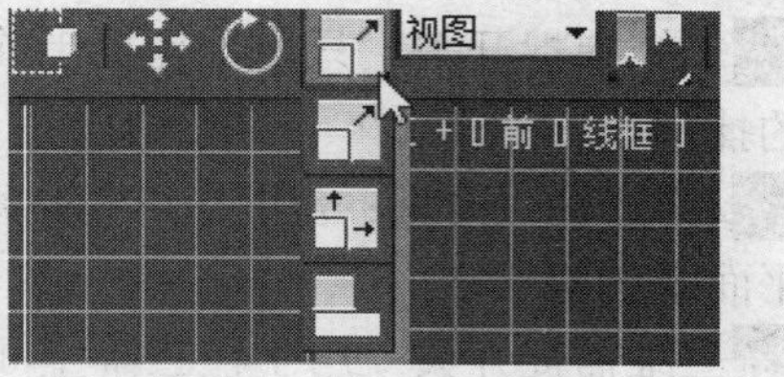

图 1-39 缩放工具

选择并均匀缩放：对物体进行等比例缩放，只改变物体的体积，不改变形状。

选择并非均匀缩放：对物体在指定的轴向上进行缩放，只改变物体在该轴上的比例大小，其他轴上的比例不发生变化，物体的体积和形状都相应发生变化。

选择并挤压：在指定的轴上使物体发生缩放变形，将改变物体在该轴上的比例大小，其他轴上的比例将发生相反的变化，以保持物体的总体积不变。

（4）对齐对象。

“对齐”工具可以快速、准确地将指定的物体对象按照一定的方向对齐。选择一个物体后，单击“对齐”工具按钮，然后再单击视图中的目标对象，如图 1-40 所示，将弹出“对齐当前选择”对话框，如图 1-41 所示，设置好对齐的选项后，单击“确定”按钮，即完成对齐操作。

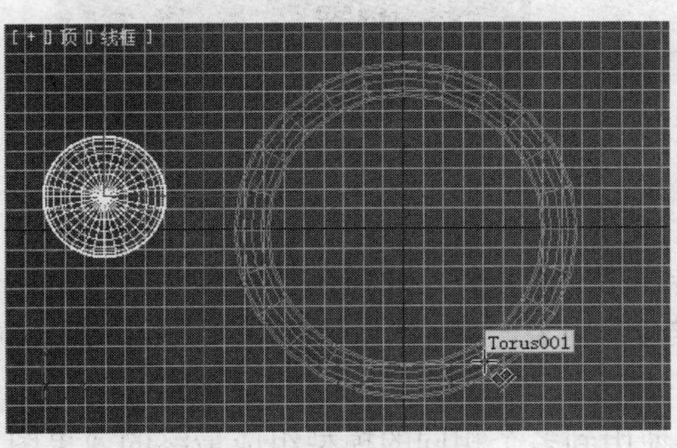

图 1-40 对齐目标

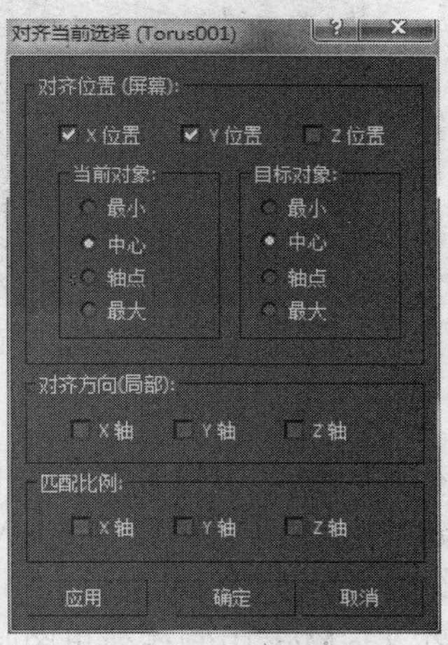

图 1-41 设置对齐方式

（5）捕捉设置。

在 3ds Max 中可以运用捕捉功能在创建和编辑对象时进行精确定位。常用的捕捉工具包括“捕捉开关”、“角度捕捉”和“百分比捕捉”，如图 1-42 所示。“捕捉开关”按钮包含了“二维捕捉”、“2.5 维捕捉”和“三维捕捉”，如图 1-43 所示，其中各种捕捉工具含义如下：

图 1-42 常用捕捉按钮

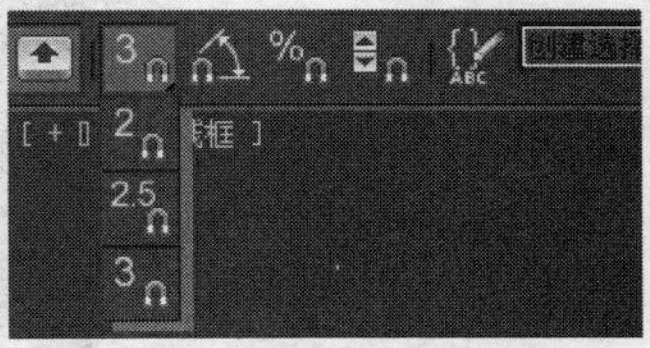

图 1-43 捕捉开关

二维捕捉开关：只用于捕捉当前视图构建平面上的元素，Z 轴被忽略，通常用于平面图形的捕捉。

2.5 维捕捉开关：介于二维和三维间的捕捉，能捕捉三维空间中的二维图形和激活视图构建平面上的投影点。

三维捕捉开关：用于在三维空间中捕捉物体。

角度捕捉：设置旋转操作时的角度间隔，使对象按固定的增量进行旋转。

百分比捕捉：设置缩放和挤压操作的百分比间隔，使比例缩放按固定的增量进行。

捕捉工具都必须是在开启状态下才能起作用，单击捕捉工具按钮，按钮按下表示被开启。要想灵活运用捕捉工具还需要对它的参数进行设置。在捕捉工具按钮上单击鼠标右键，会弹出“栅格和捕捉设置”对话框，如图 1-44 所示。

“捕捉”面板：用于调整空间捕捉的类型。图 1-44 所示为系统默认设置的捕捉类型。栅格点捕捉、顶点捕捉、端点捕捉、中点捕捉是常用的捕捉类型。

“选项”面板：用于调整角度捕捉和百分比捕捉的参数，如图 1-45 所示。

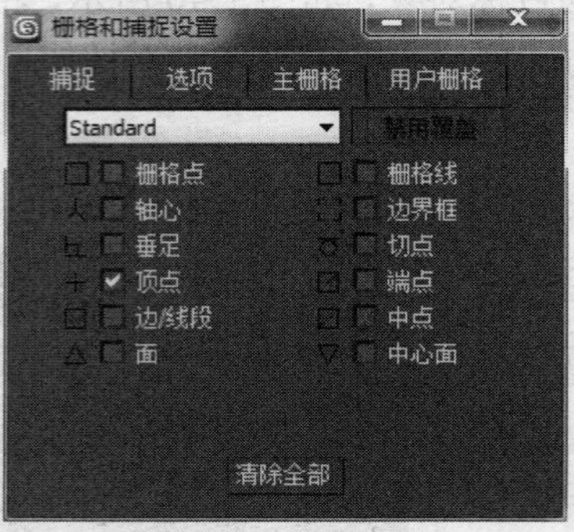

图 1-44 “捕捉”面板

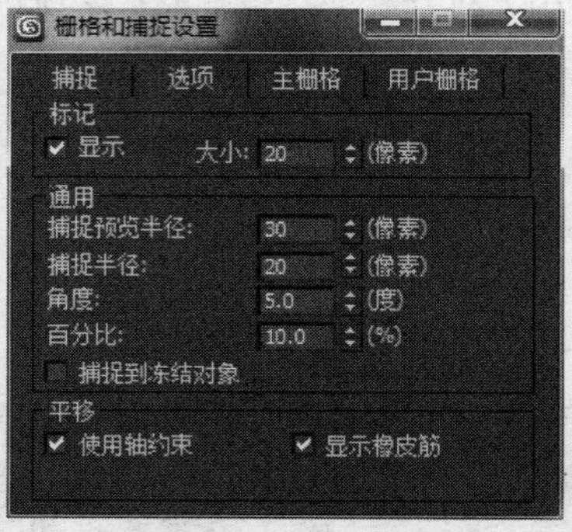

图 1-45 “选项”面板

13. 复制对象

在 3ds Max 中除了常常会用到移动、旋转模型的操作外，通常还会对模型进行复制操作，以创建所需的相同模型。在 3ds Max 中可以直接复制对象，也可以镜像复制对象或阵列复制对象。

（1）直接复制对象。

在 3ds Max 中制作效果图时，通常会需要使用到多个相同的模型组成最终的效果图，为了提高工作效率，可以在创建一个模型后，使用复制的方法创建其他模型。操作步骤如下：

1）选中物体，按住【Shift】键，然后移动物体，完成移动后，会弹出“克隆选项”对话框，如图 1-46 所示。

图 1-46 “克隆选项”对话框

2）选择复制的类型及复制的格式，再单击“确定”按钮，完成复制。运用旋转、缩放工具也能对物体进行复制，方法与移动工具相似。

“克隆选项”对话框含义如下：

复制：用于单纯的复制操作，复制后的物体与原物体之间没有任何关系，是完全独立的物体。

实例：复制后的物体与原物体相互关联，对任何一个物体的参数修改都会影响到其他物体。

参考：复制后的物体与原物体有一种参考关系，对原物体进行参数修改，复制物体会受同样的影响，但对复制物体进行修改不会影响原物体。

副本数：用于设置复制出对象的数目。

名称：用于设置复制出对象的名称，如果要复制出多个对象，系统将在对象的名称后依次编号。

（2）镜像对象。

3ds Max 中的“镜像”工具能模拟现实中镜面的功能，对物体对象进行镜像转换，也可以创建出相对于当前坐标系统对称的对象副本。

选择需要镜像的物体后，单击工具栏上的“镜像”工具，打开“镜像”对话框，如图 1-47 所示，根据需要设置好镜像的选项后，单击“确定”按钮即可完成镜像的操作，如图 1-48 所示。

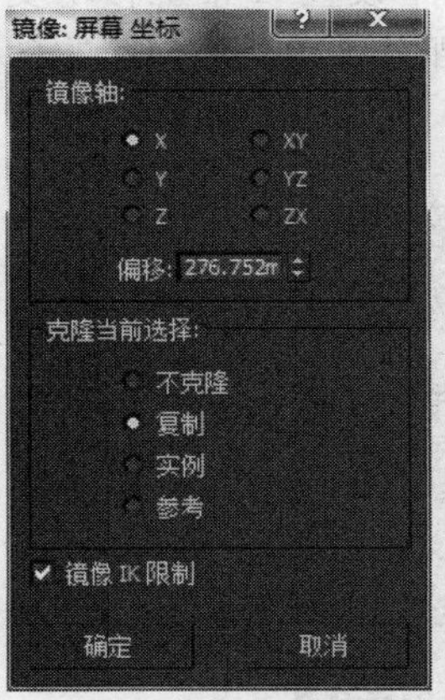

图 1-47　“镜像”对话框

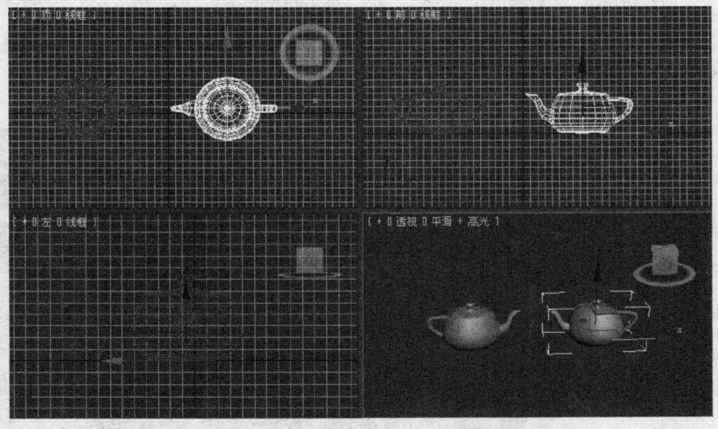

图 1-48　镜像复制对象

“镜像”对话框含义如下：

镜像轴：用于设置镜像的轴向，系统提供了 6 种镜像轴向。

偏移：用于设置镜像物体和原始物体轴心点之间的距离。

克隆当前选择：用于确定镜像物体的复制类型。

不克隆：表示仅把原始物体镜像到新位置而不复制对象。

复制：把选定物体镜像复制到指定位置。

实例：把选定物体关联镜像复制到指定位置。

参考：把选定物体参考镜像复制到指定位置。

注意　使用镜像复制应该熟悉轴向的设置，选择物体后单击镜像工具，可以依次选择镜像轴，观察镜像复制物体的轴向，视图中复制物体是随“镜像”对话框中镜像轴的改变实时显示的，选择合适的轴向后单击“确定”按钮即可。

（3）阵列对象。

阵列操作能够轻易地创建出对象的成倍副本的集合。在“阵列”对话框中，可以指定阵列尺寸偏移量、旋转和复制数量。选择一个对象后，执行“工具”→“阵列”命令，即可打开“阵列”对话框，如图 1-49 所示。

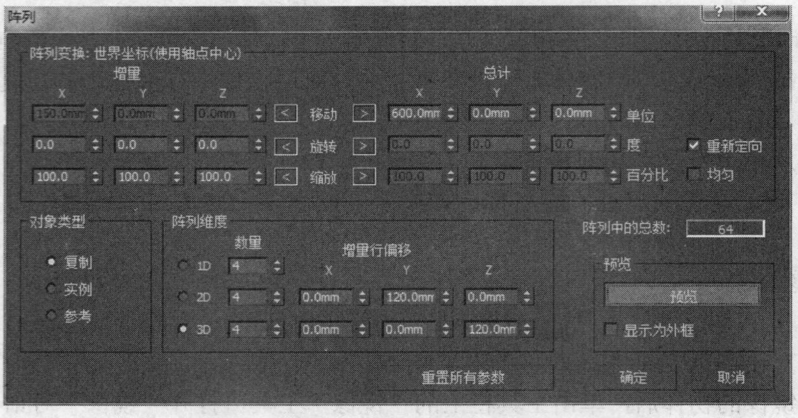

图 1-49 “阵列”对话框

例如将一个物体沿 X、Y、Z 轴进行阵列，可以在“阵列”对话框中设置 X 轴上移动复制的偏移量为 600，设置各轴向的复制后数量均为 4，Y、Z 轴向上的间距为 120，阵列后的效果图如图 1-50 所示。

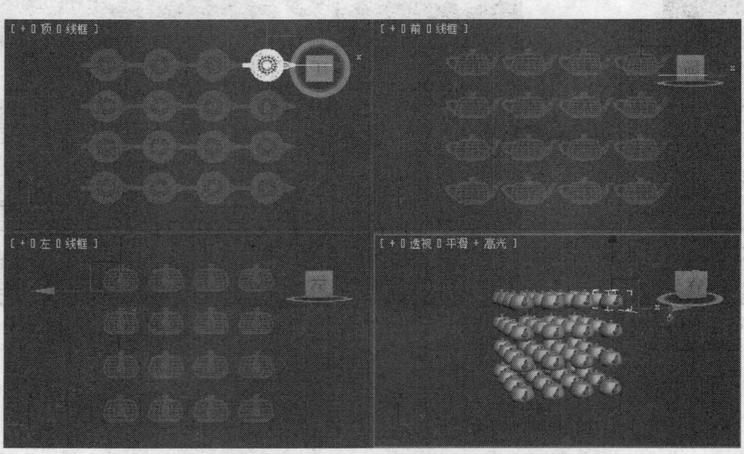

图 1-50 阵列效果

“阵列”对话框含义如下：

阵列变换：用于指定如何设置 3 种方式来进行阵列复制。

增量：分别用于设置 X、Y、Z 三个轴向上的阵列物体之间距离大小、旋转角度、缩放程度的增量。

总计：分别用于设置 X、Y、Z 三个轴向上的阵列物体自身距离大小、旋转角度、缩放程度的增量。

对象类型：用于确定复制的方式。

阵列维度：用于确定阵列变换的维数。

1D、2D、3D：设置创建一维阵列、二维阵列、三维阵列。

14. 撤销和重复命令

在建模中，操作步骤会非常多，如果当前某一步操作出现错误，重新进行操作是不现实的，3ds Max 中提供了撤销和重复命令，可以使操作回到之前的某一步，这在建模过程中非常有用。

撤销命令：用于撤销最近一次操作的命令，可以连续使用，快捷组合键为【Ctrl+Z】。点击撤销按钮右侧的下拉箭头，会显示当前所执行过的一些步骤列表，从中选择要撤销到的位置即可。

重复命令：用于恢复撤销命令，可以连续使用，快捷组合键为【Ctrl+Y】。重复功能也有重复步骤的列表，使用方法与撤销命令相同。

1.1.3 任务实施——设置 3ds Max 的工作界面

1. 设置单位

在使用 3ds Max 建模之前，有必要对工作环境进行设置，以便更好地进行建模。单位的设置是进行三维建模的首要工作，设置不同的单位将影响模型的导入、导出以及模型的合并。单位的设置包括显示单位比例设置和系统单位设置。

（1）启动 3ds Max 2012，执行“自定义”→“单位设置”命令，在弹出的对话框中将“显示单位比例”中的“公制”设置为毫米，如图 1-51 所示。

（2）在“单位设置”对话框中单击“系统单位设置”按钮，在打开的对话框中将“系统单位比例”中的单位设置为毫米，如图 1-52 所示，设置完成后单击“确定”按钮。

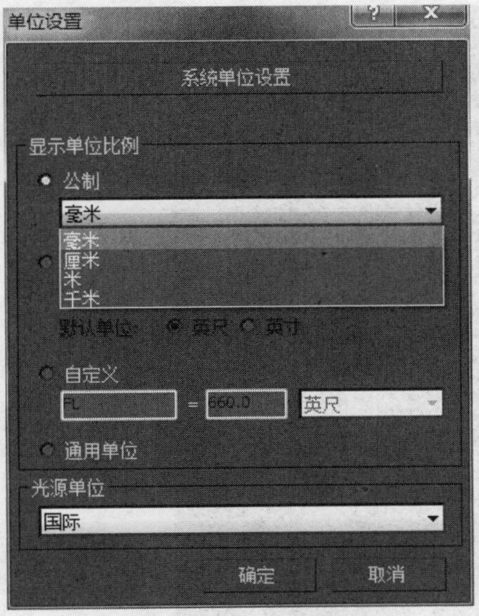

图 1-51　显示单位设置

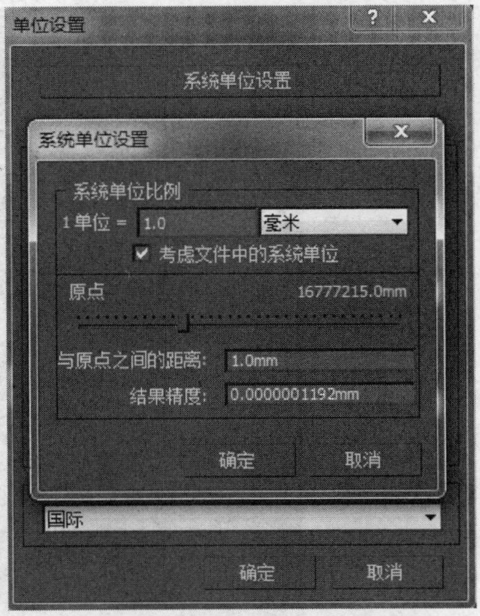

图 1-52　系统单位设置

2. 优化操作界面

（1）执行“视图”→“视口配置”命令，在弹出的“视口配置”对话框中选择“ViewCube”选项，取消选择“显示 ViewCube”复选框，如图 1-53 所示，单击“确定”按钮。这样将隐藏工作区中各视图窗口右上角的“视图导航控制图标”。

（2）执行“渲染”→“Gamma/LUT 设置”命令，取消选择“启用 Gamma/LUT 校正”、“影响颜色选择器”、“影响材质选择器”复选框，如图 1-54 所示，单击“确定”按钮。这样操作是为了避免场景中颜色、材质以及渲染的颜色、材质出错。

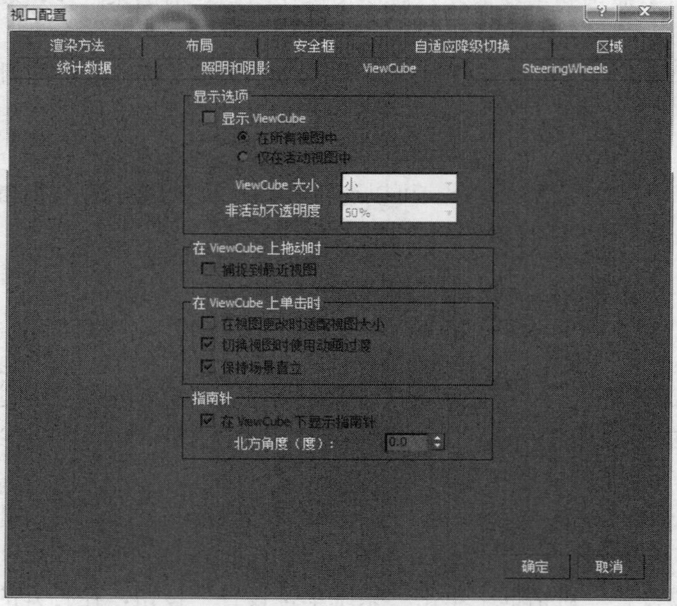

图 1-53　取消选择“显示 ViewCube”复选框

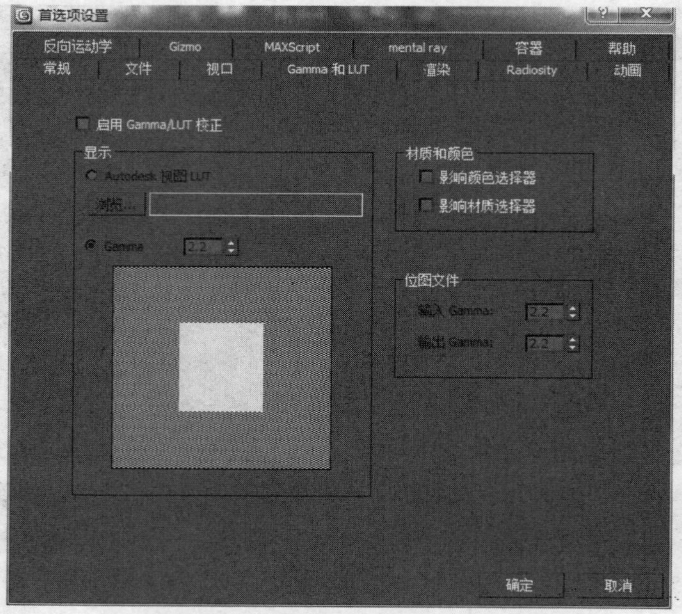

图 1-54　取消选择“启用 Gamma/LUT 校正”复选框

3. 创建茶几

（1）单击“创建”面板→“几何体”→“标准基本体”→“长方体”按钮，在顶视图中创建一个长方体，命名为“茶几台面”，参数设置如图 1-55 所示。

（2）在顶视图中再创建一个长方体，命名为“茶几脚 1”，参数设置如图 1-56 所示。使用“移动”工具将其调整到合适的位置，如图 1-57 所示。

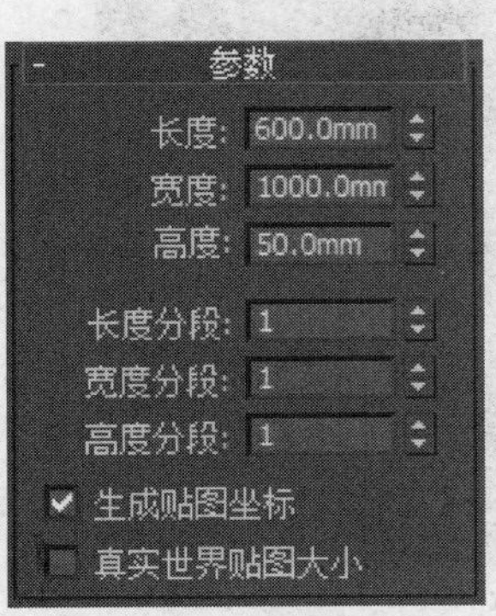

图 1-55　茶几台面参数设置

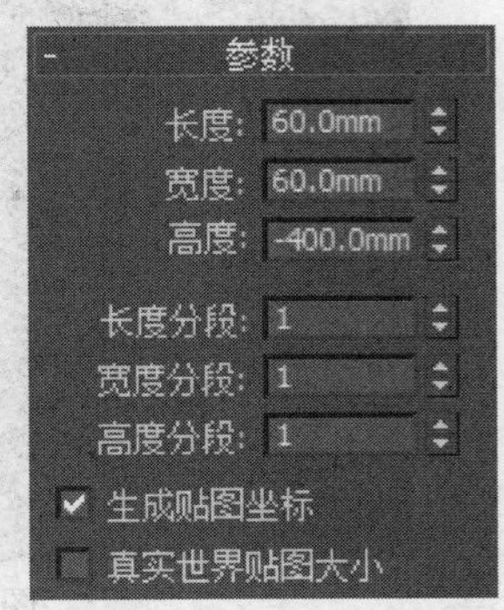

图 1-56　茶几脚 1 参数设置

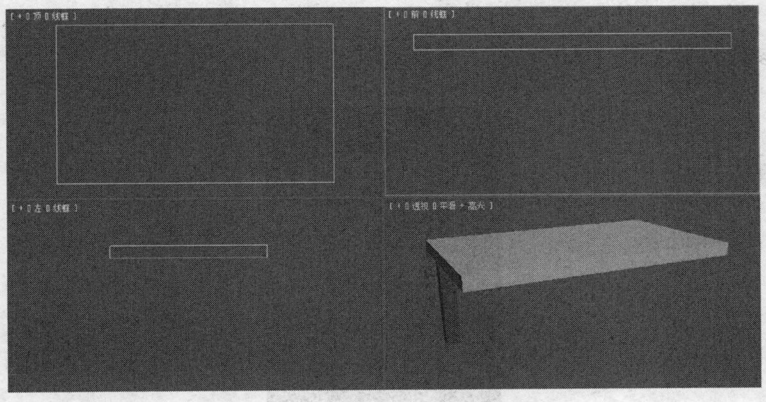

图 1-57　移动茶几脚 1 到合适位置

（3）在顶视图中选择茶几脚 1，沿 X 轴选择按“实例”移动复制对象，如图 1-58 所示。完成后再选择作为茶几脚的两个长方体，在顶视图中沿 Y 轴选择按“实例”移动复制，如图 1-59 所示。至此，一个简单的茶几就制作完成了。

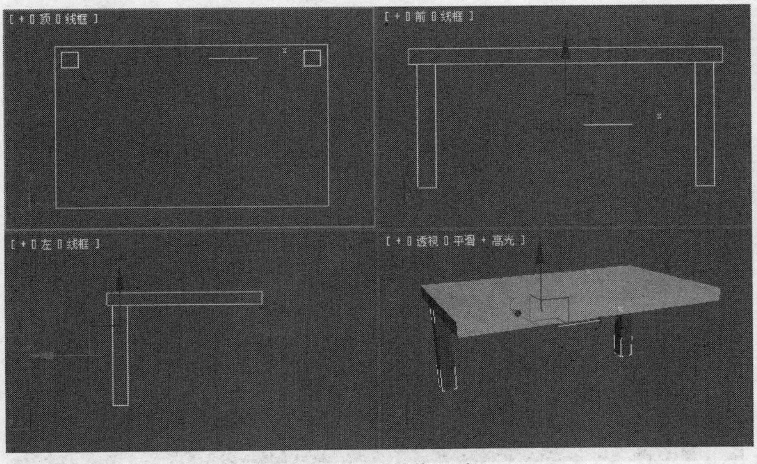

图 1-58　复制茶几脚 1

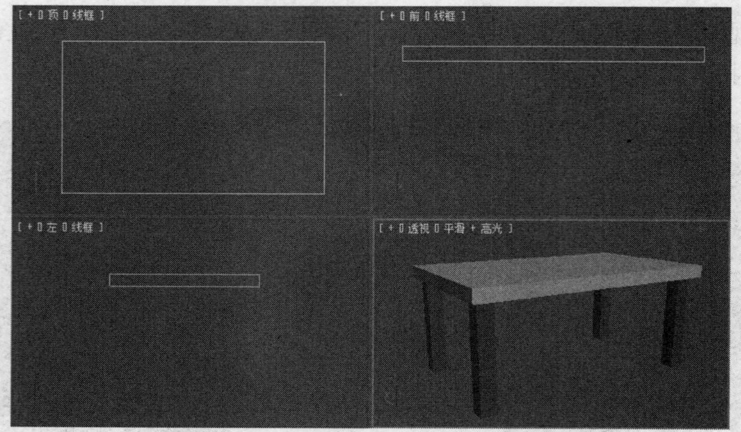

图 1-59 完成茶几脚的制作

4. 创建茶壶、茶杯

（1）单击“创建”面板→“几何体”→“标准基本体”→“茶壶”按钮，在顶视图中创建一个茶壶，参数设置如图 1-60 所示，并移动其到合适的位置。

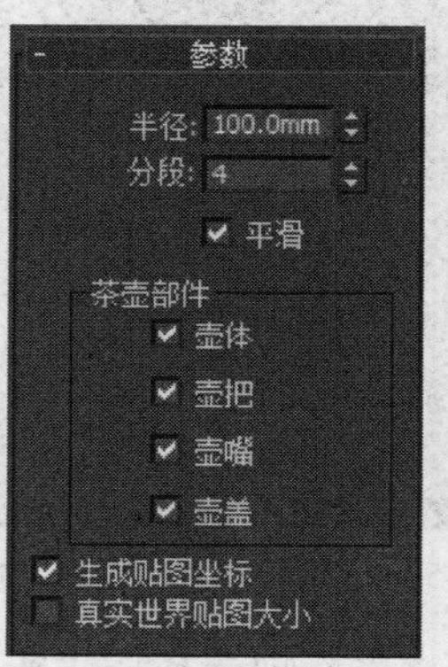

图 1-60 茶壶参数设置

（2）单击“选择并均匀缩放”工具，在前视图中，调整其在 Y 轴上的缩放比例。效果如图 1-61 所示。

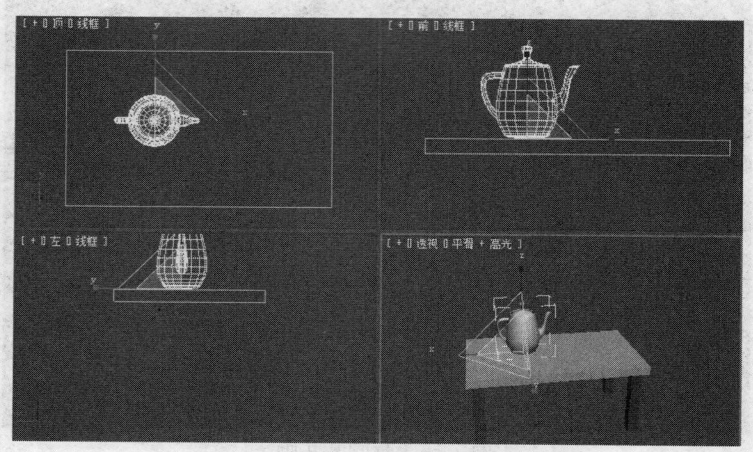

图 1-61 调整茶壶的缩放比例

（3）单击“创建”面板→“几何体”→“标准基本体”→“茶壶”按钮，在顶视图中创建一个茶壶，参数设置如图 1-62 所示，命名为“茶杯”，并移动其到合适的位置。在前视图中使用“选择并均匀缩放”工具，将其调整到合适的比例，效果如图 1-63 所示。

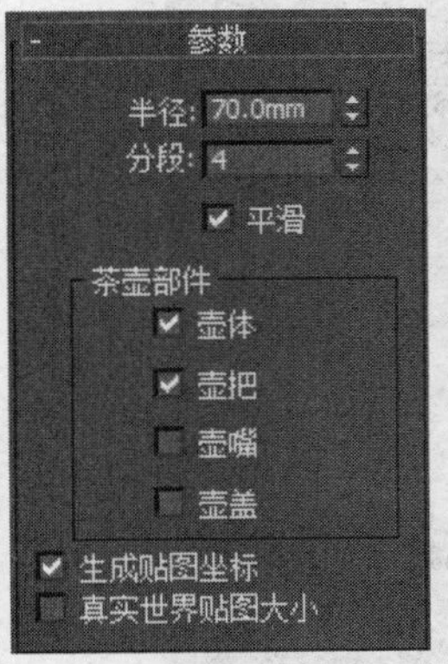

图 1-62　茶杯参数设置

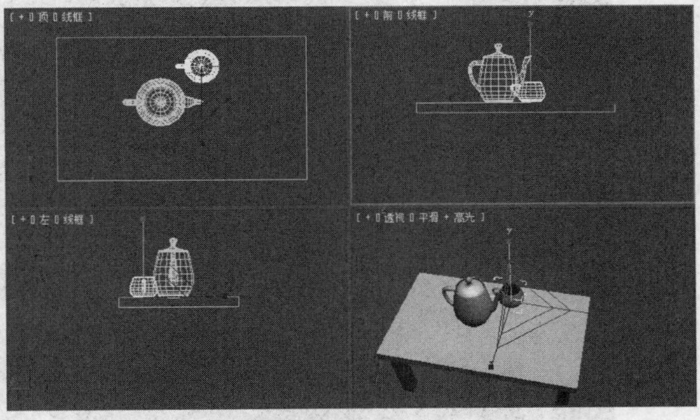

图 1-63　调整茶杯的缩放比例

（4）单击“旋转”工具，在前视图中，沿 Z 轴将茶杯旋转到合适的角度，如图 1-64 所示。

（5）单击“层级”面板→“轴”→“仅影响轴”按钮，如图 1-65 所示。在顶视图中将茶杯的轴心移动到茶壶的中心位置，如图 1-65 所示，再将“仅影响轴”按钮关闭。单击“旋转”按钮，按“实例”旋转并复制 3 个茶杯，参数设置如图 1-67 所示，效果如图 1-68 所示。至此，该模型创建完成。

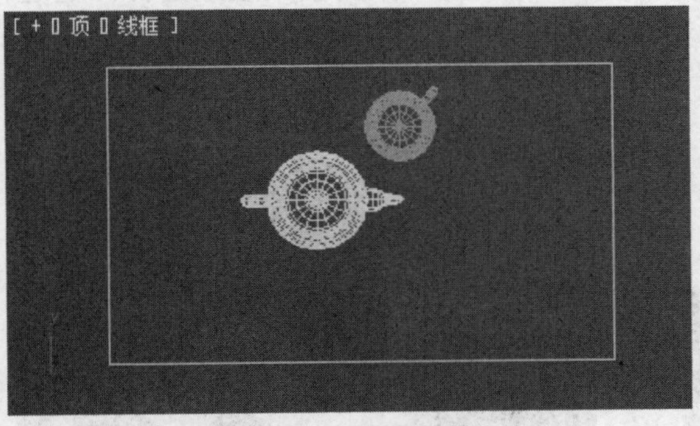

图 1-64　选择茶杯的角度

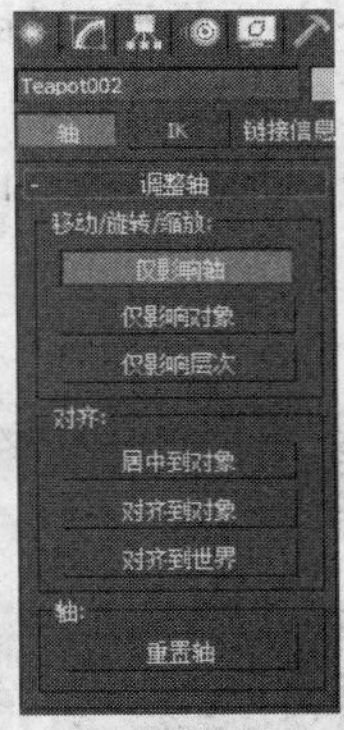

图 1-65　“仅影响轴”按钮

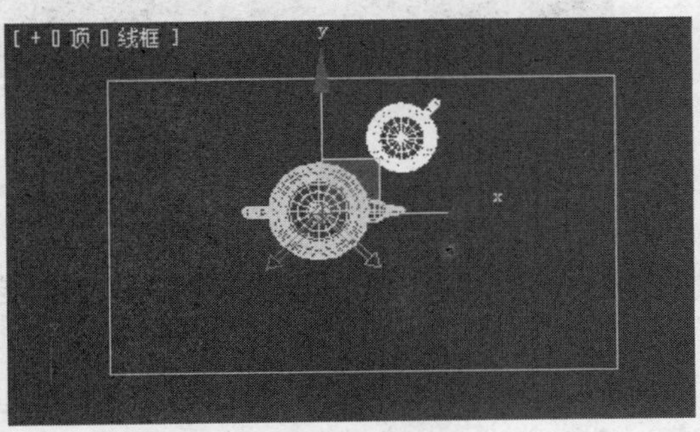

图 1-66　调整茶杯的轴心

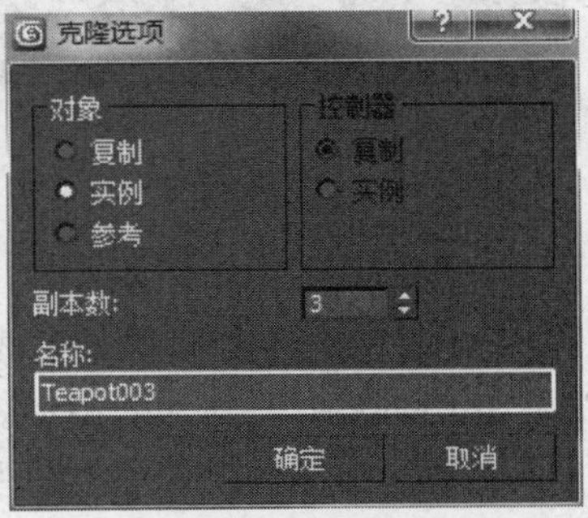

图 1-67　旋转复制参数

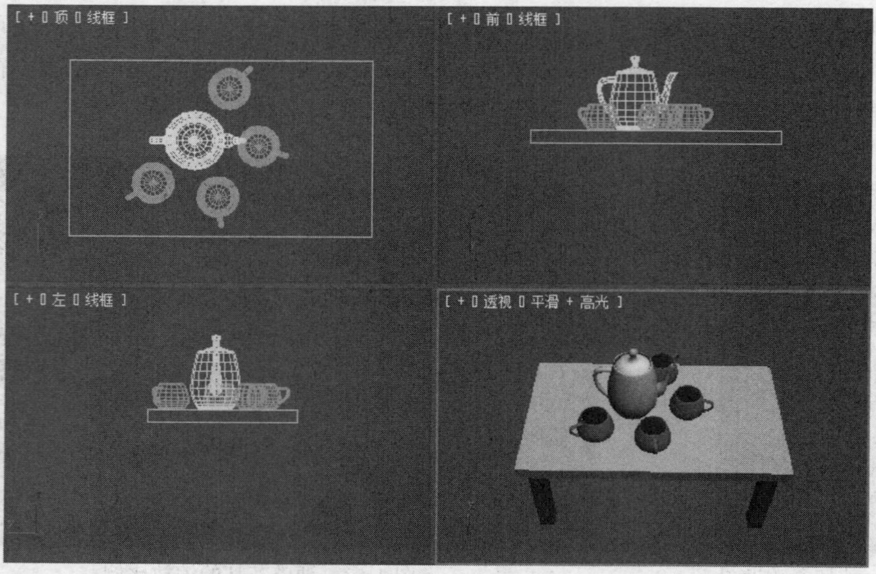

图 1-68 旋转复制茶杯

任务 1.2 书桌的制作

1.2.1 效果展示

本任务主要是通过标准基本体中的长方体、圆柱体创建书桌的基础组成部件，通过移动复制操作，复制场景中相同的对象，再通过移动工具、对齐工具，调整对象的位置，制作一个书桌的模型，最终效果如图 1-69 所示。

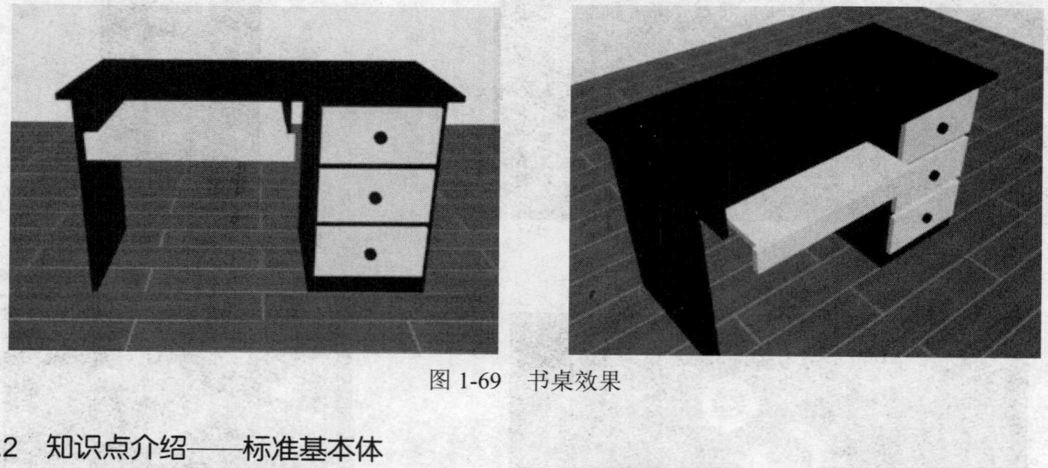

图 1-69 书桌效果

1.2.2 知识点介绍——标准基本体

3ds Max 中的各种模型是构成效果图场景的基本元素，其中“标准基本体”和“扩展基本体”是 3ds Max 中最基本的模型。

标准基本体包括了 10 种类型，它们分别是长方体、圆锥体、球体、几何球体、圆柱体、管状体、圆环、四棱锥、茶壶和平面，如图 1-70 所示。

1. 长方体

长方体是最基础的标准基本体，用于制作正六面体或长方体。下面介绍长方体的创建方法及其参数的设置。

（1）创建长方体。

创建长方体有两种类型：一种是立方体的创建，另一种是长方体的创建。在“创建方法”卷展栏中选择立方体或长方体创建选项，如图 1-71 所示。

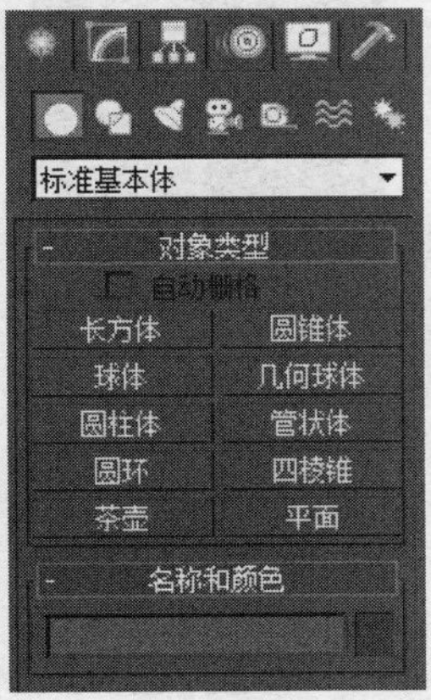

图 1-70　标准基本体

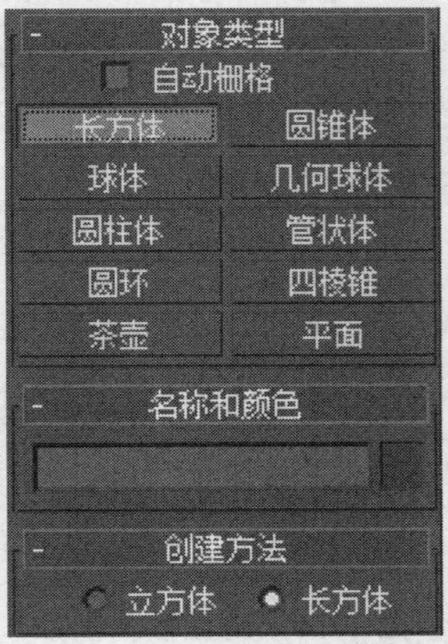

图 1-71　创建长方体的类型

立方体：创建长、宽、高都相等的长方体，即立方体。

长方体：创建长方体，是系统默认的创建方法。

长方体的创建方法比较简单，也比较典型，是学习创建其他几何体的基础。操作步骤法如下：

1）单击“创建”面板→“几何体”→“标准基本体”→“长方体”按钮，表示该创建命令被激活。

2）移动光标到适当的位置，单击并按住鼠标左键不放拖动光标，视图中生成一个长方形平面，如图 1-72 所示，松开鼠标左键并上下移动光标，长方形的高度会随光标的移动而增减，在合适的位置单击鼠标左键，长方体创建完成，如图 1-73 所示。

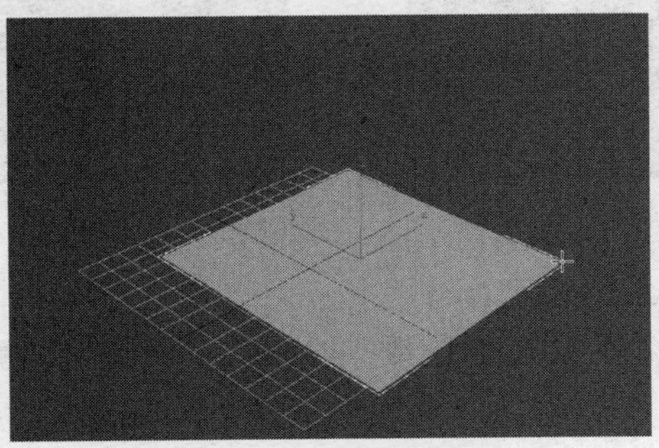

图 1-72　绘制长方形平面

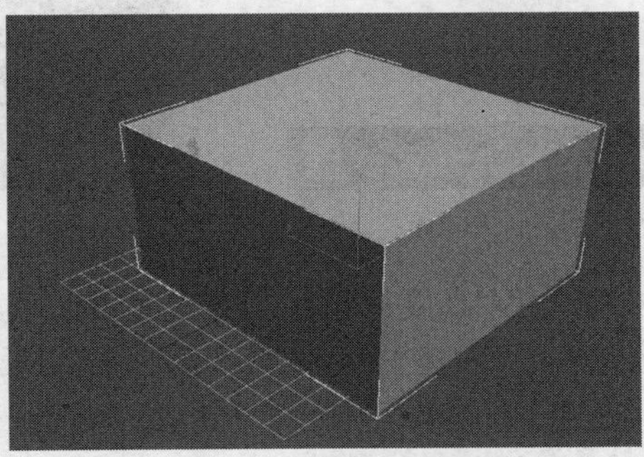

图 1-73　拖动鼠标创建长方体

3）除了使用拖动鼠标创建长方体，也可以通过使用键盘输入参数的方法创建长方体，能够精确地指定长方体的长、宽、高。展开“键盘输入”卷展栏，进行相应的参数设置，如图 1-74 所示，然后单击“创建”按钮，即可在视图中创建所需要的长方体。

（2）长方体的参数。

创建完长方体后，如果要对其进行修改，可以选中要修改的长方体，然后单击“修改”面板，在“修改”面板中会显示长方体的参数，如图 1-75 所示。

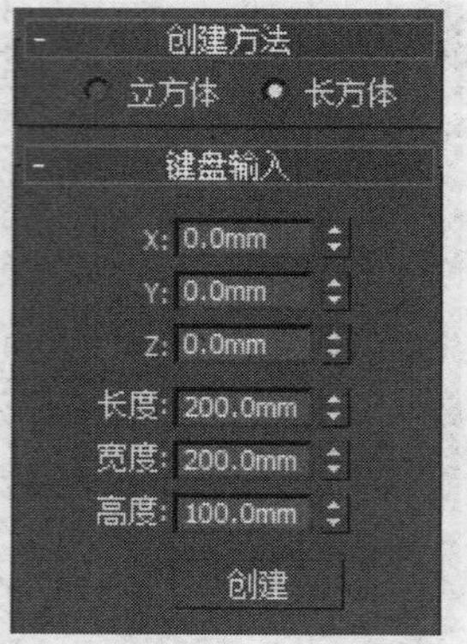

图 1-74 键盘输入参数

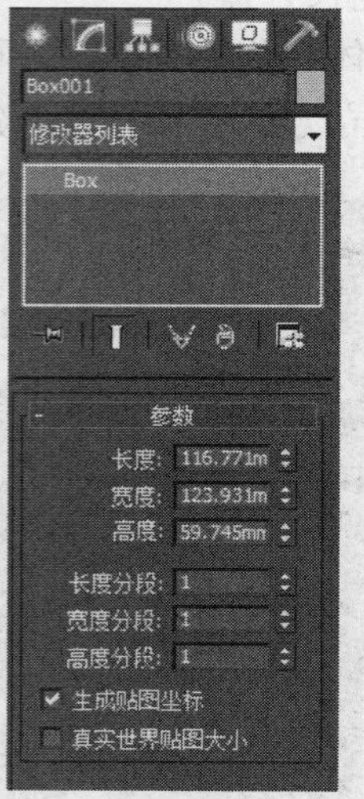

图 1-75 “修改”面板中的参数

“名称和颜色”卷展栏用于显示和更改长方体的名称和颜色，如图 1-76 所示。创建一个三维模型以后，程序会根据三维模型的类型和创建顺序，为其设置一个默认的名称，这个名称可以根据需要进行修改。单击名称框后的颜色框，弹出“对象颜色”对话框，可以为长方体选择指定一种颜色，如图 1-77 所示。也可以单击“添加自定义颜色”按钮，自定义颜色。

“参数”卷展栏用于调整物体的体积、形状以及表面的光滑度，如图 1-78 所示。在参数的数值框中可以直接输入数值进行设置，也可以利用数值框旁边的微调器进行调整。

图 1-76 “名称和颜色”卷展栏

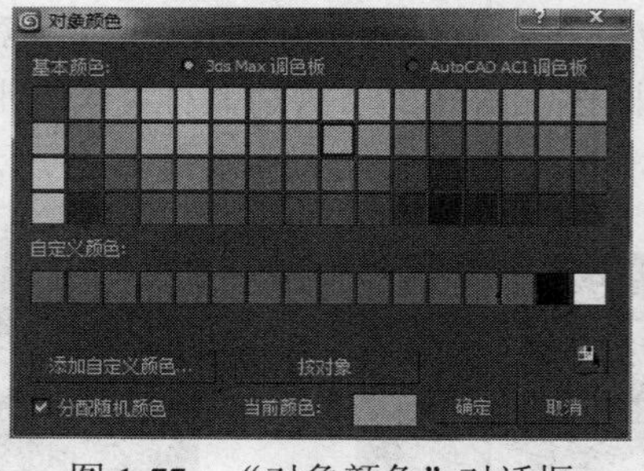

图 1-77 “对象颜色”对话框

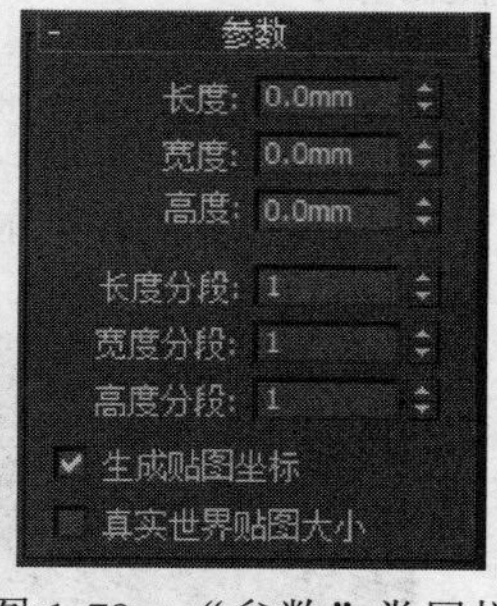

图 1-78 “参数”卷展栏

长度/宽度/高度：确定长方体的长、宽、高三边的长度。

长度分段/宽度分段/高度分段：控制长、宽、高三边上的段数，段数越多表面越细腻。

生成贴图坐标：自动指定贴图坐标。

注意 几何体的分段数是控制几何体表面光滑程度的参数，段数越多，表面就越光滑。但并不是段数越多越好，应该在不影响几何体形体的前提下将段数降到最低。在进行复杂建模时，如果物体不必要，却将段数设置过多，会影响建模后期的渲染速度。

2. 圆锥体

圆锥体用于制作圆锥、圆台、四棱锥和棱台以及它们的局部，下面介绍圆锥体的创建方法及其参数的设置与修改。

（1）创建圆锥体。

创建圆锥体同样有两种方法，一种是边创建，一种是中心创建，如图 1-79 所示。

边创建：以边界为起点创建圆锥体，在视图中以光标所单击的点作为圆锥体底面的边界起点，随着光标的拖动始终以该点作为锥体的边界。

中心创建：以中心为起点创建圆锥体，在视图中以光标单击点作为圆锥体底面的中心点，是系统默认的创建方式。

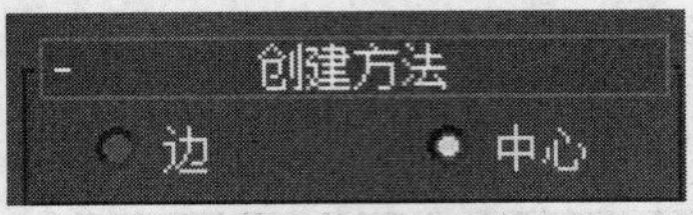

图 1-79　创建圆锥体的类型

创建圆锥体的操作步骤如下：

1）单击“创建”面板→“几何体”→“圆锥体”按钮，激活创建命令。

2）移动光标到视图中的适当位置，单击并按住鼠标左键不放，拖动光标，视图中将生成一个圆形平面，松开鼠标左键并上下移动，锥体的高度会随光标的移动而增减，在合适的位置单击鼠标左键，再次移动光标，调整顶端面的大小，单击鼠标左键完成创建，如图 1-80 所示。

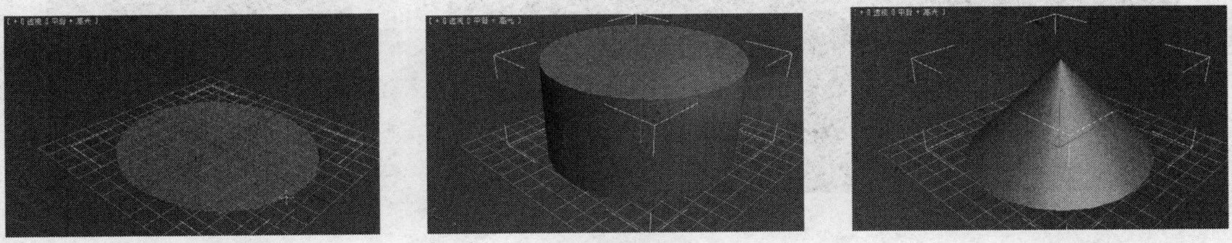

图 1-80　创建圆锥体

（2）圆锥体的参数。

选择创建的圆锥体，然后单击“修改”面板，在“参数”卷展栏中会显示圆锥体的各项参数，如图 1-81 所示。各参数的含义如下：

半径 1：设置圆锥体底面半径。

半径 2：设置圆锥体顶面半径，半径为 2 不为 0，则圆锥体将变为圆台体。

高度：设置圆锥体的高度。

高度分段：设置圆锥体在高度上的段数。

端面分段：设置圆锥体在上顶面和下底面上沿半径方向上的段数。

边数：设置圆锥体端面圆周上的段数。值越大，圆锥体越光滑；值越小，圆锥体将变为棱锥体，当值为 4 时，即为四棱锥，如图 1-82 所示。

平滑：表示是否进行表面光滑处理。选中时，产生圆锥、圆台；取消时，产生四棱锥、棱台。

启用切片：表示是否开启切片处理，勾选后可以在下面设置调整圆锥体的局部切片，效果如图 1-83 所示。

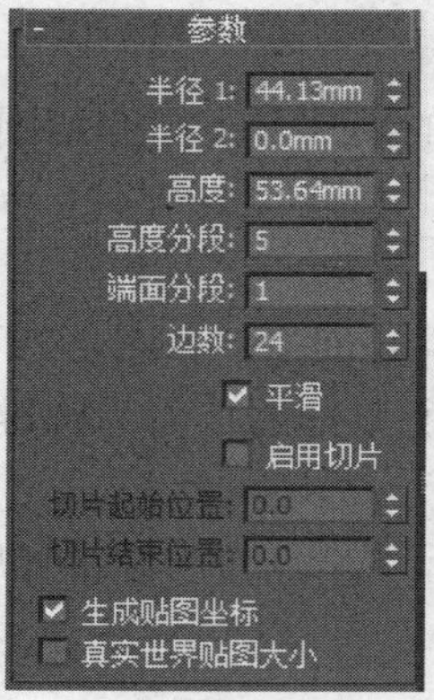

图 1-81 圆锥体基础参数

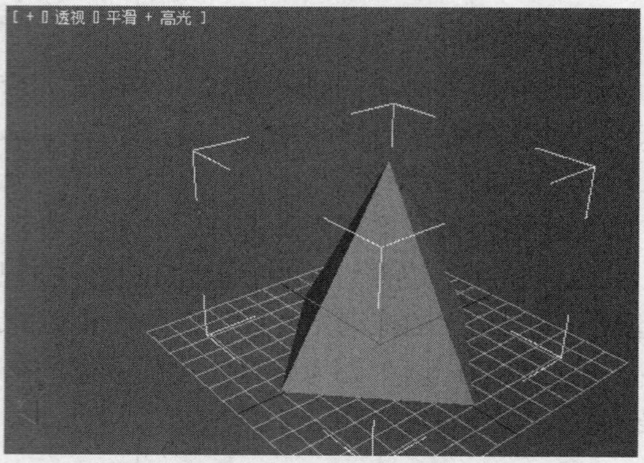

图 1-82 四棱锥

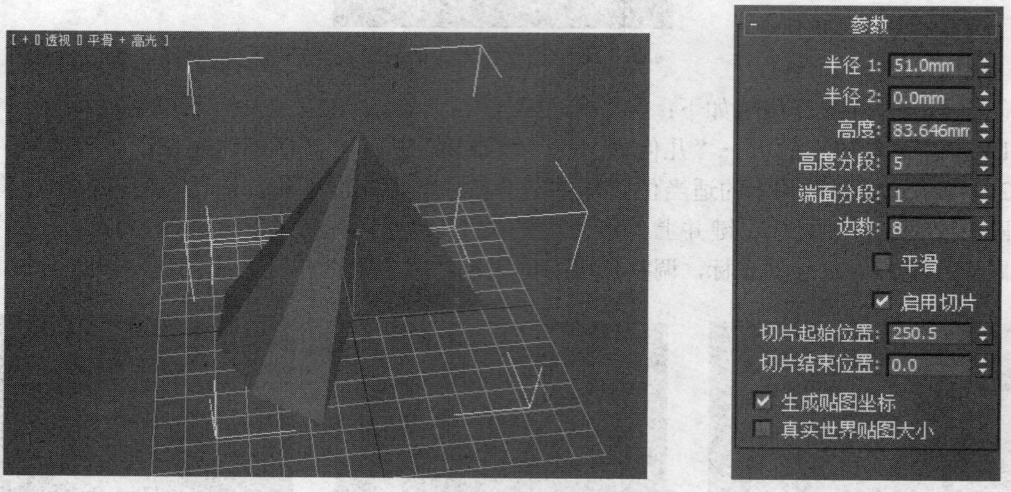

图 1-83 切片处理效果及参数

切片起始位置/切片结束位置：分别设置切片两端切除的幅度。输入正值，切片按逆时针方向进行；输入负值，切片按顺时针方向进行。

3. 球体

球体用于制作表面光滑的球体或制作局部球体，下面介绍球体的创建及其参数。

（1）创建球体。

创建球体的方法也有两种，与圆锥体相同，这里就不再介绍了。球体的创建方法非常简单，操作步骤如下：

1）单击“创建”面板→“几何体”→“标准基本体”→“球体”按钮，激活创建命令。

2）移动光标到视图中的适当位置，单击并按住鼠标左键不放，拖动光标，视图中将生成一个球体，移动光标可以调整球体的大小，在合适的位置松开鼠标左键，球体创建完成，如图 1-84 所示。

（2）球体的参数。

选择创建的球体，然后单击“修改”面板，在“修改”面板中会显示球体的参数，如图 1-85 所示。各参数的含义如下：

半径：设置球体的半径大小。

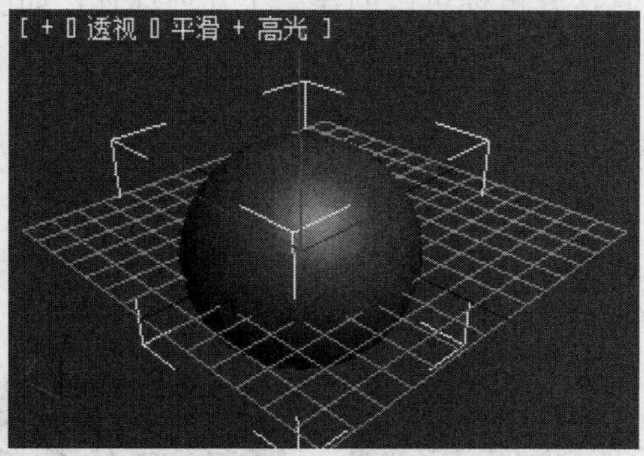

图 1-84　创建球体

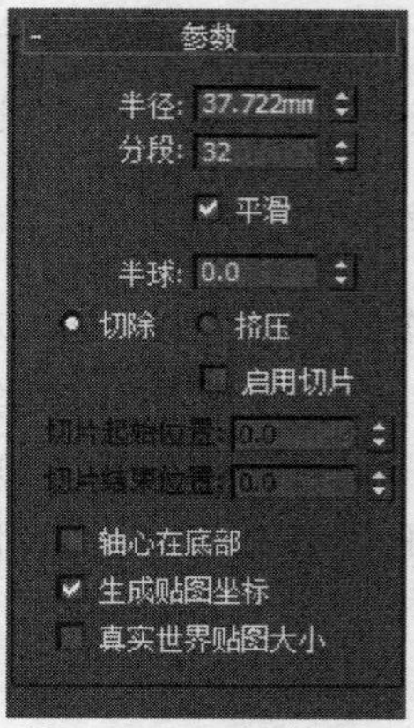

图 1-85　球体的参数

分段：设置表面的段数，值越大，表面越光滑。

平滑：是否对球体表面进行光滑处理。

半球：用于创建半球或局部球体。取值范围为 0～1，当值为 0 时，将创建完整的球体；当值为 0.5 时，创建出半球体；当值为 1 时，不产生任何造型。不同的半球参数对应效果分别如图 1-86 至图 1-88 所示。

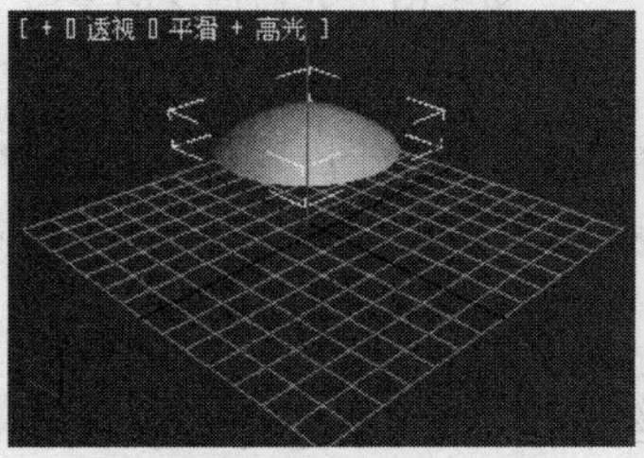

图 1-86　半球值为 0.75

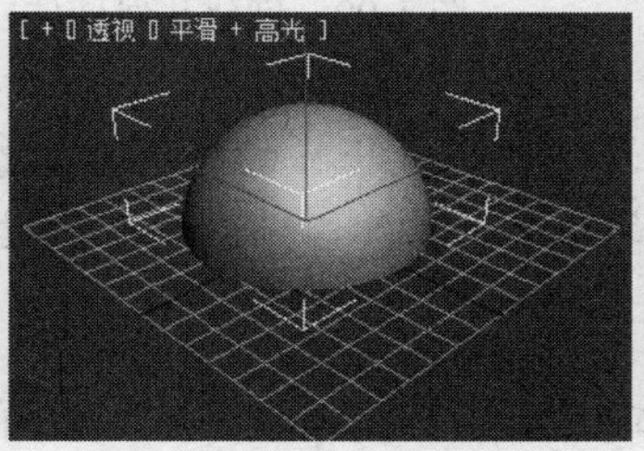

图 1-87　半球值为 0.5

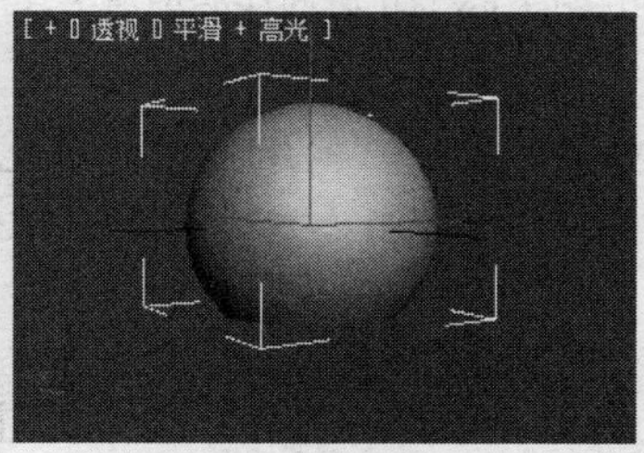

图 1-88　半球值为 0.25

切除/挤压：在进行半球系数调整时发挥作用。用于确定球体被切除后，原来的网格划分也随之切除或者仍保留但被挤出剩余的球体中。

启用切片：表示是否开启切片处理，勾选后可以在下面设置调整球体的局部切片。

切片起始位置/切片结束位置：分别设置切片两端切除的幅度。输入正值，切片按逆时针方向进行；输入负值，切片按顺时针方向进行。

4. 几何球体

几何球体用于建立以三角面相拼接而成的球体或半球体，下面介绍几何球体的创建方法及参数设置与修改。

（1）创建几何球体。

创建几何球体有两种方法，一种是直径创建，另一种是中心创建，如图 1-89 所示。

直径创建：以直径方式拉出几何球体。在视图中以第一次单击鼠标左键的点为起点，把光标的拖动方向作为创建几何球体的直径方向。

中心创建：以中心方式拖拉出几何球体。在视图中第一次单击鼠标左键的点作为要创建的几何球体的中心，拖动光标的位移大小作为所要创建球体的半径，是系统默认的创建方式。

几何球体的创建方法与球体相同，操作步骤如下：

1）单击“创建”面板→“几何体”→“标准基本体”→“几何球体”按钮，激活创建命令。

2）在视图中单击并拖动鼠标，在适当的位置松开鼠标可以创建一个几何球体，如图 1-90 所示。

（2）几何球体的参数。

在“修改”面板中，可以对几何球体的参数进行修改，如图 1-91 所示。各参数的含义如下：

半径：确定几何球体的半径大小。

分段：设置球体表面的复杂度，值越大，三角面越多，球体表面越光滑。

基点面类型：确定是由哪种规则的异面体组合成球体。

图 1-89 几何球体的创建方法

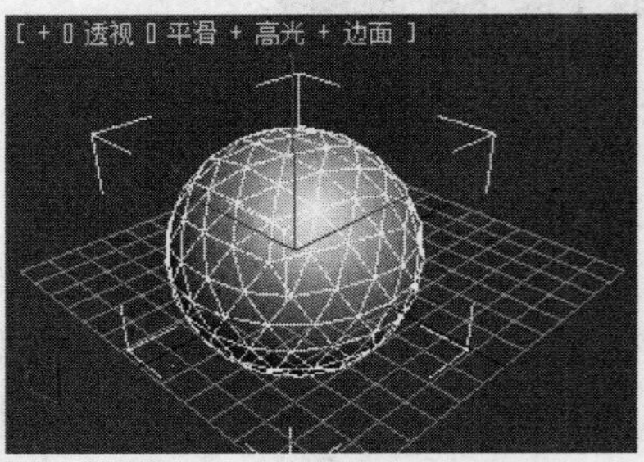

图 1-90 创建几何球体

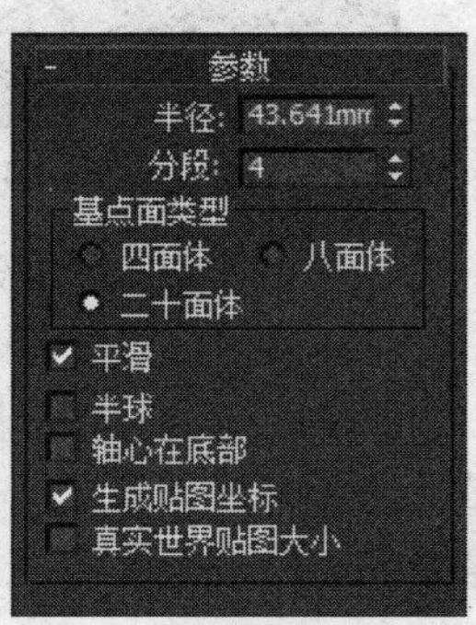

图 1-91 几何球体的参数

提示 创建的球体和几何球体基本是一样的，只是各自的网格分段不同，在加上其他修改命令后，将得到不同的效果。另外，球体可以实现半球参数调整，几何球体则不能。

5. 圆柱体

圆柱体可以用于制作棱柱体、圆柱体、局部圆柱。下面介绍圆柱体的创建方法及其参数的设置与修改。

（1）创建圆柱体。

圆柱体的创建方法与长方体基本相同，操作步骤如下：

1）单击“创建”面板→“几何体”→“标准基本体”→“圆柱体”按钮，激活创建命令。

2）在视图中单击并拖动鼠标，视图中将出现一个圆形平面，松开鼠标并上下移动，可以确定圆柱体的高度，如图 1-92 所示。

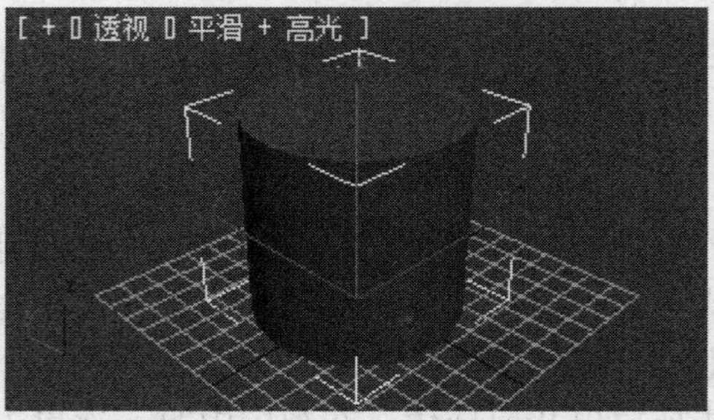

图 1-92 创建圆柱体

（2）圆柱体的参数。

在“修改”面板中，可以对圆柱体的参数进行修改，如图 1-93 所示。各参数的含义如下：

半径：底面和顶面的半径。

高度：确定柱体的高度。

高度分段：确定柱体在高度上的段数。

端面分段：确定两端面上沿半径方向的段数。

边数：确定圆周上的段数，对于圆柱体，边数越多越光滑，最小值为 3。

其他参数请参看前面圆锥体的参数说明。

6. 管状体

管状体可以用于创建空心圆管造型，包括圆管、棱管等，下面介绍管状体的创建方法及其参数的设置与修改。

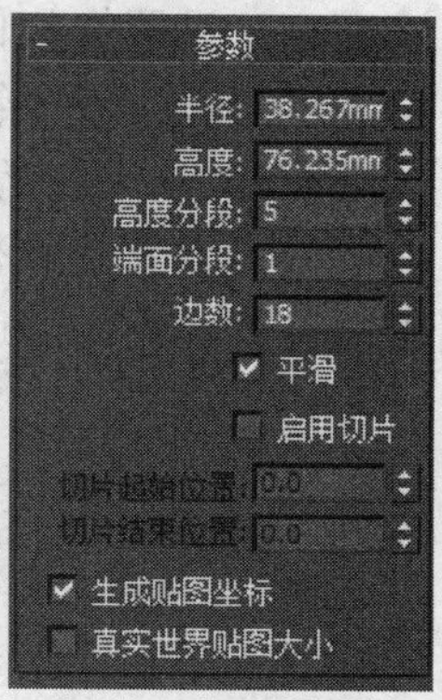

图 1-93　圆柱体的参数

（1）创建管状体。

创建管状体的方法与创建圆柱体和圆锥体的方法类似，操作步骤如下：

1）单击“创建”面板→“几何体”→“标准基本体”→“管状体”按钮，激活创建命令。

2）在视图中单击并拖动鼠标，在视图中会出现一个圆，松开鼠标上下移动，会生成一个圆环形面片。单击鼠标确定后再上下移动，会生成管状体的高，再次单击鼠标确定，管状体创建完成，如图 1-94 所示。

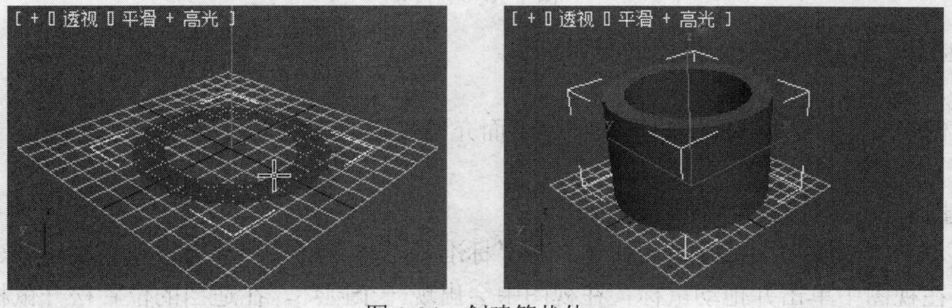

图 1-94　创建管状体

（2）管状体的参数。

在“修改”面板中，可以对管状体的参数进行修改，如图 1-95 所示。各参数的含义如下：

半径 1/半径 2：分别设置底面圆环的内径和外径大小。

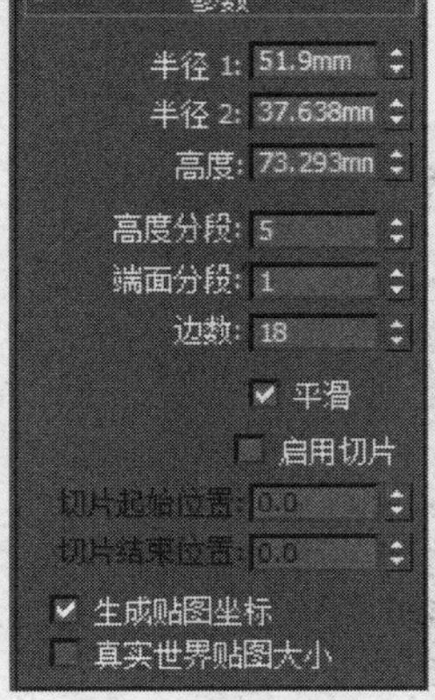

图 1-95　管状体的参数

高度：设置管状体的高度。

高度分段：设置管状体高度上的段数。

端面分段：设置管状体上下底面的段数。

边数：设置管状体侧边数的多少。值越大，管状体越光滑。对棱管来说，边数值决定其属于几棱管，例如当边数为 5 时，即为五棱管，如图 1-96 所示。

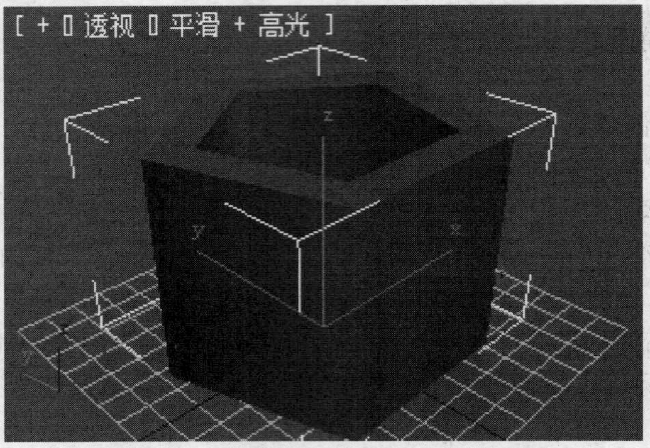

图 1-96　五棱管

其他参数请参看前面圆锥体的参数说明。

7. 圆环

圆环是一个有着圆形剖面的环状体，下面介绍圆环的创建方法及其参数设置。

（1）创建圆环。

创建圆环的操作步骤如下。

1）单击“创建”面板→“几何体”→“标准基本体”→“圆环”按钮，激活创建命令。

2）在视图中单击并拖动鼠标，在视图中会出现一个圆环，在适当的位置松开鼠标并上下移动，调整圆环的粗细，然后单击鼠标确定，圆环创建完成，如图 1-97 所示。

（2）圆环的参数。

选中圆环，在“修改”面板中可以对圆环的参数进行设置与修改，如图 1-98 所示。各参数的含义如下：

半径 1：设置圆环中心与截面正多边形的中心距离。

半径 2：设置截面正多边形的内径。

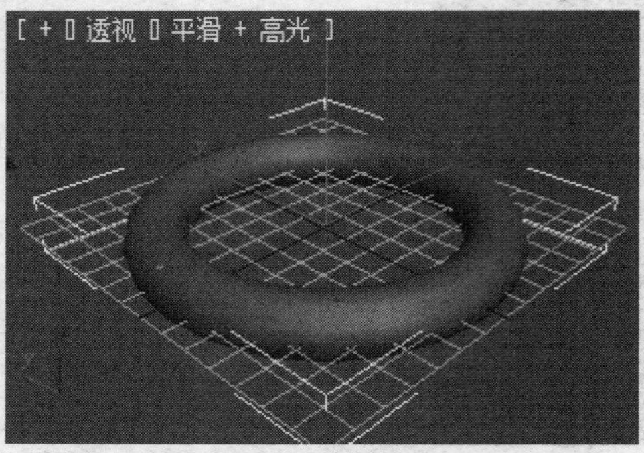

图 1-97　创建圆环

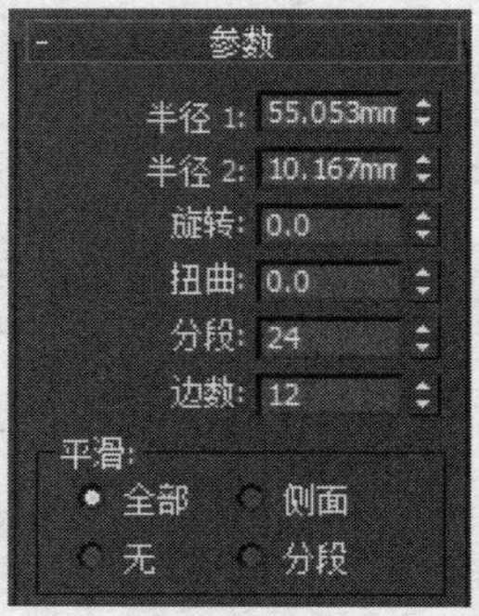

图 1-98　圆环的参数

旋转：设置每一片段截面沿圆环轴旋转的角度，如果进行扭曲设置或以不光滑表面着色，可以看到其效果。

扭曲：设置每一片段截面扭曲的角度，产生扭曲的表面。

分段：设置圆周方向上的片段数。值越大，圆环越光滑。

边数：设置圆环侧面上的边数。

平滑：设置光滑属性，将棱边光滑。有 4 种方式，全部：对所有表面进行光滑处理；侧面：只对圆环的圆形剖面进行光滑处理；无：不进行光滑处理；分段：只对相邻面的边界进行光滑处理。例如，图 1-99 中的圆环使用了全部光滑效果；图 1-100 中的圆环使用了侧面光滑效果；图 1-101 中的圆环使用了无光滑效果；图 102 中的圆环使用了分段光滑效果。

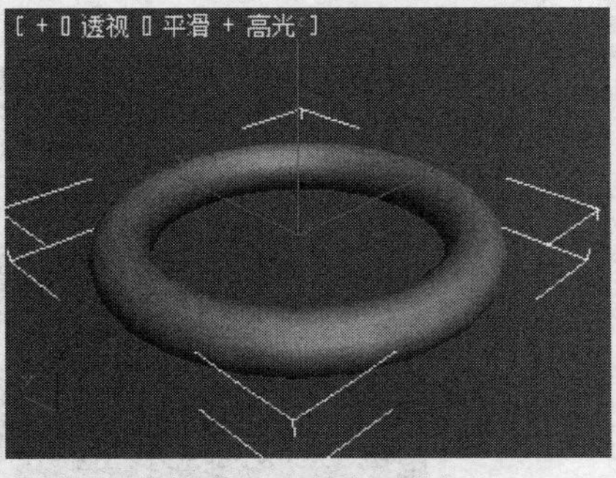

图 1-99　全部光滑

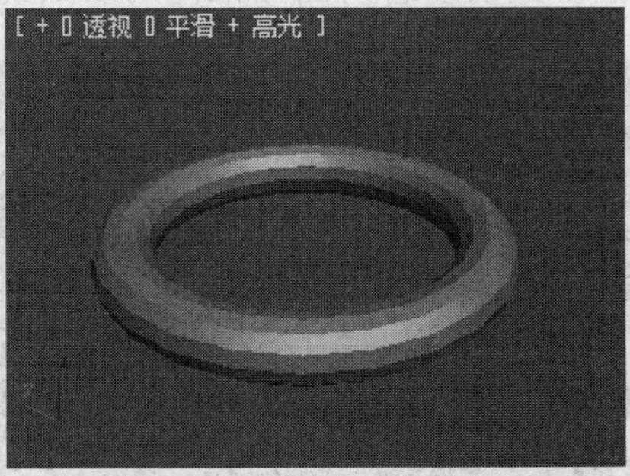

图 1-100　侧面光滑

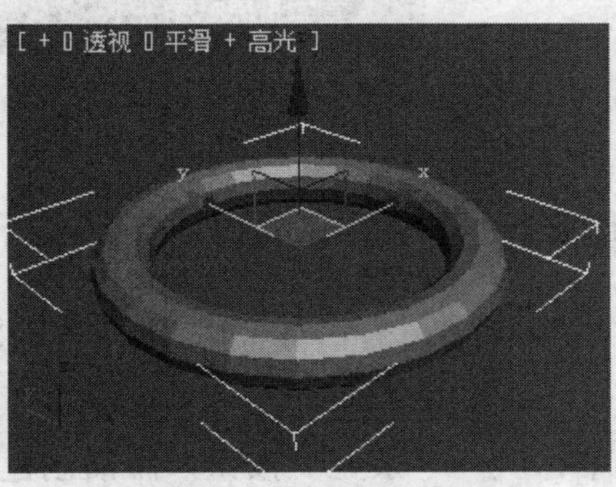

图 1-101　无光滑

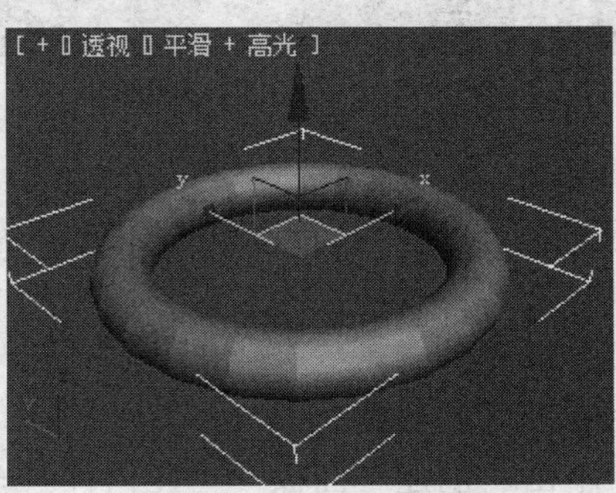

图 1-102　分段光滑

8. 四棱锥

四棱锥用于创建锥体模型，下面介绍四棱锥的创建方法及其参数设置。

（1）创建四棱锥。

四棱锥的创建方法有两种，一种是基点/顶点创建，另一种是中心创建，如图 103 所示。

图 1-103　四棱锥的创建方法

基点/顶点创建：系统把鼠标第一次单击的位置点作为四棱锥底面点或顶点，是系统默认的创建方式。

中心创建：系统把鼠标第一次单击的位置点作为四棱锥底面的中心点。

四棱锥的创建方法非常简单，操作步骤如下：

1）单击“创建”面板→“几何体”→“标准基本体”→“四棱锥”按钮，激活创建命令。

2）在视图中单击并拖动鼠标，在视图中会出现一个长方形平面，在适当的位置松开鼠标并上下移动，会生成四棱锥的高，然后单击鼠标确定，四棱锥创建完成，如图 1-104 所示。

（2）四棱锥的参数。

选中四棱锥，在“修改”面板中可以对四棱锥的参数进行设置与修改，如图 1-105 所示。各参数的含义如下：

宽度/深度/高度：设置底面矩形的长、宽以及锥体的高。

高度分段/深度分段/高度分段：设置三个轴向上的段数。

其他参数请参看前面圆锥体的参数说明。

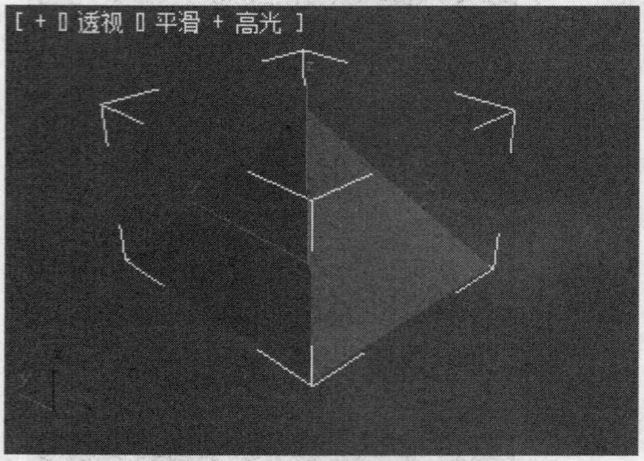

图 1-104　创建四棱锥

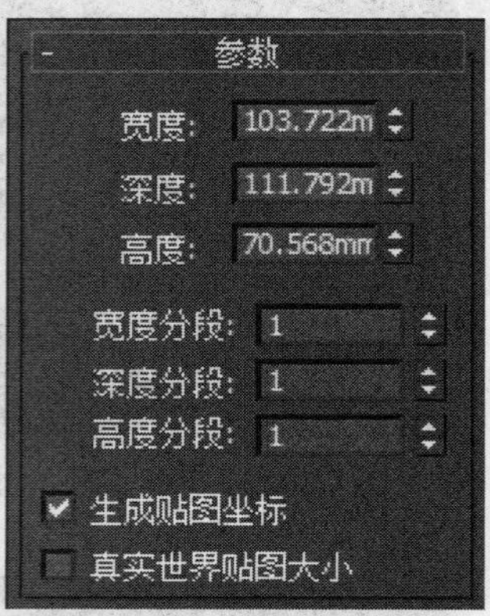

图 1-105　四棱锥的参数

9. 茶壶

茶壶用于创建一个标准的茶壶或者茶壶的某一部分。下面介绍茶壶的创建方法及其参数的设置与修改。

（1）创建茶壶。

茶壶的创建步骤如下：

1）单击“创建”面板→“几何体”→“标准基本体”→“茶壶”按钮，激活创建命令。

2）在视图中单击并拖动鼠标，在视图中会出现一个茶壶，在适当的位置松开鼠标，茶壶创建完成，如图 1-106 所示。

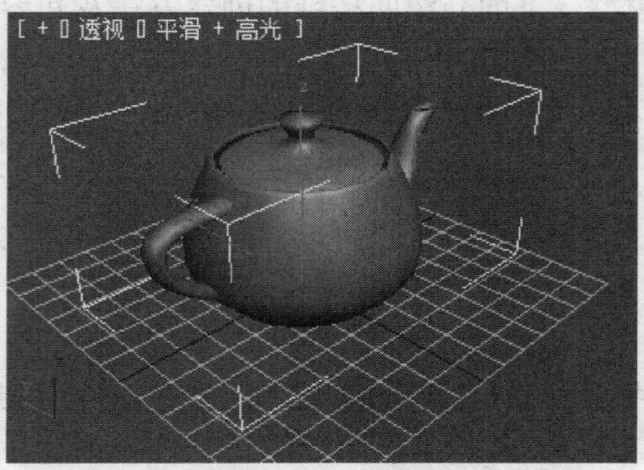

图 1-106　创建茶壶

（2）茶壶的参数。

选中茶壶，在“修改”面板中可以对茶壶的参数进行设置与修改，如图 1-107 所示。各参数的含义如下：

半径：设置茶壶的大小。

分段：设置茶壶表面的划分精度，值越大，表面越细腻。

茶壶部件：设置茶壶各部分的显示与隐藏。勾选则显示，取消则隐藏，分为壶体、壶把、壶嘴、壶盖四部分。

其他参数请参看前面圆锥体的参数说明。

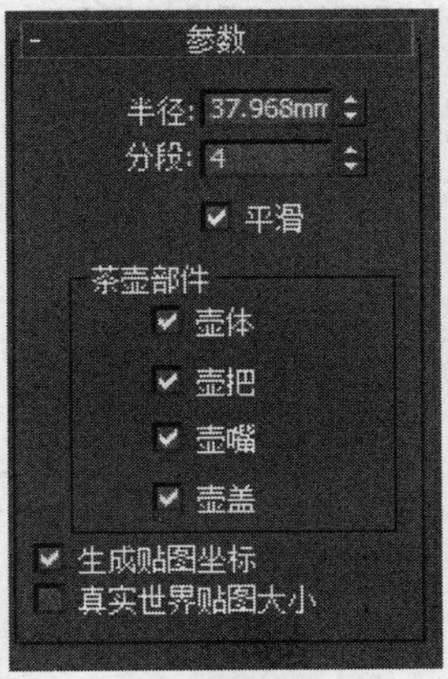

图 1-107　茶壶的参数

10. 平面

平面是一类特殊的多边形网格物体，用于在效果图中创建地面、场地等，使用非常方便。下面介绍平面的创建方法及其参数设置与修改。

（1）创建平面。

平面的创建非常简单，操作步骤如下：

1）单击“创建”面板→“几何体”→“标准基本体”→“平面”按钮，激活创建命令。

2）在视图中单击并拖动鼠标，在视图中会出现平面，在适当的位置松开鼠标，平面创建完成，如图 1-108 所示。

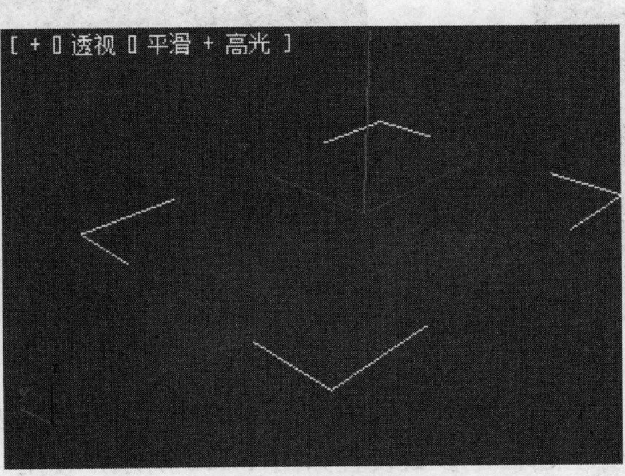

图 1-108　创建平面

（2）平面的参数。

选中平面，在“修改”面板中可以对平面的参数进行设置与修改，如图 1-109 所示。各参数的含义如下：

长度/宽度：分别设置平面的长、宽，以确定平面的大小。

长度分段/宽度分段：设置长、宽方向上的段数。

渲染倍增：只在渲染时起作用，可以设置缩放、密度值。缩放：渲染时平面的长和宽均以该尺寸比例倍数扩大；密度：渲染时平面的长和宽方向上的分段数均以该密度比例倍数扩大。

总面数：显示平面对象全部的面片数。

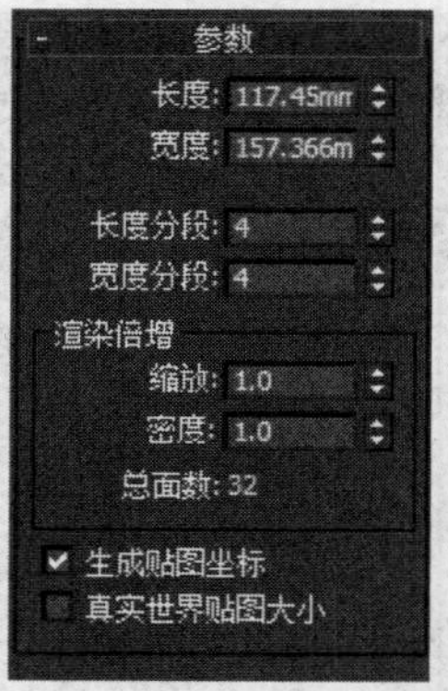

图 1-109　平面的参数

1.2.3　任务实施

1. 设置单位

在建模之前需要将显示单位比例和系统单位设置为毫米，具体的操作步骤请参看 1.1.3 节。

2. 创建书桌

（1）单击“创建”面板→“几何体”→“标准基本体”→“长方体”按钮，在顶视图中创建一个长方体，命名为“桌面”，参数设置如图 1-110 所示，效果如图 1-111 所示。

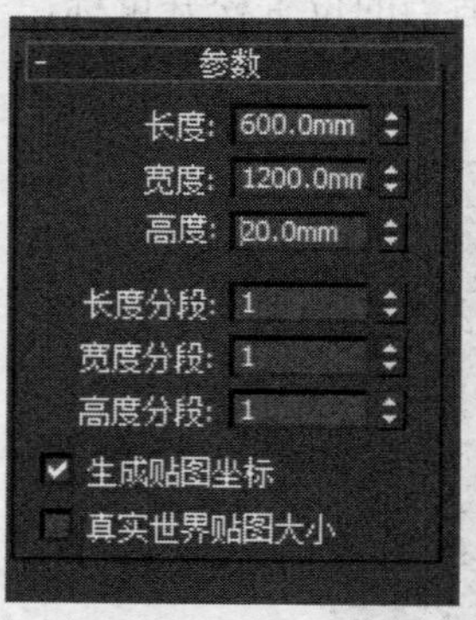

图 1-110　桌面参数设置

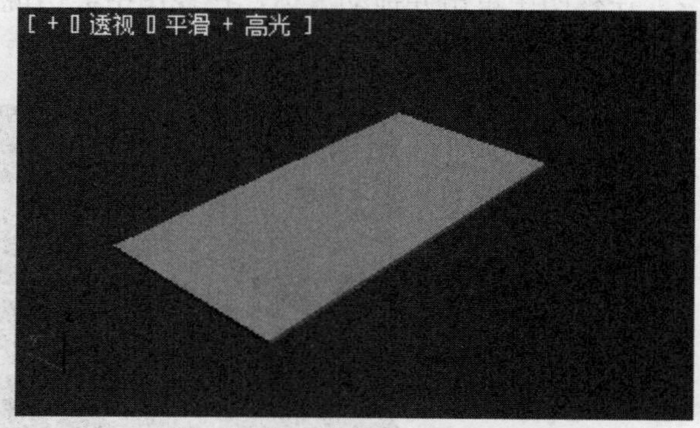

图 1-111　创建桌面

（2）单击“创建”面板→“几何体”→“标准基本体”→“长方体”按钮，在左视图中创建一个长方体，命名为“桌脚”，参数设置如图 1-112 所示，使用“对齐”工具将其与桌面沿 X 轴进行中心对齐，参数设置如图 1-113 所示，效果如图 1-114 所示。

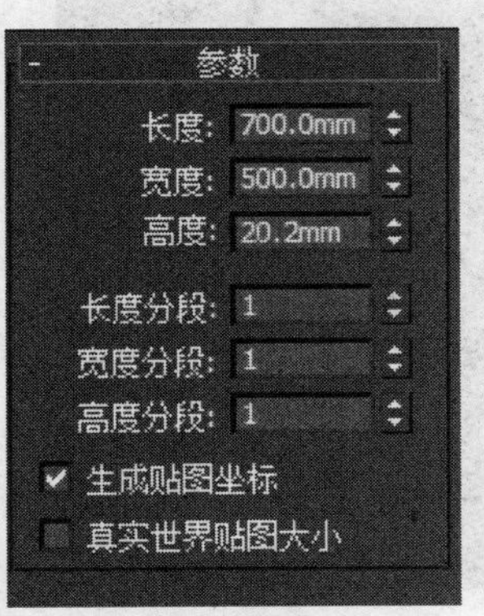

图 1-112　桌脚参数设置

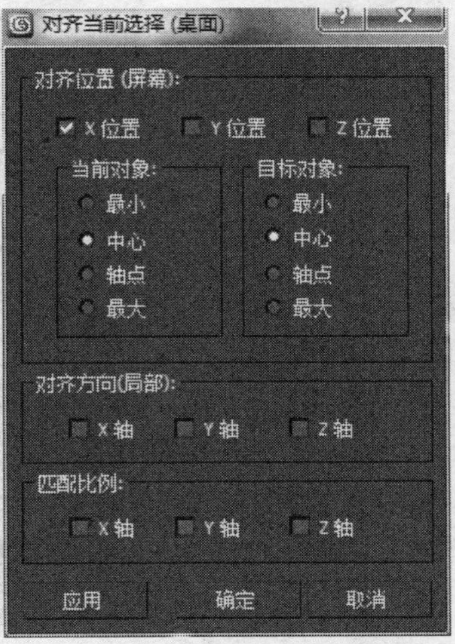

图 1-113　对齐参数设置

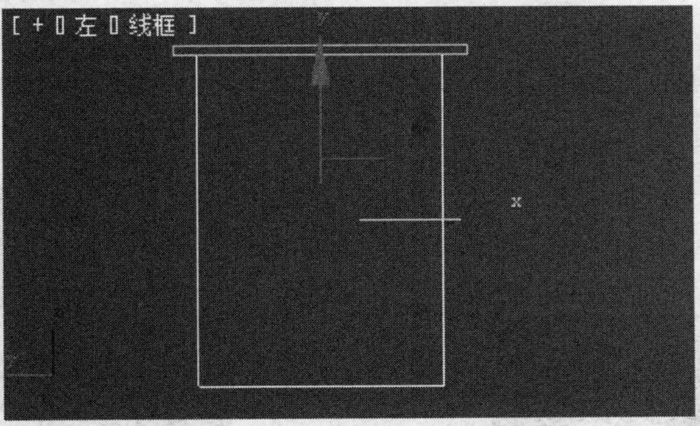

图 1-114　创建桌脚效果

（3）单击“创建”面板→“几何体”→“标准基本体”→“长方体”按钮，在前视图中创建一个长方体，命名为“抽屉”，参数设置如图 1-115 所示。在顶视图中使用“对齐”工具将其与桌面沿 Y 轴进行中心对齐，如图 1-116 所示，效果如图 1-117 所示。

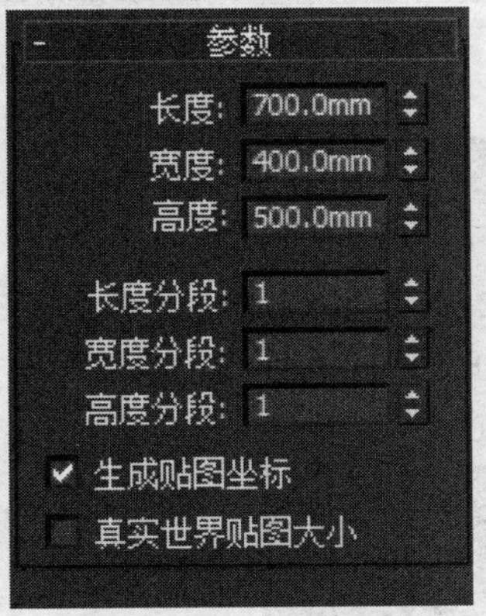

图 1-115　抽屉参数

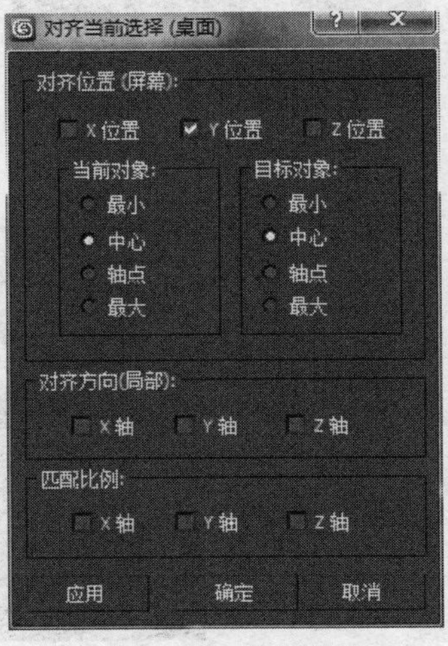

图 1-116　对齐参数

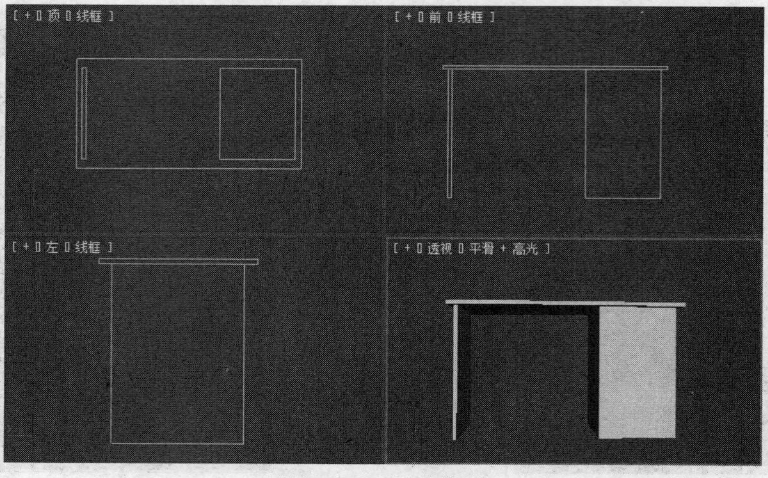

图 1-117　创建抽屉

（4）单击“创建”面板→“几何体”→“标准基本体”→“长方体”按钮，在前视图中创建一个长方体，参数设置如图 1-118 所示，使用“对齐”工具将其与抽屉进行对齐，参数设置如图 1-119 所示。在顶视图中将其移动到抽屉表面，效果如图 1-120 所示。

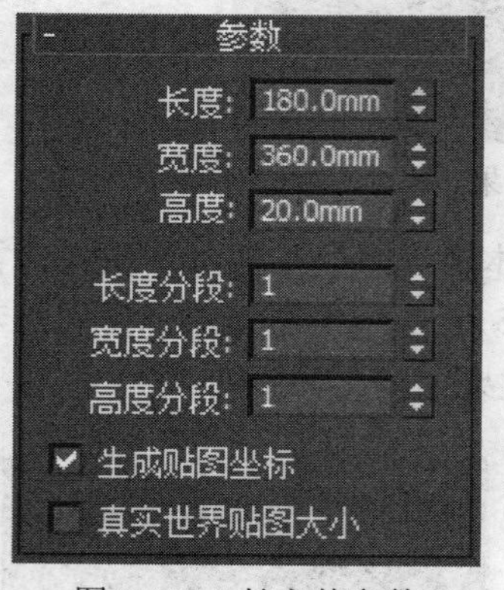

图 1-118　长方体参数

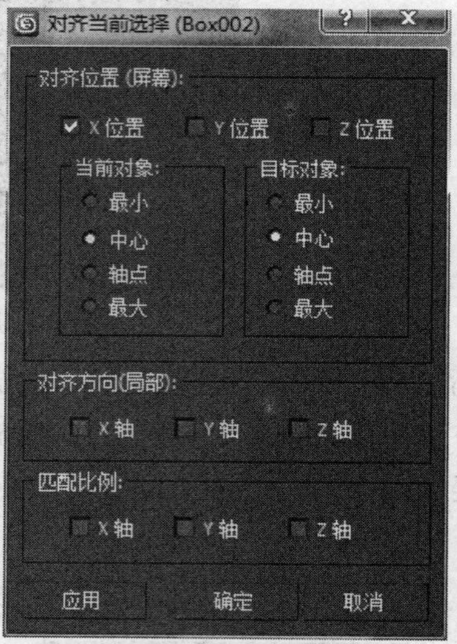

图 1-119　对齐参数

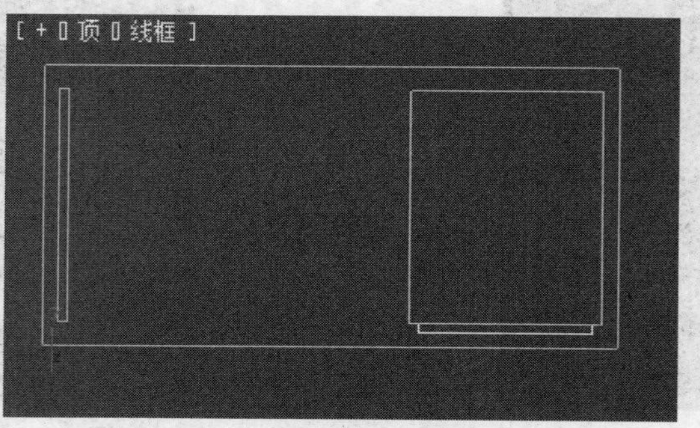

图 1-120　移动长方体

（5）单击“创建”面板→“几何体”→“标准基本体”→“圆柱体”按钮，在前视图中创建一个圆柱体，参数设置如图 1-121 所示，使用“对齐”工具将其与步骤（4）中的长方体进行对齐，参数设置如图 1-122 所示。在顶视图中将其移动到合适的位置，效果如图 1-123 所示。

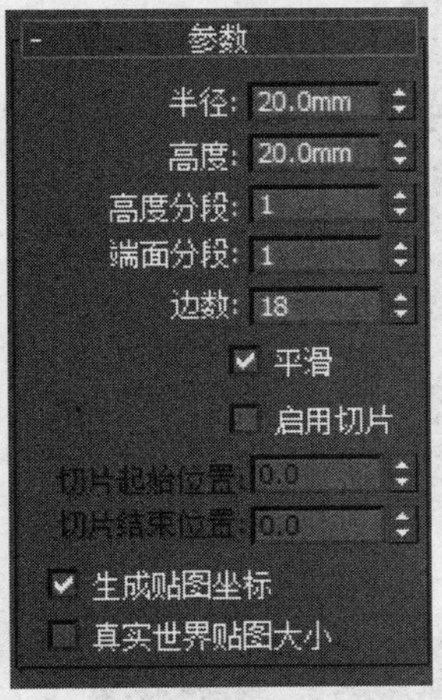

图 1-121　圆柱体参数

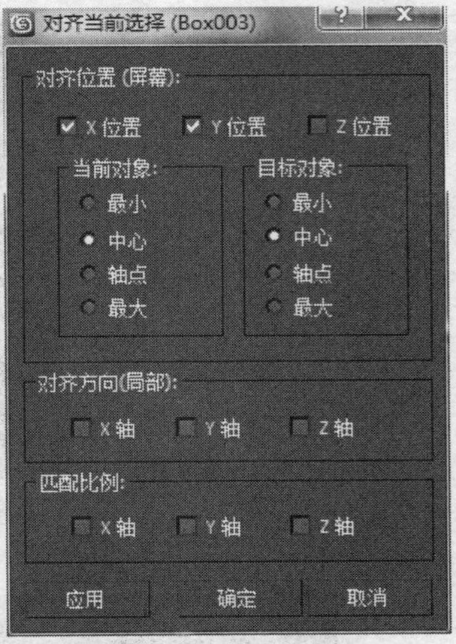

图 1-122　对齐参数

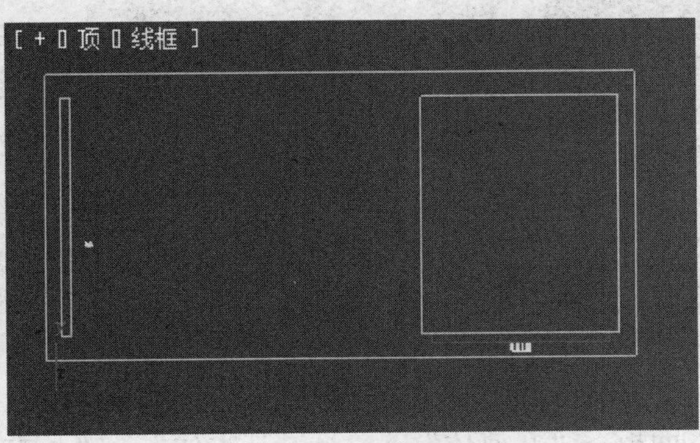

图 1-123　调整圆柱体位置

（6）选中步骤（4）、（5）中创建的长方体、圆柱体，执行“组”→“成组”命令，命名为“抽屉门”，将其成组。在前视图中使用“移动”工具，按住【Shift】键，移动复制两个抽屉门，参数设置如图 1-124 所示，效果如图 1-125 所示。

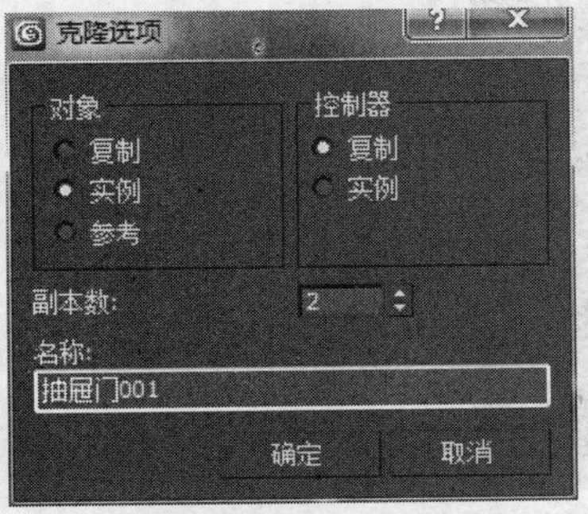

图 1-124　复制参数

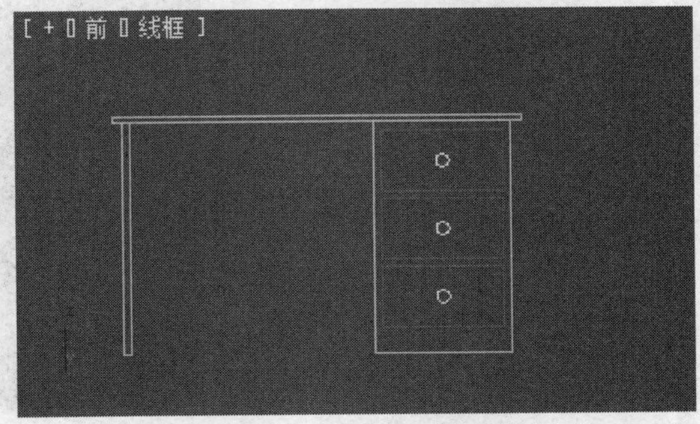

图 1-125　抽屉复制效果

（7）单击“创建”面板→“几何体”→“标准基本体”→“长方体”按钮，在顶视图中创建一个长方体，参数设置如图 1-126 所示，使用“对齐”工具将其与桌面沿 Y 进行中心对齐。使用“移动”工具，选择按“实例”将其复制一个，调整到合适的位置，如图 1-127 所示。

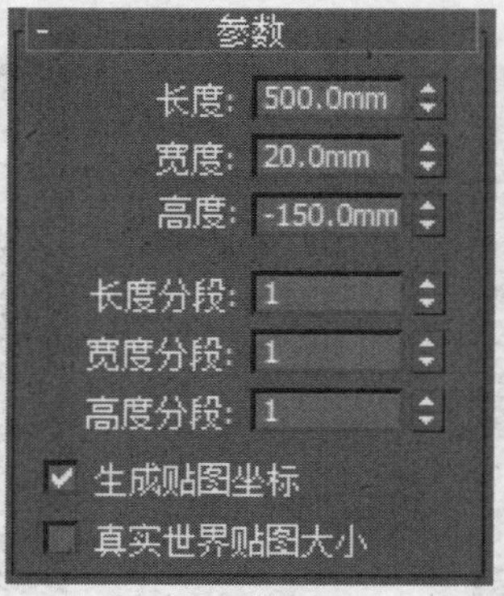

图 1-126　长方体参数

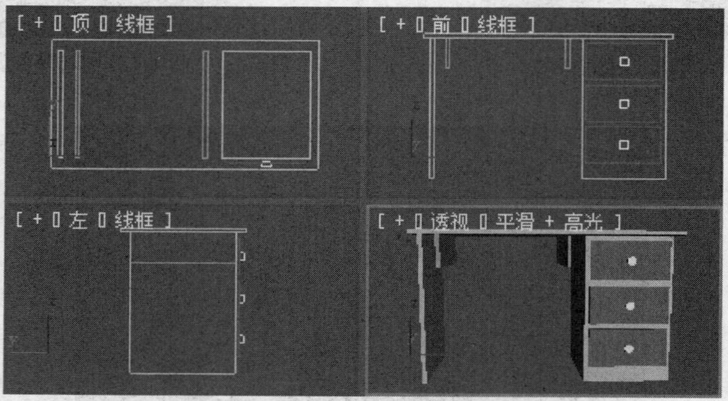

图 1-127　复制长方体

（8）单击“创建”面板→“几何体”→“标准基本体”→“长方体”按钮，在顶视图中创建一个长方体，参数设置如图 1-128 所示。使用“移动”工具将其调整到合适的位置，如图 1-129 所示。

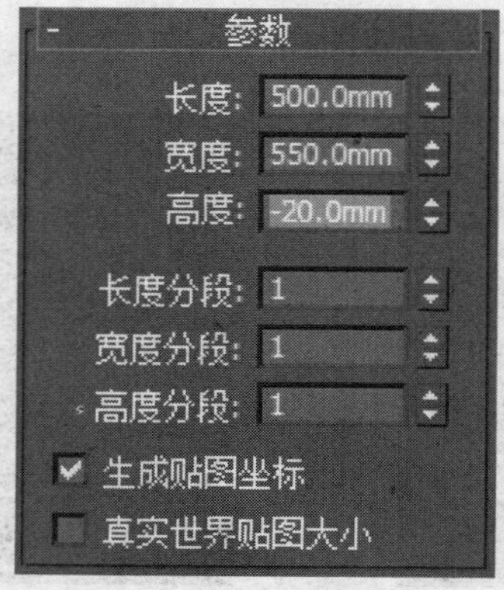

图 1-128　长方体参数

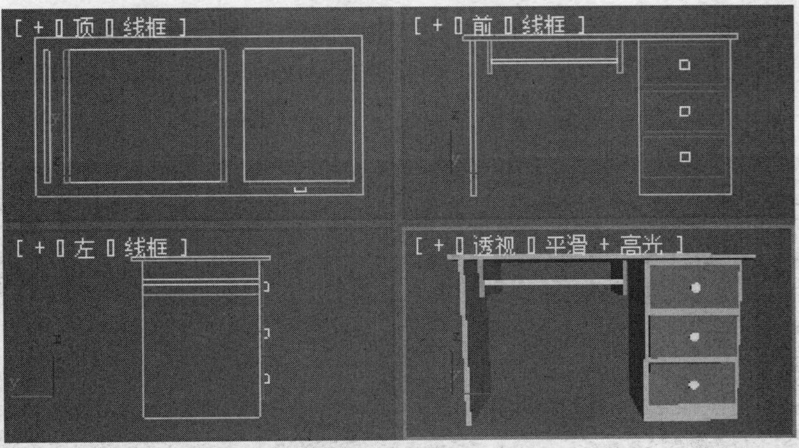

图 1-129　调整长方体位置

（9）单击“创建”面板→“几何体”→“标准基本体”→“长方体”按钮，在前视图中创建一个长方体，如图 1-130 所示，参数设置如图 1-131 所示。使用“移动”工具将其调整到合适的位置，如图 1-132 所示。

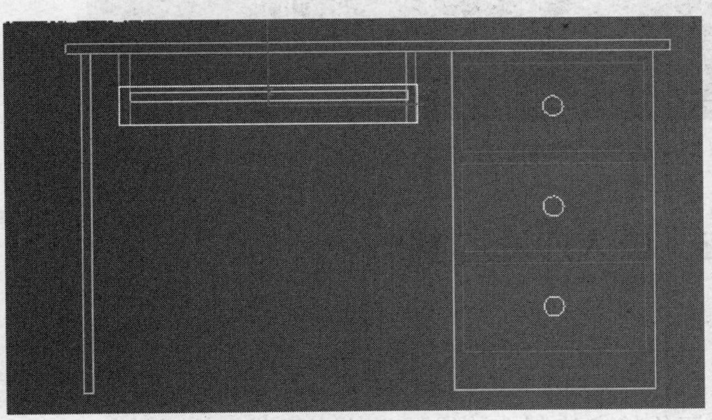

图 1-130　创建长方体

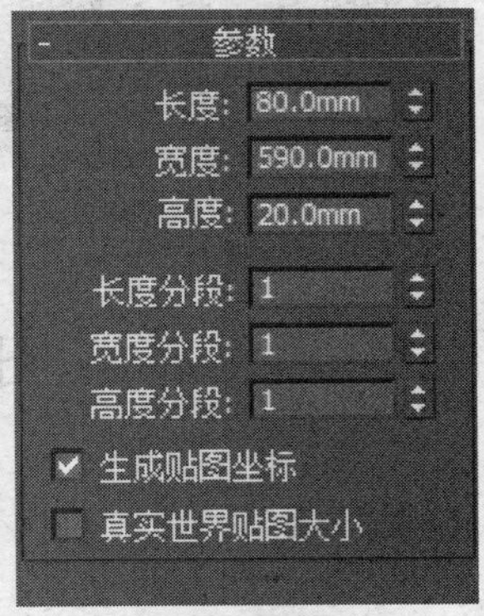

图 1-131　参数设置

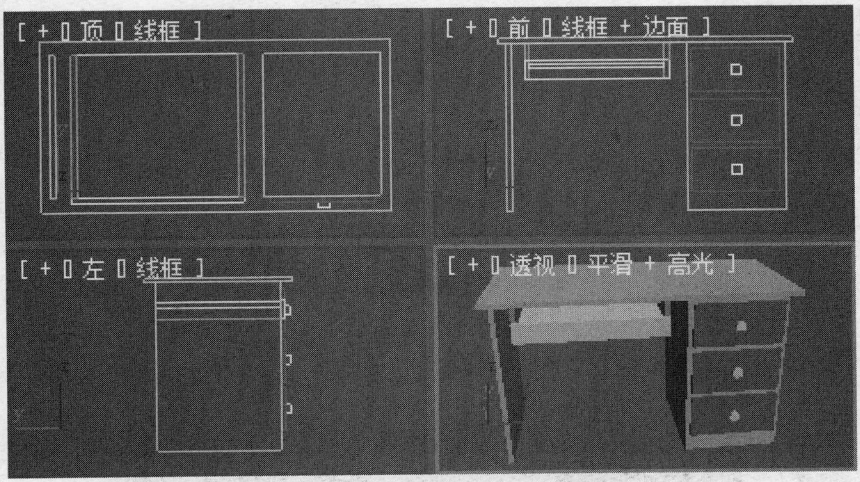

图 1-132　调整长方体位置

（10）选择步骤（8）、（9）中创建的长方体，执行“组”→“成组”命令，命名为“键盘隔板”，将其成组。使用“移动”工具，调整键盘隔板的位置，如图 1-133 所示。至此，书桌制作完成。

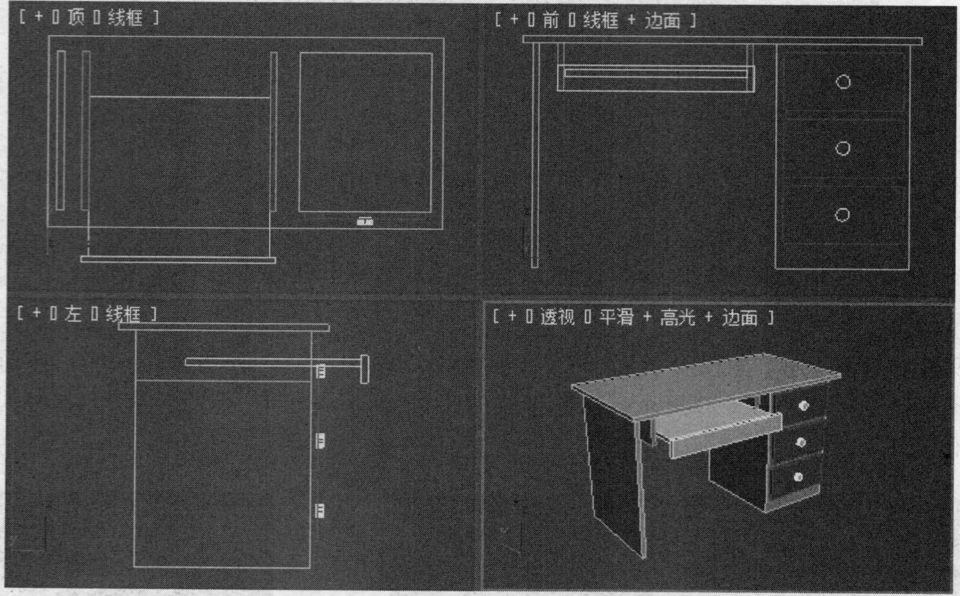

图 1-133 调整键盘隔板位置

任务 1.3 单人沙发的制作

1.3.1 效果展示

本任务主要是通过扩展基本体中的切角长方体制作沙发的坐垫、靠背、扶手等组成部件，使用标准基本体中的圆柱体制作沙发脚的部件。同时通过移动工具、捕捉命令、对齐命令等基础操作的灵活使用，调整沙发部件的位置，完成单人沙发模型的制作，最终效果图如图 1-134 所示。

图 1-134 单人沙发效果

1.3.2　知识点介绍——扩展基本体

扩展基本体是在标准基本体基础上的一个深化，比标准基本体更加复杂，同时可控制的参数也更多。3ds Max 2012 在“创建”面板中内置了 13 种扩展基本体，在“几何体”面板中的“标准基本体”下拉列表框中选择“扩展基本体”选项，如图 1-135 所示。即可展开扩展基本体所对应的按钮组，创建所需的扩展基本体。

扩展基本体包括了异面体、环形结、切角长方体、切角圆柱体、油罐、胶囊、纺锤、L-Ext、球棱柱、C-Ext、环形波、软管和棱柱，如图 1-136 所示。

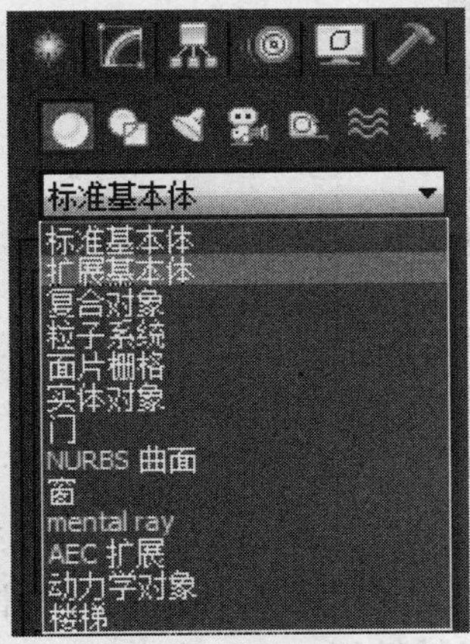

图 1-135　选择“扩展基本体”

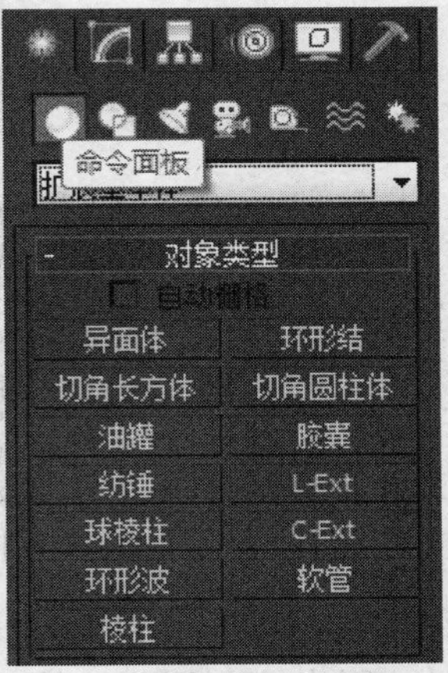

图 1-136　扩展基本体

本节将对切角长方体、切角圆柱体、异面体、环形结等主要对象的创建与应用进行介绍，其他扩展基本体的创建方法与其相似。

1. 切角长方体

切角长方体是一种具有平滑棱角的特殊长方体，它是使用最频繁的扩展基本体之一，建模中经常见到的枕头和沙发靠垫等都是通过切角长方体编辑而成的。

（1）创建切角长方体。

切角长方体的创建方法比较简单，操作步骤法如下：

1）单击“创建”面板→“几何体”→“扩展基本体”→“切角长方体”按钮，该创建命令被激活。

2）移动光标到适当的位置，单击并按住鼠标左键不放拖动光标，在视图中生成一个长方形平面，松开鼠标左键并上下移动光标，调整其高度；单击鼠标左键后再次上下移动光标，调整其圆角系数；再次单击鼠标左键，切角长方体创建完成，如图 1-137 所示。

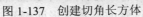

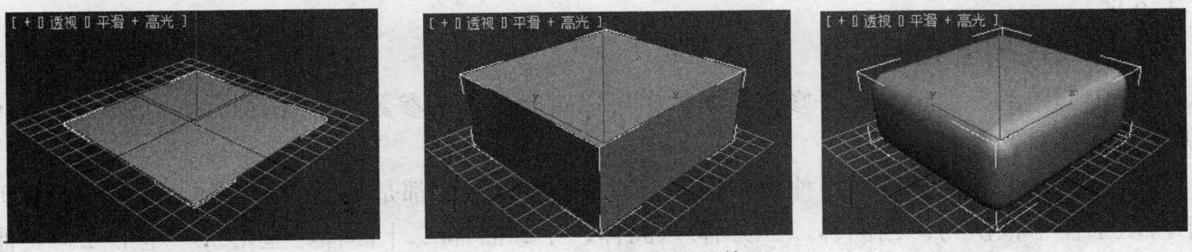
图 1-137　创建切角长方体

3）除了使用拖动鼠标创建切角长方体，也可以使用键盘输入参数的方法创建切角长方体，方法与长方体的创建相同。

（2）切角长方体的参数。

切角长方体的参数与长方体的参数基本相同，只是因为长方体具有棱角，所以增加了“圆角”、“圆角分段”数值框，如图 1-138 所示。

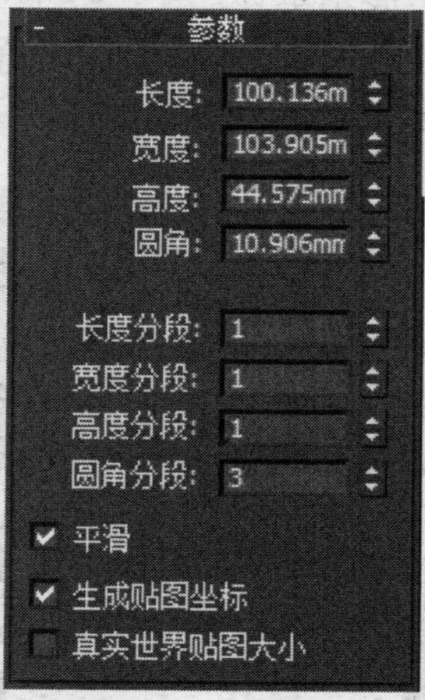

图 1-138 切角长方体的参数

圆角：用来控制切角长方体棱角处的平滑范围，值越大，切角长方体边上的平滑范围越大。

圆角分段：用来控制圆角处的分段数，值越大，平滑越精细。

其他参数请参看前面章节的参数说明。

2. 切角圆柱体

切角圆柱体是具有切角或圆形封口边的圆柱体，通过单击“几何体”→“扩展基本体”→“切角圆柱体”按钮，可以创建完整的切角圆柱体，创建方法与切角长方体相似，这里不再赘述。

3. 异面体

异面体是具有复杂表面的基本体，它由半径来控制其体积大小，通过它可以创建出较复杂的模型，下面介绍异面体的创建方法及其参数的设置与修改。

（1）创建异面体。

异面体的创建方法和球体相似，操作步骤法如下：

1）单击“创建”面板→“几何体”→“扩展基本体”→“异面体”按钮，该创建命令被激活。

2）移动光标到适当的位置，单击并按住鼠标左键不放拖动光标，在视图中生成一个异面体，上下移动光标调整异面体的大小，在适当的位置松开鼠标左键，异面体创建完成，如图 1-139 所示。

（2）异面体的参数。

选中创建的异面体，在“修改”面板中可以对异面体的参数进行设置与修改，如图 1-140 所示。各参数的含义如下：

系列：该组参数提供了 5 种基本形体方式供选择，它们都是常见的异面体，如图 1-140 所示，从上往下依次为：四面体、立方体/八面体、十二面体/二十面体、星形 1、星形 2。其他许多复杂的异面体都可以由它们通过修改参数变形而得到。

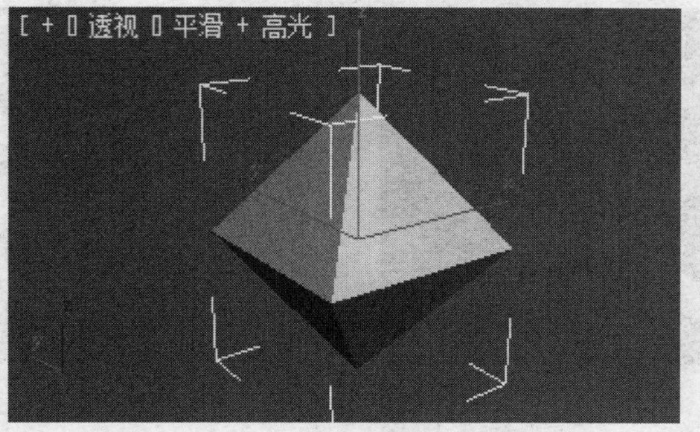

图 1-139　创建异面体

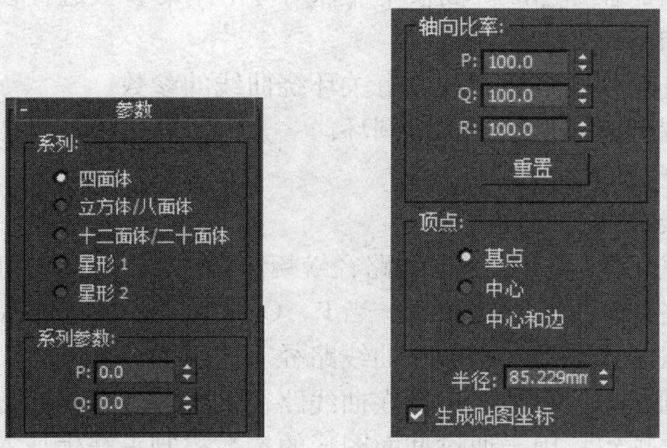

图 1-140　异面体的参数

系列参数：为异面体顶点和面之间提供两种变换方式的关联参数，其中“P”数值框用来控制顶点的变换，“Q”数值框用来控制面的变换。

轴向比率：通过调整该栏的 3 个参数，可以将异面体表面的面调整成三角形、方形或五角形。 重置 按钮可以使数值恢复到默认值（系统默认值为 100）。

顶点：决定异面体每个面的内部几何体。选中“基点”，则面的细分不能超过最小值；选中“中心”，将通过在中心放置另一个顶点（其中边是从每个中心点到面角）来细分每个面；选择“中心和边”，将通过在中心放置另一个顶点（其中边是从每个中心点到面角，以及到每个边的中心）来细分每个面。与“中心”相比，“中心和边”会使多面体中的面数加倍。

半径：用来设置异面体的半径。

4. 环形结

环形结是圆环通过打结得到的扩展基本体，通过调整它的参数，可以制作出种类繁多的特殊造型，下面介绍环形结的创建方法及其参数的设置与修改。

（1）创建环形结。

环形结的创建方法和圆环比较相似，操作步骤法如下：

1）单击“创建”面板→“几何体”→“扩展基本体”→“环形结”按钮，该创建命令被激活。

2）移动光标到适当的位置，单击并按住鼠标左键不放拖动光标，在视图中生成一个环形结，在适当位置松开鼠标并上下移动光标，调整环形结的粗细，然后单击鼠标左键，环形结创建完成，如图 1-141 所示。

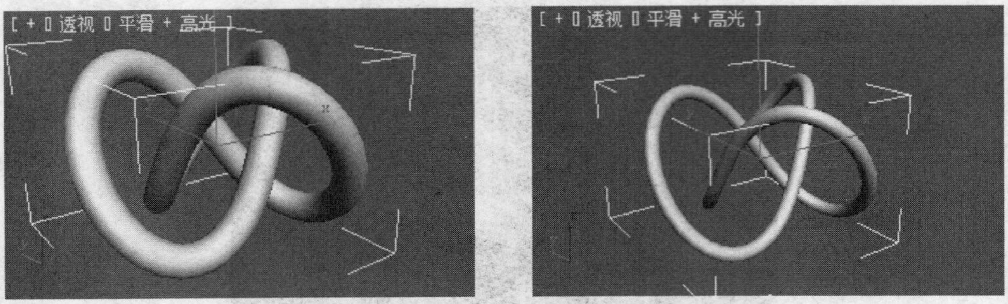

图 1-141 创建环形结

（2）环形结的参数。

选中创建的环形结，在“修改”面板中可以对环形结的参数进行设置与修改，如图 1-142 所示。各参数的含义如下：

- “基础曲线”选项组：用于控制有关环绕曲线的参数。

结、圆：用于设置创建环形结或标准圆环。

半径：设置曲线半径的大小。

分段：确定在曲线路径上的分段数。

P、Q：仅对结状方式有效，控制曲线路径蜿蜒缠绕的圈数。其中 P 值控制 Z 轴方向上的缠绕圈数，Q 值控制路径轴上的缠绕圈数。当 P、Q 值相同时，产生标准的圆环。

扭曲数：仅对圆状方式有效，控制在曲线路径上产生的弯曲数目。

扭曲高度：仅对圆状方式有效，控制在曲线路径上产生的弯曲高度。

- “横截面”选项组：用于通过截面图形的参数控制来产生形态各异的造型。

半径：设置截面图形的半径大小。

边数：设置截面图形的边数，确定圆滑度。

偏心率：设置截面压扁的程度，当其值为 1 时截面为圆，其值不为 1 时截面为椭圆。

扭曲：设置截面围绕曲线路径扭曲循环的次数。

块：设置在路径上所产生的块状突起的数目。只有当块高大于 0 时才能显示出效果。

块高度：设置块隆起的高度。

块偏移：在路径上移动块改变其位置。

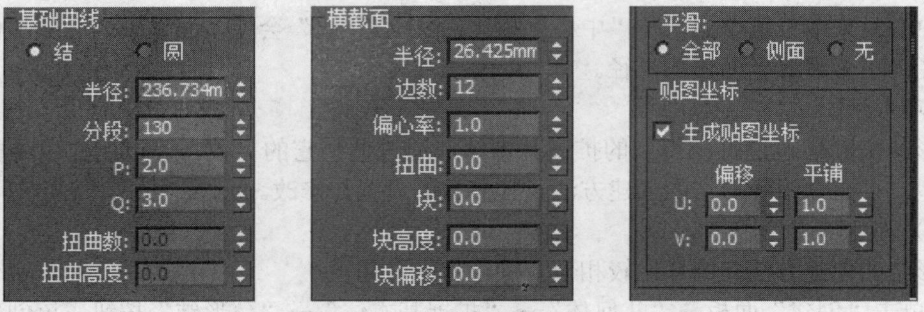

图 1-142 环形结的参数

- “平滑”选项组：用于控制造型表面的光滑属性。

全部：对整个造型进行光滑处理。

侧面：只对纵向（路径方向）的面进行光滑处理，即只光滑环形结的侧边。

无：不进行表面光滑处理。

贴图坐标：用于指定环形结的贴图坐标。

生成贴图坐标：根据环形结的曲线路径来指定贴图坐标，需要指定贴图在路径上的重复次数和偏移值。

偏移：设置在 U、V 方向上贴图的偏移值。

平铺：设置在 U、V 方向上贴图的重复次数。

1.3.3　任务实施

1. 设置单位

在建模之前需要将显示单位比例和系统单位设置为毫米，具体的操作步骤请参看 1.1.3 节。

2. 创建沙发

（1）单击“创建”面板→“几何体”→“扩展基本体”→“切角长方体”按钮，在顶视图中创建一个切角长方体，命名为“底座”，参数设置如图 1-143 所示，效果如图 1-144 所示。

图 1-143　底座参数

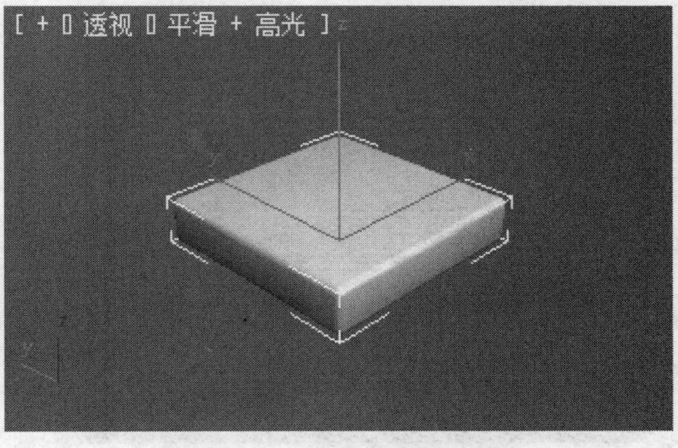

图 1-144　创建沙发的底座

（2）使用“移动”工具在前视图中将创建好的沙发底座沿 Y 轴向上复制一份，设置对象类型，命名为“坐垫”，如图 1-145 所示。并在“修改”面板中修改其参数，如图 1-146 所示。

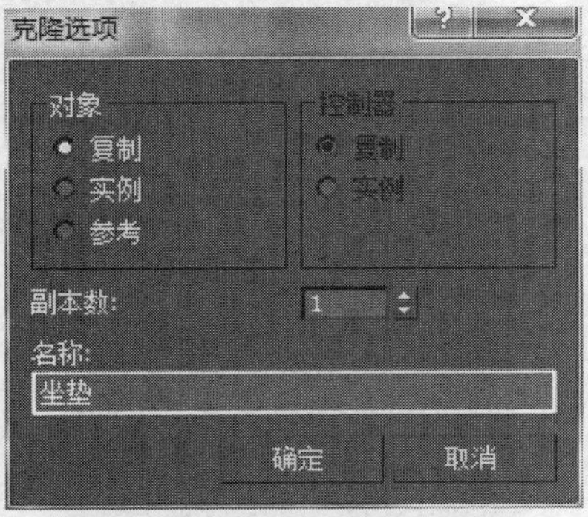

图 1-145　复制参数

图 1-146　修改坐垫参数

（3）选择坐垫对象，在前视图中使用“对齐”命令对齐底座，参数设置如图 1-147 所示。效果如图 1-148 所示。

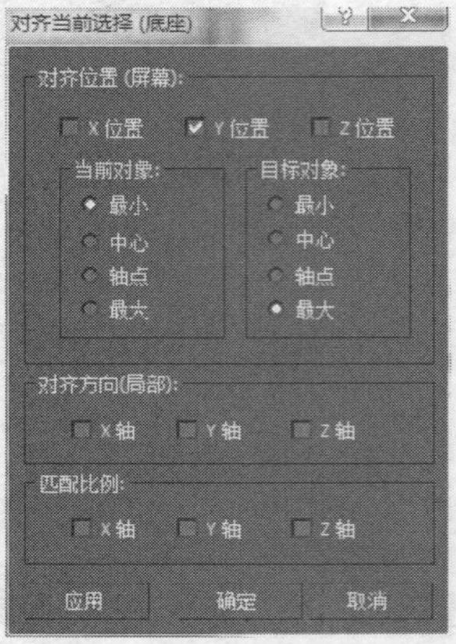

图 1-147 对齐参数

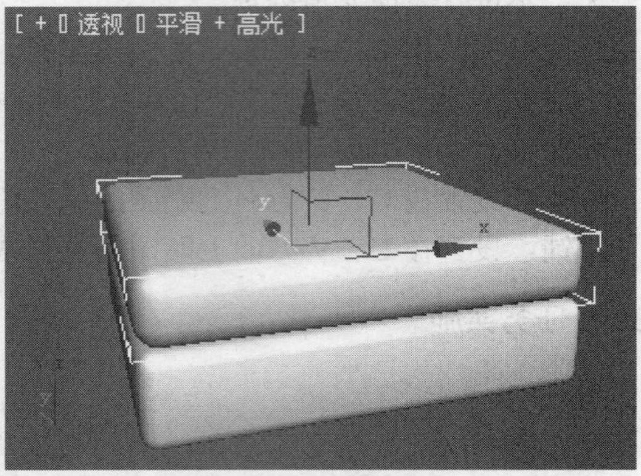

图 1-148 对齐后的效果

（4）单击“创建”面板→“几何体”→“扩展基本体”→“切角长方体”按钮，在前视图中创建一个切角长方体，命名为“扶手”，如图 1-149 所示，参数设置如图 1-150 所示。

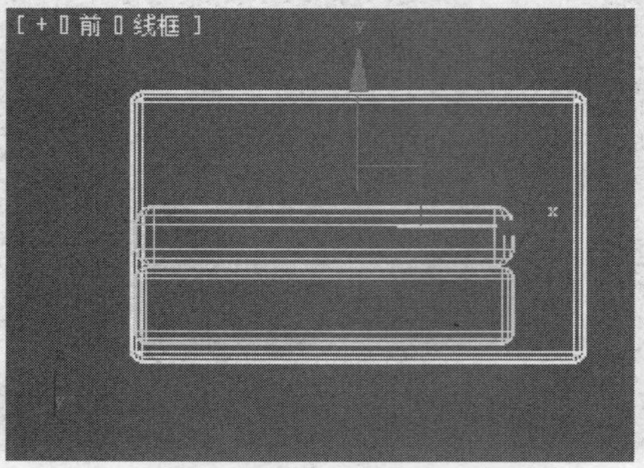

图 1-149 制作扶手对象

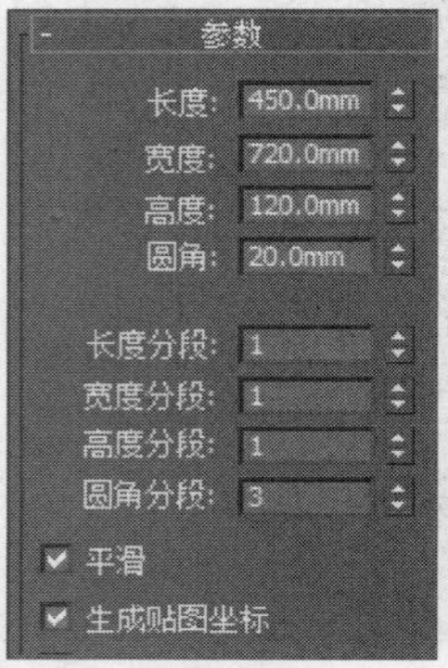

图 1-150 扶手参数

（5）在前视图中选中扶手对象，使用“对齐”命令对齐底座，参数设置如图 1-151 所示。在顶视图中再次选中扶手对象，使用“对齐”命令对齐底座，参数设置如图 1-152 所示。操作完成后的效果如图 1-153 所示。

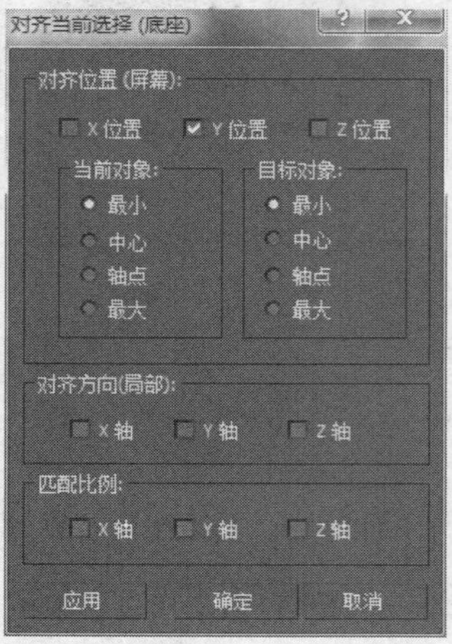

图 1-151 前视图的对齐参数

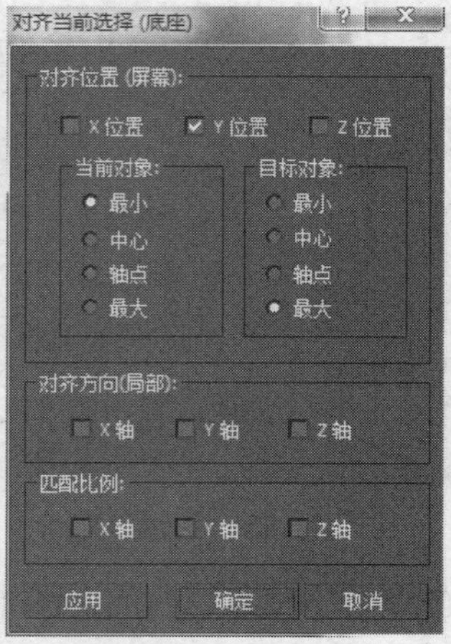

图 1-152 顶视图的对齐参数

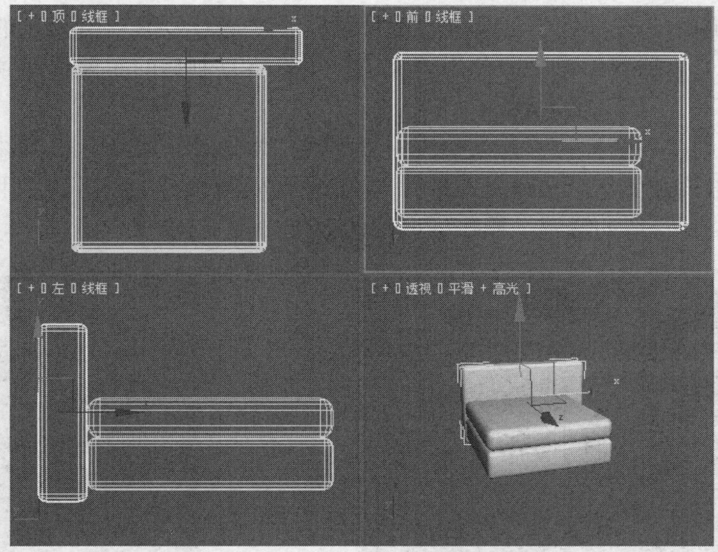

图 1-153　设置扶手位置

（6）单击“创建”面板→“几何体”→“标准基本体”→“圆柱体”按钮，在顶视图中创建一个圆柱体，命名为“沙发脚”，如图 1-154 所示，参数设置如图 1-155 所示。

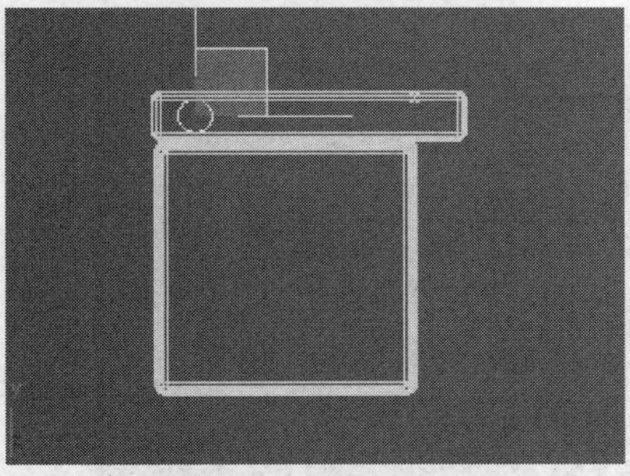

图 1-154　制作沙发脚

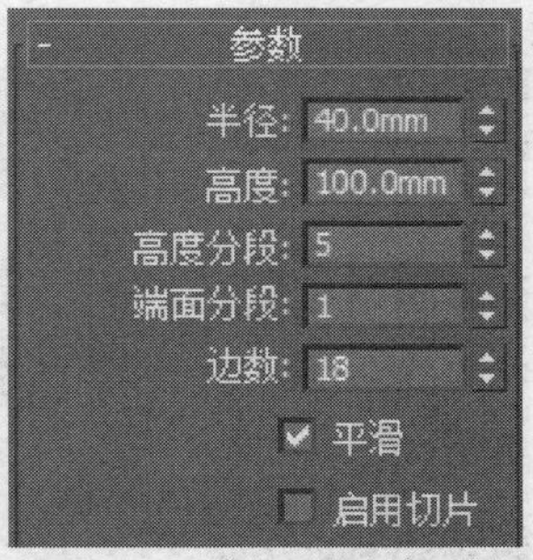

图 1-155　沙发脚参数

（7）在前视图中打开“捕捉”命令，使用“移动”工具将其调整到合适的位置，如图 1-156 所示。在顶视图中将沙发脚沿 X 轴移动复制到合适的位置，对象类型为“实例”，效果如图 1-157 所示。

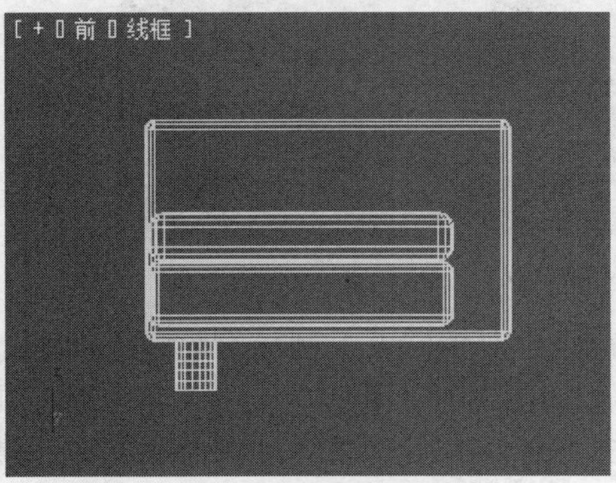

图 1-156　调整沙发脚位置

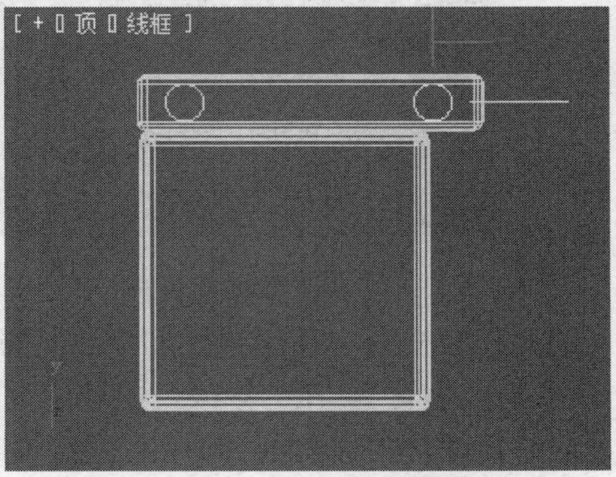

图 1-157　复制沙发脚

（8）在顶视图中，选择扶手、两个沙发脚对象沿 Y 轴移动复制到坐垫的另一侧，对象类型为“实例”。打开“捕捉”命令，使用“移动”工具将复制后的对象移动到合适的位置，如图 1-158 所示。

（9）单击“创建”面板→“几何体”→“扩展基本体”→“切角长方体”按钮，在左视图中创建一个切角长方体，命名为“背部”，参数设置如图 1-159 所示。使用“移动”工具在顶视图中将其调整到合适的位置，操作完成后的效果如图 1-160 所示。

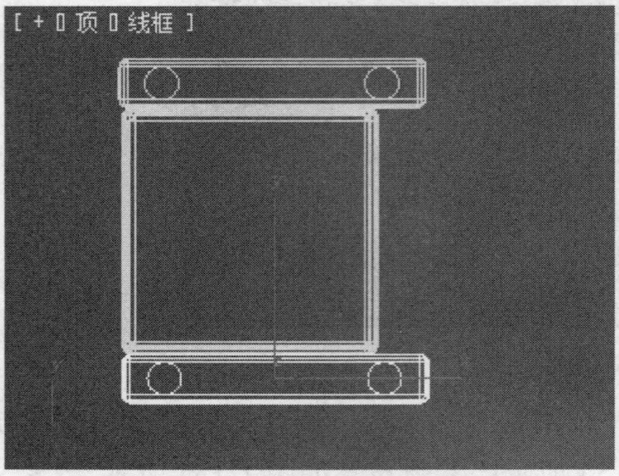

图 1-158　复制扶手、沙发脚

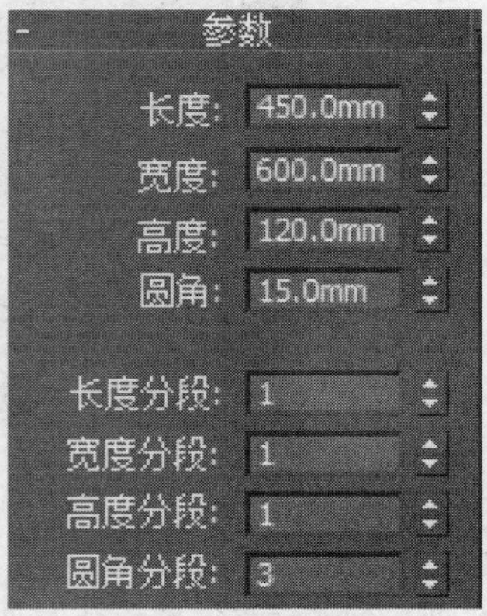

图 1-159　背部参数

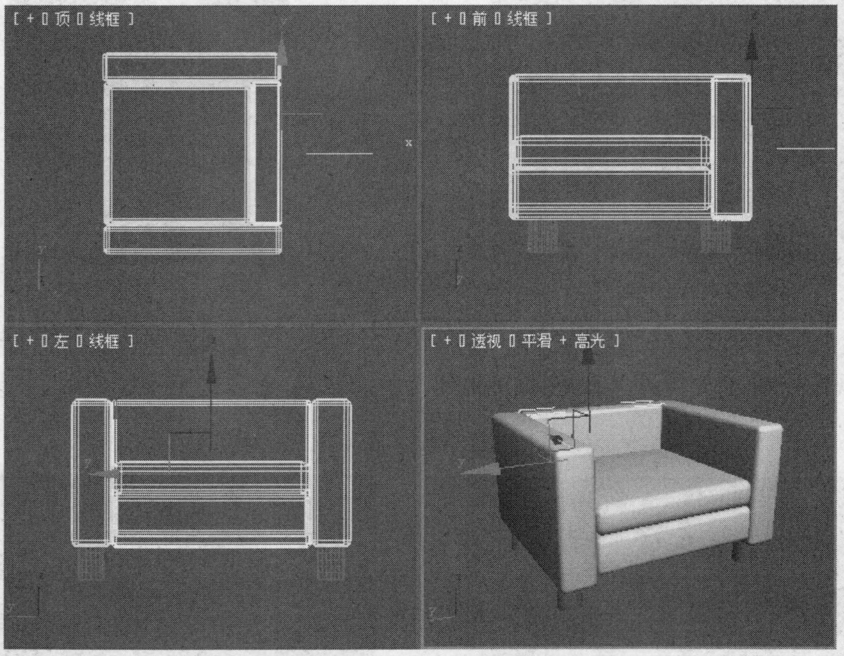

图 1-160　创建沙发背部效果

（10）在前视图中使用“移动”工具将沙发背部沿 Y 轴向上复制一份，对象类型为“复制”，命名为“靠背”。在“修改”面板中调整其参数如图 1-161 所示。使用“旋转”工具将其旋转一定的角度，并移动到合适的位置，如图 1-162 所示。至此，单人沙发制作完成，最终效果如图 1-163 所示。

图 1-161 调整靠背对象的参数

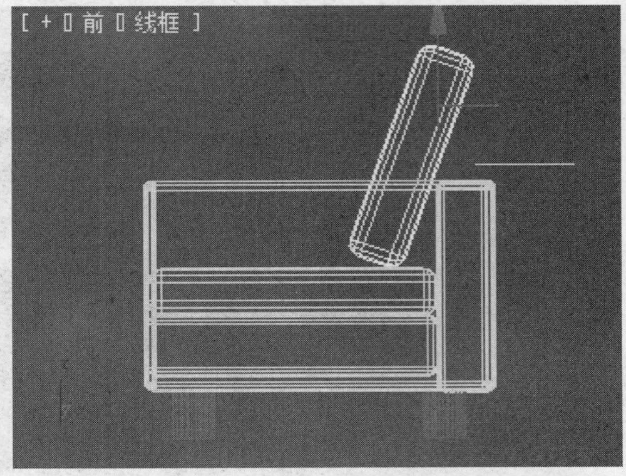

图 1-162 调整靠背的角度及位置

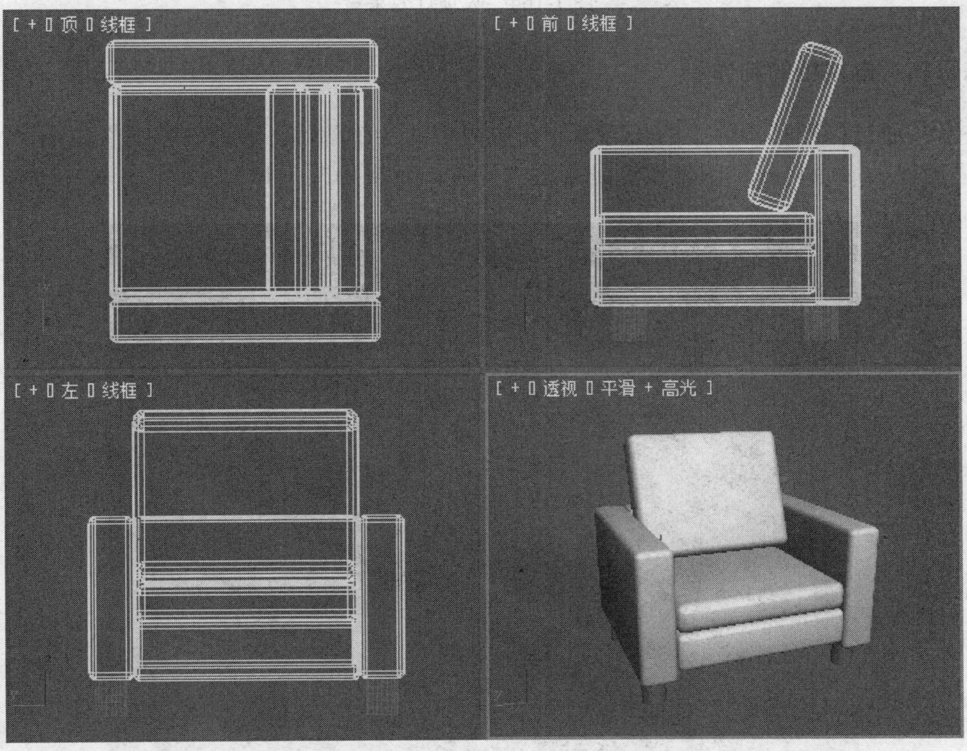

图 1-163 单人沙发制作完成效果

1.4 拓展练习

练习一：吸顶灯的制作

提示：通过圆环创建吸顶灯灯环。创建球体，使用“缩放”工具将球体沿 Z 轴缩放后，再设置球体的半球值即可完成灯罩的制作，效果如图 1-164 所示。

图 1-164 吸顶灯效果

练习二：电视柜的制作

提示：通过标准基本体中的长方体制作电视柜的各个部件。通过“移动”工具、“对齐”命令、“捕捉”命令将各个部件放置到合适的位置，效果如图 1-165 所示。

图 1-165 电视柜效果

练习三：艺术茶几的制作

提示：通过扩展基本体中的环形结制作茶几脚，参数设置如图 1-166 所示。通过扩展基本体中的切角圆柱体制作茶几台面，参数设置如图 1-167 所示。通过标准基本体中的茶壶制作茶壶部件及茶杯。使用“移动”工具、“对齐”命令、“捕捉”命令将各个部件放置到合适的位置，最终效果如图 1-168 所示。

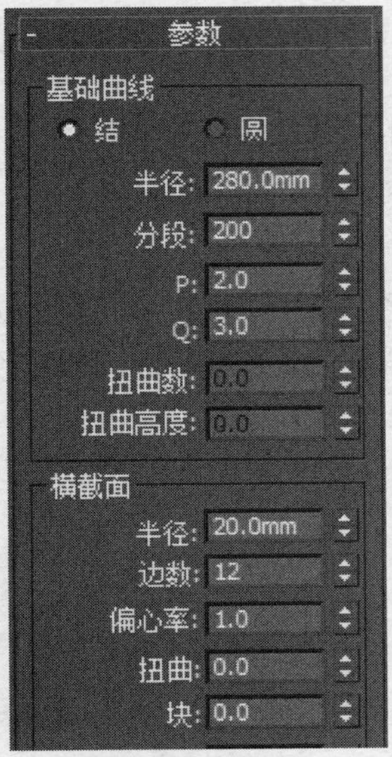

图 1-166　环形结参数

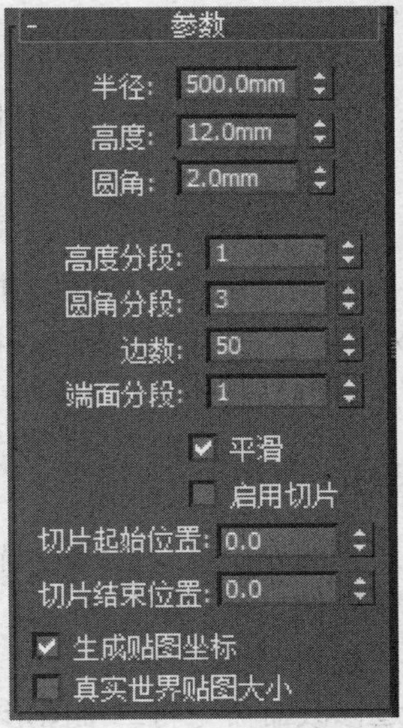

图 1-167　切角圆柱体参数

图 1-168　艺术茶几效果

第 2 章　进阶——二维图形建模方法

本章主要介绍二维图形的创建和参数的修改方法，各种常用的修改器命令以及样条线的编辑。通过对本章的学习，读者可以根据实际需要绘制出精美的二维图形，通过各种修改器命令的配合使用，可以制作出精美的三维模型。

学习目标：

- 创建线的方法以及对线的编辑和修改
- 创建其他二维图形
- 样条线的编辑命令
- 通过修改器命令将二维图形转为三维模型
- 三维模型的修改器命令

任务 2.1　厨房置物架的制作

2.1.1　效果展示

本任务主要是使用二维图形中的线工具绘制置物架，设置线段的渲染模式。通过修改器堆栈中的子对象调整样条线节点的位置，改变节点造型。效果如图 2-1 所示。

图 2-1　厨房置物架效果

2.1.2　知识点介绍——二维图形创建及样条线的编辑

在 3ds Max 中为用户提供了丰富的二维图形建立工具，利用这些工具可以快速准确地建立场景所需的二维图形。同创建三维形体的方法一样，二维图形的创建也是通过调用“创建”面板中的创建命令来实现的。单击“创建”面板中的“图形”按钮，即可打开二维图形的“创建”面板，如图 2-2 所示。

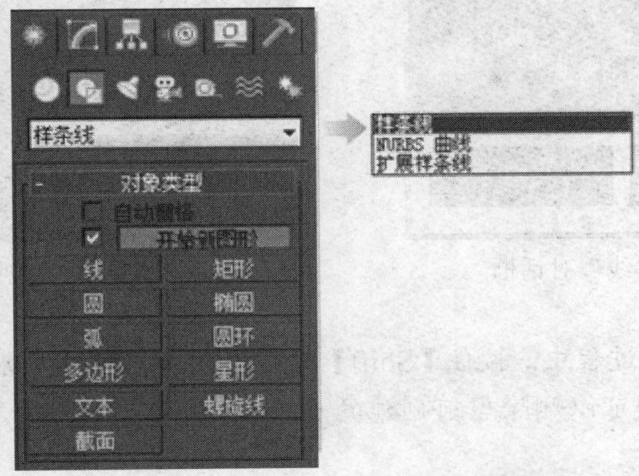

图 2-2　样条线的“创建”面板

3ds Max 2012 为用户提供了 11 种样条线类型，用户可通过单击样条线“创建”面板上的命令按钮，在视图中创建出线、矩形、圆、椭圆、弧、圆环、多边形、星形、文本、螺旋线、截面这 11 种二维图形对象。

1. 线

“线”工具是 3ds Max 中最常用的二维图形绘制工具之一，利用该工具用户可以随心所欲地绘制任何形状的封闭或开放型曲线，用户可以直接在视图中单击点画直线，也可以拖动鼠标绘制曲线，曲线的类型有角点、平滑和 Bezier（贝塞尔曲线）3 种。下面通过具体操作来介绍创建线的方法及其参数的设置和修改。

（1）创建线。

1）单击“创建”面板→“图形”→“线”按钮，在前视图中单击鼠标，确定线的起点，移动光标到适当位置并单击鼠标确定节点，生成一条直线，如图 2-3 所示。

2）继续移动鼠标到合适的位置，单击鼠标确定节点并按住鼠标左键不放拖拽光标，生成一条弧线。松开鼠标左键，并移动到合适的位置，可以创建新的直线或曲线，如图 2-4 所示。

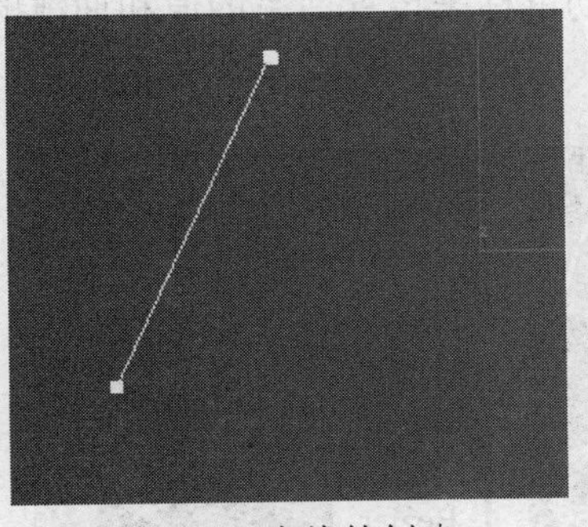

图 2-3　直线的创建

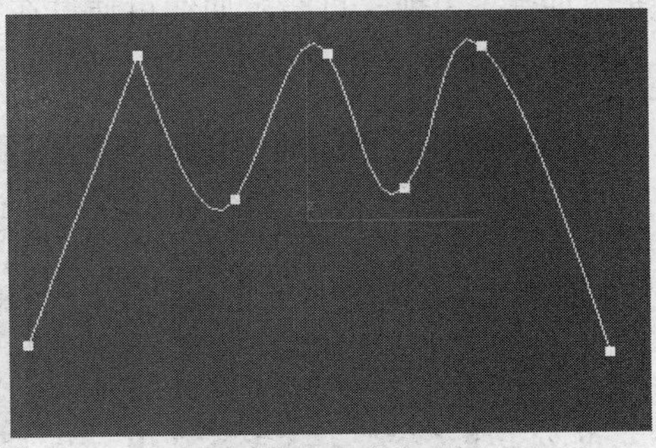

图 2-4　曲线的创建

3）如果需要创建开放的线，右击鼠标，可结束线的创建。

4）如果需要创建封闭线，将光标移动到线的起点并单击鼠标，如图 2-5 所示，弹出“样条线”对话框，单击“是”按钮，即可闭合线，如图 2-6 所示。

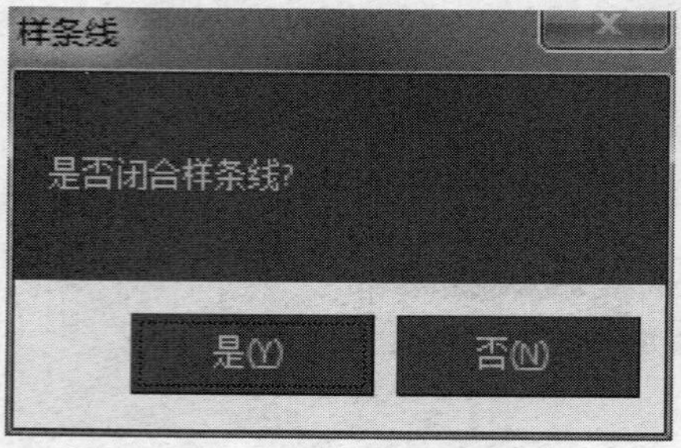

图 2-5 “样条线”对话框

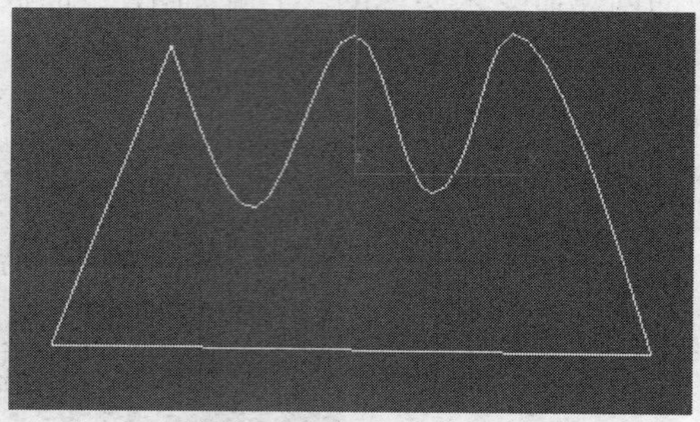

图 2-6 创建闭合线

提示 在绘制线的过程中，按住【Shift】键可以创建与前一点水平或垂直的线条，按下【Backspace】键可以删除当前创建的点。

（2）线的参数。

单击创建线，在“创建”面板下会显示线的创建参数，如图 2-7 所示。

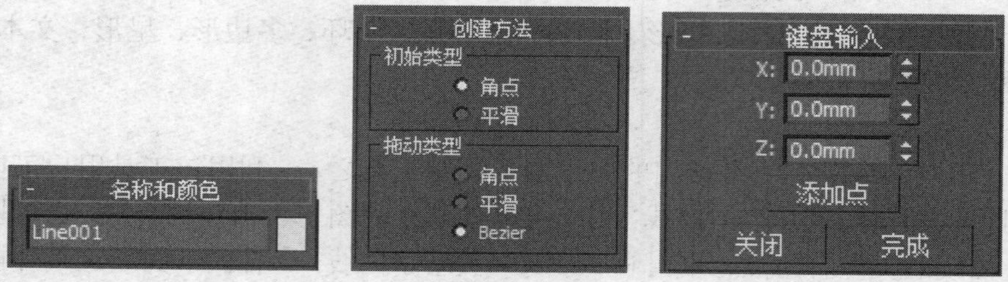

图 2-7 线的参数

- “名称和颜色”卷展栏：用于修改二维图形的名称和颜色。
- “创建方法”卷展栏：用于确定创建的端点类型。

初始类型：设置单击鼠标后牵引出的曲线类型，包括“角点”和“平滑”两种，可以绘出直线和曲线。

拖动类型：设置单击并拖动鼠标时引出的曲线类型，包括“角点”、“平滑”和“Bezier”（贝塞尔曲线）3 种。贝塞尔曲线可通过在每个节点拖动鼠标来设置曲率的值和曲线的方向，如图 2-8 所示。

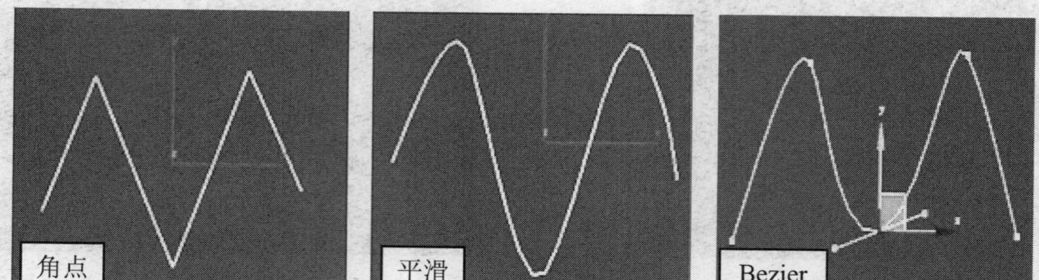

图 2-8 三种曲线类型

- “键盘输入”卷展栏：用于通过键盘输入来完成样条线的绘制。

注意　平滑是通过顶点产生一条平滑、不可调整的曲线。Bezier 是通过顶点产生一条平滑、可以调整的曲线。

（3）线的节点调整。

线创建完成后，可以通过对节点进行调整，以达到满意的效果。节点有 4 种类型，分别是 Bezier 角点、Bezier、角点和平滑。下面介绍线节点的调整方法，操作步骤如下。

1）单击“创建”面板→“图形”→“线”按钮，在前视图中绘制一条线，如图 2-9 所示。

2）单击“修改”面板→在修改命令堆栈中单击“Line”命令前的展开按钮，展开子层级，如图 2-10 所示。

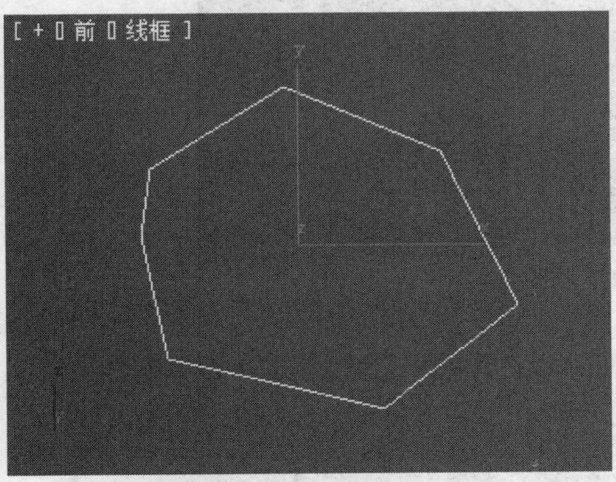

图 2-9　创建一条线

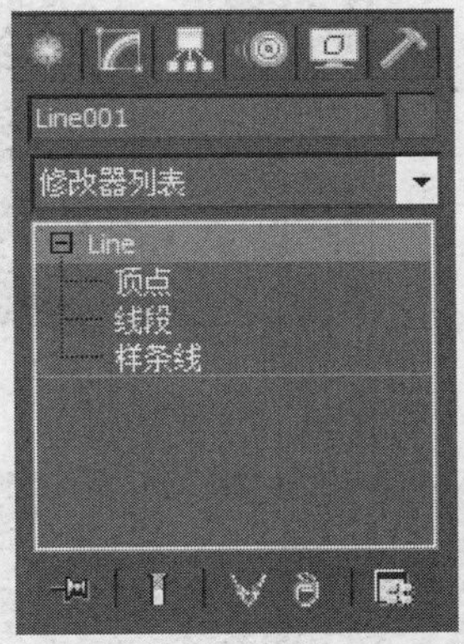

图 2-10　展开线的子层级

3）单击“顶点”选项，该选项变为黄色表示被开启，这时视图中的线会显示出节点，单击“选择并移动”工具可以选择节点，并移动其位置，如图 2-11 所示。

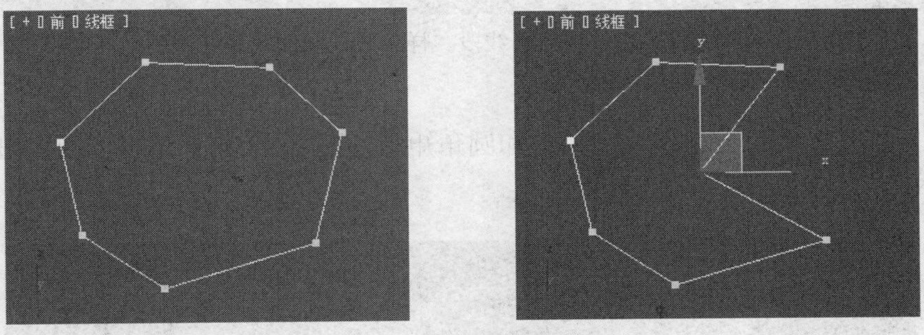

图 2-11　选择并移动顶点位置

4）选择顶点右击，在弹出的菜单中显示了所选择节点的类型，如图 2-12 所示。在菜单中可以看出所选择的点为角点，在菜单中选择其他节点类型命令，节点的类型会随之改变。Bezier 角点、Bezier 可以通过控制手柄调整节点，角点和平滑可以直接使用“选择并移动”工具进行位置调整。

注意　在修改命令堆栈中，“Line”子层级中的“顶点”表示可以对节点进行修改操作；“线段”可以对线段进行修改操作；“样条线”可以对整条线进行修改操作。这三者之间的关系如图 2-13 所示。

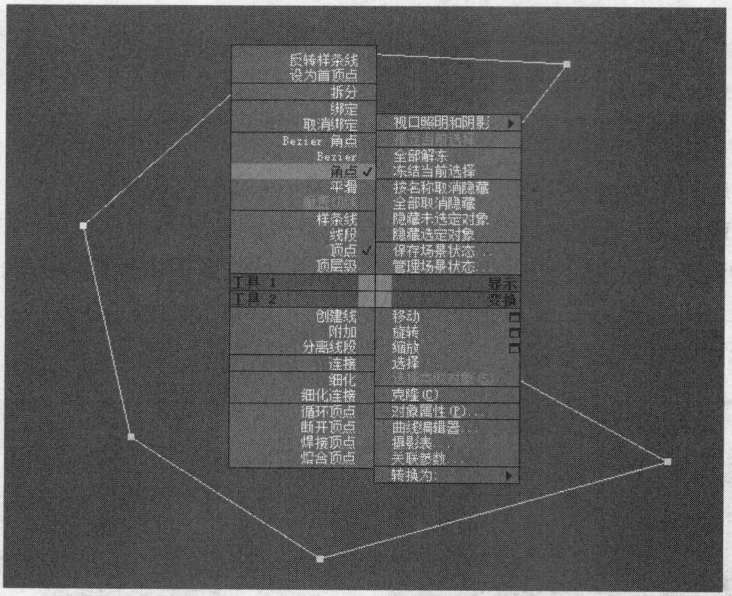

图 2-12 线的顶点类型

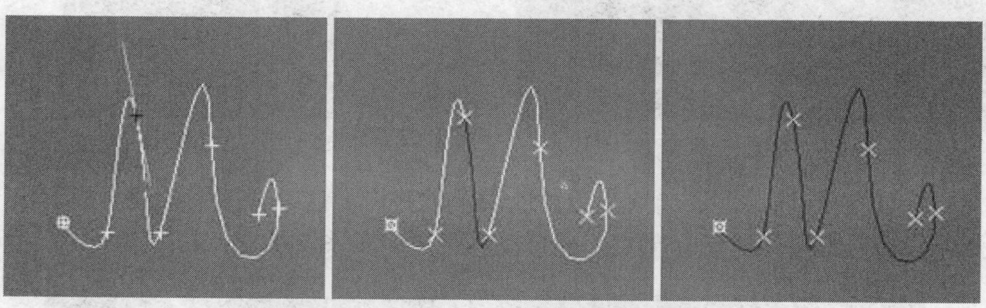

图 2-13 顶点、线段、样条线之间的关系

2. 矩形

使用“矩形”工具可创建出直角矩形和圆角矩形，配合【Ctrl】键可以创建出正方形，如图 2-14 所示。

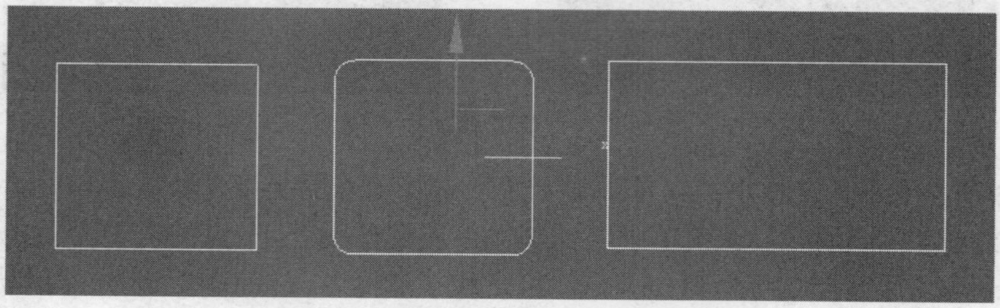

图 2-14 矩形的绘制

创建矩形样条线的方法非常简单，单击“创建”面板→“图形”→“矩形”按钮，在视图中直接拖动鼠标，即可创建出一个矩形；按【Ctrl】键拖动鼠标，即可创建出一个正方形。

“创建”面板的“参数”卷展栏中的参数可对矩形样条线的长度、宽度和角半径进行调整，如图 2-15 所示。

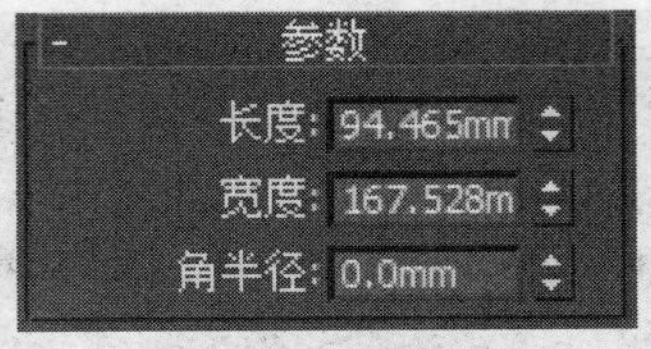

图 2-15　矩形的参数

长度/宽度：设置矩形的长度和宽度值。

角半径：设置矩形的四角是直角还是带有弧度的圆角。

3. 圆

使用“圆”工具可以创建出由四个顶点组成的闭合圆形，如图 2-16 所示。

单击“创建”面板→“图形”→“圆”按钮，在视图中通过按下鼠标左键不放确定圆的圆心，然后向外拖动鼠标，定义圆的半径来创建圆。同时可使用“参数”卷展栏中唯一的“半径”参数来对圆的大小进行修改，如图 2-17 所示。

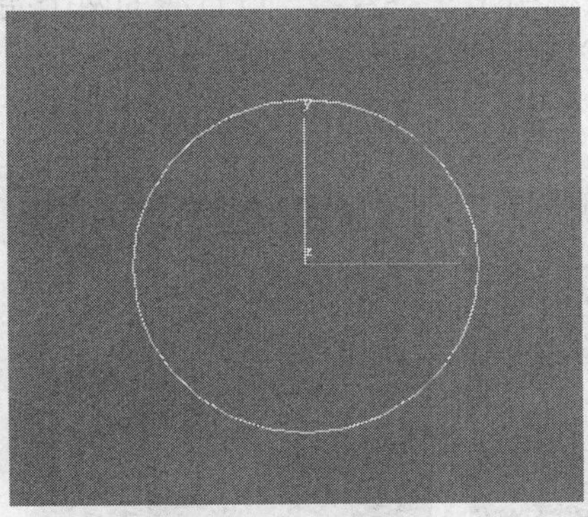

图 2-16　圆的绘制

图 2-17　圆的参数

4. 椭圆

使用“椭圆”工具可以创建椭圆形和圆形样条线，如图 2-18 所示。

决定椭圆大小的参数有“长度”和“宽度”两个参数值，“参数”卷展栏如图 2-19 所示。

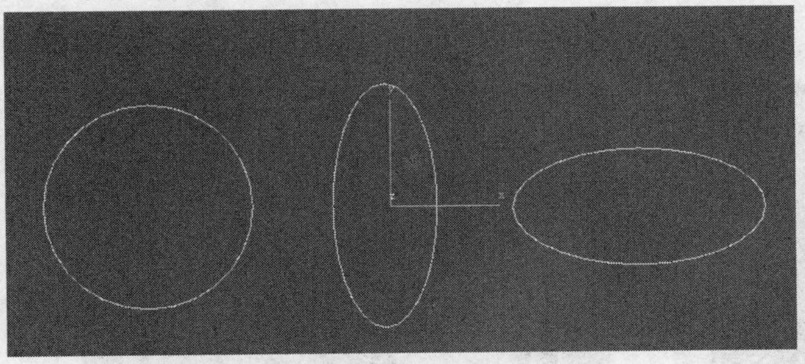

图 2-18　椭圆的绘制

图 2-19　椭圆的参数

5. 弧

使用“弧”工具可以制作出圆弧曲线和扇形，如图 2-20 所示。

“创建方法”卷展栏中有两种方法来创建弧形曲线，分别为“端点-端点-中央”和“中间-端点-端点”，如图 2-21 所示。

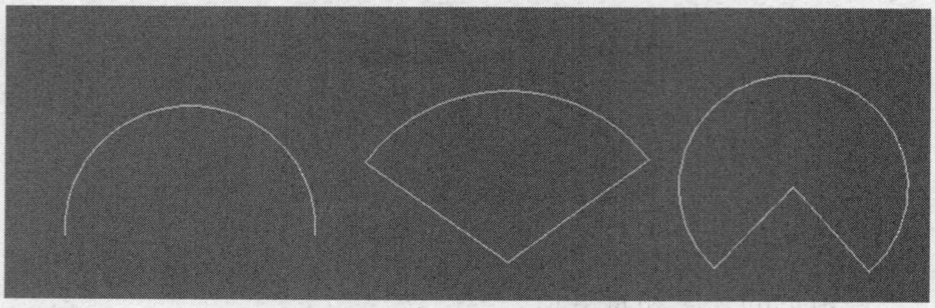

图 2-20 弧的绘制

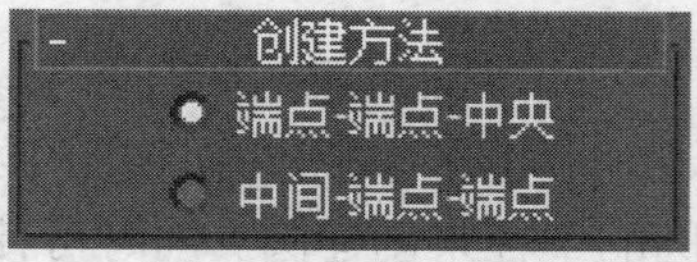

图 2-21 “创建方法”卷展栏

端点-端点-中央：该创建方法是先拖动并松开鼠标引出一条直线，以直线的两个端点作为弧形的两端点，然后移动鼠标并单击以指定两端点之间的第三个点。如图 2-22 所示，为使用该创建方法所创建的圆弧。

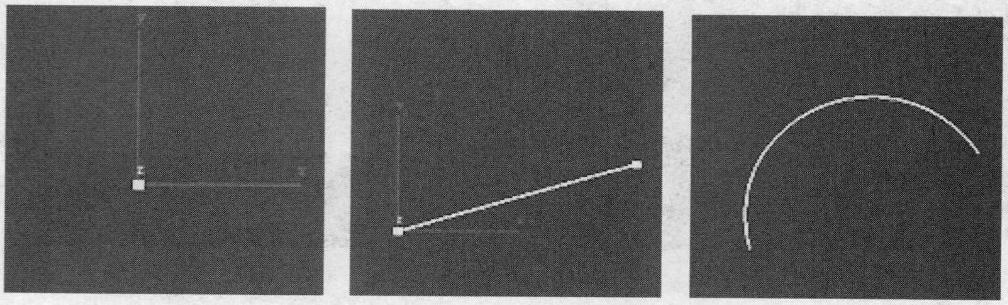

图 2-22 使用“端点-端点-中央”的创建方法来创建弧形

中间-端点-端点：该创建方法先单击并拖动鼠标以指定弧形的中心点和弧形的一个端点，然后移动鼠标并单击以指定弧形的另一个端点。如图 2-23 所示，为使用该创建方法所创建的弧形。

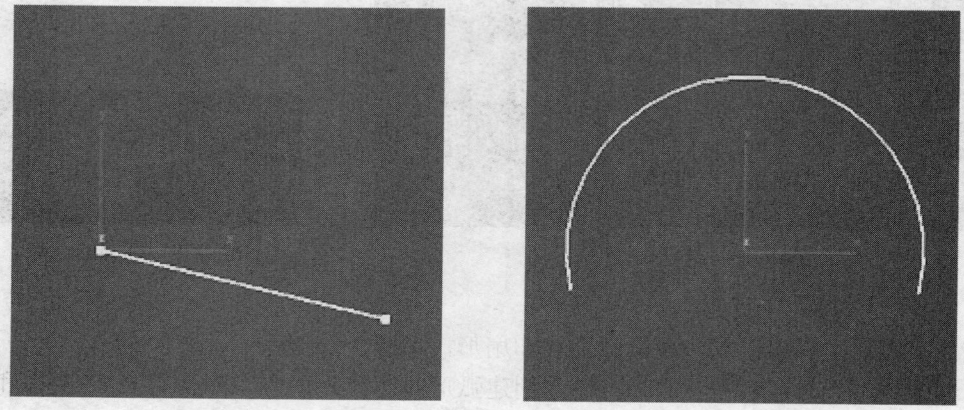

图 2-23 使用“中间-端点-端点”的创建方法来创建弧形

在“参数”卷展栏中可对圆弧的半径大小以及圆弧起点和终点的角度进行设置，如图 2-24 所示。

图 2-24　弧的参数

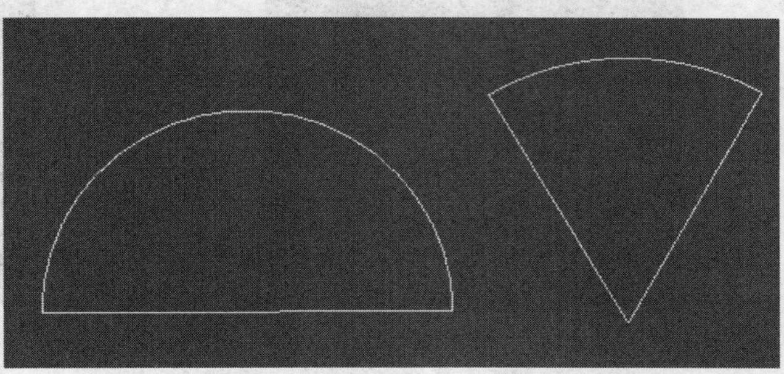

图 2-25　闭合的扇形区弧形

半径：设置圆弧的半径大小。

从/到：设置圆弧起点和终点的角度。

饼形切片：启用该选项，分别把弧中心和弧的两个端点连接起来构成封闭的图形，如图 2-25 所示。

反转：启用此选项后，反转弧形样条线的方向，并将第一个顶点放置在打开弧形的相反末端。

6. 圆环

圆环图形由两个相同的圆组成，单击“圆环”按钮，在视图中按住鼠标并拖动指定圆环的半径 1，释放鼠标左键并移动鼠标来确定半径 2，即可创建圆环图形，如图 2-26 所示。圆环的“参数”卷展栏中只有简单的半径 1 和半径 2 可设置，如图 2-27 所示。

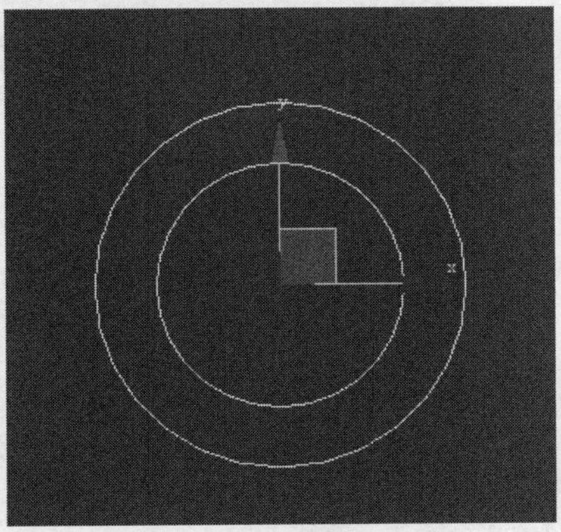

图 2-26　创建圆环

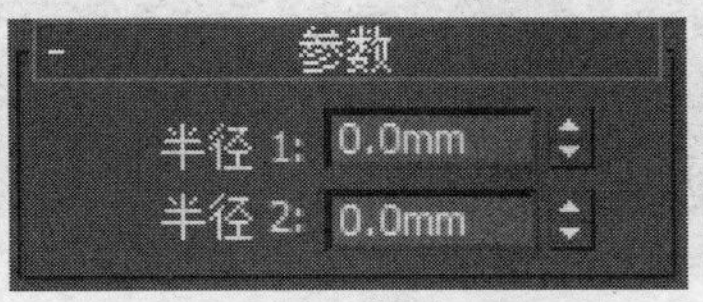

图 2-27　圆环的参数

注意　二维图形中的圆环与标准基本体中的圆环不同，前者是平面图形，后者是有厚度的三维图形。

7. 多边形

单击“多边形”按钮，在“参数”卷展栏中指定多边形的边数，如图 2-28 所示，在视图中单击并按住鼠标左键进行拖动即可创建多边形，如图 2-29 所示。

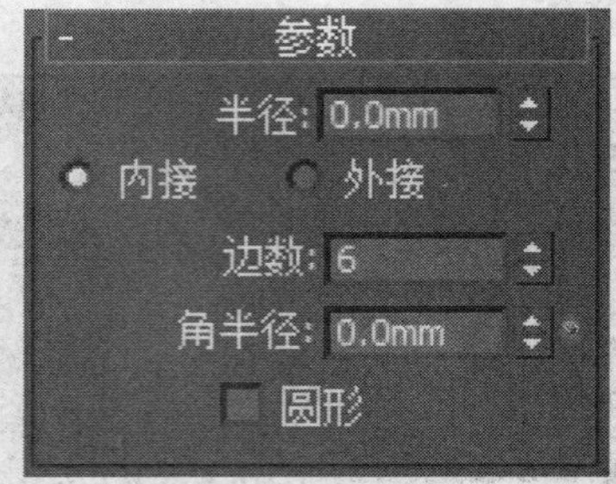

图 2-28 多边形的参数

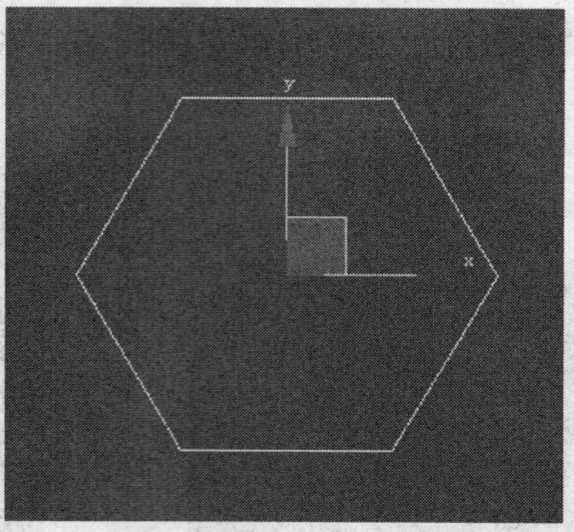

图 2-29 创建多边形

半径：设置正多边形的半径。

内接：使输入的半径为多边形的中心到其边界的距离。

外接：使输入的半径为多边形的中心到其顶点的距离。

边数：用于设置正多边形的边数，其范围是 3～100。

角半径：用于设置多边形在顶点处的圆角半径。

圆形：选择该复选框，设置正多边形为圆形。

8. 星形

单击“星形”按钮，然后在视图中单击并按住鼠标左键进行拖动确定星形的半径 1 和半径 2，从而创建星形，如图 2-30 所示。在星形“参数”卷展栏可设置星形的具体参数，如图 2-31 所示。

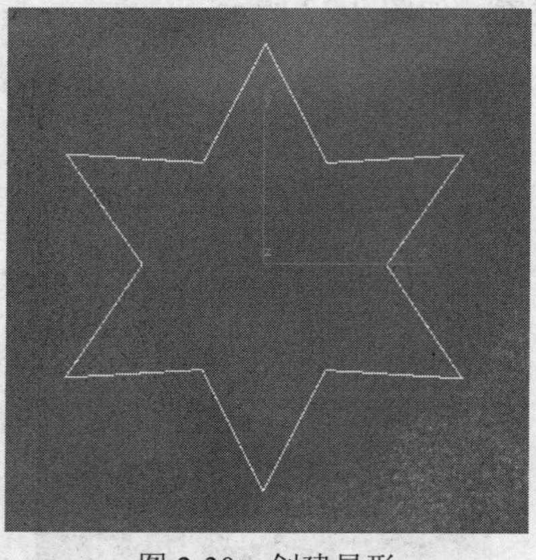

图 2-30 创建星形

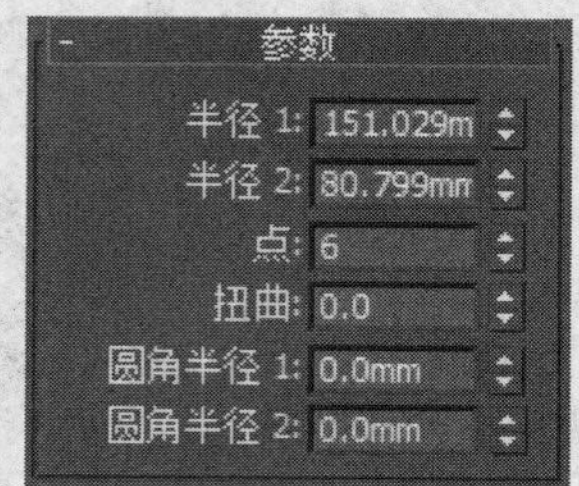

图 2-31 星形的参数

半径 1：设置星形外部角点到中心的距离。

半径 2：设置星形内部角点到中心的距离。

点：设置星形的顶点数。

扭曲：用于设置扭曲值，使星形的齿产生扭曲。

圆角半径 1：设置星形内顶点处的圆滑角的半径。

圆角半径 2：设置星形外顶点处的圆滑角的半径。

9. 文本

单击“文本”按钮，可以通过输入文字来创建文本的轮廓线条，如图 2-32 所示。在“参数”卷展栏中可以指定字体、样式、大小、字间距和行间距，如图 2-33 所示。当改变上述参数时，文本的二维图形会自动被更新。

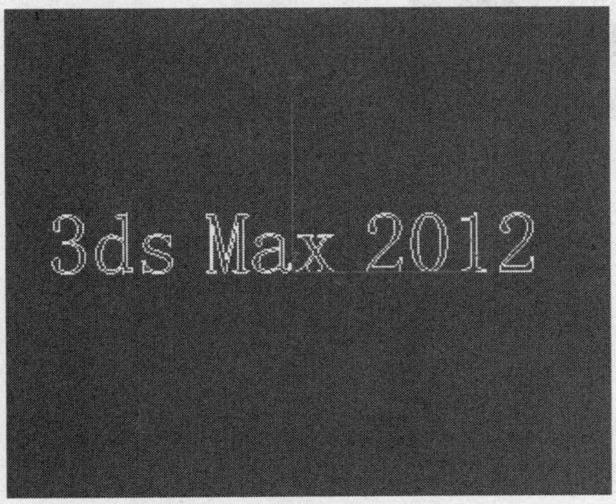

图 2-32　创建文本

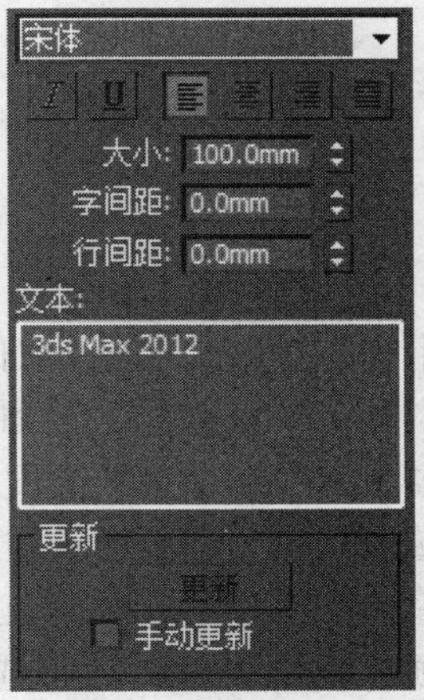

图 2-33　“文本”参数

宋体 字体下拉列表框：用于设置文本的字体。

按钮：设置斜体字体。

按钮：设置下划线。

按钮：向左对齐。

按钮：居中对齐。

按钮：向右对齐。

按钮：两端对齐。

大小：用于设置文字的大小。

字间距：用于设置文字之间的间隔距离。

行距：用于设置文字行与行之间的距离。

文本：用于输入文本内容，同时也可以进行改动。

10. 螺旋线

单击“螺旋线”按钮，在视图中单击并按住鼠标左键不放拖动光标，可在视图中生成一个圆形，松开鼠标左键并移动光标，设置螺旋线的高度，单击鼠标左键并移动光标，调整螺旋线顶圆半径的大小，再次单击鼠标左键，螺旋线创建完成，如图 2-34 所示。

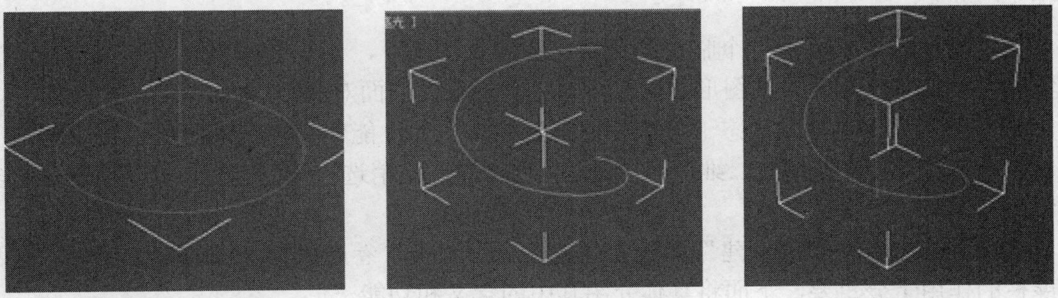
图 2-34　创建螺旋线

通过螺旋线“参数”卷展栏可以设置螺旋线的参数，如图 2-35 所示。

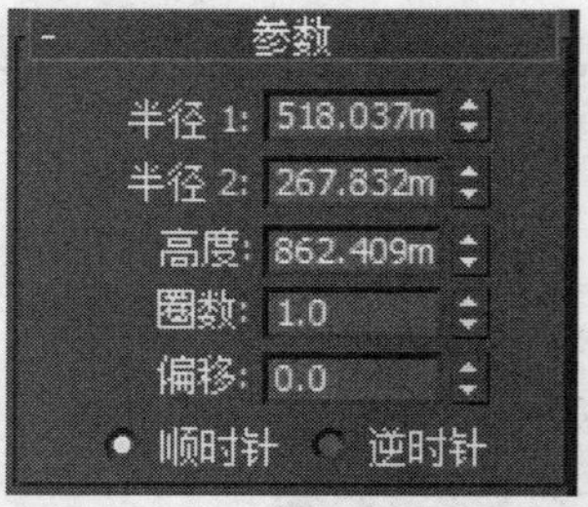

图 2-35　螺旋线的参数

半径 1：设置螺旋线底圆的半径。

半径 2：设置螺旋线顶圆的半径。

高度：设置螺旋线高度。

圈数：设置螺旋线旋转的圈数。

偏移：设置在螺旋高度上，螺旋圈数的偏向强度，以表示螺旋线是靠近底圈还是靠近顶圈。

顺时针/逆时针：用于选择螺旋线旋转的方向。

11. 截面

截面是一种特殊类型的样条线，其可以通过网格对象基于横截面切片生成图形。单击“截面”按钮，可以在视图中创建截面图形，如图 2-36 所示。通过“截面大小”卷展栏中的参数可以调整截面的大小，如图 2-37 所示。

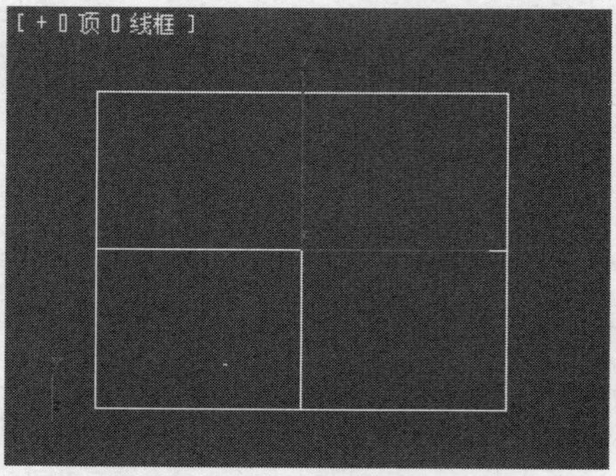

图 2-36　创建截面

图 2-37　截面的参数

12. 二维图形的特性

二维图形“创建”面板的上方有两个选项，即“自动栅格”和“开始新图形”，其具体功能如下。

自动栅格：用于创建一个临时的栅格。在默认状态下，该复选框为取消选中状态，当选中它时，能在单击创建二维图形的同时，对齐到最近的曲面对象。

开始新图形：在默认状态下，该复选框是被选中的，能使在视图中每次创建二维图形都是新的图形，即每次创建的二维图形都是相互独立的；取消选择该复选框，可以使创建的多个二维图形组成一个对象。

大部分的二维图形“创建”面板中都包括了“渲染”卷展栏和“插值”卷展栏，这两个卷展栏的作用十分重要，下面将具体介绍其中的含义和功能。

- “渲染”卷展栏用于设置线的渲染特性。可以选择是否对线进行渲染，并设定线的厚度，如图 2-38 所示。

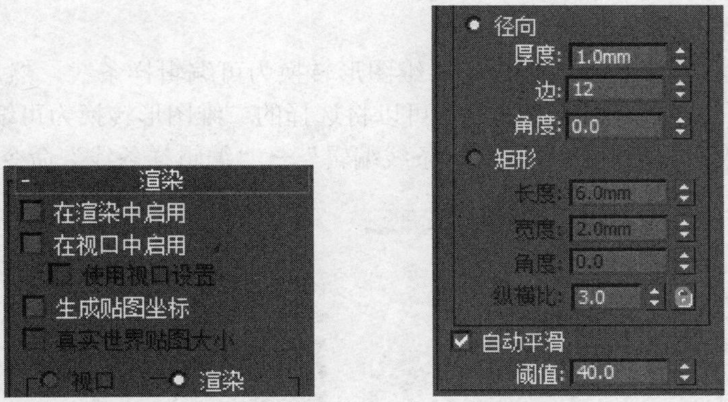

图 2-38 “渲染”卷展栏

在渲染中启用：勾选该选项才能渲染出样条线；若不勾选，将不能渲染出样条线。

在视口中启用：勾选该选项后，样条线会以网格的形式显示在视图中。

使用视口设置：该选项只有在开启“在视口中启用”选项时才可用，主要用于设置不同的渲染参数。

厚度：用于设置视图或渲染中线的直径大小，默认值为 1，范围为 0～100。

边：用于设置视图或渲染中线的侧边数。

角度：用于调整视图或渲染中线的横截面旋转的角度。

注意 在“渲染”卷轴栏中设置了图形的厚度和边数，如果只勾选“在视口中启用”选项，修改后的厚度只对视图中的图形起作用；如果只勾选“在渲染中启用”，则修改的厚度只对渲染中的图形起作用。

- “插值”卷展栏用于控制线的光滑程度，如图 2-39 所示。

步数：手动设置每条样条线的步数。值越大，线段越平滑，如图 2-40 所示，左侧圆形步数为 2，右侧圆形步数为 6。

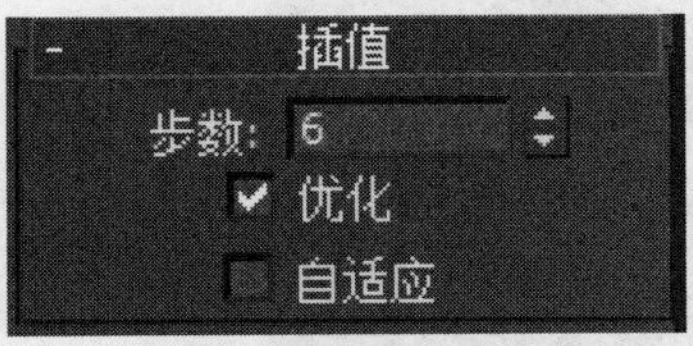

图 2-39 “插值”卷展栏

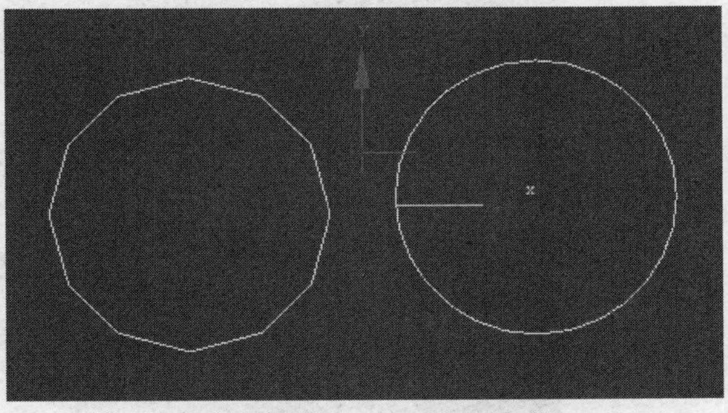

图 2-40 不同步数的区别

优化：启动该选项后，可以从样条线的直线线段中删除不需要的步数。

自适应：启动该选项后，系统会自适应设置每条样条线的步数，以产生平滑的曲线。

13. 编辑二维图形

通过对二维图形进行样条线编辑，可以将简单的二维图形修改为各种形状的图形，以满足创建复杂模型的需要。

（1）可编辑样条线。

对二维图形进行编辑的方法是先将二维图形转换为可编辑样条线，然后再运用相应的修改器对其进行修改。这里有以下 3 种方法可以将选择的二维图形转换为可编辑样条线。

1）选择“修改器”菜单→“面片/样条线编辑”→“编辑样条线”命令，如图 2-41 所示。

图 2-41　选择菜单命令

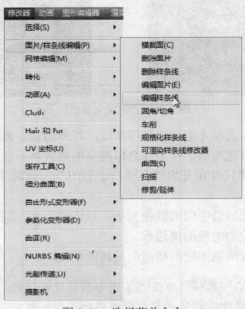

2）选择需要编辑的二维图形，右击鼠标，从弹出的菜单中选择“转换为”→“转换为可编辑样条线”命令，如图 2-42 所示。

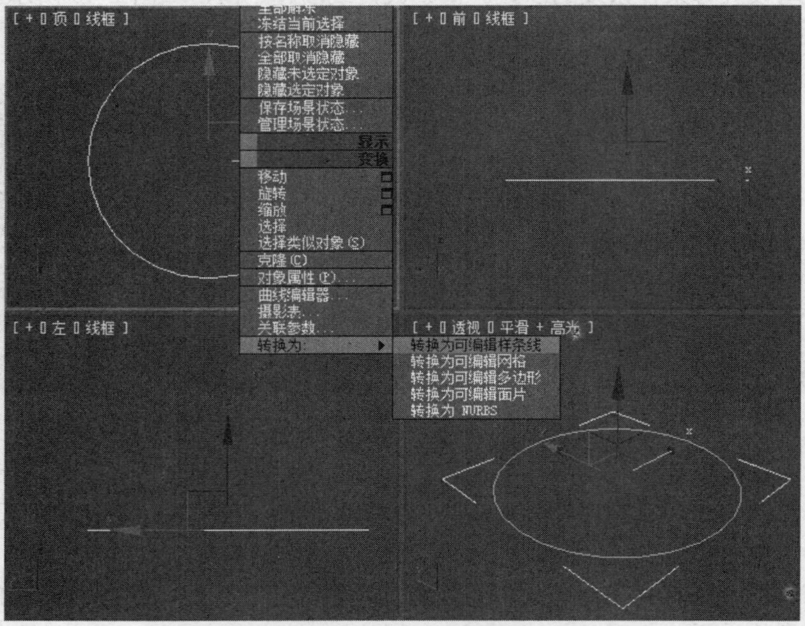

图 2-42　选择快捷命令

3）在“修改器列表”下拉列表框中选择“编辑样条线”命令，如图 2-43 所示。

将二维图形转换成可编辑样条线以后，在堆栈器中可以对图形的子对象进行编辑，包括图形的“顶点”、“线段”、“样条线”3 个子对象，如图 2-44 所示。在编辑这些子对象之前，需要先选择相应的子对象层级，才能对图形中对应的子对象进行操作，具体请参看本节介绍的线的节点调整。

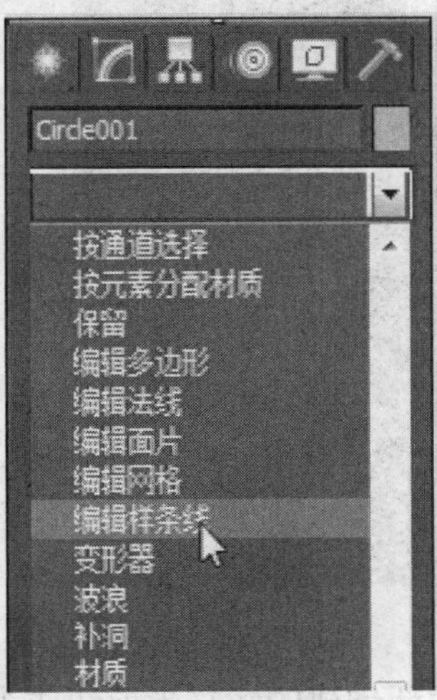

图 2-43　选择修改器

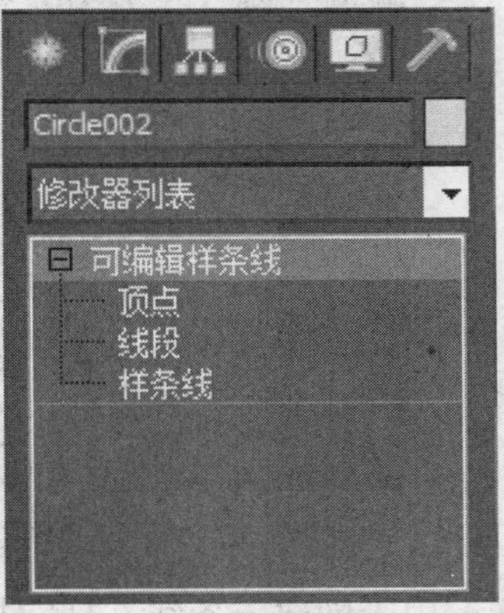

图 2-44　编辑样条线

在“编辑样条线”修改器中包括“渲染”、“插值”、“选择”、“软选择”、“几何体”5 个参数卷展栏，如图 2-45 所示。

- “选择”卷展栏主要用于控制顶点、线段和样条线 3 个子对象级别的选择，如图 2-46 所示。

顶点级：单击该按钮可进入顶点级子对象的修改操作，顶点是“样条线”子对象的最低一级，因此修改顶点是编辑“样条线”子对象最灵活的方法。

线段级：单击该按钮可以进入线段级子对象的修改操作。线段是中间级别的“样条线”子对象，因此该操作使用较少。

样条线级：单击该按钮可以进入样条线级子对象的修改操作。样条线是二维型的子对象的最高级别，对它的修改比较多。

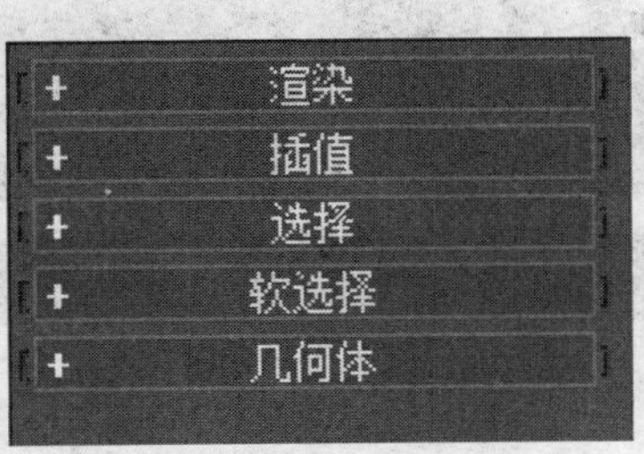

图 2-45　“编辑样条线”卷展栏

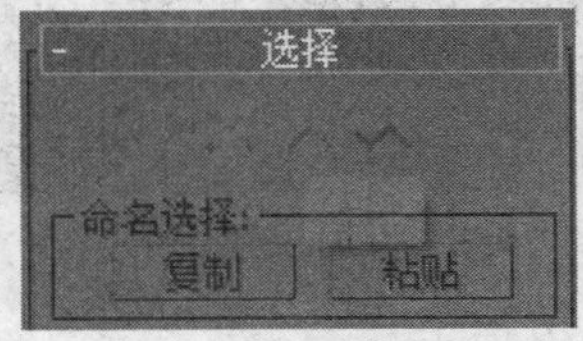

图 2-46　“选择”卷展栏

注意　“选择”卷展栏中 3 个子层级的按钮与修改命令堆栈中的选项是相对应的，在使用上有相同的效果。

- “几何体”卷展栏提供了大量关于样条线的几何参数，在建模中对样条线的修改主要是对该面板的参数进行调节，如图 2-47 所示。

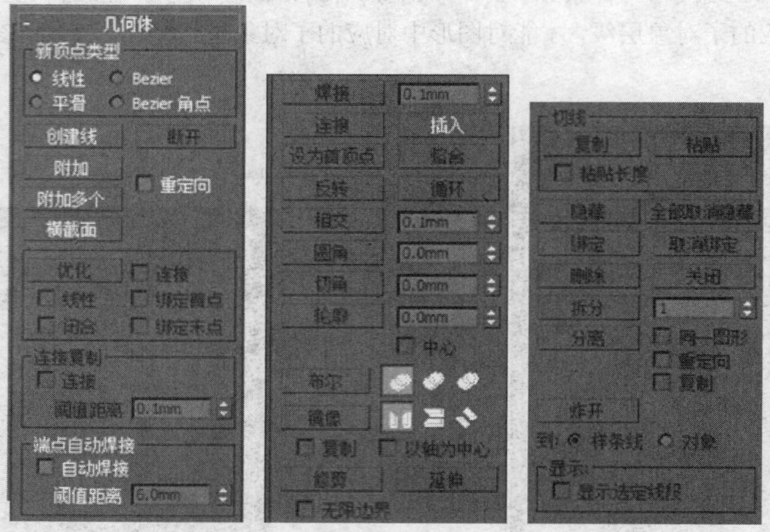

图 2-47 “几何体”卷展栏

创建线：用于创建一条线并把它加入到当前线中，使新创建的线与当前线成为一个整体。

附加：用于将场景中的二维图形与当前线结合，使它们变为一个整体。场景中存在两个以上的二维图形时才能结合使用。在“几何体”卷展栏中单击“附加”按钮，然后在视图中单击其他二维图形，即可将其附加在当前的图形上，如图 2-48 所示。

附加多个：原理与“附加”按钮相同，区别在于单击该按钮后，将弹出“附加多个”对话框，该对话框中会显示场景中的二维图形名称，可以选择多个需要附加的对象，如图 2-49 所示。

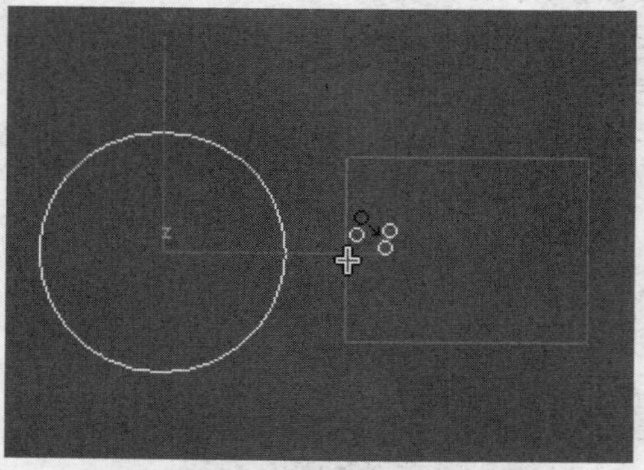

图 2-48 附加二维图形

图 2-49 “附加多个”对话框

（2）编辑顶点。

将二维图形转换为可编辑样条线，在修改器堆栈中选择“顶点”子层级对象，右击场景中图形的节点，可修改节点的类型。除此外，在“几何体”卷展栏中还集中了顶点子对象很多的功能和命令，常用的命令如下。

焊接：当两个被选择的节点在指定的焊接阀值距离以内时，单击“焊接”按钮可以把它们焊接为一个节点。例如将场景中的星形转为可编辑样条线，在修改器堆栈中进入“顶点”子对象，选择需要焊接的两个节点，在参数面板中设置“焊接”数值，单击“焊接”按钮，选择的点即被焊接，如图 2-50 所示。

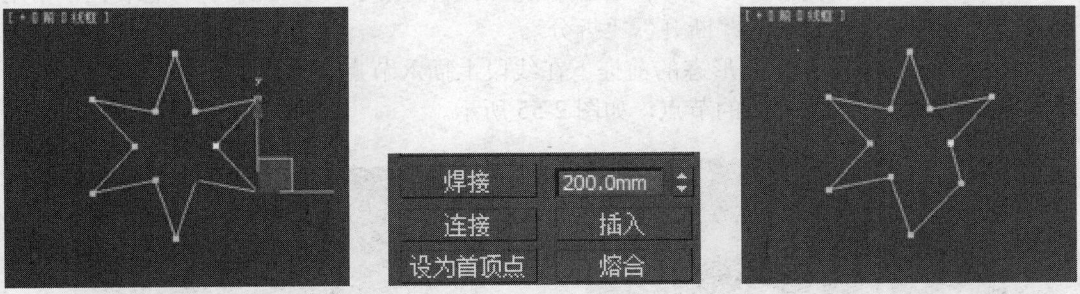

图 2-50　焊接节点

插入：用于在二维图形上插入节点。单击“插入”按钮，将光标移动到要插入的节点位置，鼠标变为 时，单击鼠标，节点即被插入，插入的节点会随光标移动，不断单击鼠标左键可以插入更多的节点，单击鼠标右键结束操作，如图 2-51 所示。

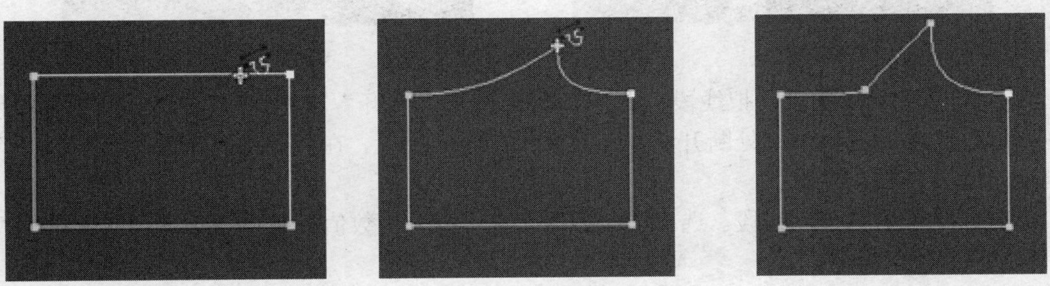

图 2-51　插入节点

连接：该按钮可以把两个节点连接到一条线段上。单击“连接”按钮，在一个节点处单击并拖动鼠标到另一个节点上，当光标变为 时，松开鼠标，即完成连接操作，如图 2-52 所示。

圆角：用于在选择的节点处创建圆角。单击“圆角”按钮，在视图中按住鼠标左键拖动指定的直角节点，释放鼠标即可完成圆角，如图 2-53 所示。也可以在“圆角”数值框中输入具体的圆角值。

切角：该按钮的操作方法与圆角相同，但创建的是切角。如图 2-54 所示。

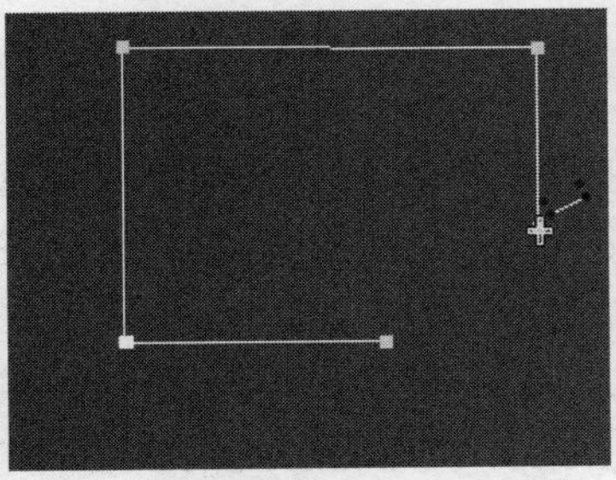

图 2-52　连接节点

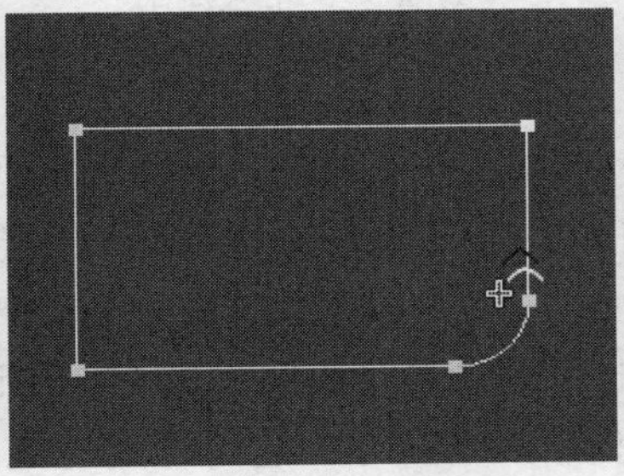

图 2-53　创建圆角

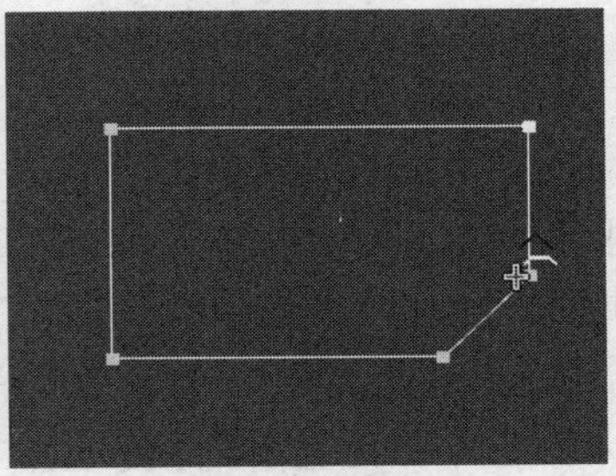

图 2-54　创建切角

删除：用于删除所选择的对象。

（3）编辑线段。

将二维图形转为可编辑样条线后，在修改器堆栈中选择“线段”子对象层级，或从“选择”卷展栏中单击“线段”子对象，即可进入线段的编辑模式。在“几何体”卷展栏中常用到的线段子对象功能有“优化”、“断开”、“拆分”。

优化：用于在不改变线段形态的前提下在线段上插入节点。单击“优化”按钮，在线段上单击鼠标，线段上被插入新的节点，如图 2-55 所示。

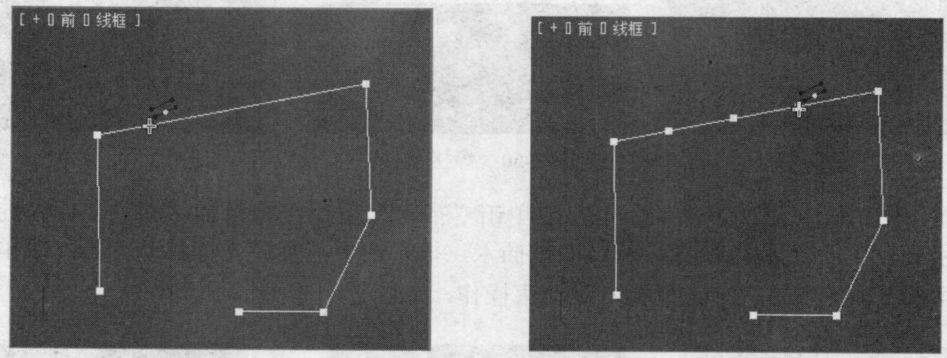

图 2-55　优化线段

断开：用于断开线段，把线段分开成两段。单击“断开”按钮，在需要断开的线段上单击，则该线段在相应的位置处断开，并成为两个分开的线段，在视图中右击或单击“断开”按钮则退出断开操作。

拆分：用于平均分割线段。选择一条线段，在“拆分”数值框中设置拆分值，再单击“拆分”按钮，如图 2-56 所示。

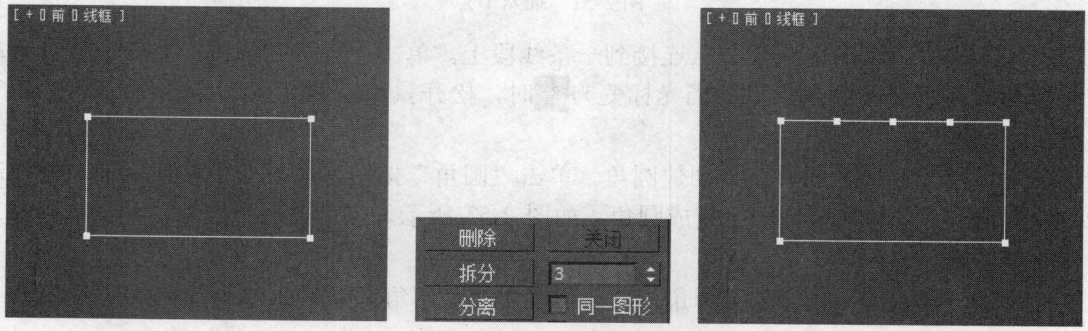

图 2-56　拆分线段

（4）编辑样条线。

将二维图形转为可编辑样条线后，在修改器堆栈中选择“样条线”子对象层级，或从“选择”卷展栏中单击“样条线”子对象，即可进入样条线对象层级中，常用的功能按钮包括“轮廓”、“布尔”、“镜像”等。

轮廓：用于创建出与选择的子对象形状相同的轮廓。在该选项右侧的数值输入框中可输入数值来指定轮廓的偏移量，如图 2-57 所示。也可以通过拖拉鼠标来决定轮廓的偏移量，如图 2-58 所示。

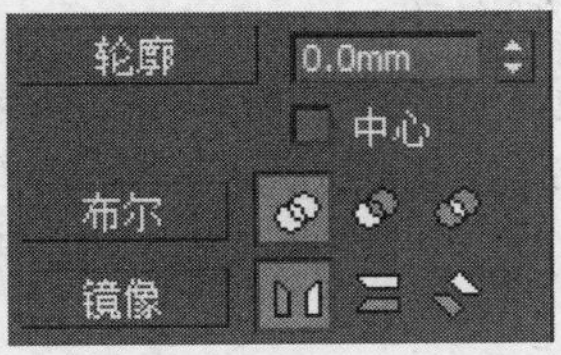

图 2-57 设置轮廓参数

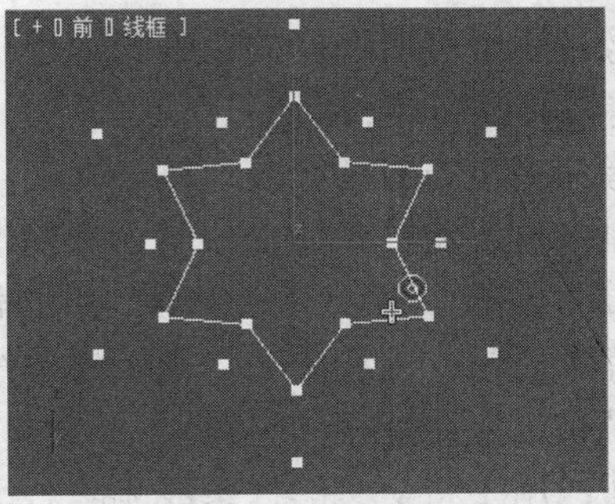

图 2-58 创建轮廓

布尔：用于将两个二维图形按指定的方式合并到一起，有 3 种运算方式：并集、差集和相交。

并集：合并两个二维图形的相交区域。

差集：删除两个二维图形的相交区域。

交集：只保留两个二维图形重叠的区域。

使用布尔操作的方法很简单，选择场景中的二维图形，右击鼠标，将其转换为可编辑样条线，点击“附加”命令，单击圆，如图 2-59 所示，将它们结合为一个二维图形，在修改器堆栈中进入“样条线”子对象，选择矩形，选择布尔运算的方式后单击“布尔”按钮，再单击视图中的圆形，完成运算，如图 2-60 所示。

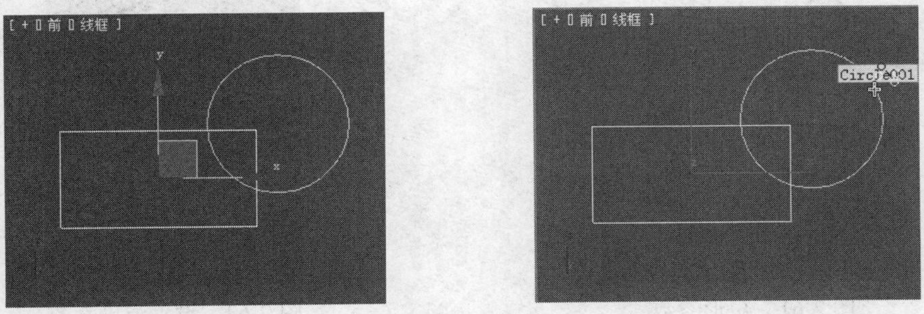

图 2-59 将二维图形进行“附加”

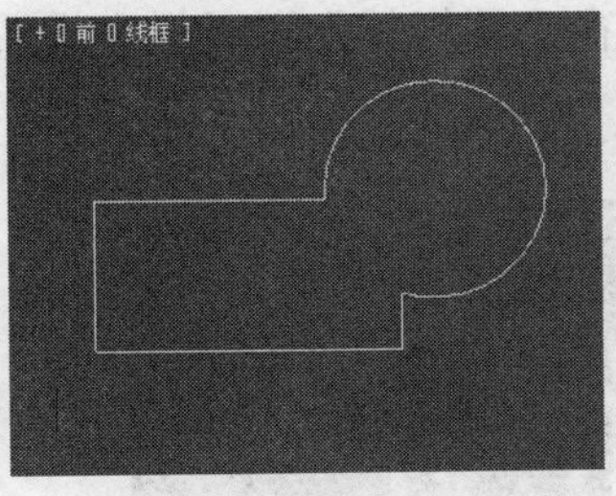

（a）并集

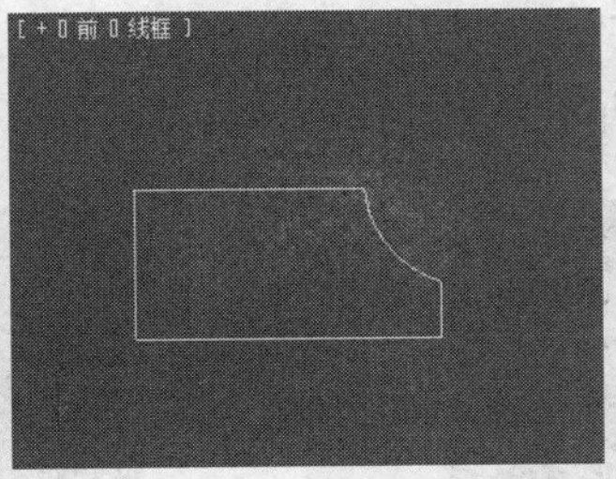

（b）差集

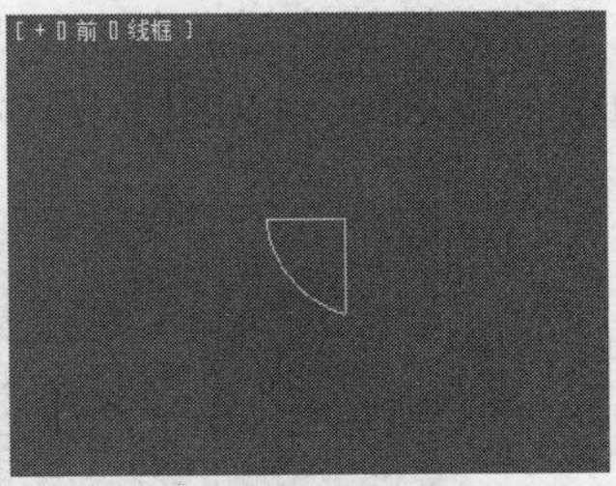

（c）相交

图 2-60 布尔运算

注意

进行布尔运算必须是同一个二维图形的子对象。如果是单独的二维图形，应先使用“附加”命令将其合为一个二维图形后，才能对其进行布尔运算。进行布尔运算的线必须是封闭的。

镜像：用于对所选择的二维图形进行镜像处理。系统提供了 3 种镜像方式：水平镜像、垂直镜像、双向镜像。

镜像命令下方有两个复选框。

复制：可以将样条线曲线复制并镜像产生一个镜像复制对象。

以轴为中心：用于决定镜像的中心位置。若选中该复选框，将以样条线自身的轴心点为中心来镜像对象；未选中时，则以样条线的几何中心为中心来镜像对象。“镜像”命令的使用方法与“布尔”命令相同。

修剪：用于将交叉的样条线删除。

延伸：用于将开放样条线最接近拾取点的端点扩展到曲线的交叉点。一般在使用“修剪”命令后使用此命令。

以上介绍了二维图的创建及编辑中常用到的一些命令，参数设置比较多，要熟练掌握还需要实际操作，在下面的章节中将会通过实例来帮助大家熟练地运用这些操作命令。

2.1.3 任务实施

1. 制作置物架的整体框架

（1）单击“创建”面板→“图形”→“矩形”按钮，在顶视图绘制一个矩形，长宽参数如图 2-61 所示，在“渲染”卷展栏中设置渲染可见及线段厚度，如图 2-62 所示。

图 2-61　矩形参数

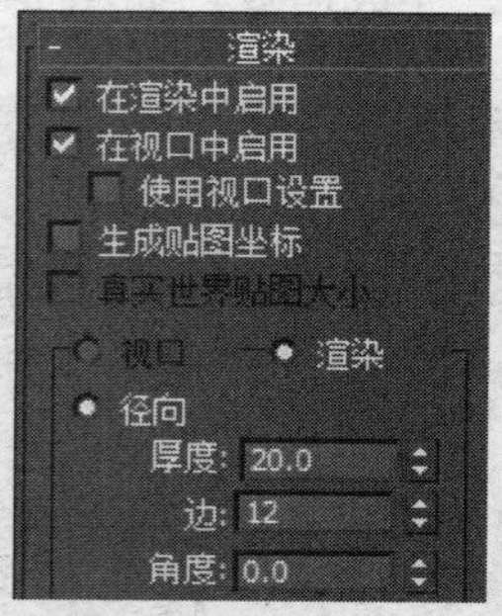

图 2-62　设置渲染参数

（2）单击“图形”→“线”按钮，在左视图中使用“线”工具绘制支架，如图 2-63 所示。在修改器堆栈中进入线的“顶点”子层级，选择支架上端顶点，在“几何体”卷展栏中设置圆角数值为 80，效果图如图 2-64 所示。

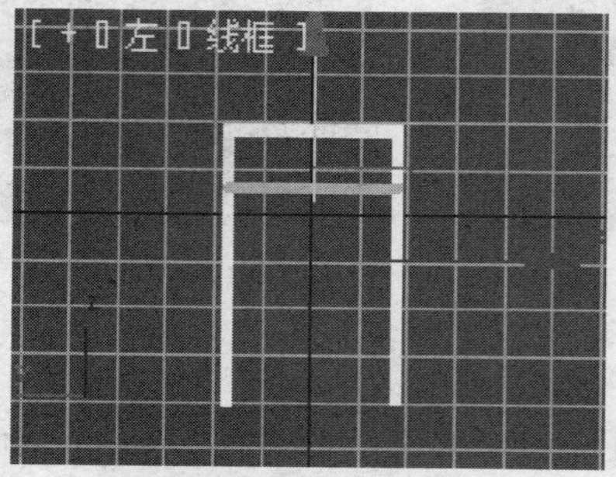

图 2-63　绘制支架

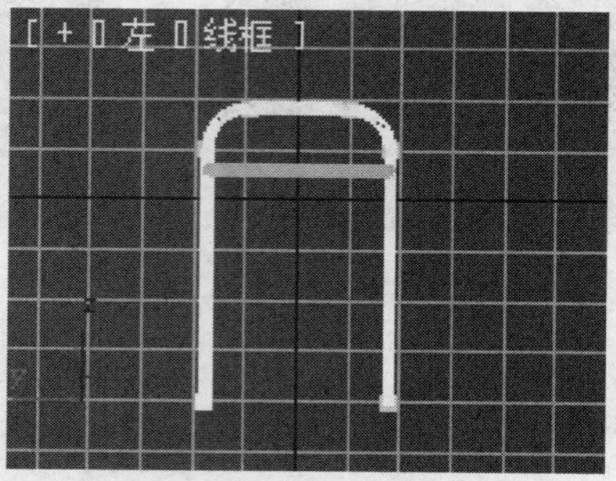

图 2-64　制作顶端圆角效果

（3）选择制作好的支架，在前视图中将其复制到另一端，效果如图 2-65 所示。

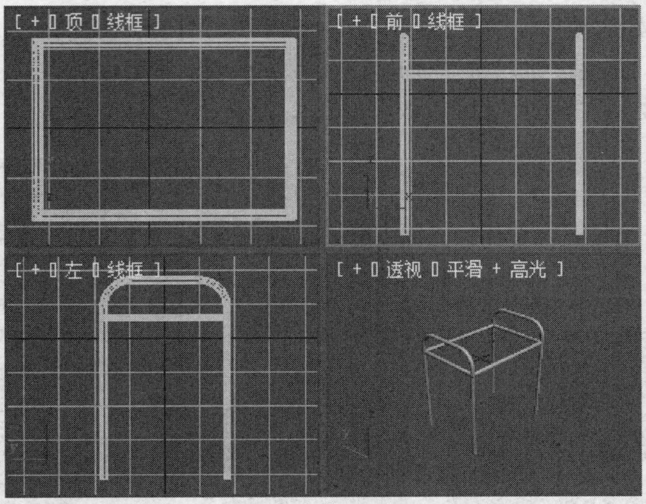

图 2-65　两端支架效果 1

（4）单击“图形”→“线”按钮，在前视图中绘制与支架间距等同的直线，调整直线的“渲染”卷展栏中的厚度为 10，将绘制好的直线复制一份放到另一侧，如图 2-66 所示。

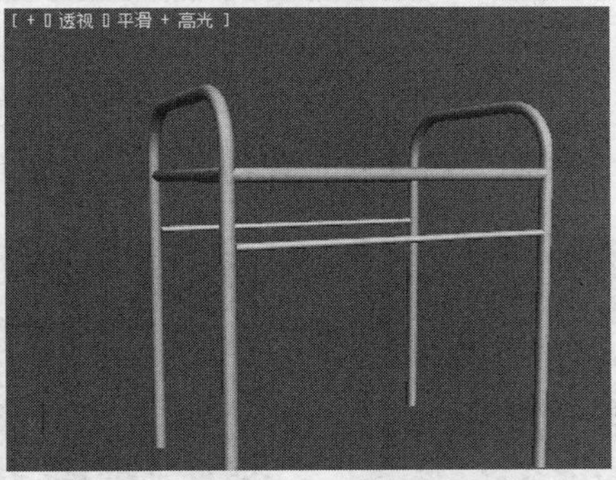

图 2-66　两端支架效果 2

2. 制作置物筐

（1）单击“图形”→“线”按钮，在左视图绘制如图 2-67 所示的直线，在“渲染”卷展栏中将其“厚度”设置为 5，在修改器堆栈中进入“顶点”子层级，选择直线下端的两个节点，在“几何体”卷展栏中调整其“圆角”值，效果如图 2-68 所示。

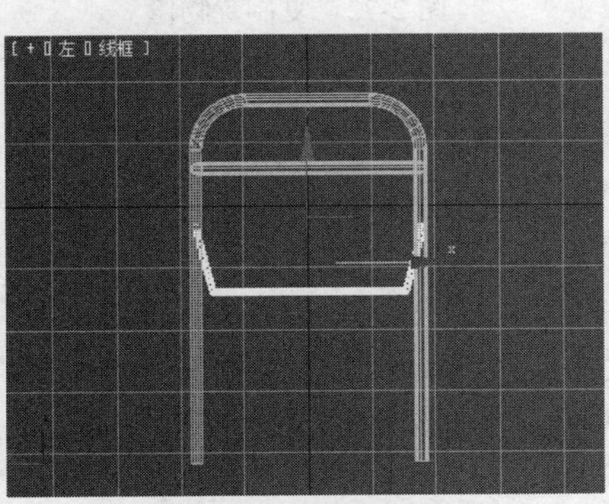

图 2-67　绘制直线

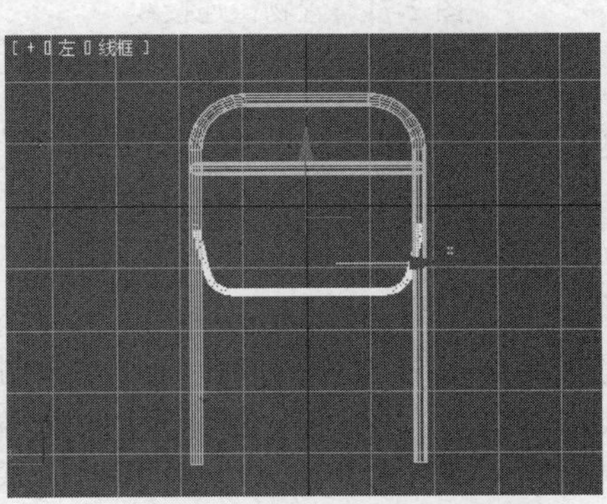

图 2-68　调整节点圆角值

（2）选择绘制好的线段，在前视图中复制 5 份，如图 2-69 所示。选择这一组线段，右击工具栏中的“角度”捕捉按钮，将捕捉角度设置为 90 度，使用“旋转”工具，按住【Shift】键在顶视图中将其复制并旋转 90 度，效果如图 2-70 所示。

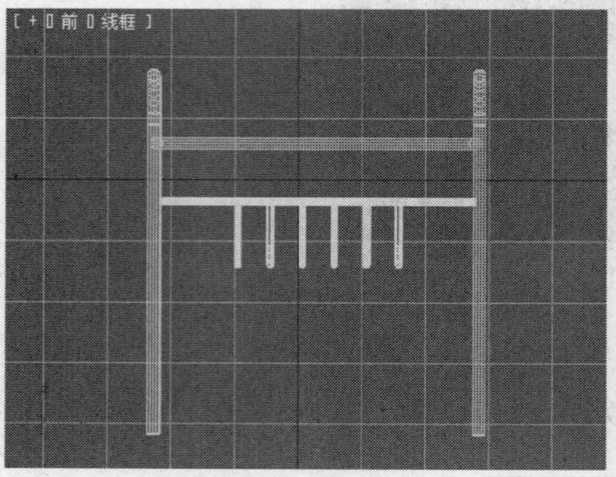

图 2-69　复制对象

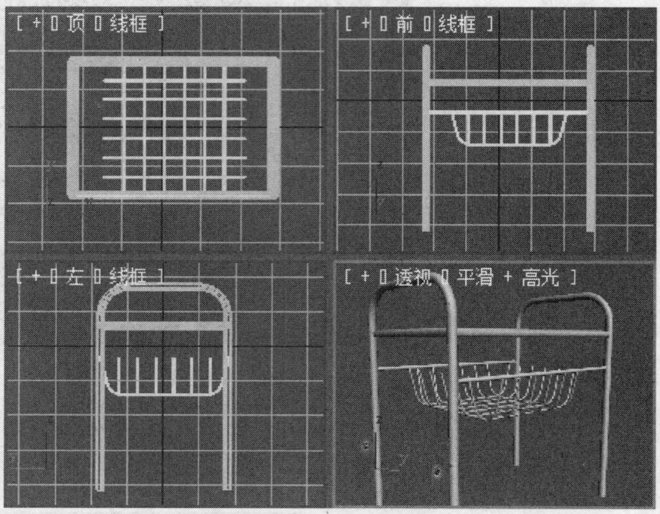

图 2-70　旋转并复制线段

（3）单击“图形”→“线”按钮，在顶视图中的置物筐左侧绘制直线，并复制一份到右侧，效果如图 2-71 所示，在前视图中选择整个置物筐，将其往下复制一份，如图 2-72 所示。

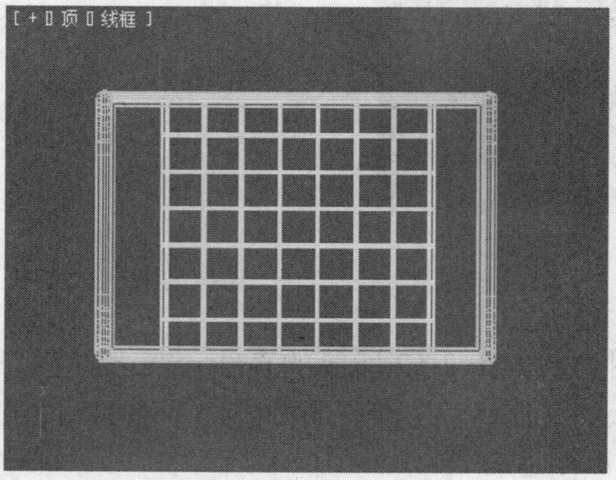

图 2-71　置物筐连接线

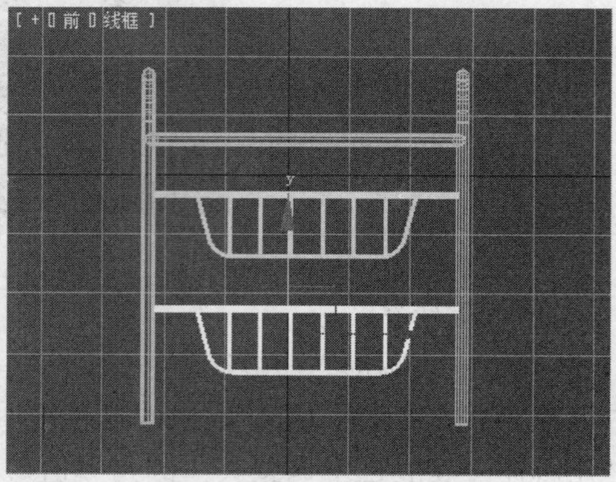

图 2-72　复制置物筐

3. 细节的完善

（1）单击“创建”面板→“几何体”→“标准基本体”→“长方体”按钮，在顶视图中创建一个长方体，放置到顶部矩形内部，作为顶部隔板，如图 2-73 所示。

（2）单击“创建”面板→“几何体”→“标准基本体”→“圆环”按钮，在前视图中的置物架底端绘制圆环，参数如图 2-74 所示，效果如图 2-75 所示。选择“缩放”工具，在左视图中将圆环沿 X 轴进行缩放，将其厚度调整为与置物架底端一致，效果如图 2-76 所示。

（3）将完成后圆环复制到置物架底端的另外 3 侧，置物架底部滑轮制作完成，至此整个置物架制作完成，最终效果如图 2-77 所示。

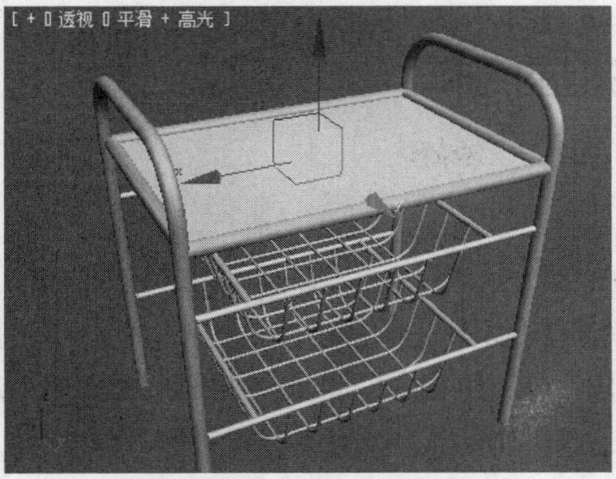

图 2-73　制作顶部隔板

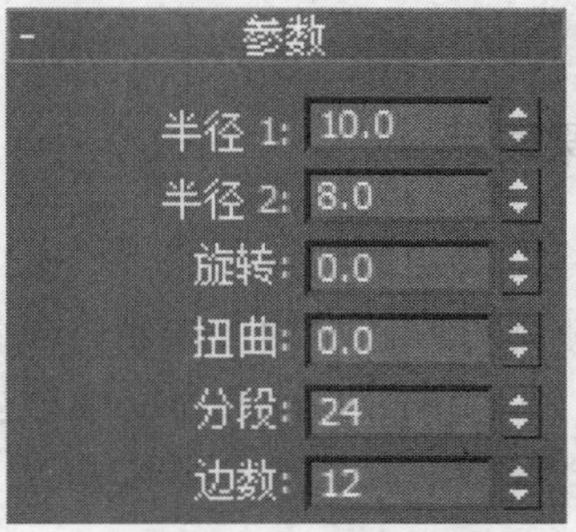

图 2-74　圆环参数

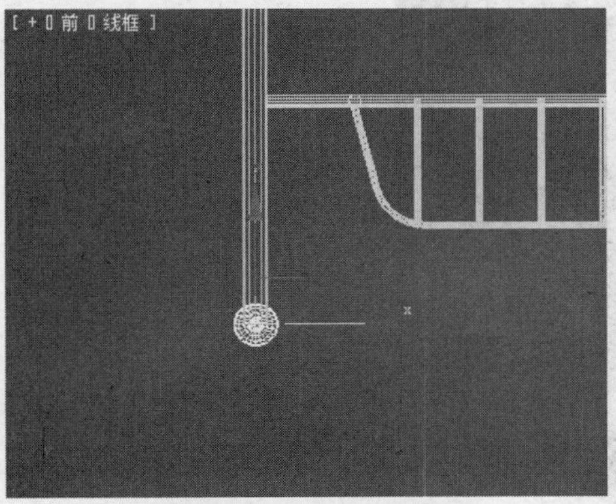

图 2-75　绘制圆环

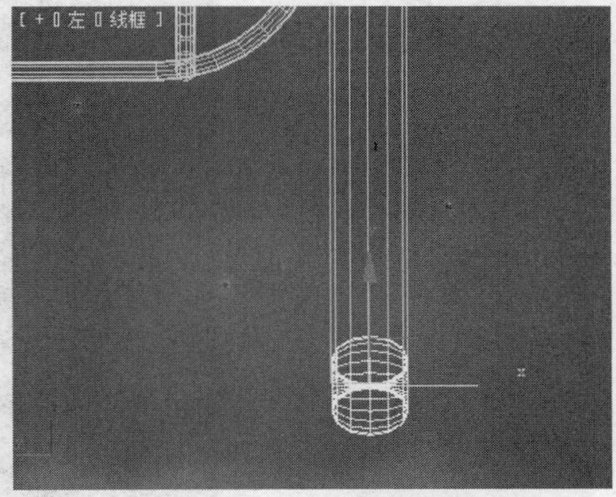

图 2-76　调整圆环厚度

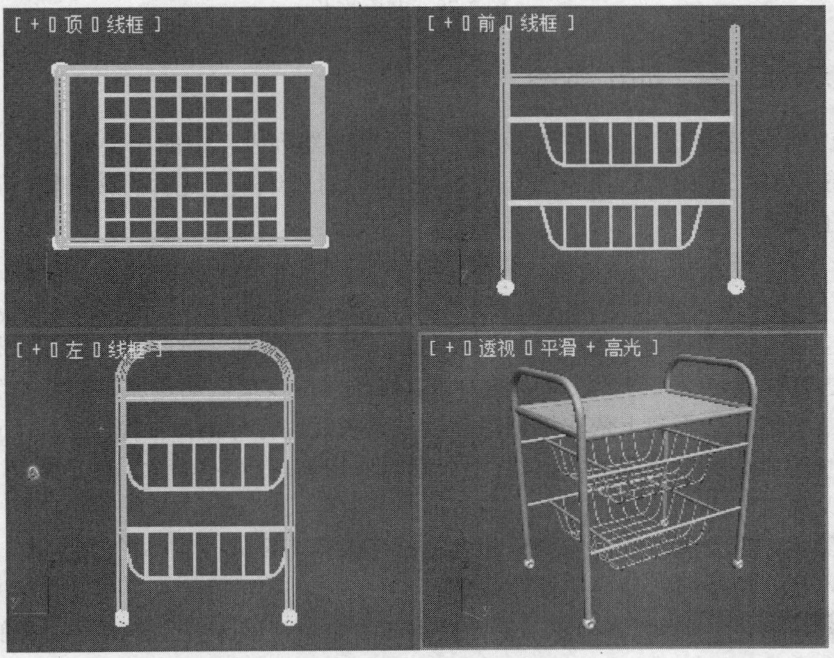

图 2-77　置物架最终效果

任务 2.2　书柜的制作

2.2.1　效果展示

本任务主要是通过二维图形中的矩形创建矩形框架，使用移动复制来制作书架隔板，然后通过将外侧矩形转换为可编辑样条线，使所有矩形附加到一起，再通过“挤出”命令挤出书架的厚度，将二维图形转换为三维模型，最后使用基本几何体中的长方体制作书架背板，最终效果如图 2-78 所示。

图 2-78　书柜效果

2.2.2　知识点介绍——“挤出”命令

编辑修改对象是通过“修改”面板中的“修改器列表”中的相关命令来完成的。使用修改器命令能够将二维图形转换为三维图形，也可以对三维模型进行直接编辑，从而创建出各种复杂形体的模型。

对任何一个二维图形或是三维模型都可以使用修改器进行再次加工。创建几何体后，进入“修改”面板，面板中显示的是几何体的修改参数，当对几何体进行修改命令编辑后，修改器堆栈中就会显示修改命令参数，修改器像是堆积木一样加到二维图形或是三维模型上，在形状、参数上进行修改，使其符合设计者的要求。修改器堆栈最低端是原始模型的名称，随着修改命令的不断增加，由下向上依次堆加，并以一条灰线进行分割，如图 2-79 所示。用户可进入任何一个修改命令对参数进行修改，且不会影响原物体。在对不满意的修改命令进行删除时，对模型的修改也就同时删除了。

名称和颜色：主要显示物体的颜色和名称，可根据需要修改物体的颜色和名称。

修改器堆栈：用于显示使用的修改命令。

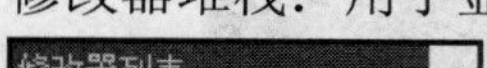

修改器列表：用于显示修改命令，单击后会弹出下拉菜单，可以选择要使用的修改命令。

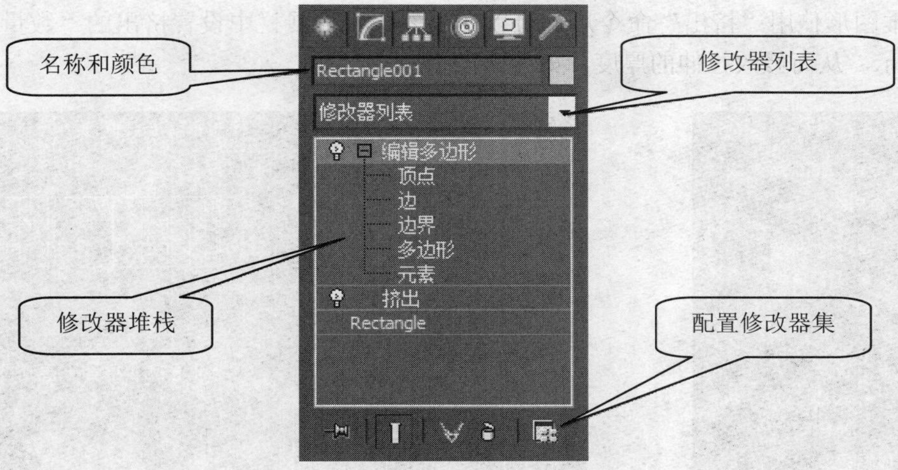

图 2-79　“修改器”面板

修改命令开关：用于开启和关闭修改命令。单击后变为图标，表示该命令被关闭，被关闭的命令不再对物体产生影响，再次单击此图标，命令会重新开启。

从堆栈中移除修改器：用于删除命令，在修改器堆栈中选择修改命令，单击该按钮，即可删除修改命令，修改命令曾对几何体进行过的编辑也会被撤销。

配置修改器集：用于对修改命令的布局重新进行设置，可以将常用的命令以列表或按钮的形式表现出来。

上一节介绍了二维图形的创建，通过对二维图形基本参数的修改，可以创建出各种形状的图形，使用修改器列表中的命令可以把二维图形转化为立体的三维图形并应用到建模中。在修改器列表中，有一些命令只能用于二维图形，例如“挤出”、“撤销”、“倒角”、“倒角剖面”这些常用的二维图形修改命令。

“挤出”修改命令能够为二维图形增加厚度，将二维图形拉伸为具有一定厚度的三维实体模型。选择需要拉伸的二维图形对象后，在修改器下拉列表框中选择“挤出”命令，如图 2-80 所示，即可将其拉伸为三维实体模型，如图 2-81 所示。

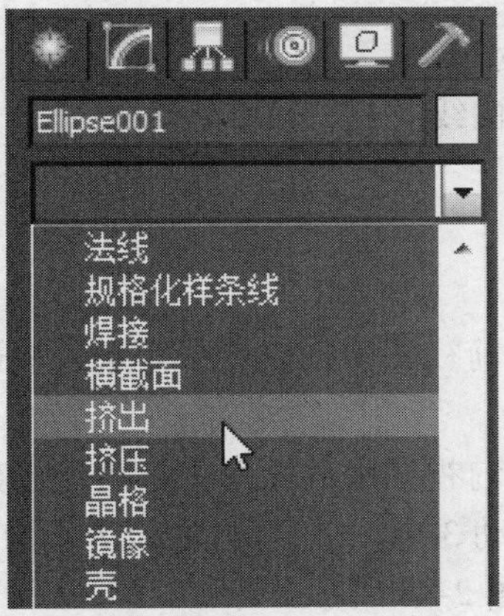

图 2-80　选择“挤出”命令

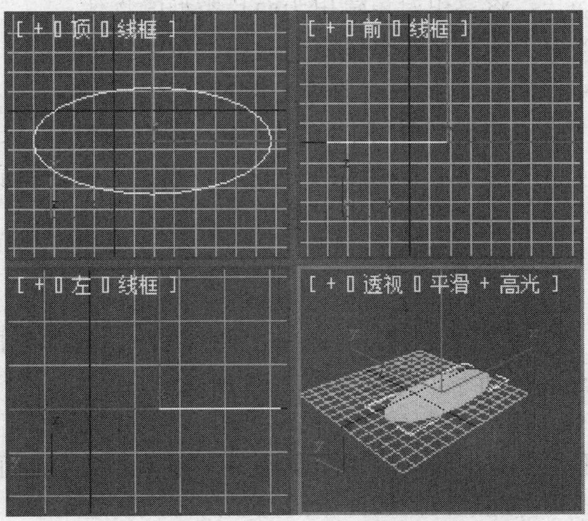

图 2-81　挤出二维图形

对二维图形使用“挤出”命令后，可以在“参数”卷展栏中设置挤出的“数量”值，如图 2-82 所示，从而修改拉伸的厚度，如图 2-83 所示。

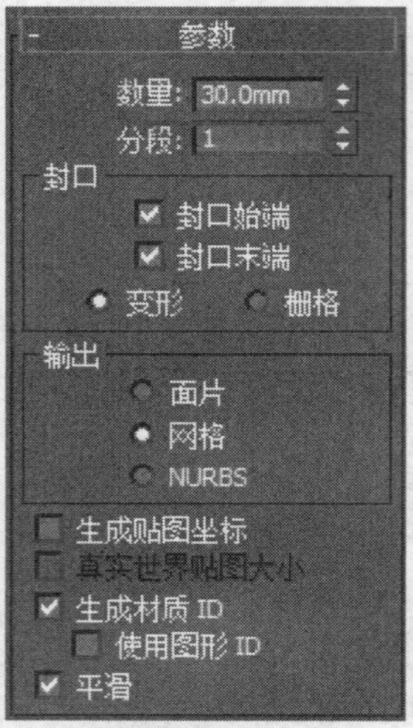

图 2-82 设置挤出参数

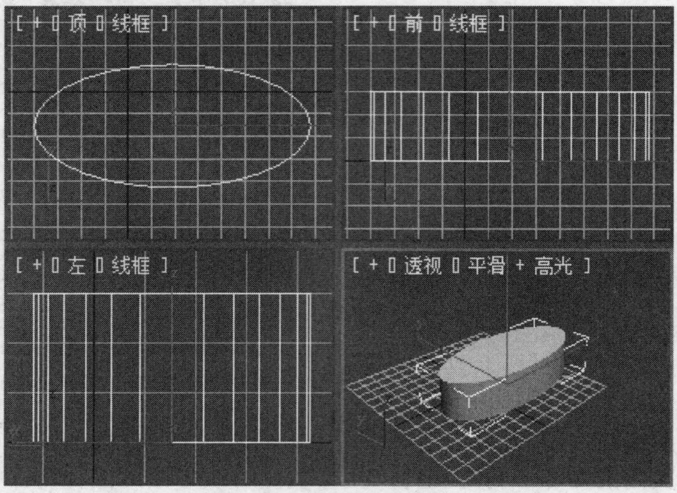

图 2-83 修改厚度

下面对挤出“参数”卷展栏中的各项参数功能进行介绍。

数量：设置二维图形挤出的高度。

分段：设置挤出物体高度上的分段数。如果要对挤出的物体变形，则应根据变形的需要，适当将分段数的数值增大。

● “封口”选项组：其中的参数可用来封闭挤出物体。

封口始端：在顶端加面封盖物体。

封口末端：在底端加面封盖物体。

变形：用于变形动画的制作，保证点面数恒定不变。

栅格：对边界线进行重新排列处理，以最精简的点面数来获取优秀的造型。

● “输出”选项组：用来指定挤出生成物体的类型，包括“面片”、“网格”、“NURBS”。

面片：将挤出对象输出为面片类型的物体。

网格：将挤出对象输出为网格类型的物体。

NURBS：将挤出对象输出为 NURBS 模型。

生成材质 ID：将不同的材质 ID 指定给挤出对象侧面与封口。

使用图形 ID：启用该复选框时，挤出对象的材质由挤出曲线的 ID 值决定。

平滑：用来平滑挤出生成物体的表面。

2.2.3 任务实施

（1）单击“创建”面板→“图形”→“矩形”按钮，在前视图中创建一个矩形，参数设置如图 2-84 所示，效果如图 2-85 所示。

（2）单击“创建”面板→“图形”→“矩形”按钮，在前视图中的矩形内部再次创建一个矩形，参数如图 2-86 所示，使用“移动”工具向下复制移动 3 个，效果如图 2-87 所示。

（3）按照步骤（2）中的方法，再次创建矩形，效果如图 2-88 所示。

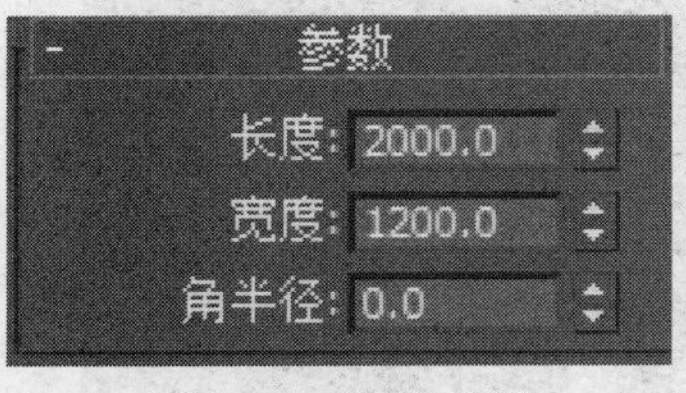

图 2-84　矩形参数

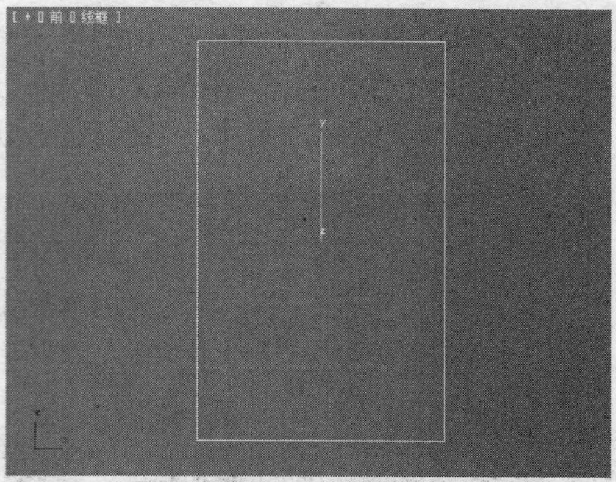
图 2-85　创建矩形

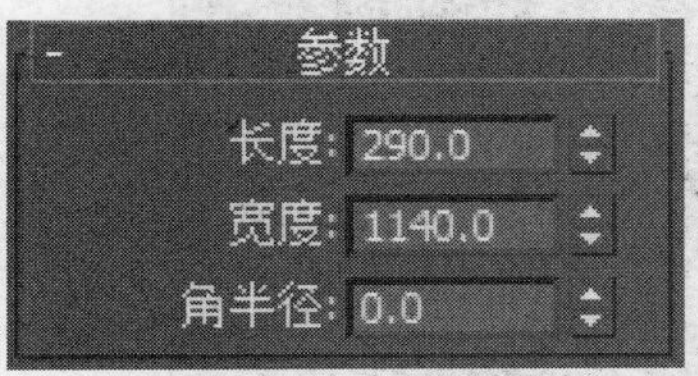

图 2-86　内部矩形参数

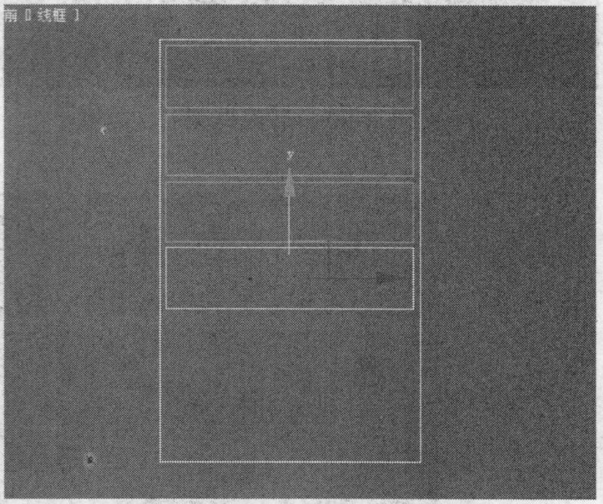
图 2-87　创建并复制内部矩形

（4）选择最外侧的矩形，右击鼠标，将其转换为可编辑样条线，在“几何体”卷展栏中选择“附加多个”，弹出“附加多个”对话框，选择所有内部矩形，单击“附加”按钮，将所有矩形附加到一起，如图 2-89 所示。

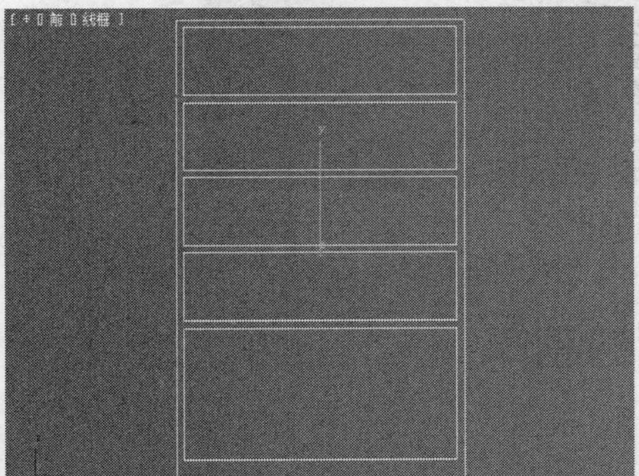
图 2-88　再次创建矩形

图 2-89　附加内部矩形

（5）选择附加到一起的矩形线，在修改器下拉列表中选择“挤出”命令，将其挤出“数量”设为 300，效果如图 2-90 所示，至此，书柜的框架制作完成。

（6）单击“创建”面板→“几何体”→“标准基本体”→“长方体”按钮，在前视图中创建一个长方体，参数设置如图 2-91 所示。在顶视图中将其放置到框架后侧，作为书柜的背板，效果如图 2-92 所示。至此，书架制作完成。

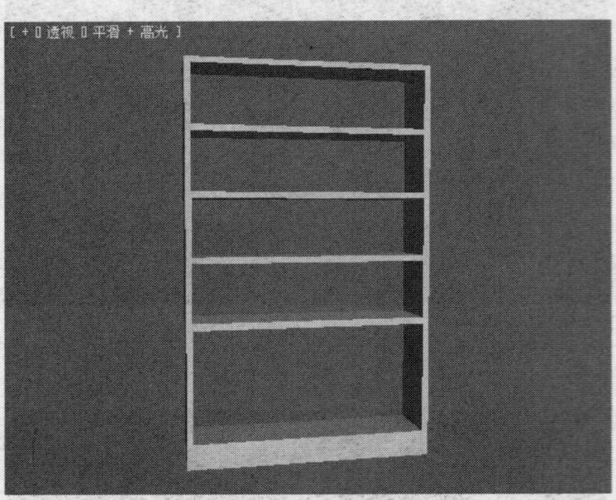

图 2-90 书柜框架

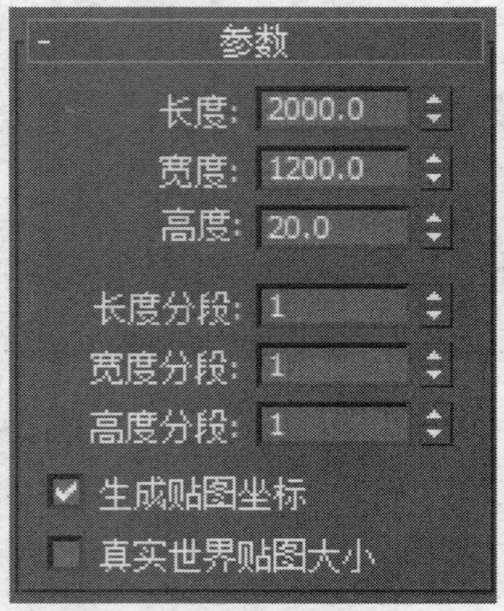

图 2-91 长方体参数

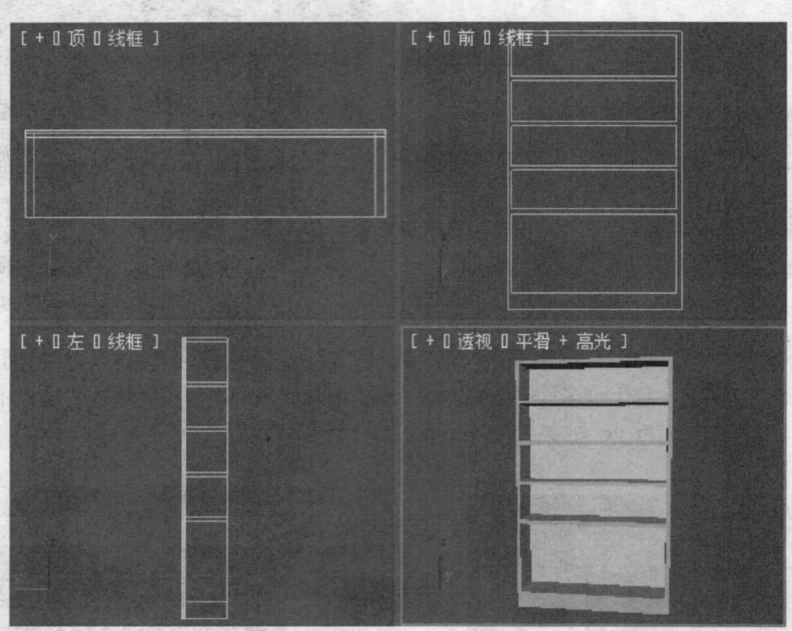

图 2-92 书柜背板的制作

任务 2.3 酒杯的制作

2.3.1 效果展示

本任务主要是通过二维图形中的“线”绘制酒杯剖面线段，使用修改器堆栈中的“顶点”子对象调整节点位置、圆滑度。再通过“样条线”子层级制作剖面轮廓，最后使用“车削”命令将剖面旋转 360 度，设置对齐参数，完成酒杯模型的制作，最终效果图如图 2-93 所示。

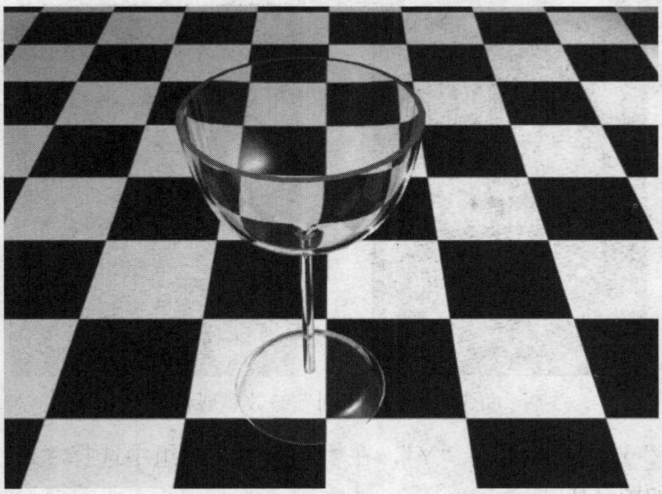

图 2-93　酒杯效果

2.3.2　知识点介绍——“车削”命令

“车削”编辑修改器能够使二维图形和 NURBS 曲线沿一根中心轴旋转，生成三维几何体，是常用的二维图形建模工具之一。“车削”修改器常用于制作轴对称几何体，如啤酒瓶、高脚杯、陶瓷罐等。

下面将通过一个简单实例的操作对“车削”修改器的具体使用方法进行介绍。

（1）在前视图中单击“创建”面板→“图形”→“线”按钮，使用“线”工具创建陶罐的轮廓线，如图 2-94 所示，完成剖面路径的绘制。

（2）选择创建好的线形，单击“修改”面板进入线形修改器，进入“顶点”子对象，调整各个顶点的位置、状态等，使轮廓线更加圆润，如图 2-95 所示。

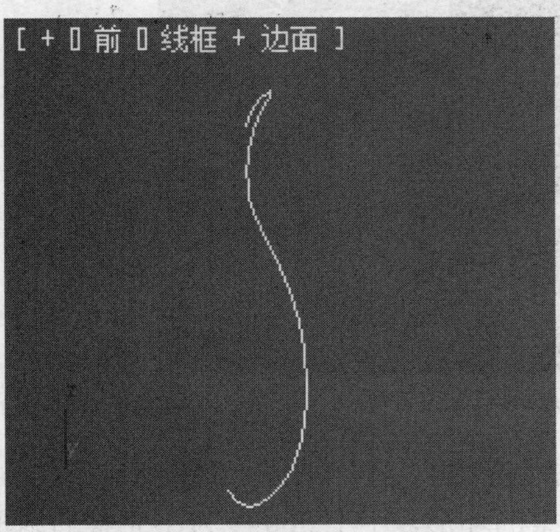

图 2-94　绘制陶罐的轮廓线

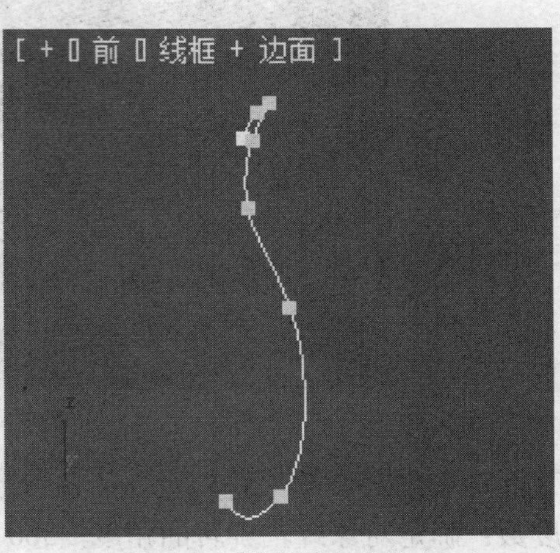

图 2-95　调整顶点的状态

（3）选择场景中的剖面路径，进入“修改”面板，在修改器下拉列表中选择“车削”命令，启用“车削”参数编辑修改器。

（4）启用“车削”编辑修改器后，在“修改”面板的下方即可看到“车削”参数卷展栏，如图 2-96 所示。

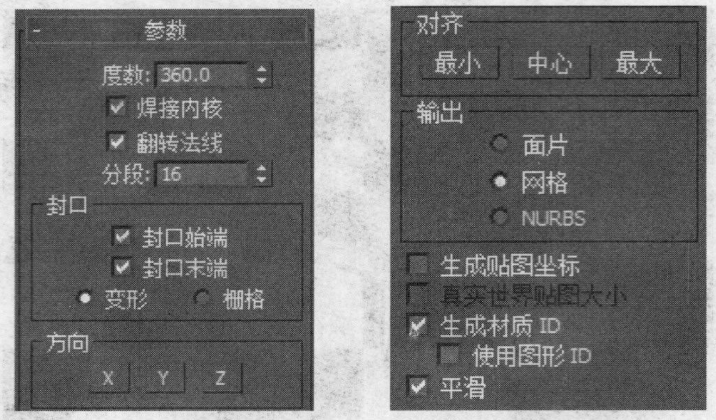

图 2-96 “车削”参数卷展栏

（5）在“方向”选项组中选择“Y”，在“对齐”选项组中选择“最小”按钮，即可完成陶罐模型的创建，如图 2-97 所示。

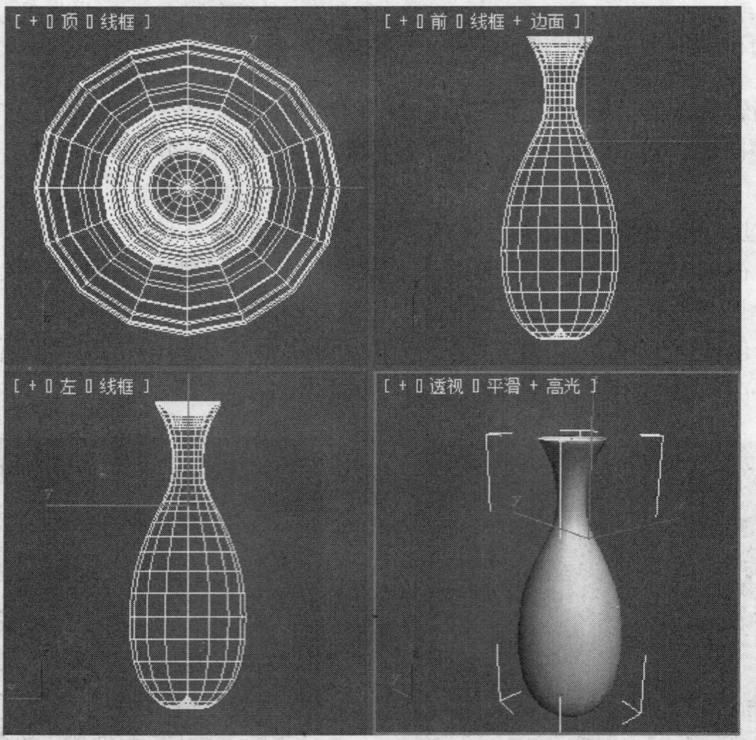

图 2-97 陶罐模型的制作

下面对车削“参数”卷展栏中的各参数含义进行介绍。

度数：确定对象绕轴旋转的角度，360 度为完整的环形，小于 360 度为不完整的扇形，如图 2-98 所示。

焊接内核：通过将旋转轴中的顶点焊接来简化网格，得到结构更精确精简和平滑无缝的模型。如果要创建一个变形目标，则禁用该选项。

翻转法线：将模型表面的法线方向反转。

分段：设置模型圆周上的分段数目，值越大，模型越光滑。

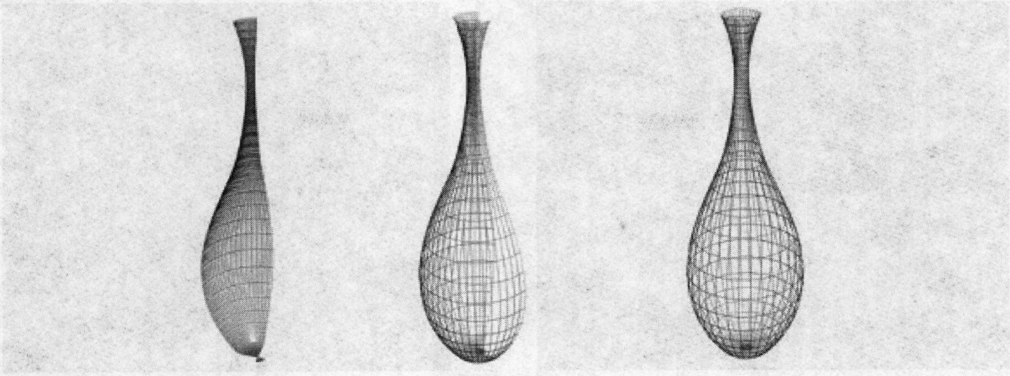

图 2-98　不同角度值的模型

- “封口”选项组。

封口始端：封口设置的度数小于 360 度的车削对象的始点，并形成闭合图形。

封口末端：封口设置的度数小于 360 度的车削对象的终点，并形成闭合图形。

变形：不进行面的精简计算，以便用于变形动画的制作。

栅格：进行面的精简计算，不能用于变形动画的制作。

- “方向”选项组：设置旋转中心轴的方向。

X/Y/Z：分别设置不同的轴向。

- “对齐”选项组：设置图形与中心轴的对齐方式。

最小/中心/最大：分别将曲线的内边界、中心和外边界与中心轴对齐，如图 2-99 所示。

图 2-99　对齐方式

- “输出”选项组：可用来设置旋转物体的类型。

面片/网格/NURBS：分别生成面片、网格、NURBS 类型的物体。

2.3.3　任务实施

（1）单击“创建”面板→“图形”→“线”按钮，在前视图中使用“线”工具绘制酒杯的剖面线，如图 2-100 所示。

（2）单击“修改”面板，进入修改器堆栈中线的“顶点”子层级，将剖面线杯身的顶点设置为“平滑”，在“几何体”卷展栏中单击“圆角”，将杯身转角、底座使用圆角并调整其圆滑度，如图 2-101 所示。

（3）在修改器堆栈中选择线的“样条线”子层级，在“几何体”卷展栏中单击“轮廓”，在前视图中为剖面设置一个轮廓效果，如图 2-102 所示。

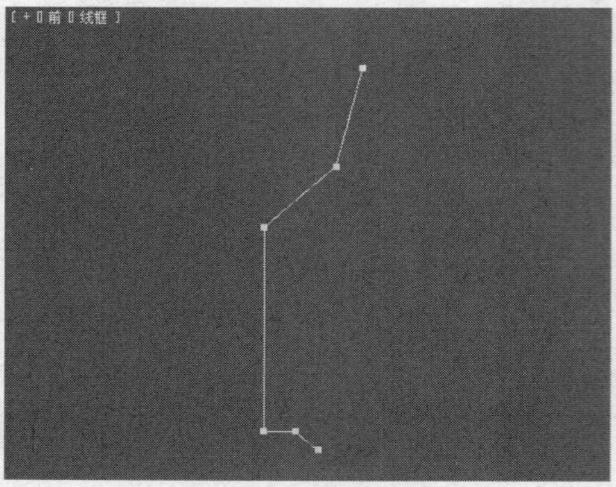

图 2-100 绘制酒杯剖面

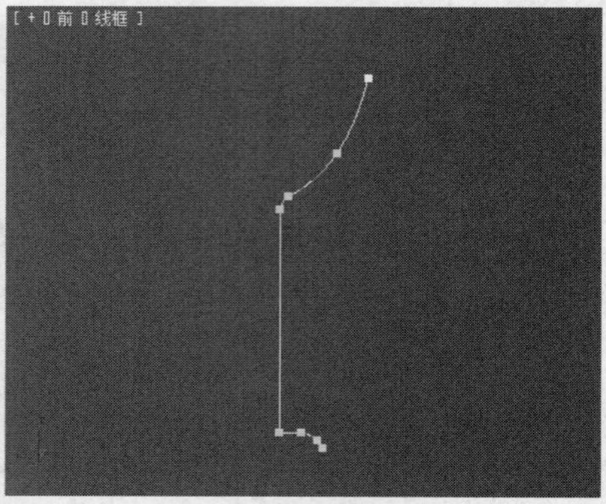

图 2-101 调整剖面顶点

（4）在修改器堆栈中退出子对象的编辑，选择场景中的剖面图形，单击修改器下拉列表中的“车削”，在参数卷展栏“对齐”选项组中选择“最小”，如图 2-103 所示。至此，酒杯制作完成，最终效果如图 2-104 所示。

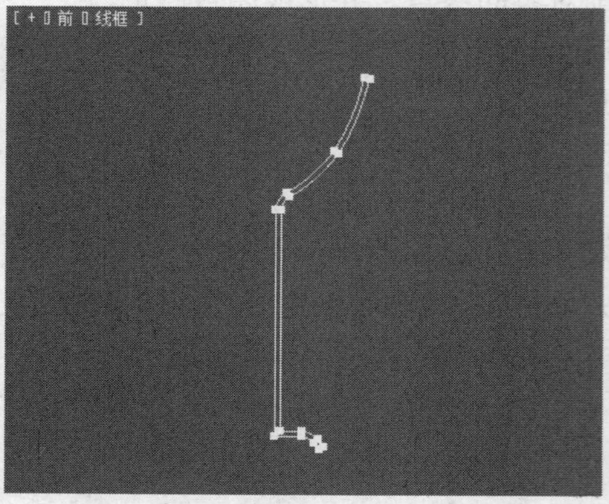

图 2-102 设置剖面轮廓

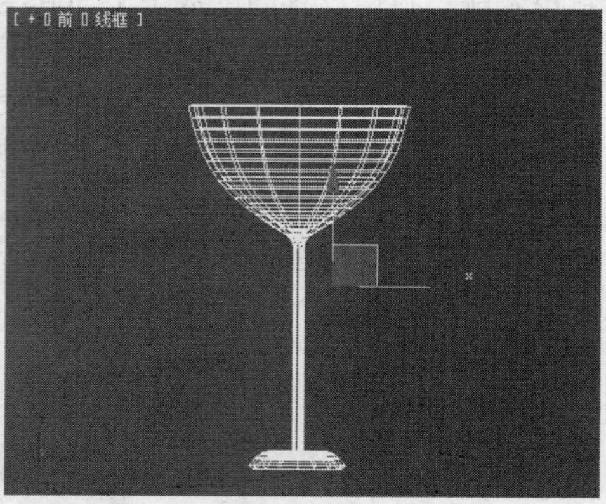

图 2-103 车削

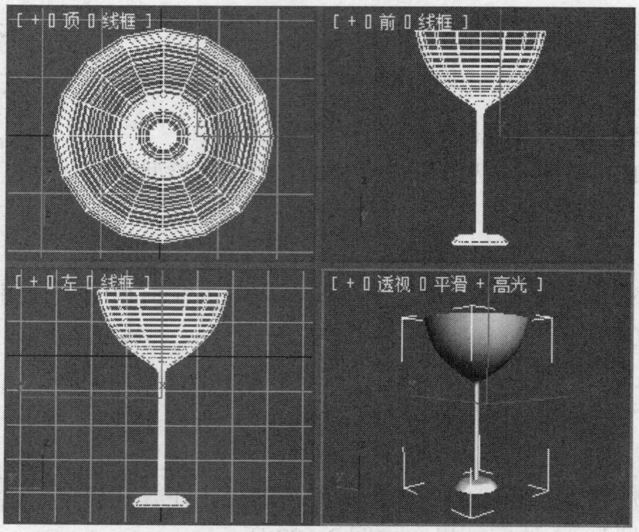

图 2-104 酒杯效果

任务 2.4　门的制作

2.4.1　效果展示

本任务主要是通过二维图形中的“矩形”绘制门的造型，使用样条线修改器堆栈中的“顶点”子对象将矩形合为一体。再通过“倒角”命令制作门边的切角效果。门套的制作是通过绘制门的边缘路径以及门套的剖面图形，使用“倒角剖面”命令生成三维模型，最终效果图如图 2-105 所示。

图 2-105　门的效果

2.4.2　知识点介绍——“倒角”与“倒角剖面”命令

“倒角”修改器命令同“挤出”修改器命令的工作原理基本相同，但该修改器除了能够将图形挤出生成三维模型外，还可以使三维模型生成带有斜面的倒角效果，如图 2-106 所示。该修改器命令经常用于创建古典的倒角文字和标志。“倒角”命令可以对任意形状的二维图形进行倒角操作，以二维图形作为基面挤出生成三维几何体，可以在基面的基础上挤压出 3 个层次，并设置每层的轮廓数值。

为二维图形设置“倒角”修改器命令的操作步骤如下：

（1）单击“创建”面板→“图形”→“圆”按钮，在顶视图中绘制一个圆。

（2）进入“修改”面板，单击“修改器下拉列表”，选择“倒角”命令。

（3）向下拖动命令面板右侧的滚动条，即可看到“倒角”参数卷展栏的全貌，并对其进行设置，如图 2-107 所示。

（4）设置完毕后，即可见场景中创建了一个两侧都具有切角的圆形台面。结合切角长方体的创建，可以最终创建为一个圆形桌，如图 2-108 所示。

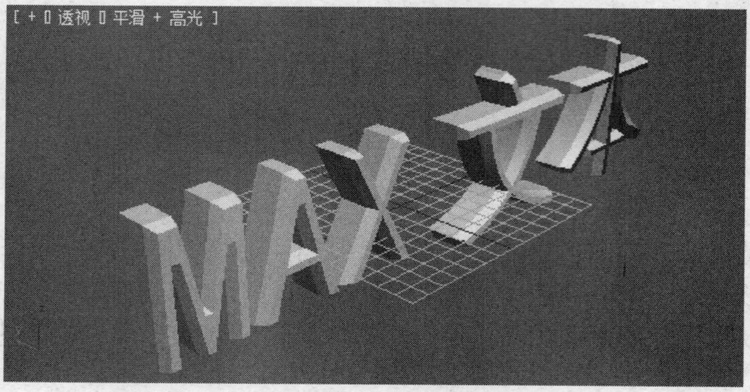

图 2-106 倒角文字

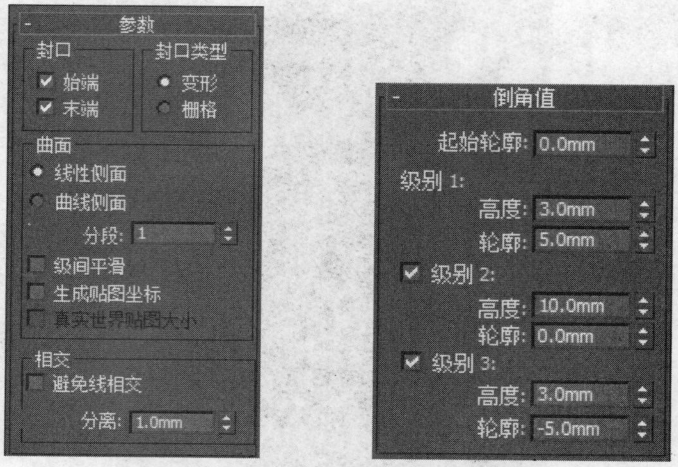

图 2-107 “倒角”参数卷展栏

图 2-108 圆形桌的创建

下面对“倒角”参数卷展栏中的各参数进行介绍。

- “封口”选项组：用于对造型两端进行封面加盖处理，如果对两端都进行加盖处理，则成为封闭实体。

始端：将开始截面封顶加盖。

末端：将结束截面封顶加盖。

- “封口类型”选项组：用于设置封口表面的构成类型。

变形：不处理表面，以便进行变形操作，制作变形动画。

栅格：进行表面网格处理，它产生的渲染效果要优于 Morph 方式。

- “曲面”选项组：控制曲面侧面的曲率、平滑度和贴图。选项组中的两个单选按钮用来设置级别之间使用的插值方法。

线性侧面：设置倒角内部片段划分为直线方式。

曲线侧面：设置倒角内部片段划分为弧形方式。

分段：设置倒角内部的段数，数值越大，倒角越圆滑。

级间平滑：对倒角对象的侧面进行平滑处理，但总保持封口不被平滑。

- “相交”选项组：用于在制作倒角时，防止从重叠的临近边产生锐角。

避免线相交：防止轮廓彼此相交。

分离：设置两个边界线之间所保持的距离。

- “倒角值”卷展栏：用于设置不同倒角级别的高度和轮廓。

起始轮廓：设置原始图形的外轮廓大小。

级别 1/级别 2/级别 3：分别设置 3 个级别的高度和轮廓大小，如图 2-109 所示。

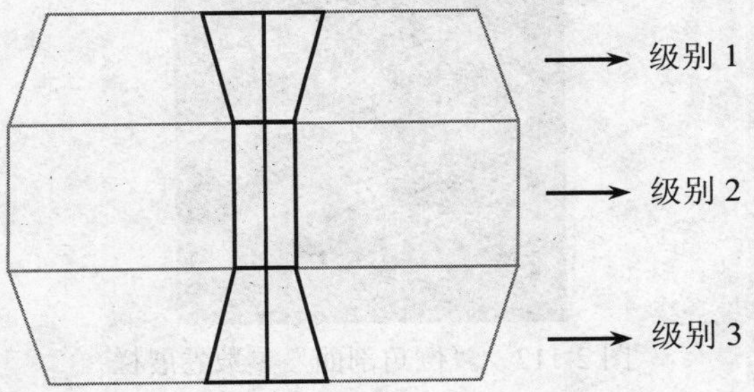

图 2-109　倒角的三个级别

同“倒角”修改器命令相比，“倒角剖面”命令具有编辑方法更为灵活的特点。“倒角剖面”需要一个图形作为倒角的轮廓线，有点像“放样”，但创建出物体后，轮廓线不能删除。如果删除轮廓线，所生成的物体也会随之删除。创建一个物体需要两个图形，一个是轮廓线，一个是图形。

注意　使用“倒角剖面”修改器命令创建模型后，作为倒角剖面的轮廓线不能删除，删除后，所生成的物体也会随之删除。“倒角剖面”与提供图形的放样对象不同，它只是一个简单的修改器。

为图形添加“倒角剖面”修改器的操作步骤如下：

（1）单击“创建”面板→“图形”→“矩形”按钮，在前视图中绘制一个矩形框，如图 2-110 所示。

（2）单击“创建”面板→“图形”→“线”按钮，使用“线”工具在左视图中绘制剖面图形，如图 2-111 所示。

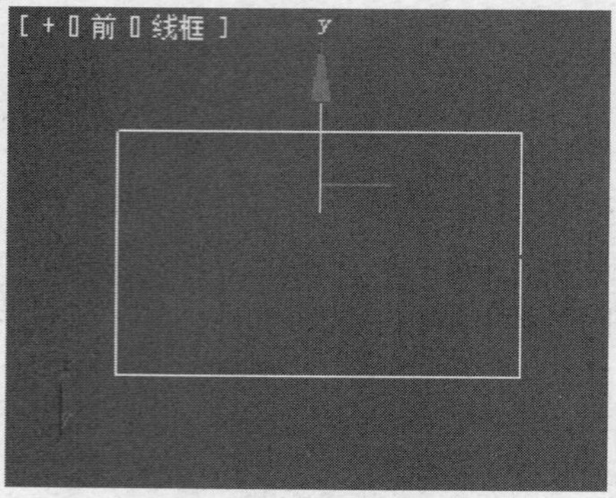

图 2-110　绘制矩形框

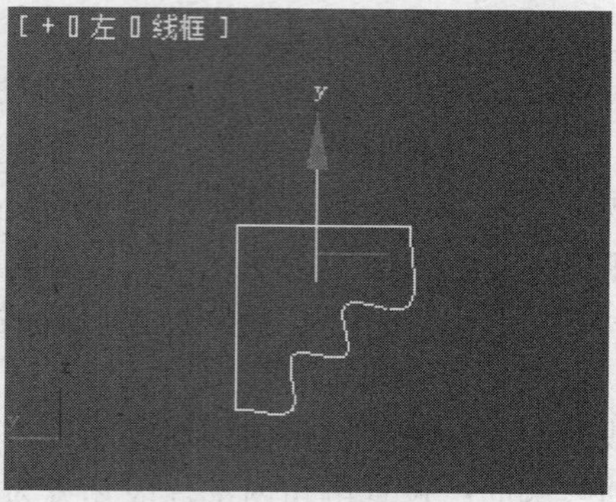

图 2-111　绘制剖面图形

（3）选择场景中的矩形框，单击“修改”面板，在修改下拉列表中选择“倒角剖面”命令，在命令面板中出现的“参数”卷展栏内单击“拾取剖面”按钮，然后在场景中拾取用于倒角剖面的“剖面路径”图形，“参数”卷展栏如图 2-112 所示。

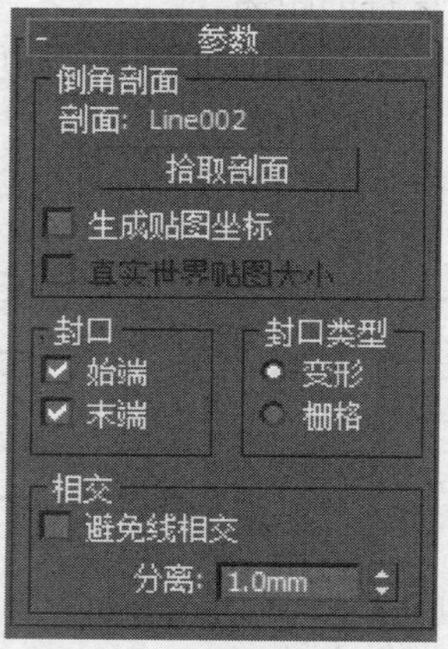

图 2-112　“倒角剖面”参数卷展栏

（4）选择修改器堆栈列表中的“倒角剖面”命令，展开子对象，选择“剖面 Gizmo”子对象，如图 2-113 所示，在顶视图中可以通过移动剖面 Gizmo 位置来调整模型的最终大小，如图 2-114 所示。

图 2-113　调整 Gizmo 的位置

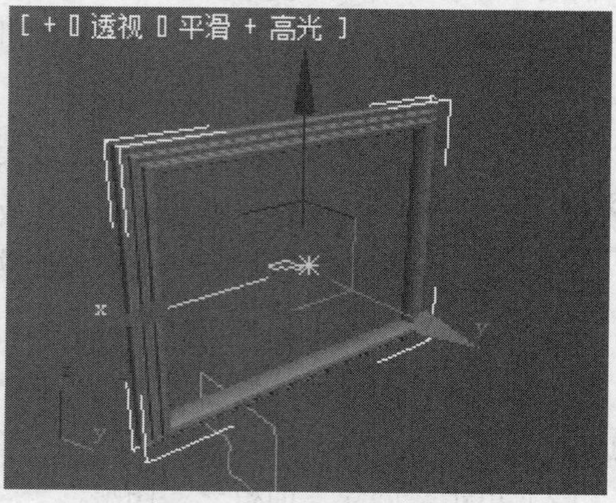

图 2-114　框架效果

（5）单击“创建”面板→“几何体”→“平面”按钮，在前视图中使用“平面”工具在画框中绘制平面作为画布，至此整个画框制作完成，如图 2-115 所示。

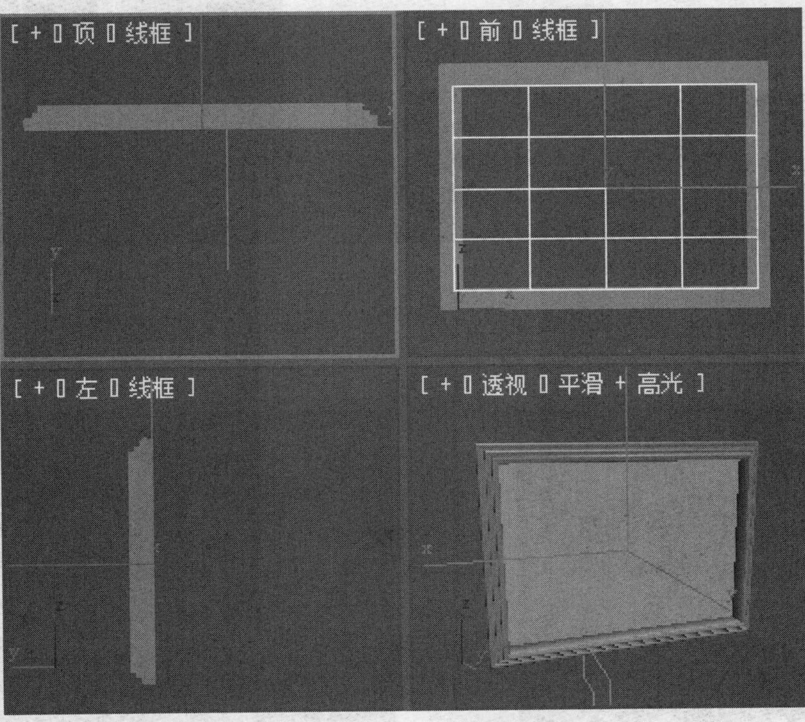

图 2-115 画框模型

下面对“倒角剖面”参数卷展栏中各参数的含义进行介绍。

- “倒角剖面”选项组：在为图形添加了修改器命令后，单击“拾取剖面”按钮，在视图中拾取一个图形或 NURBS 曲线来用于剖面路径。
- “封口”选项组：设置两个底面是否封闭。

始端：将开始端封顶。

末端：将结束端封顶。

- “封口类型”选项组：设置倒角形体开始和结尾两个封口面的类型。

变形：不处理表面，以便进行变形操作，制作变形动画。

栅格：进行表面栅格处理，它产生的渲染效果优于“变形”方式。

- “相交”选项组：用于去除倒角物体的异常突起部分。其使用方法与前面所讲的“倒角”编辑修改器中的“相交”选项组的使用方法相同。

2.4.3 任务实施

1. 门的制作

（1）单击“创建”面板→“图形”→“矩形”按钮，在前视图中创建两个矩形，参数设置如图 2-116 所示，单击“对齐”工具，将两个矩形关于 X、Y 中心对齐，选择其中一个矩形，右击鼠标，将其转换为可编辑样条线，在“几何体”卷展栏中单击“附加”按钮，单击场景中的另一个矩形，将两个矩形附加为一体，效果如图 2-117 所示。

图 2-116 矩形参数

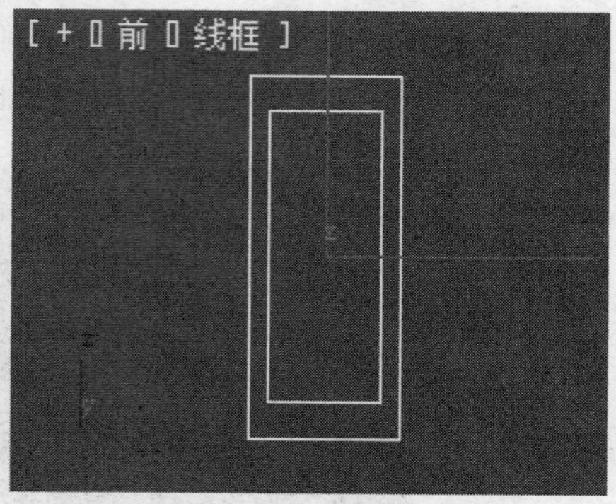

图 2-117 创建矩形

（2）单击修改器下拉列表，选择“倒角”命令，设置门厚度，参数如图 2-118 所示，效果如图 2-119 所示。

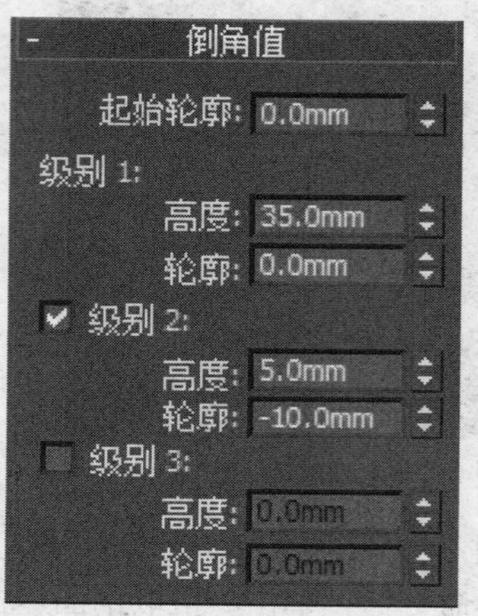

图 2-118 倒角参数

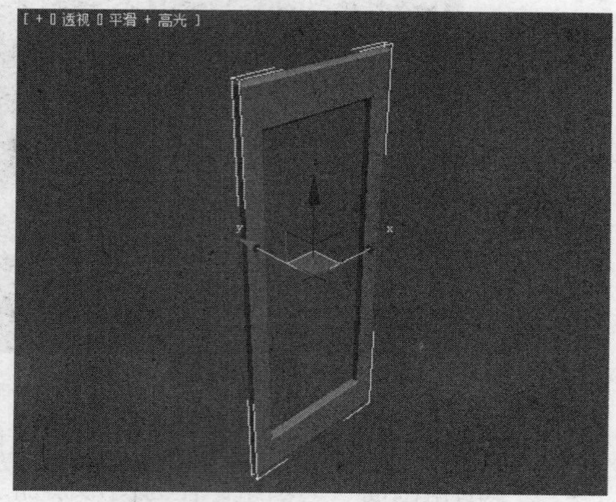

图 2-119 门框效果

（3）打开“捕捉 2.5”工具，单击“创建”面板→“图形”→“矩形”按钮，在前视图中绘制与门框内部大小一致的矩形，单击修改器下拉列表，选择“挤出”命令，参数如图 2-120 所示，效果如图 2-121 所示。

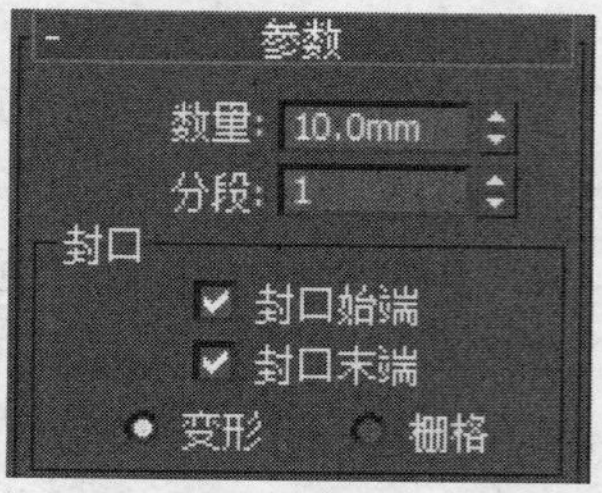

图 2-120 挤出参数

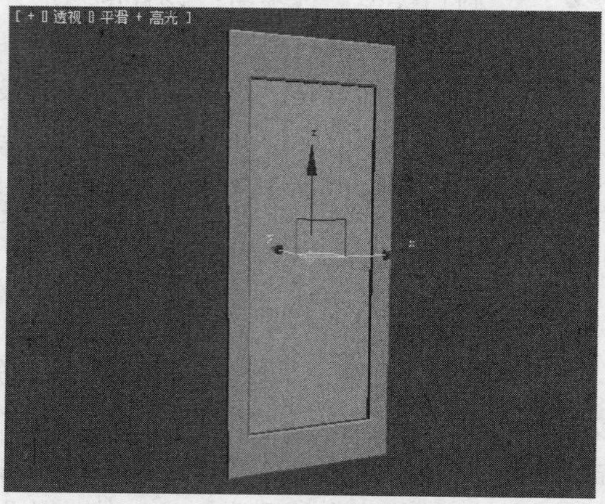

图 2-121 挤出门板效果

（4）单击“创建”面板→“图形”→“矩形”按钮，在前视图门板区域绘制一个矩形，参数如图 2-122 所示，使用“捕捉”工具，将矩形的左上角对齐门板的左上角，在顶视图中调整其位置，放置到门板表面，在前视图中将该矩形向右复制 2 个，再选择复制后的矩形向下复制 4 个，效果如图 2-123 所示。

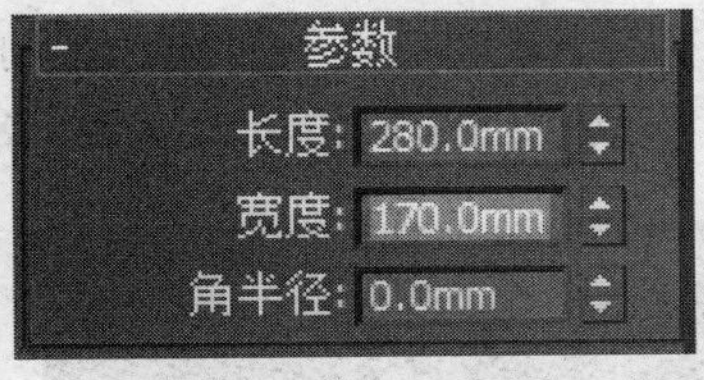

图 2-122　矩形参数

图 2-123　绘制矩形

（5）单击“创建”面板→“图形”→“矩形”按钮，在步骤（4）绘制的矩形缝隙中绘制矩形，向下复制 3 个，如图 2-124 所示，用同样的方法，在纵向的缝隙中绘制矩形，如图 2-125 所示。

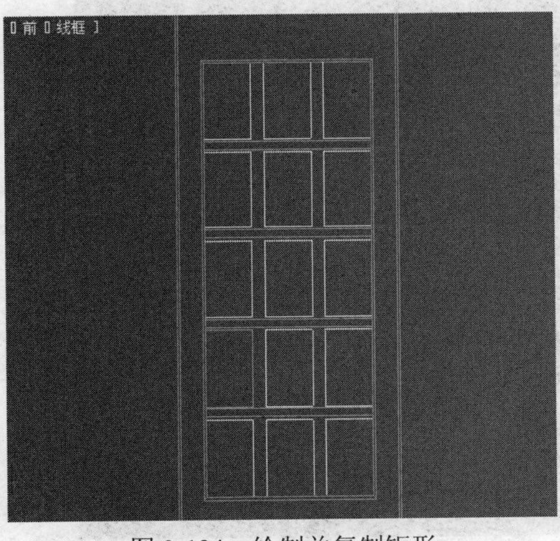

图 2-124　绘制并复制矩形

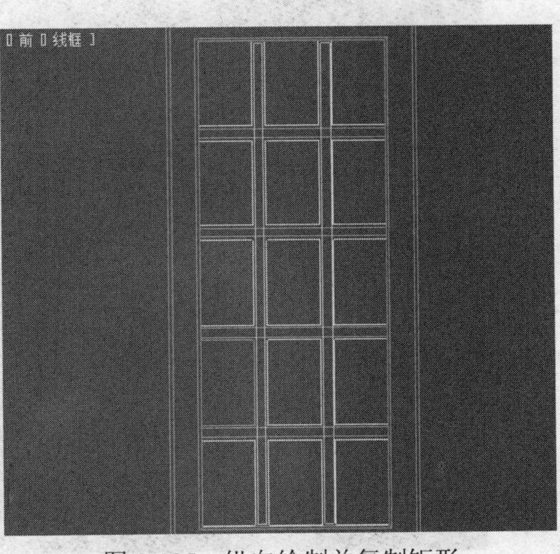

图 2-125　纵向绘制并复制矩形

（6）选择门板上的任意一个矩形，右击鼠标，将其转换为可编辑样条线，在“几何体”卷展栏中单击“附加多个”按钮，在弹出的“附加多个”对话框中选择所有矩形，单击“附加”按钮，如图 2-126 所示，将门板上的矩形合为一体。单击修改器下拉列表，选择“倒角”命令，保留原来参数，效果如图 2-127 所示，至此，门板效果制作完成。

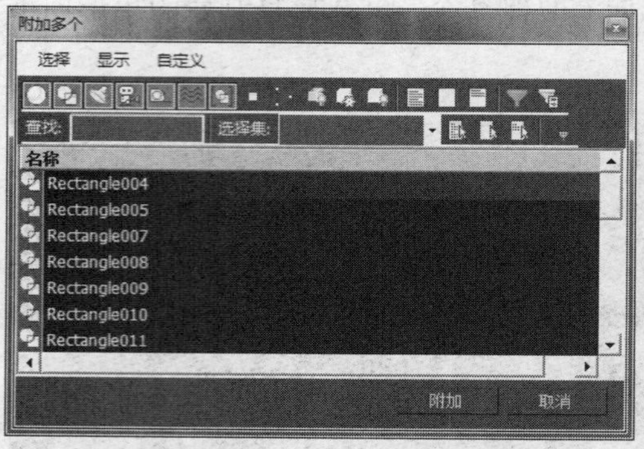

图 2-126 “附加多个”对话框

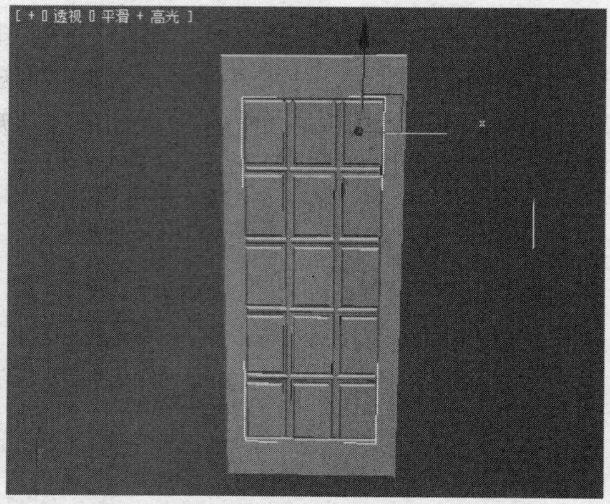

图 2-127 矩形倒角效果

2. 门把手的制作

（1）单击“创建”面板→“基本体”→“标准基本体”→“圆柱体”按钮，在前视图中的门框部分绘制一个圆柱体，在顶视图调整其位置，将其移动到门框表面，如图 2-128 所示。

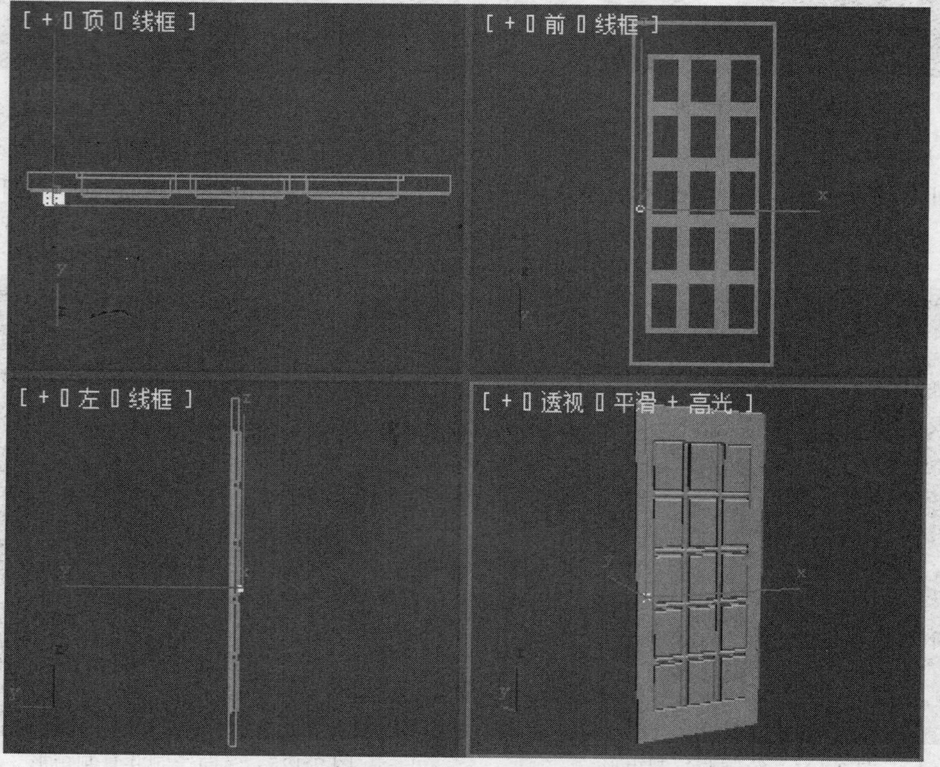

图 2-128 绘制圆柱体

（2）单击“创建”面板→“基本体”→“扩展基本体”→“切角圆柱体”按钮，在前视图中绘制一个切角圆柱体，使用“对齐”工具将其与圆柱体关于 X、Y 轴中心对齐，在顶视图中调整切角圆柱体位置，对圆柱体连接，如图 2-129 所示，至此，门把手制作完成。

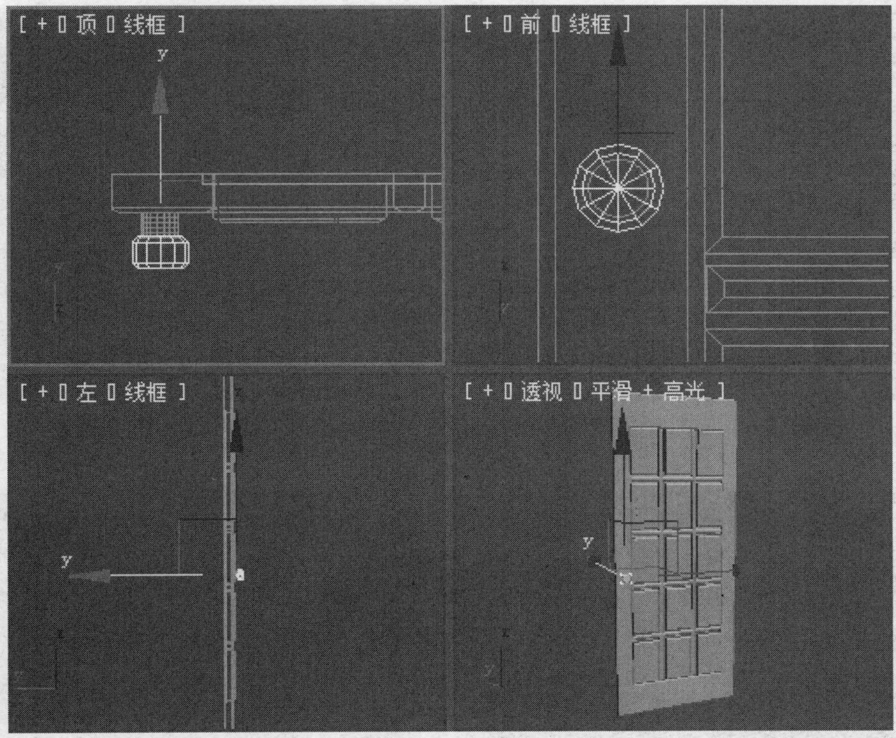

图 2-129　绘制切角圆柱体

3. 门套的制作

（1）单击“创建”面板→“图形”→“线”按钮，打开“捕捉 2.5”工具，在前视图中沿门框部分绘制一条路径，在顶视图将其移动到门框外侧，如图 2-130 所示。

（2）单击“创建”面板→“图形”→“线”按钮，在顶视图中绘制如图 2-131 所示的线段，在“修改器堆栈”中进入“顶点”子对象，单击“几何体”卷展栏上的“优化”按钮，在线段上添加节点，如图 2-132 所示，使用“选择并移动”工具调整节点位置，如图 2-133 所示。选择部分节点将其转换为 Bezier 点，如图 2-134 所示，调整节点效果如图 2-135 所示，至此，门套剖面效果制作完成。

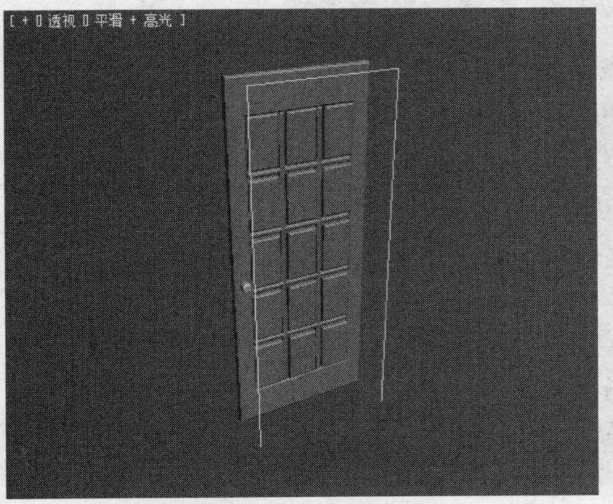

图 2-130　绘制路径

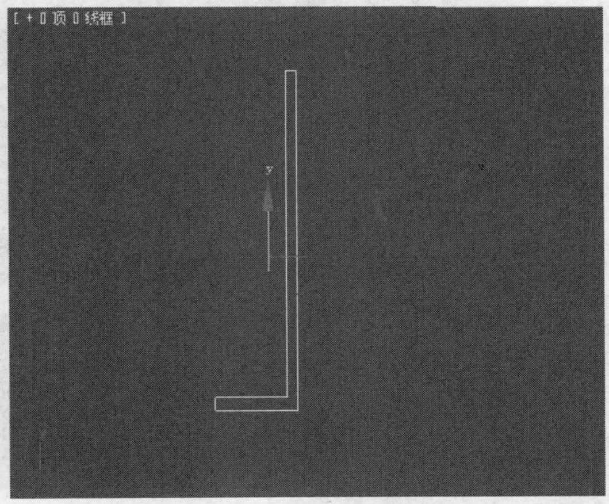

图 2-131　绘制线段

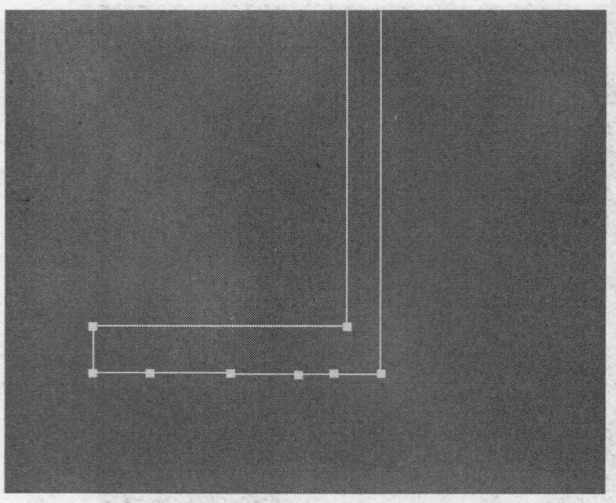

图 2-132 添加节点

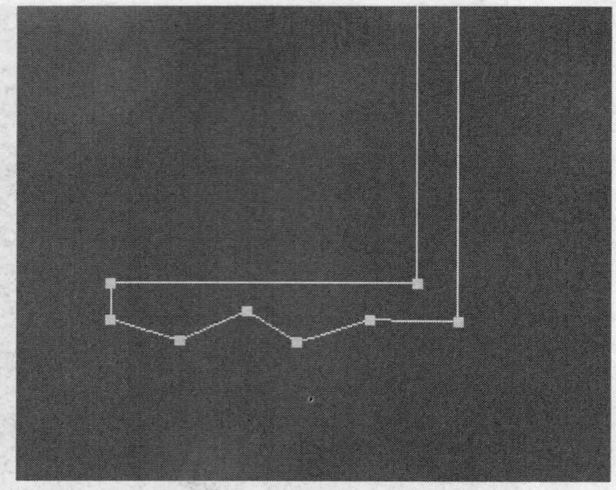

图 2-133 调整节点位置

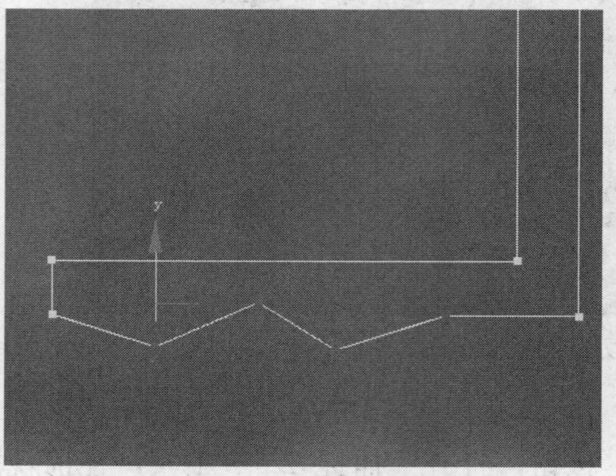

图 2-134 转换节点类型

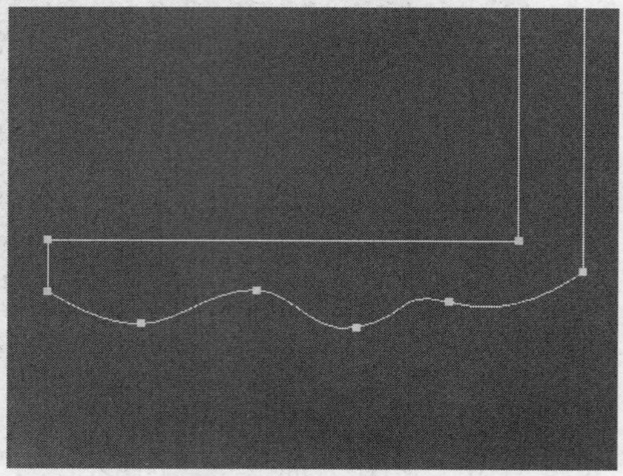

图 2-135 调整节点效果

（3）选择绘制好的门套路径，在修改器下拉列表中选择“倒角剖面”命令，单击“拾取剖面”按钮，拾取场景中的门套剖面，在透视图中选择门套三维模型，使用“镜像”工具关于 Y 轴镜像，至此，门套制作完成。最终效果如图 2-136 所示。

图 2-136 门套的制作

任务 2.5　餐桌椅的制作

2.5.1　效果展示

本任务主要是通过“弯曲”命令将切角长方体弯曲制作成餐椅的座面，再通过二维图形中的“线”绘制餐椅脚部，通过“挤出”命令将其转为三维模型，最终完成餐椅的制作。餐桌是通过切角长方体制作桌面，桌脚通过“矩形”转换为样条线，创建轮廓并挤出厚度而得到，最终效果图如图 2-137 所示。

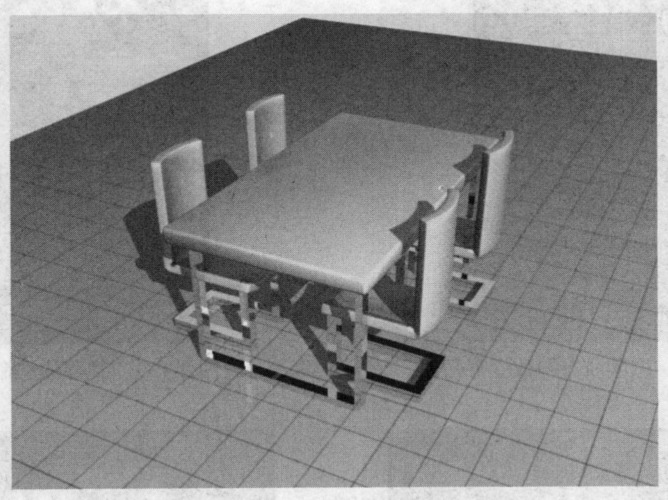

图 2-137　餐桌椅的效果

2.5.2　知识点介绍——三维模型修改器命令

对三维模型使用修改器命令，要求模型应有足够的段数，可以产生多种多样的变化，例如“弯曲”、“锥化”、“扭曲”、“噪波”、“涡轮平滑”、“FFD 修改器”都是常用的三维模型修改命令。

1. “弯曲”命令

使用“弯曲”命令可以对分段数大于 1 的物体进行弯曲处理，并可以进行角度和方向的改变，如图 2-138 所示。根据弯曲轴的坐标，设置弯曲的限制区域。

在“弯曲”命令参数卷展栏中，各参数的含义如下。

● “弯曲”选项组：用于设置弯曲的角度和方向。

角度：设置沿垂直面弯曲的角度大小。

方向：设置弯曲相对于水平面的方向。

● “弯曲轴”选项组：用于设置弯曲所依据的坐标轴向。

X/Y/Z：用于指定将被弯曲的轴。

● “限制”选项组：指定限制影响范围，其影响区域将由上限值、下限值确定。

上限：设置弯曲的上限，在此限度以上的区域将不受到弯曲的影响。

下限：设置弯曲的下限，在此限度与上限之间的区域将受到弯曲的影响。

注意 几何体的分段数与弯曲效果也有很大的关系，几何体分段数越多，弯曲表面就越光滑。对于同一几何体，弯曲命令的参数不变，如果改变几何体的分段数，形体也会发生很大变化。

在修改器命令堆栈中单击“弯曲”命令前的展开按钮，会展开子层级对象选项，如图2-139所示。单击“Gizmo”选项，使用“选择并移动”工具在视图中移动其位置，圆柱体的弯曲形态会随之发生变化，如图2-140所示。单击“中心”选项，使用“选择并移动”工具改变弯曲的中心位置，圆柱体的弯曲形态也会随之发生改变，如图2-141所示。

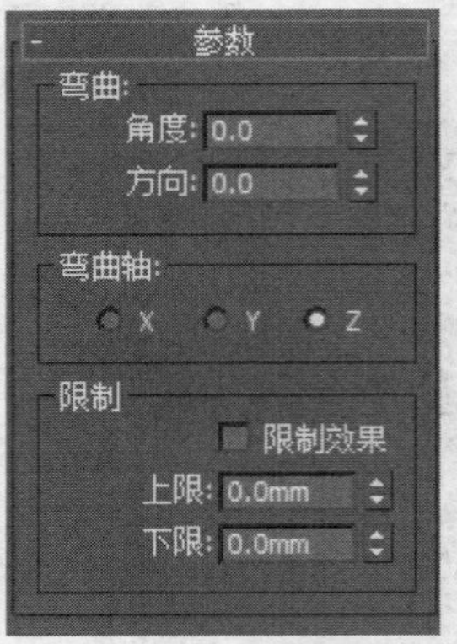

图2-138 “弯曲”参数卷展栏

图2-139 “弯曲”命令子对象

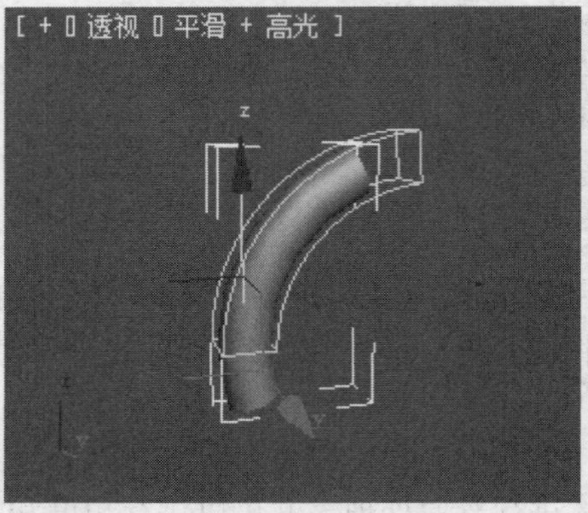

图2-140 移动模型“Gizmo”位置

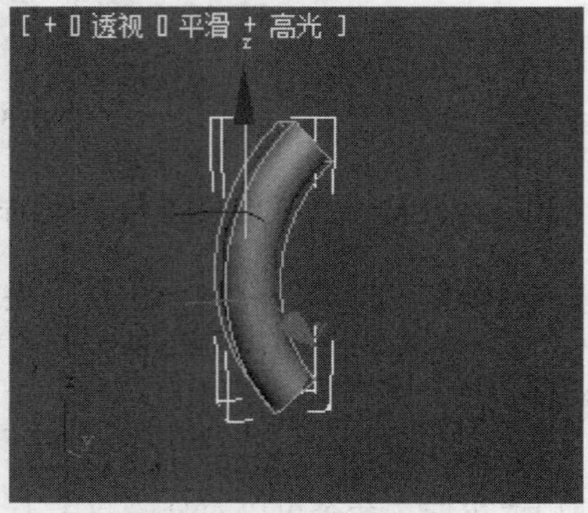

图2-141 移动模型“中心”位置

2. “锥化”命令

“锥化”命令对物体两端进行缩放，产生锥化的轮廓，同时在两端的中间产生光滑的曲线变化，可限制局部锥化效果，其参数设置如图2-142所示。

- “锥化”选项组。

数量：设置物体边的倾斜角度，如图2-143所示。

曲线：设置物体边的弯曲程度，如图2-144所示。

- “锥化轴”选项组：用于设置物体锥化的坐标轴。

主轴：用于设置基本的锥化依据轴向。

效果：用于设置锥化所影响的轴向。

对称：选择该复选框，将会产生相对于主坐标轴对称的锥化效果。

● “限制”选项组：用于控制锥化的影响范围。

上限/下限：分别设置锥化限制的区域。

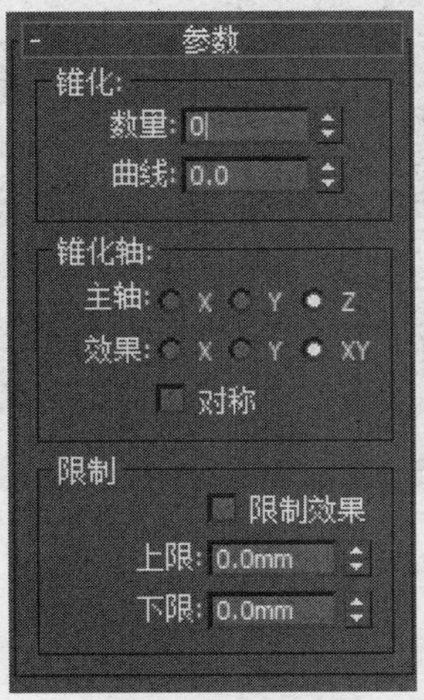

图 2-142　“锥化”参数卷展栏

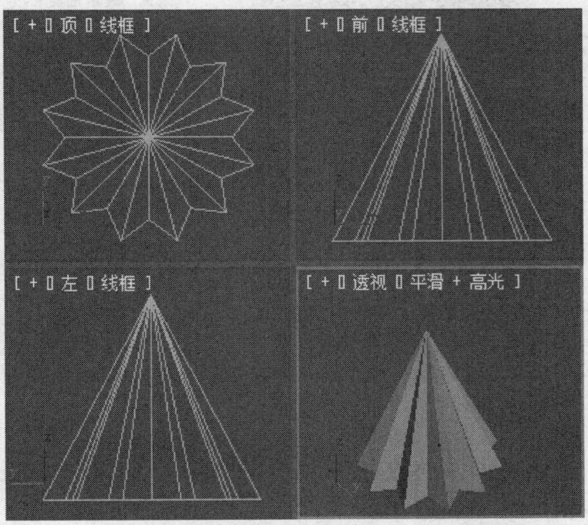

图 2-143　“数量”效果

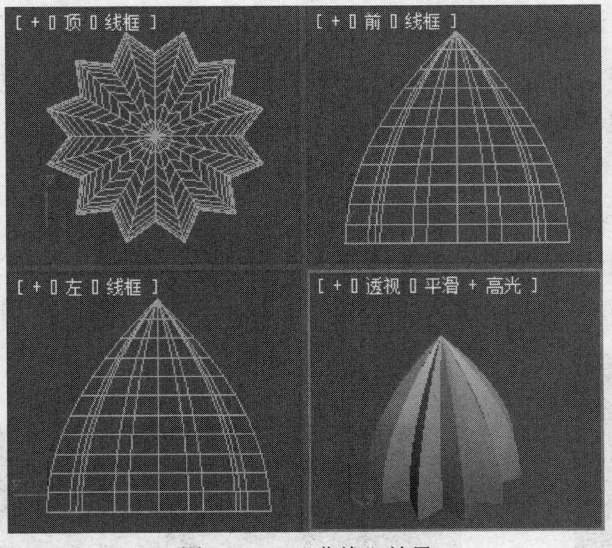

图 2-144　“曲线”效果

3. “扭曲”命令

“扭曲”修改器命令通过旋转对象的两端来修改物体的造型，从而产生扭曲的形状。通过调整扭曲的角度和偏移值，可以得到各种扭曲效果，同时还可以通过限制参数的设置，使扭曲效果限定在固定的区域内，其参数设置如图 2-145 所示。例如对长方体使用“扭曲”命令后的效果，如图 2-146 所示。由于长方体参数在默认设置下各个方向上的分段数为“1”，这时使用扭曲命令，是看不到扭曲效果的，所以应该先设置长方体扭曲方向的分段数，然后再调整扭曲参数，才能看到扭曲效果。

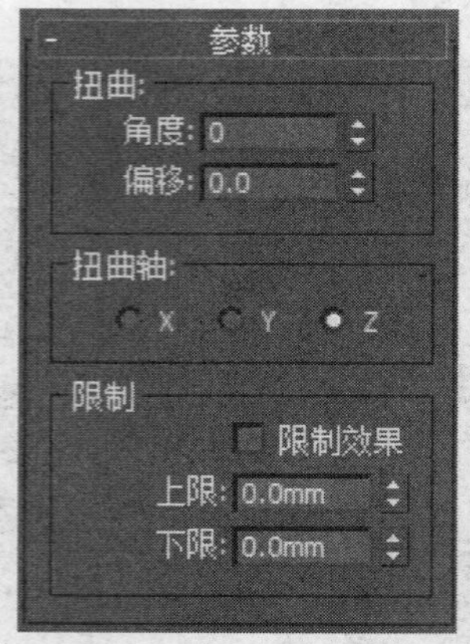

图 2-145 “扭曲”参数

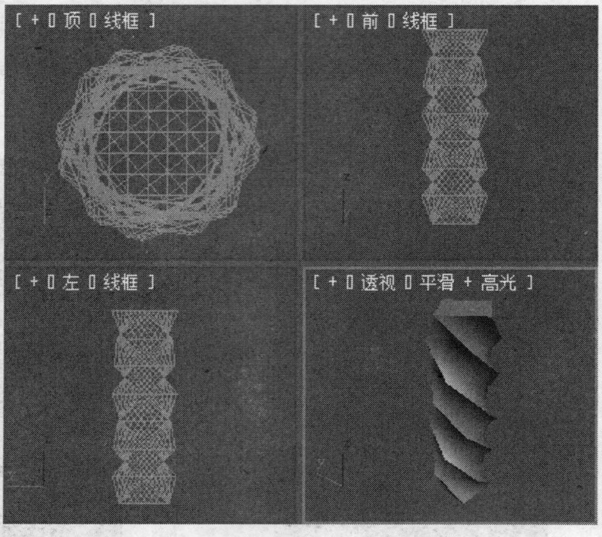

图 2-146 “扭曲”效果

角度：用于设置扭曲的角度大小。

偏移：用于设置扭曲向上或向下的偏向度。

扭曲轴：用于设置扭曲依据的坐标轴向。

限制效果：选中该复选框，打开限制影响。

上限/下限：用于设置扭曲限制的区域。

注意 使用扭曲命令时，应对物体设定合适的段数。灵活运用限制参数也能很好地达到扭曲效果。

4. “噪波”命令

利用“噪波”修改器命令可以制作表面起伏变化的、不规则的效果，如制作起伏的山脉、波澜壮阔的海面等，其参数设置如图 2-147 所示。使用“噪波”命令可以对分段值大于 1 的三维模型进行随机变形，例如对一个平面运用噪波变形后，效果如图 2-148 所示。

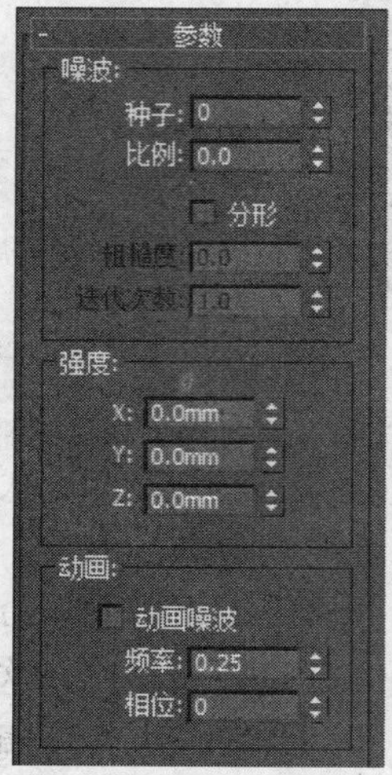

图 2-147 “噪波”参数

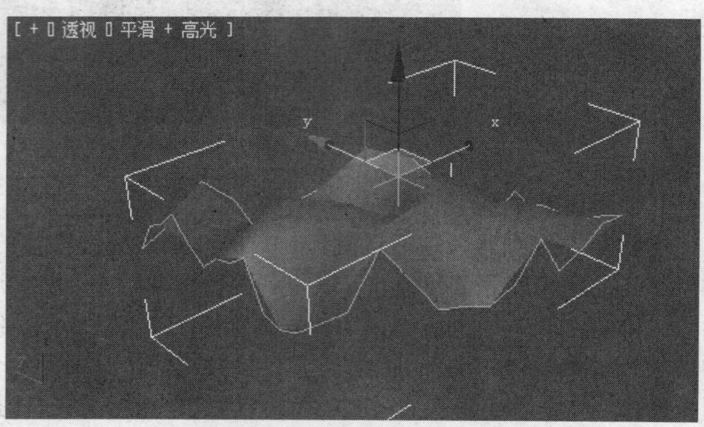

图 2-148 “噪波”效果

“噪波”修改器命令主要参数的含义如下。

- “噪波”选项组：用于控制噪波的形状。

种子：设置随机数以产生不同的效果。

比例：设置噪波波长的大小。

分形：打开分形设置，专用于产生数字分型地形。

粗糙度：设置噪波分形的粗糙程度。

迭代次数：设置粗糙的重复次数，值越大，越粗糙。

- “强度”选项组：用于设置 X、Y、Z 三个轴向噪波的强度。
- “动画”选项组：用于设置动态噪波效果。

动画噪波：打开动态噪波设置开关。

频率：设置噪波振动的频率。

相位：设置噪波形的偏移量。

5. “涡轮平滑”命令

对三维模型进行光滑模型常用到的修改器命令有“平滑”、“网格平滑”、“涡轮平滑”，它们的操作方法都较为类似，这里只简单介绍“涡轮平滑”命令的使用方法。“涡轮平滑”命令主要用于细分光滑模型，其参数设置如图 2-149 所示。例如，在场景中创建一个长方体，分别将其长、宽、高的分段数设为 7，再对其使用“涡轮平滑”命令，以使模型表面更光滑，如图 2-150 所示。

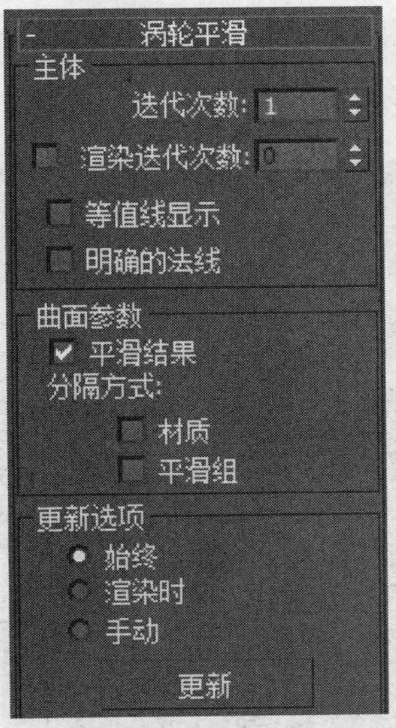

图 2-149　“涡轮平滑”参数

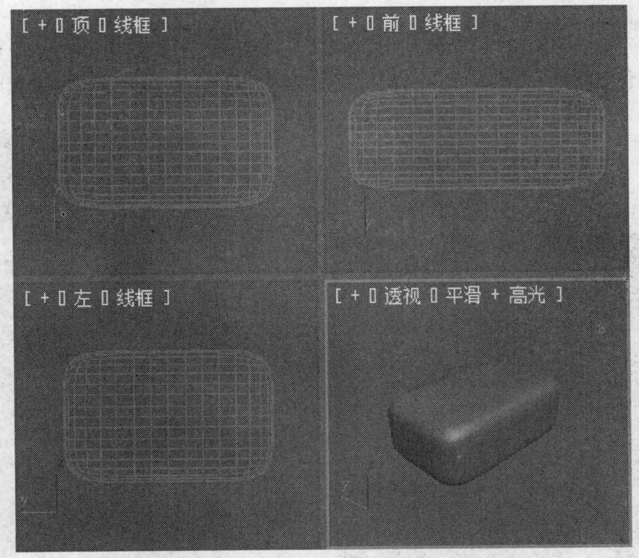

图 2-150　“涡轮平滑”效果

- “主体”选项组：用于设置涡轮平滑的基本参数。

迭代次数：设置网格细分的次数。增加该值时，每次新的迭代会通过在迭代之前对顶点、边和曲面创建平滑差补顶点来细分网格。修改器会细分曲面来使用这些新的顶点。默认设置为 1，范围为 0～10。

渲染迭代次数：允许在渲染时选择一个不同数量的平滑迭代次数应用于对象。

等值线显示：启用此选项后，软件仅显示等值线，对象在平滑之前的原始边。使用此项的好处是减少混乱的显示。禁用此项后，软件会显示所有通过涡轮平滑添加的曲面，因此更高的迭代次数会产生更多数量的线条。默认设置为禁用状态。

明确的法线：允许涡轮平滑修改器为输出计算法线，此方法要比 3ds Max 中网格对象平滑组中用于计算法线的标准方法更为迅速。默认设置为禁用状态。如果涡轮平滑结果直接用于显示或渲染，通常启用此选项会使其加快速度。

- “曲面参数”选项组：用于通过曲面属性将对象应用平滑组并限制平滑效果。

平滑结果：对所有曲面应用相同的平滑组。

按材质分隔：防止在不共享材质 ID 的曲面之间的边上创建新曲面。

按平滑组分隔：防止在至少不共享一个平滑组的曲面之间的边上创建新曲面。

- “更新”选项组：用于设置手动或渲染时更新选项，适用于平滑对象的复杂度过高而不能应用自动更新的情况。

始终：无论何时改变任何涡轮平滑设置都自动更新对象。

渲染时：仅在渲染时更新视口中对象的显示。

手动：启用手动更新。选中手动更新时，改变的任意设置直到单击“更新”按钮时才起作用。

更新：更新视口中的对象来匹配当前涡轮平滑设置。仅在选择“渲染”或“手动”时才起作用。

2.5.3 任务实施

（1）单击“创建”面板→“基本体”→“扩展基本体”→“切角长方体”按钮，在前视图中创建一个切角长方体，参数如图 2-151 所示，效果如图 2-152 所示。

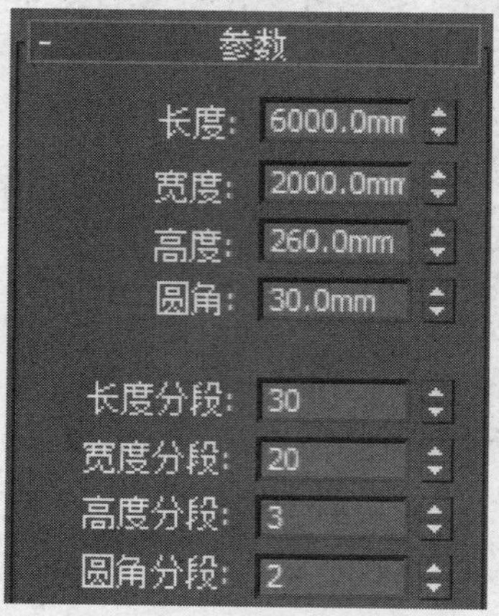

图 2-151 切角长方体参数

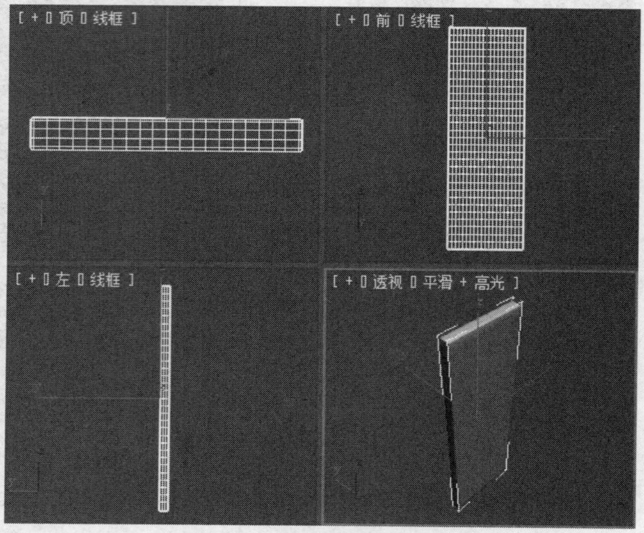

图 2-152 创建切角长方体

（2）单击修改器下拉列表的“弯曲”命令，设置弯曲“角度”为-50，“弯曲轴”为 X，如图 2-153 所示，效果如图 2-154 所示。

（3）再次单击修改器下拉列表的“弯曲”命令，设置弯曲“角度”为-90，“方向”为 90，“弯曲轴”为 Y，勾选“限制效果”选项，如图 2-155 所示，效果如图 2-156 所示。

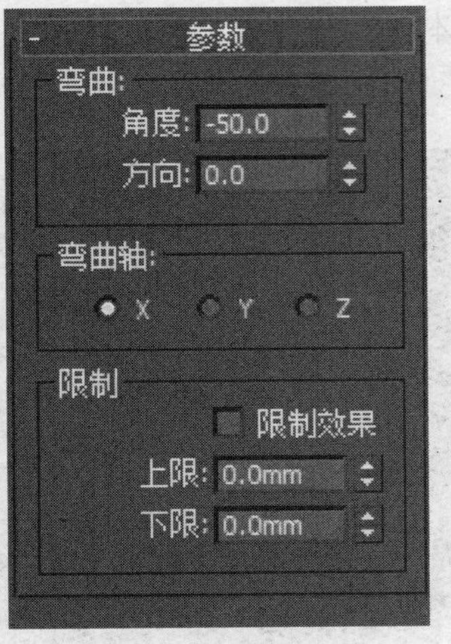

图 2-153　弯曲参数

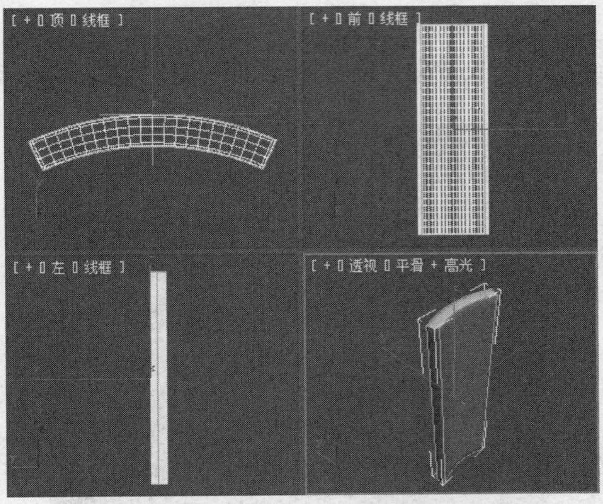

图 2-154　弯曲效果

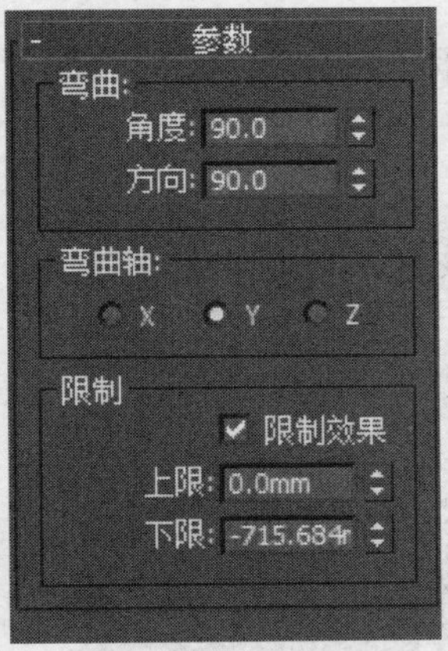

图 2-155　弯曲参数

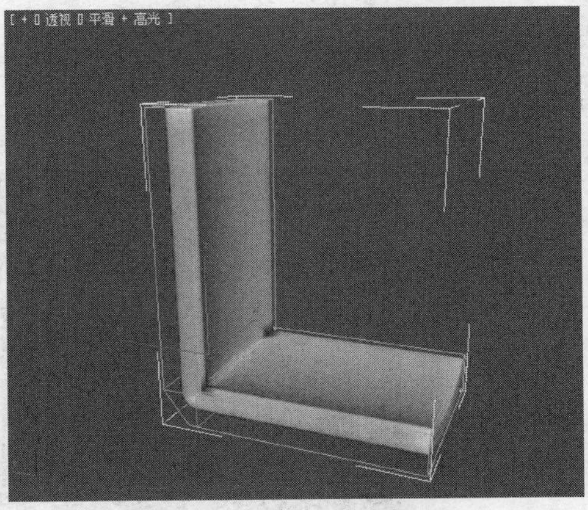

图 2-156　弯曲效果

（4）单击“创建”面板→“图形”→“线”按钮，在左视图中绘制如图 2-157 所示的线段，单击修改器下拉列表中的“挤出”命令，将线段挤出一定厚度，如图 2-158 所示。再将其复制一份放置在座面的另一侧，如图 2-159 所示。

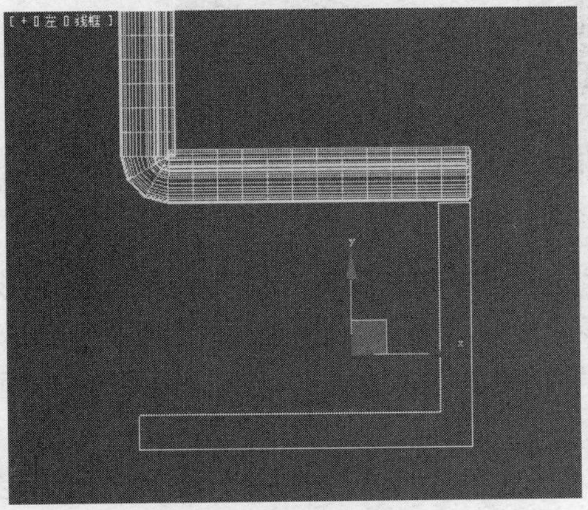

图 2-157　绘制线段

图 2-158　挤出厚度

（5）单击“创建”面板→“几何体”→“标准基本体”→“长方体”按钮，在前视图中绘制一个长方体，连接步骤（4）中绘制的座椅脚部两侧，如图 2-160 所示，至此餐椅制作完成。

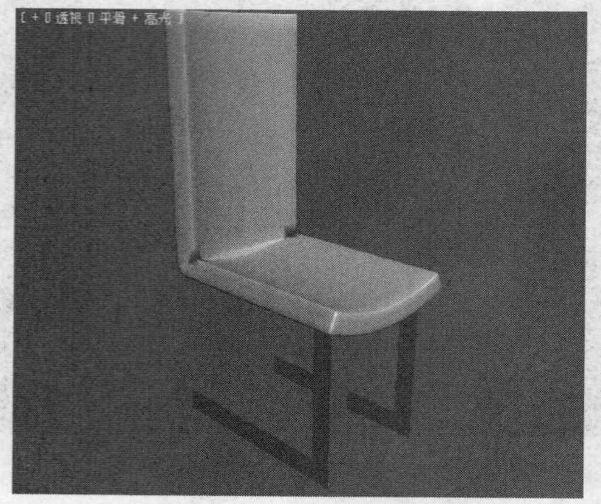

图 2-159　复制对象

图 2-160　绘制长方体

（6）单击“创建”面板→“几何体”→“扩展基本体”→“切角长方体”按钮，在顶视图中绘制一个长方体，并设置合适的参数，如图 2-161 所示，作为餐桌表面。

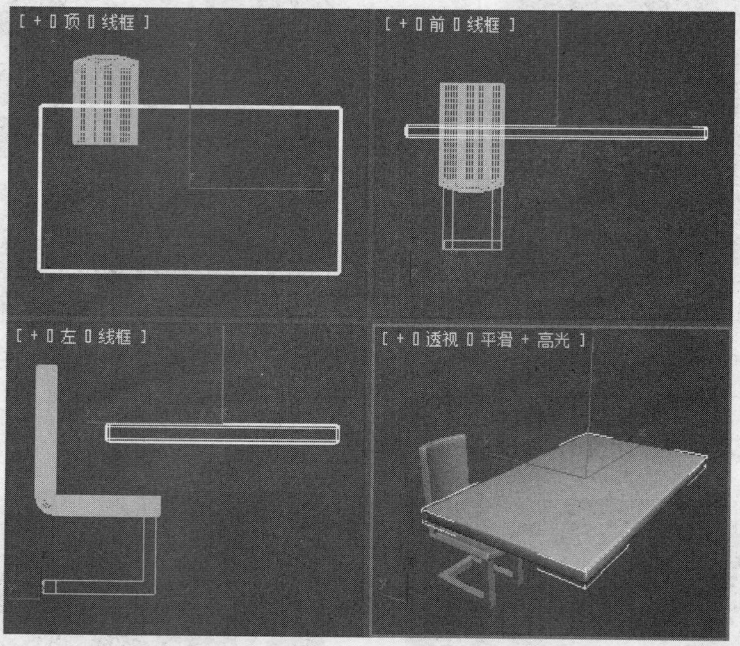

图 2-161　创建餐桌表面

（7）单击“创建”面板→“图形”→“矩形”按钮，在左视图中绘制一个圆角矩形，如图 2-162 所示，右击鼠标将其转为换可编辑样条线，在修改器堆栈中进入“线段”子对象，删除矩形上方线段，再进入“样条线”子对象，在“几何体”卷展栏中单击“轮廓”，为矩形创建一个轮廓，如图 2-163 所示。

（8）单击修改器下拉列表中的“挤出”命令，将步骤（7）中创建好的桌脚挤出一定的厚度，如图 2-164 所示，将其复制一份放在桌面的另一侧，至此餐桌制作完成，如图 2-165 所示。

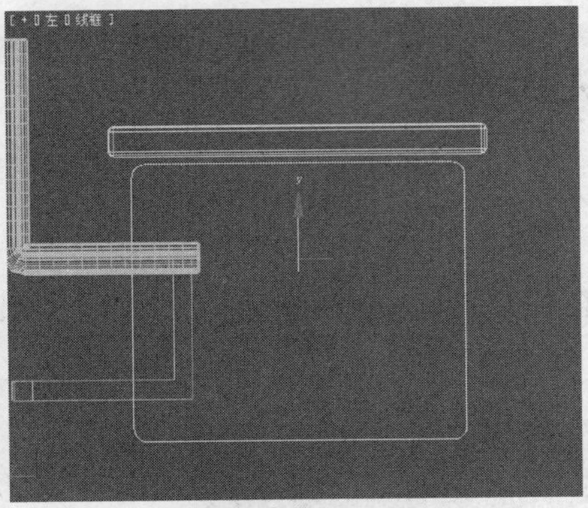

图 2-162　创建圆角矩形

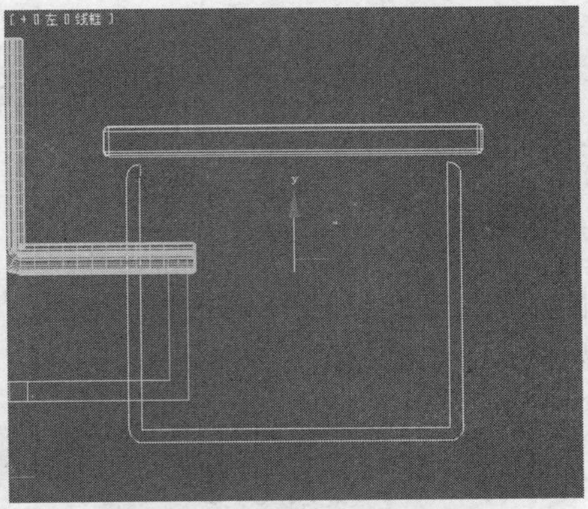

图 2-163　创建矩形轮廓

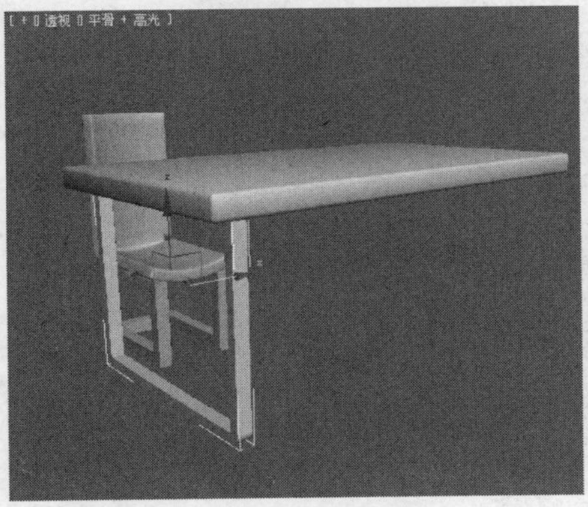

图 2-164　挤出厚度

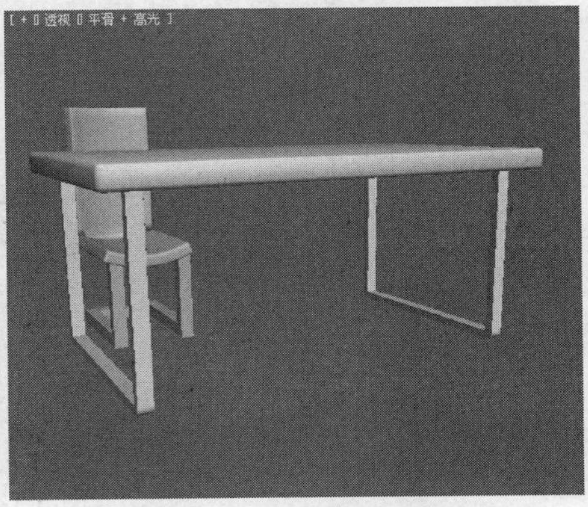

图 2-165　复制桌脚

（9）选择餐椅，将它移动复制放在餐桌两侧，最终效果如图 2-166 所示。

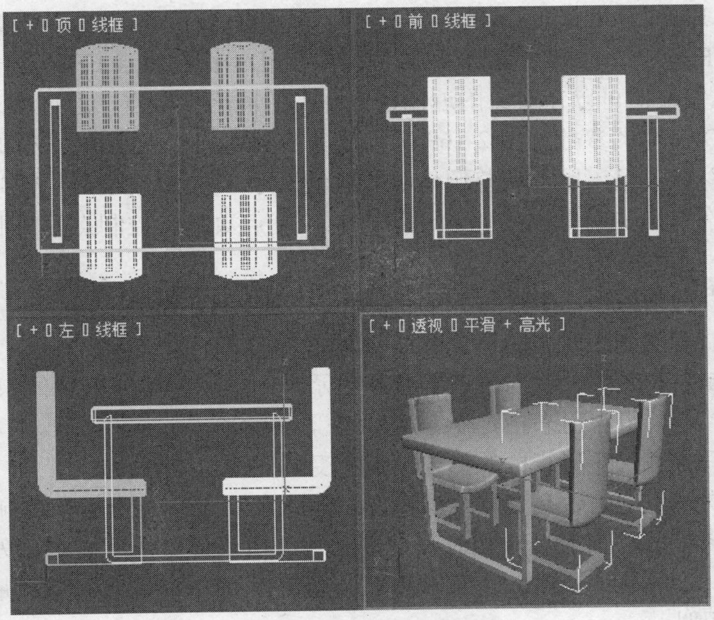

图 2-166　复制餐椅

任务 2.6 枕头的制作

2.6.1 效果展示

本任务主要是对 FFD 修改器的运用，通过调整 FFD4*4*4 控制点的位置，将切角长方体编辑为枕头。效果如图 2-167 所示。

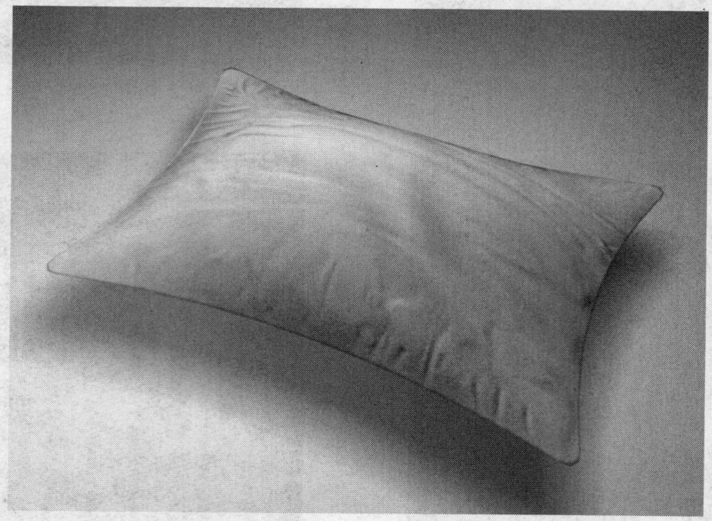

图 2-167 枕头的效果

2.6.2 知识点介绍——FFD 修改器

FFD 是 Free Form Deformation 的缩写形式，意为自由变形。FFD 修改器包括 5 种不同的网格控制方式：FFD2*2*2、FFD3*3*3、FFD4*4*4、FFD（长方体）、FFD（圆柱体），如图 2-168 所示。使用 FFD 修改器可以在对象附近创建点阵形的网格控制点，通过移动控制点可以改变对象的曲面。FFD 命令的参数如图 2-169 所示，其参数卷展栏的参数含义如下。

- “尺寸”选项组：用于调整源体积的单位尺寸，并指定晶格中控制点的数目。

设置点数：在弹出的对话框中输入三边上的控制点数目，控制点用于制作复杂多变的空间扭曲。

- “显示”选项组：用于设置 FFD 在视口中的显示方式。

晶格：是否显示控制点之间的黄色虚线格。

源体积：控制点和晶格会以未修改的状态显示，即显示初始线框的体积。

- “变形”选项组：用来指定受 FFD 命令影响的顶点。

仅在体内：只有进入变形线框的物体顶点才受到变形影响。

所有顶点：物体无论是否在变形线框内，表面所有顶点都不受变形影响。

衰减：当选择“所有顶点”方式时，这里的数值用来调节变形盒对盒外变形影响的衰减程度。值为 0 时，不衰减；值越大，衰减越低；当值为 0.01 时，衰减效果最强烈，和“仅在体内”方式效果相似。

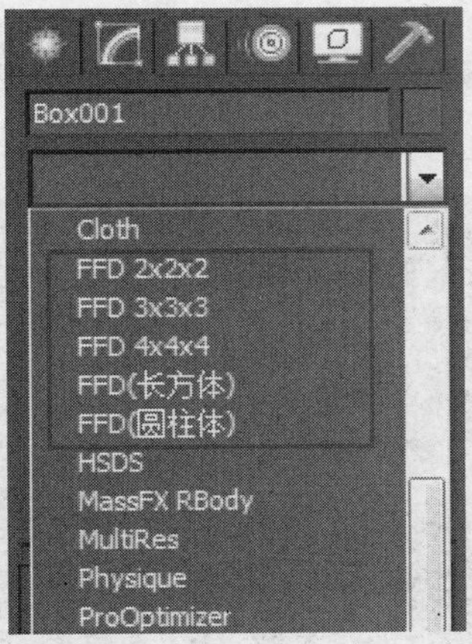

图 2-168　FFD 修改器

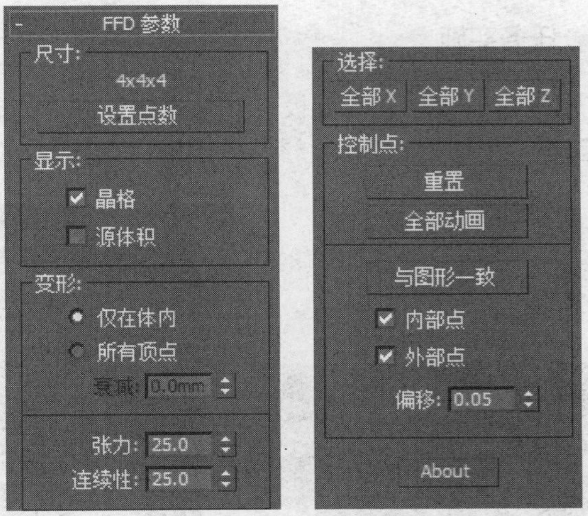

图 2-169　FFD 参数

张力/连续性：调节变形曲线的张力值和连续性。

● “选择”选项组：用来选择沿某个轴向上的所有控制点。

在视图中创建一个几何体，对其应用“FFD4*4*4”命令，可看到几何体上出现“FFD4*4*4”控制点，如图 2-170 所示。在修改命令堆栈中单击展开按钮，显示出 FFD 命令子对象，如图 2-171 所示。

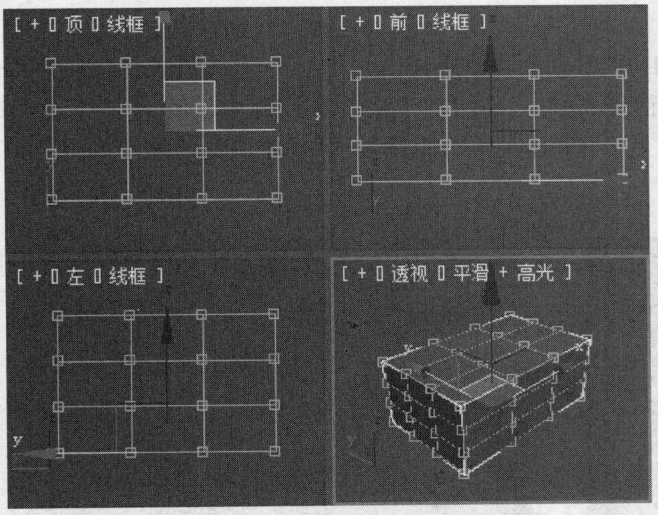

图 2-170　FFD4*4*4 命令

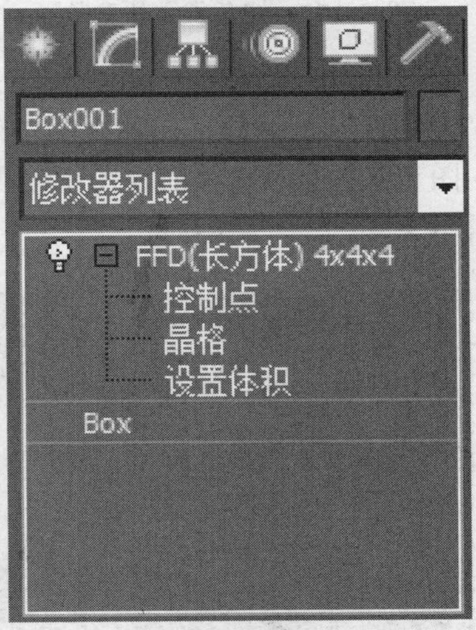

图 2-171　FFD 子对象

控制点：主要是对晶格的控制点进行编辑，通过对控制点的拖拽来改变物体的外形。

晶格：可以通过移动、旋转、缩放来编辑物体或与物体进行分离。

设置体积：此时晶格控制点变为绿色，在移动、旋转、缩放时不会对物体的形态产生影响。

注意　在对几何体进行 FFD 自由变形命令时，必须考虑到几何体的分段数，如果几何体的分段数很低，自由变形命令的效果也不会明显。

2.6.3 任务实施

（1）单击“创建”面板→“基本体”→“扩展基本体”→“切角长方体”按钮，在顶视图中创建一个切角长方体，参数如图 2-172 所示，效果如图 2-173 所示。

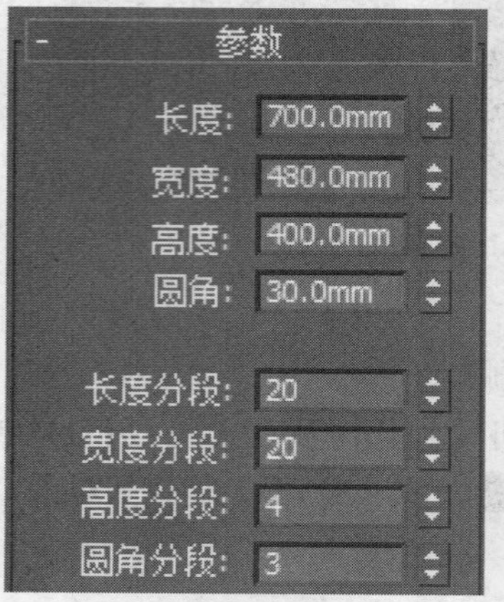

图 2-172 切角长方体参数

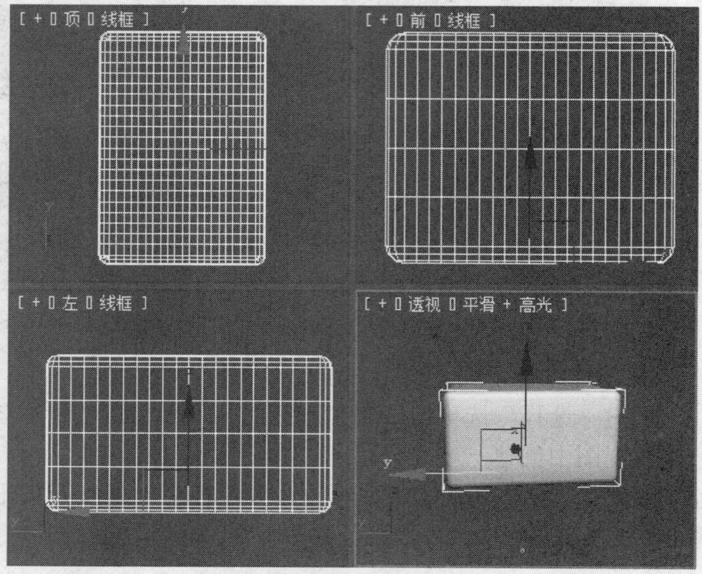

图 2-173 创建切角长方体

（2）单击修改器下拉列表的“FFD4*4*4”命令，在修改器堆栈中进入 FFD4*4*4 命令的“控制点”子对象，在顶视图中选择所有控制点，再按住【Alt】键减选中间的 4 个控制点，如图 2-174 所示，在前视图中使用“缩放”工具将选择的控制点沿 Y 轴进行缩放，如图 2-175 所示。

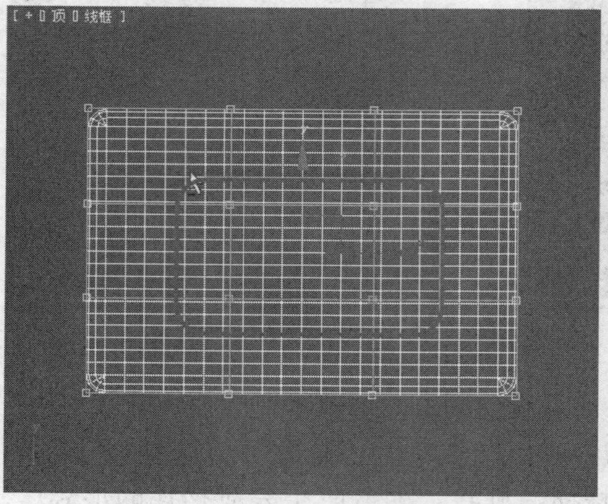

图 2-174 控制点的选择

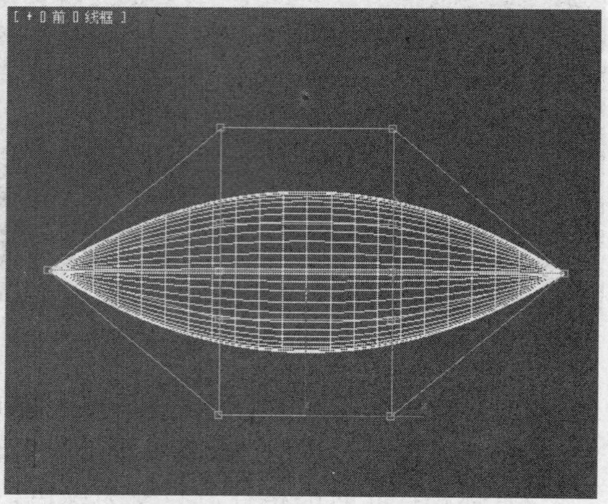

图 2-175 四周控制点沿 Y 轴进行缩放

（3）在顶视图中选择对边上中间的控制点，如图 2-176 所示，使用“缩放”工具沿 Y 轴缩放，如图 2-177 所示，用同样的方法选择另外两对边中间的控制点，使用“缩放”工具沿 X 轴缩放，至此枕头制作完成，如图 2-178 所示。

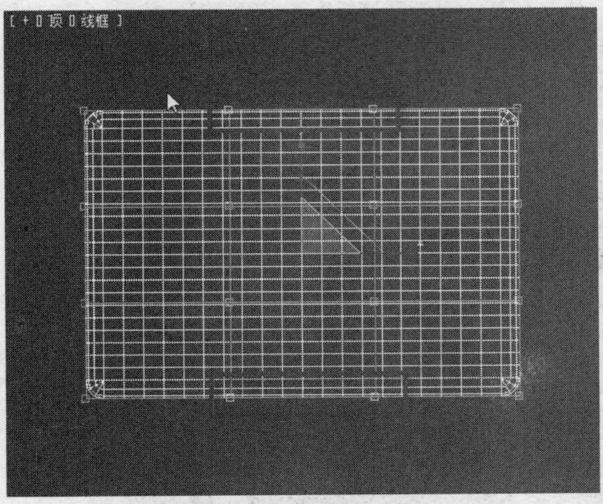

图 2-176　选择对边中间的控制点

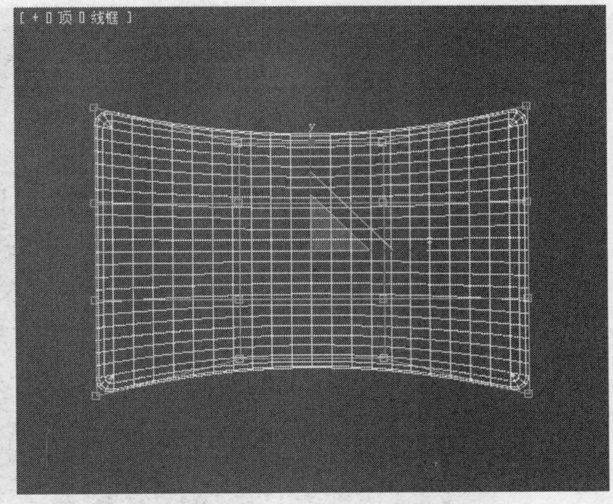

图 2-177　缩放控制点

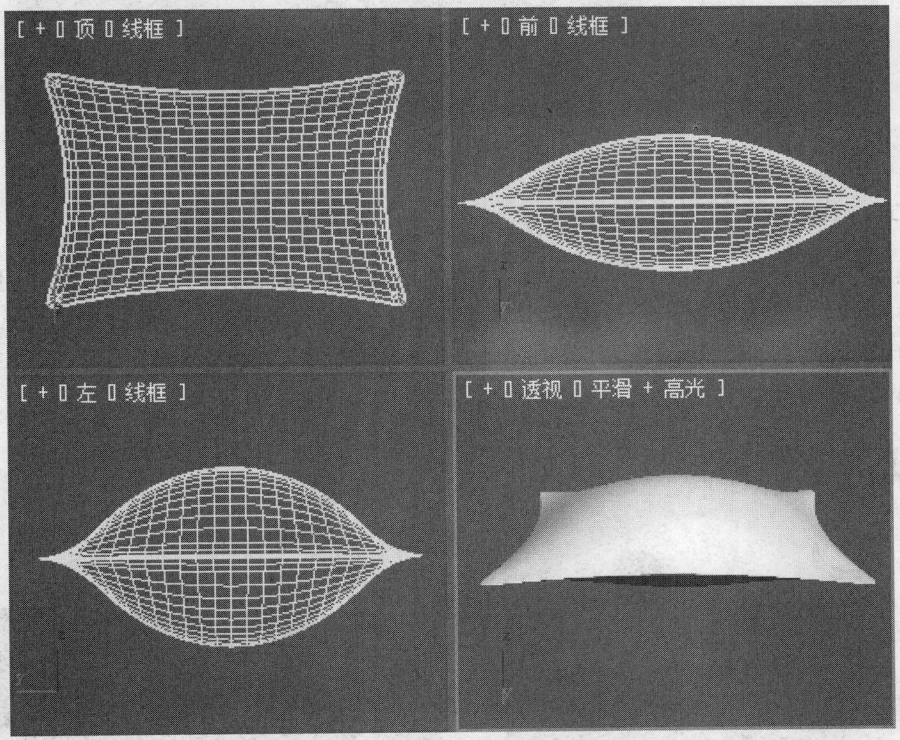

图 2-178　枕头制作完成

2.7　拓展练习

练习一：藤椅的制作

提示：先通过“线”制作藤椅的扶手，注意设置线的厚度以及勾选渲染设置。通过两端的扶手定位坐垫、靠背的六边形，设置六边形的圆角参数，再通过“线”制作藤椅的脚部支架，至此，整个藤椅的框架完成。最后通过“线”绘制藤椅各个部分的连接，效果如图 2-179 所示。

图 2-179 藤椅效果

练习二：书桌一角的制作

提示：①使用“长方体”模拟桌面。书本使用切角长方体制作内侧，书壳使用线段绘制侧面，再挤出厚度完成制作。②台灯底座与灯帽采用“线”绘制剖面，通过车削完成；台灯连接部分使用“线”绘制，再挤出厚度完成。③水杯杯身采用“线”绘制剖面，通过车削完成；杯把手通过“线”绘制，再设置渲染厚度完成。效果如图 2-180 所示。

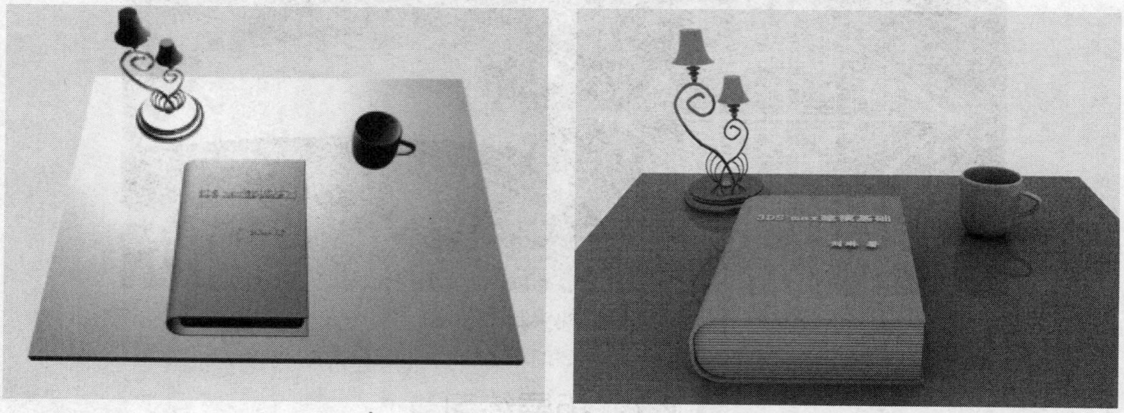

图 2-180 书桌一角效果

练习三：牌匾的制作

提示：通过二维图形中的“矩形”绘制圆角矩形，使用“倒角”命令制作牌匾的厚度及凹陷效果。在二维图形字体中输入字体，调整大小，通过“挤出”命令创建三维字体效果，最终效果如图 2-181 所示。

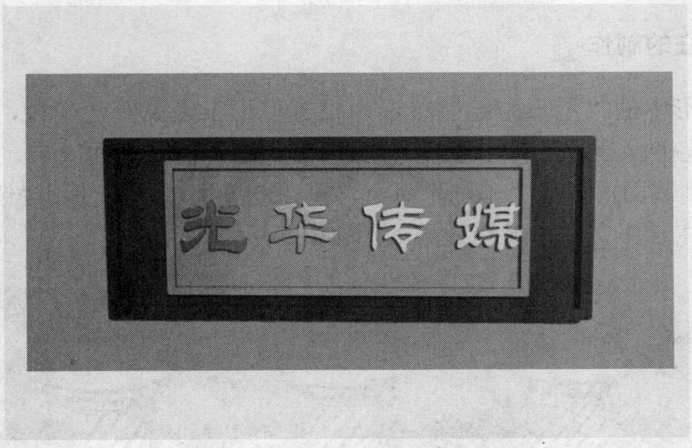

图 2-181 牌匾效果

练习四：水果盘的制作

提示：苹果的制作通过球体，使用“FFD 圆柱体”命令调整球体上下中间的控制点的位置，如图 2-182 所示。使用“线”绘制苹果梗，设置线段的渲染模式，将这两部分成组，得到苹果的最终效果，如图 2-183 所示。使用“线”工具绘制水果盘的截面，通过“车削”命令旋转 360 度得到水果盘，最终效果如图 2-184 所示。

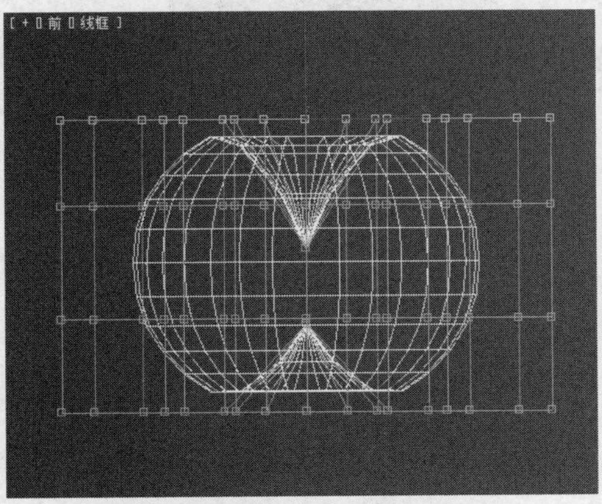

图 2-182 调整球体中间控制点位置

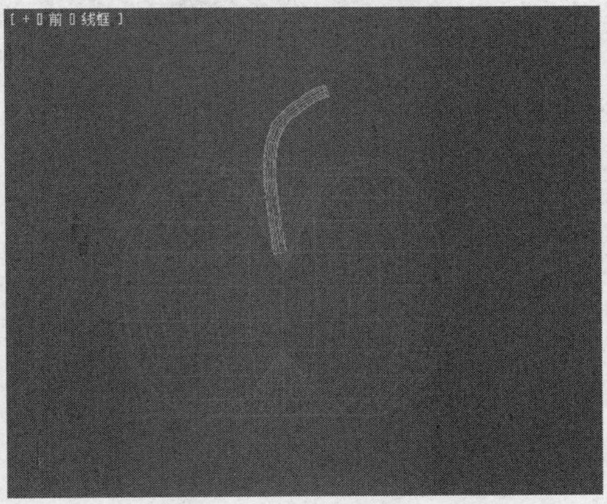

图 2-183 创建苹果

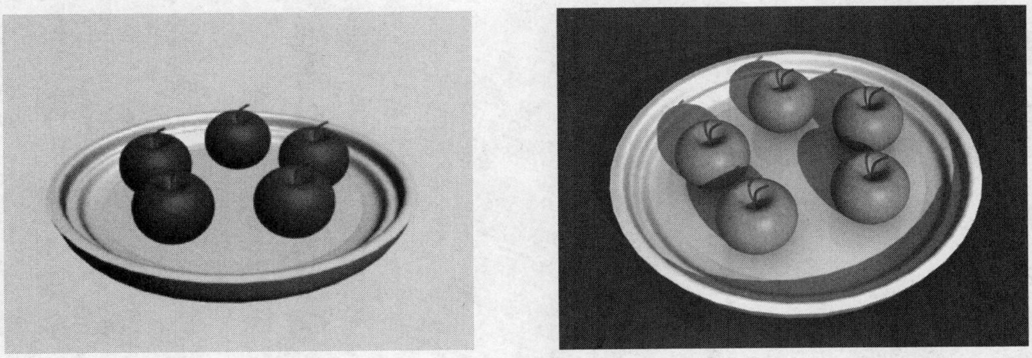

图 2-184 水果盘最终效果

练习五：装饰柱的制作

提示：使用图形中的“星形”绘制星形，设置星形半径及圆角半径，通过“挤出”命令转为三维模型，设置挤出分段数，再通过“扭曲”命令制作柱体扭曲效果，至此柱身制作完成。柱头通过“线”绘制截面再通过“车削”命令选择 360 度而成，再使用“镜像”复制一个放置在底部，至此装饰柱制作完成，最终效果如图 2-185 所示。

图 2-185　装饰柱

第 3 章　提高——高级建模方法

本章将简要介绍 3ds Max 2012 的 3 种特殊建模方法——布尔运算、放样建模用法、多边形建模用法，通过本章的学习，读者可以使用这 3 种特殊的建模方法完成更多家居用品的模型创建。

学习目标：

- 理解复合对象建模思路
- 3ds Max 2012 布尔运算的使用方法
- 运用放样建模方法完成常见模型的制作
- 多边形建模命令的使用方法

任务 3.1　烟灰缸的制作

3.1.1　效果展示

本任务主要是利用 3ds Max 2012 的布尔运算完成一个烟灰缸的制作，如图 3-1 所示。

图 3-1　烟灰缸效果

3.1.2　知识点介绍——布尔运算

复合对象建模是对 3ds Max 基本几何体建模、扩展几何体建模、二维建模的扩展和补充，通过复合对象建模知识的学习，了解并掌握几种常用复合对象建模的方法，能够丰富和增强在实际工作中的建模思路。

复合对象包括了 12 种类型，它们分别是变形、散布、一致、连接、水滴网格、图形合并、布尔、地形、放样、网格化、ProBoolean（超级布尔）、ProCutter（超级切割），如图 3-2 所示。

1．散布

“散布”复合对象能够将源对象分布于另一个对象的表面，并且可以设置对象分布的数量、状态等，还可以设置为动画。创建“散布”对象的步骤如下：

（1）首先打开本书附赠光盘中的“CD:\案例文件\chap-03\练习 1.max”练习文件，在该场景中包括“草”对象和一个平面对象，我们需要将“草”对象铺满整个平面对象。

（2）在场景中选择“草”对象，进入“创建”面板的“几何体”次面板，在该面板的下拉列表栏中选择“复合对象”选项，然后单击“散布”按钮，如图 3-3 所示。

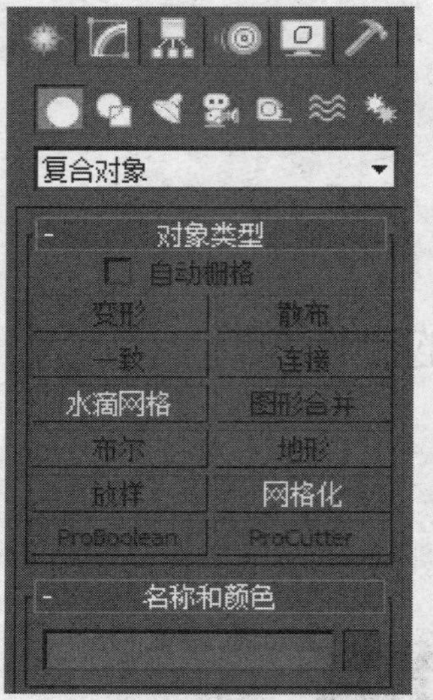

图 3-2　复合对象

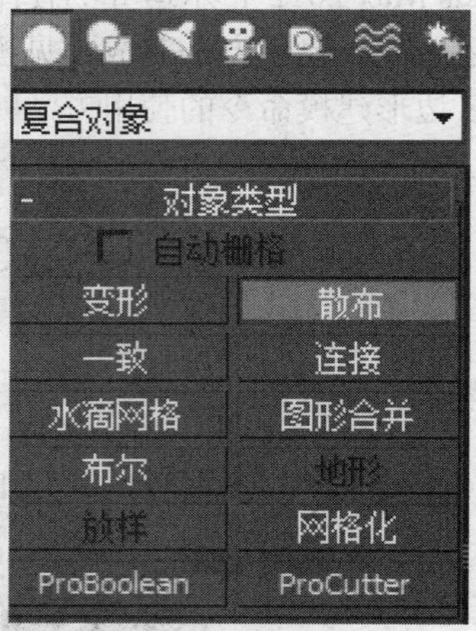

图 3-3　单击“散布”按钮

（3）在出现的“拾取分布对象”卷展栏中单击“拾取分布对象”按钮，在视图中拾取平面对象，这时平面对象上仅有一组“草”对象，如图 3-4 所示。

图 3-4　拾取分布对象

（4）在“散步对象”卷展栏中的“源对象参数”选项组中将“重复数”设置为 300，这时整个平面对象上将铺满“草”对象，如图 3-5 所示。

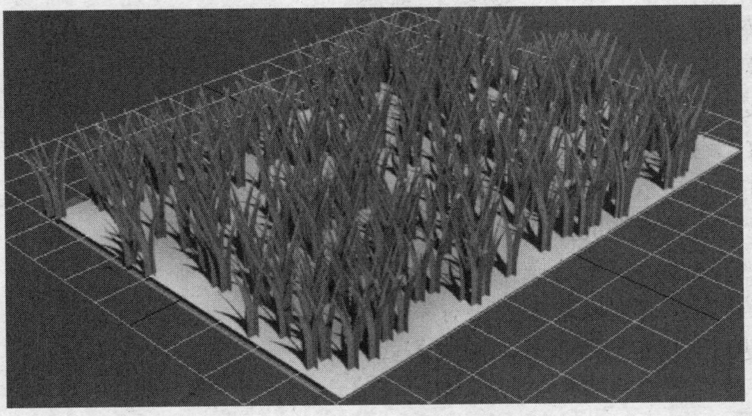

图 3-5　“散布”对象效果

2. 一致

“一致”复合对象主要有两种功能，第一种功能是可以将一个对象的所有顶点都在一个平行的方向投影，该功能能够使马路适应崎岖的地面；第二种功能允许有不同顶点的两个对象相互变形，它能够使用一个网格对象的周围收缩应用另一个网格对象。

创建“一致”对象的步骤如下：

（1）打开本书附赠光盘中的“CD:\案例文件\chap-03\练习 2.max”练习文件，首先在场景中选择作为包裹器的“公路”对象。

（2）进入“创建”面板的“几何体”次面板，在该面板的下拉列表栏中选择“复合对象”选项，然后单击“一致”按钮。

（3）在出现的“拾取包裹到对象”卷展栏中单击“拾取包裹对象”按钮，然后在“顶视图”中拾取包裹对象“山地”，效果如图 3-6 所示。

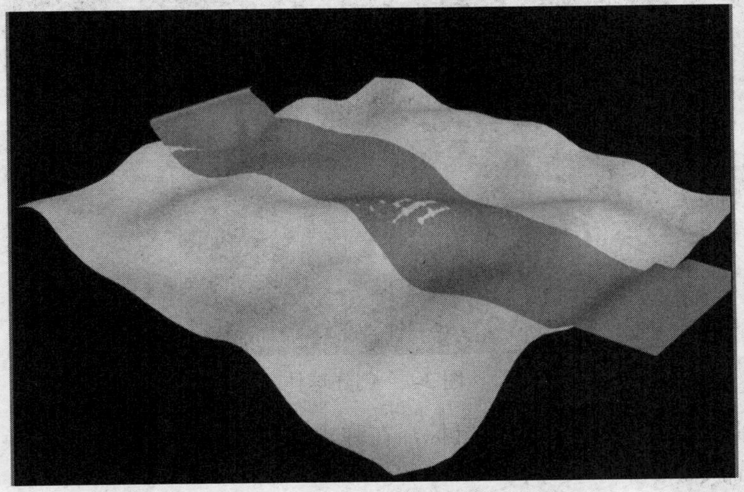

图 3-6　使用“一致”复合对象的效果

3. 连接

使用“连接”复合对象，可通过对象表面的“洞”连接两个或多个对象。要执行此操作，需要删除每个对象的面，在其表面创建一个或多个洞，并确定洞的位置，以使洞与洞之间面对面。

- “拾取操作对象”卷展栏中的选项功能介绍如下：
  拾取操作对象：单击此按钮将另一个操作对象与原始对象相连。
  参考/复制/移动/实例：用于指定将操作对象转换为复合对象的方式。
- “参数”卷展栏中的选项功能介绍如下：
  操作对象：显示当前的操作对象。
  名称：重命名所选的操作对象。
  删除操作对象：将所选操作对象从列表中删除。
  提取操作对象：提取选中操作对象的副本或实例。
  实例/复制：指定提取操作对象的方式。
  分段：设置连接桥中的分段数目。
  张力：控制连接桥的曲率。
  桥：在连接桥的面之间应用平滑。

创建“连接”对象操作如下：

（1）单击“创建”面板→“几何体”→“标准几何体”→“球体”按钮，在 3ds Max 2012 的前视图中创建球体，在“参数”卷展栏中设置半径为 100，如图 3-7 所示。

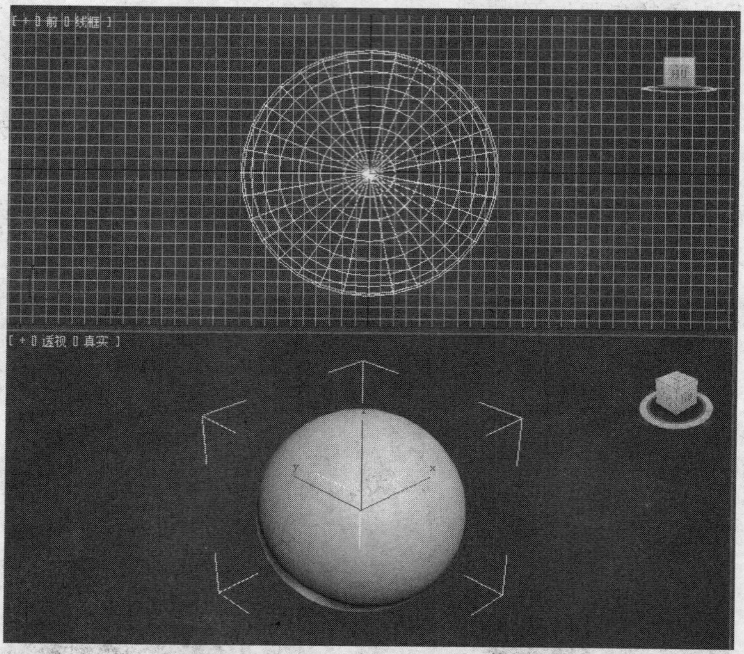

图 3-7　创建球体

（2）在场景中的球体对象上右击鼠标，在弹出的快捷菜单中选择“转换为”→“转换为可编辑多边形”命令。

（3）在“修改”面板中将选择集定义为“多边形”，在左视图中选择如图 3-8 所示的多边形，并按【Delete】键将其删除。

（4）关闭选择集，在 3ds Max 工具栏中单击“镜像”按钮，在弹出的对话框中设置“镜像轴”为 X，“偏移”为 400，在“克隆当前选择”选项组中选择“复制”单选按钮，如图 3-9 所示。

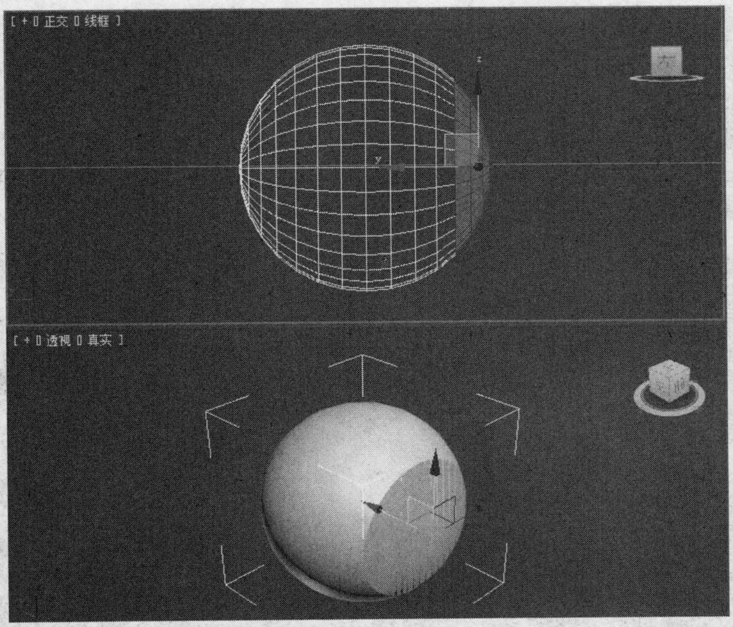

图 3-8 删除面

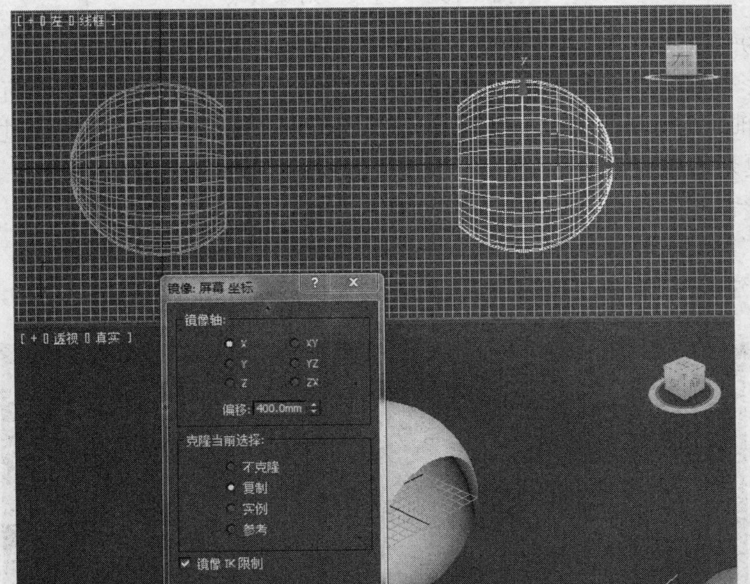

图 3-9 镜像球体

（5）在场景中选择其中一个球体，单击“创建”→“几何体”→“复合对象”→“连接”按钮，在“操作对象”卷展栏中单击“拾取操作对象”按钮，在场景中单击另一个模型，并在“平滑”卷展栏中勾选“桥”复选框，完成哑铃 3D 模型建模，如图 3-10 所示。

提示 此步操作为“多边形”建模所涉及到的内容，在此只是简单提起，我们将在后面章节中详细讲述。

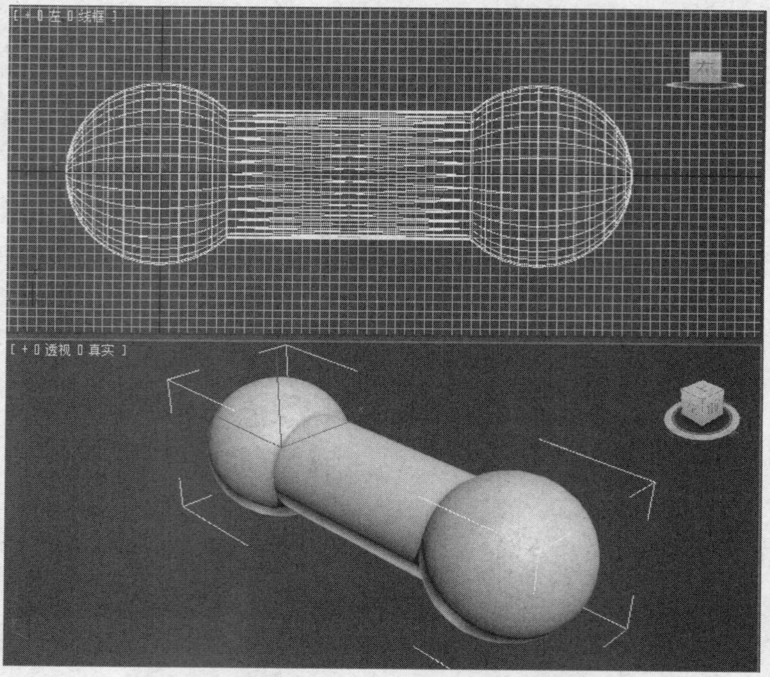

图 3-10　“连接”对象效果

4. 图形合并

使用“图形合并”命令能够将一个或多个二维形嵌入在网格对象的表面，创建的二维图形沿自身的-Z 轴向对象表面投影，然后创建新的节点、面和边界。可以通过编辑新创建的次对象，完成更复杂的建模效果。

创建“图形合并”对象步骤如下：

（1）单击“创建”面板→“几何体”→“标准几何体”→“长方体”按钮，在 3ds Max 2012 的透视视图中创建长方体，在“参数”卷展栏中设置长宽高分别为 100、300、10，如图 3-11 所示。

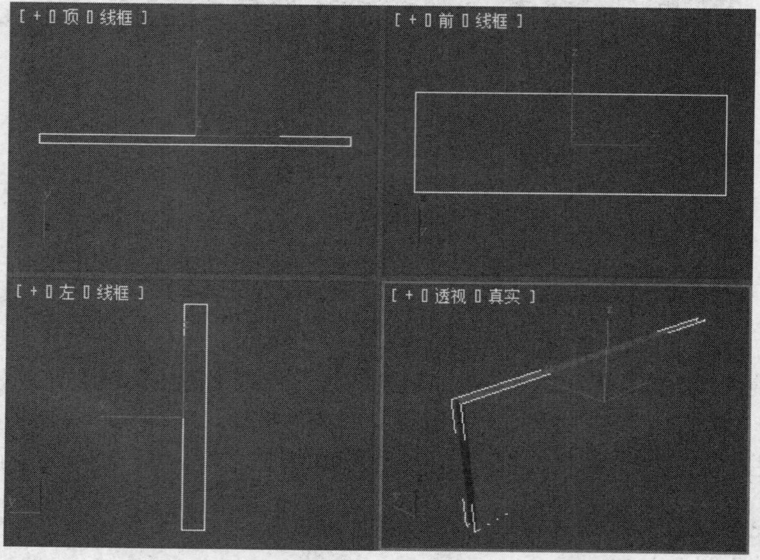

图 3-11　创建长方体

（2）单击“创建”面板→“图形”→“样条线”→“星形”按钮，在前视图中创建星形图形，在“参数”卷展栏中设置圆角半径值，并在各视图中移动图形到合适的位置，如图 3-12 所示。

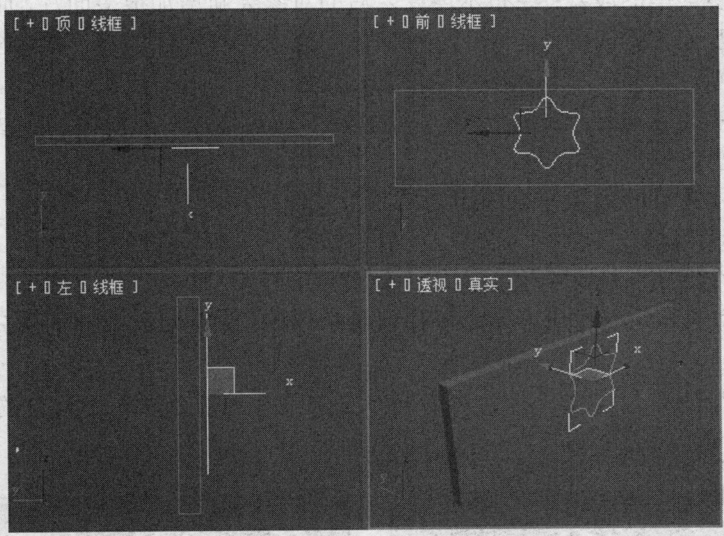

图 3-12　创建二维图形

（3）选择长方体对象，在“复合对象”创建面板的“对象类型”卷展栏中单击“图形合并”按钮。

（4）在“拾取操作对象”卷展栏中单击“拾取图形”按钮，然后拾取二维图形对象，如图 3-13 所示。

（5）当选择“操作”选项组中的“饼切”单选按钮时，网格对象上的投射图形内部的曲面将被切除，如图 3-14 所示。

图 3-13　使用“图形合并”命令创建图形

图 3-14　切除曲面

5. 布尔

在数学中，布尔一次意味着两个集合之间的比较，而在 3ds Max 中，它表示两个几何体对象之间的比较。某种程度上，布尔运算就类似于传统的雕刻技术，由于通过布尔运算，可以在简单的基本几何体基础上简便地组合出复杂的几何对象，因此布尔运算成为 3ds Max 中常用的建模技术。

当两个对象具有重叠部分时，可以使用布尔运算将它们合成一个新的对象。布尔运算就是将两个或两个以上的对象进行并集、差集、交集和切割运算，以产生新的对象。要进行布尔运算，必须先创建用于布尔运算的物体。参加布尔运算的物体应具备以下条件：

- 最好有多一些的段数：经布尔运算之后的对象会新增加很多面片，而这些面是由若干个点相互连接构成的，这样一个新增加的点就会与相邻的点连接，这种连接具有一定的随机性。随着布尔运算次数的增加，对象结构会变得越来越混乱。所以，这就要求参加布尔运算的对象最好有多一些的段数，通过增加对象段数的方法可以大大减少布尔运算出错的机会。
- 两个布尔运算的对象应充分相交。

（1）布尔运算类型。

下面为读者介绍 3ds Max 中所提供的几种布尔运算类型。

并集：该类型的布尔操作包含两个操作对象的体积，将两对象重叠的部分移除，如图 3-15 所示。

交集：该类型的布尔操作只包含两个操作对象重叠的部分，将不相交的部分删除，如图 3-16 所示。

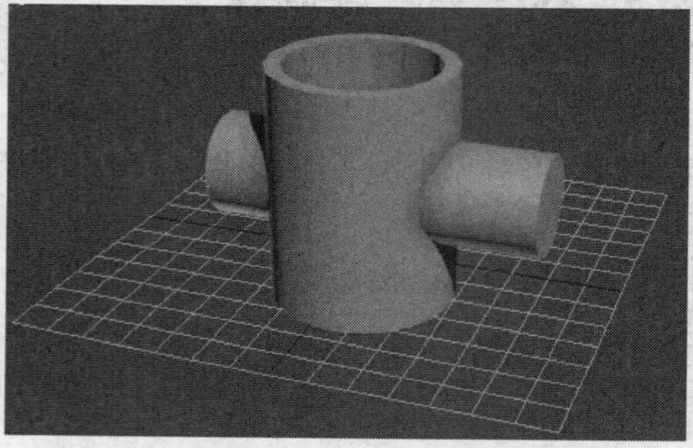

图 3-15　并集运算

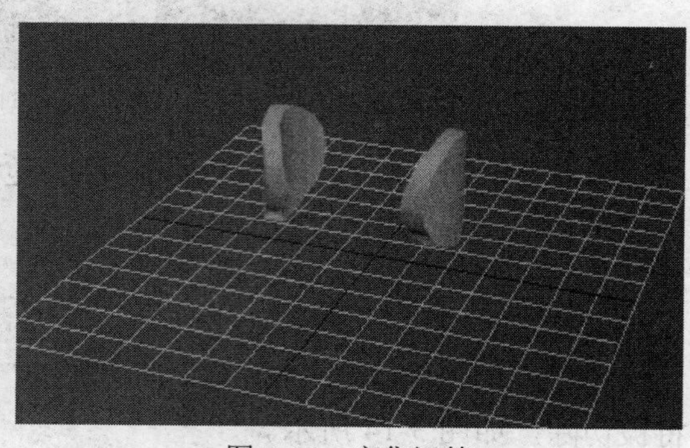

图 3-16　交集运算

差集（A-B）：该类型的布尔操作从操作对象 A 上减去操作对象 A 与操作对象 B 重叠的部分，如图 3-17 所示。

差集（B-A）：该类型的布尔操作与“差集（A-B）”类型相反，如图 3-18 所示。

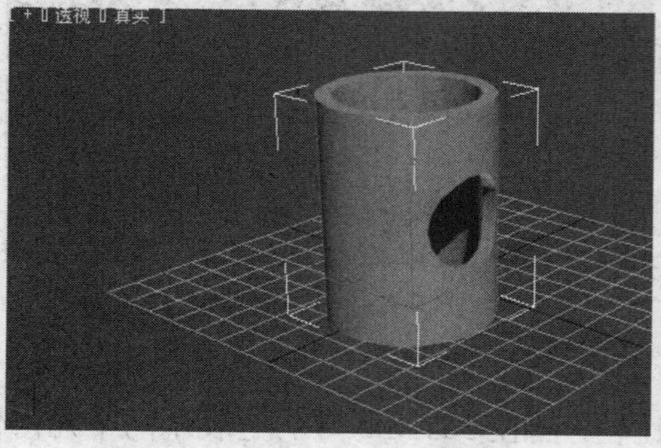

图 3-17　差集（A-B）运算

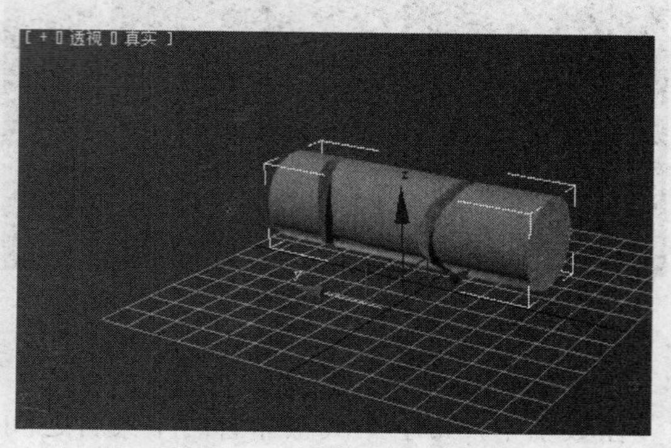

图 3-18　差集（B-A）运算

切割：“切割”布尔操作分为“优化”、“分割”、“移除内部”和“移除外部”4 种类型，如图 3-19 所示。

- 优化：在操作对象 B 与操作对象 A 面的相交处添加新的顶点和边。
- 分割：类似于“优化”类型，只是新产生顶点和边，与源对象属于同一个网格的两个元素。
- 移除内部：可以删除位于操作对象 B 内部的操作对象 A 的所有面。
- 移除外部：可以删除位于操作对象 B 外部的操作对象 A 的所有面。

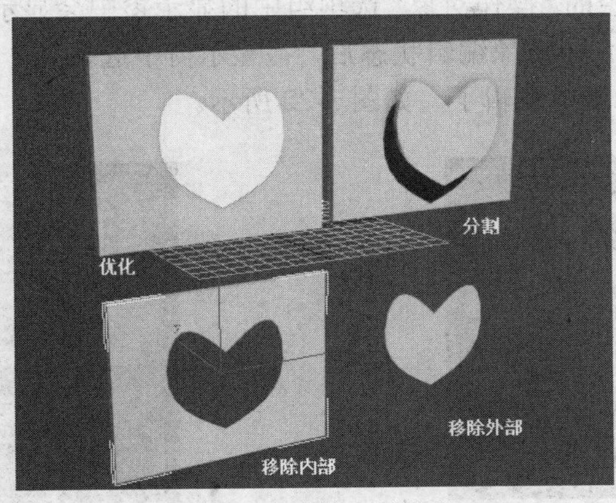

图 3-19　4 种切割类型

（2）创建布尔运算的方法。

要创建布尔运算，需要先选择一个运算对象，然后通过在“创建”面板的“几何体”次面板的下拉列表栏中选择“复合对象”选项来访问布尔工具。

在用户界面中运算对象被称之为 A 和 B。当进行布尔运算的时候，选择的对象被当作运算对象 A，后加入的对象变成了运算对象 B。图 3-20 是布尔运算的参数卷展栏。

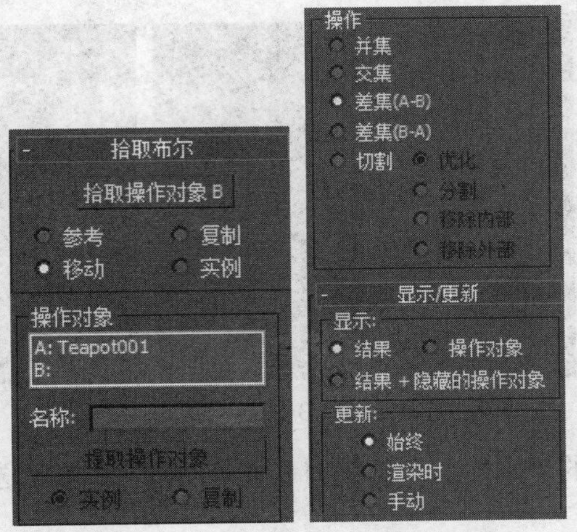

图 3-20　“布尔运算”参数卷展栏

选择对象 B 之前，需要指定操作类型是并集、交集、差集还是切割。一旦选择了对象 B，就自动完成布尔运算，视口也会更新。

提示　也可以创建嵌套的布尔运算对象。将布尔对象作为一个运算对象进行布尔运算，就可以创建嵌套的布尔运算。

（3）编辑布尔运算次对象。

当对场景中创建的布尔运算对象不满意时，可以进入“操作对象”次对象对其外形进行编辑。选择布尔对象，进入“修改”面板。在该面板的堆栈栏中单击“布尔”选项左侧的展开符号，在展开的层级选项中选择“操作对象”选项，这时将进入该项子对象编辑状态，如图3-21所示。

- 在“参数”卷展栏的“操作对象”选项组中的显示窗中会显示布尔运算的子对象名称，进入“操作对象”子对象编辑状态后，在显示窗中选择某个子对象的名称选项，就可以对该项子对象进行编辑了，如图3-22所示。

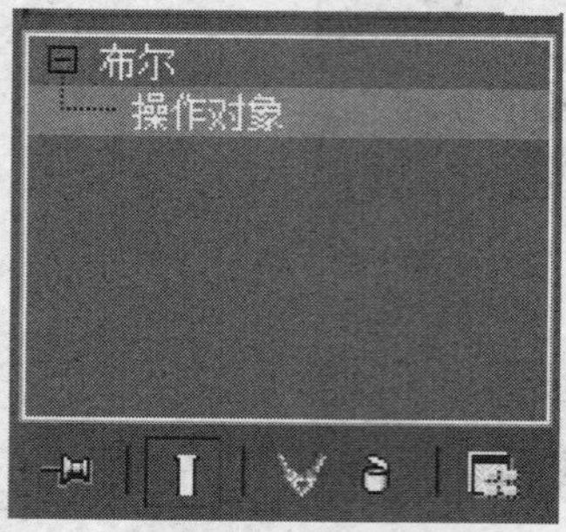

图3-21 进入“操作对象”子对象编辑状态

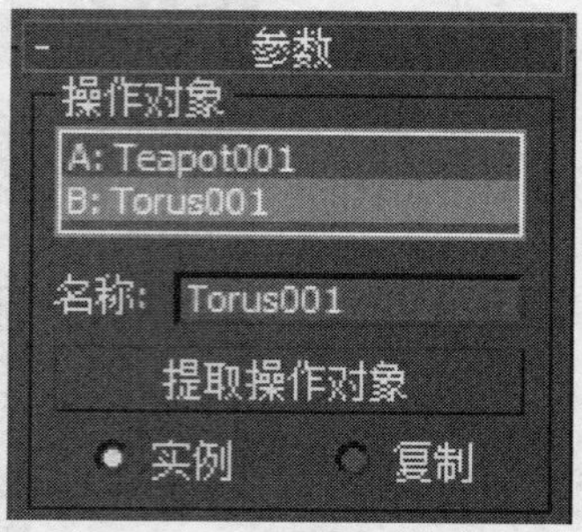

图3-22 “参数”卷展栏

- “显示/更新”卷展栏中的“显示”选项组用来查看布尔操作的构造方式。当选择“结果”单选按钮后，视图上只显示布尔运算的结果；当选择“操作对象”单选按钮后，在视图中同时显示布尔运算的两个源对象；当选择“结果+隐藏的操作对象”单选按钮后，在视图中显示布尔运算后的对象裁切线框。如图3-23所示，分别为3种显示状态下的效果。

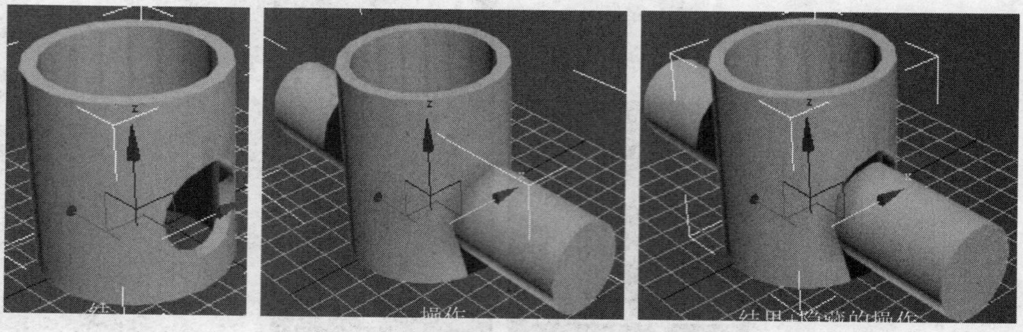
图3-23 3种显示状态

- 更新：该选项组的“始终”、“渲染时”和“手动”3个单选按钮用来控制布尔运算效果的更新方式。

（4）材质附加选项。

当对指定不同材质的对象使用布尔操作时，3ds Max会显示“材质附加选项”对话框。此对话框提供了5种方法来处理生成的布尔对象的材质和材质ID，如图3-24所示。

匹配材质ID到材质：使布尔对象的ID数目与操作对象之间的材质数量相匹配。

匹配材质到材质ID：保留操作对象的ID数目不变，布尔对象与操作对象的ID数相匹配。

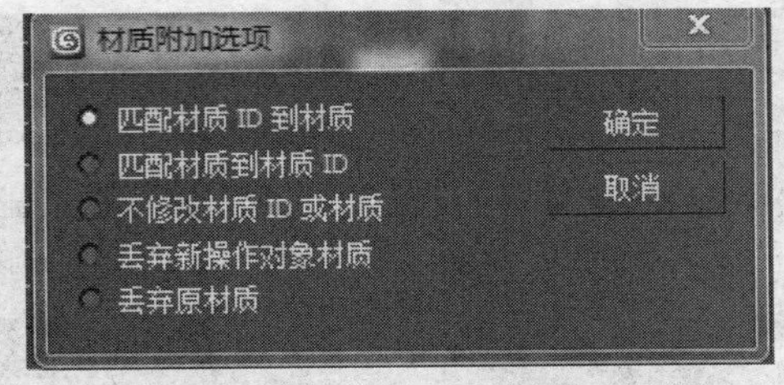

图 3-24　“材质附加选项”对话框

不修改材质 ID 或材质：如果对象中的材质 ID 数目大于在多维/子对象材质中子材质的数目，那么得到的指定面材质在布尔操作后可能会发生改变。

丢弃新操作对象材质：丢弃指定于操作对象 B 的材质，将对布尔对象指定操作对象 A 的材质。

丢弃原材质：丢弃指定于操作对象 A 的材质，对布尔对象指定操作对象 B 的材质。

提示　在比较复杂的场景中，使用“选择物体”工具往往无法正确地选择到所要的对象，使选择操作显得十分困难，如果这时使用“按名称选择”工具就轻松多了。

3.1.3　任务实施

1. 设置单位

（1）启动 3ds Max 2012，执行“自定义”→“单位设置”命令，在弹出的对话框中将“显示单位比例”中的“公制”设置为毫米。

（2）在“单位设置”对话框中单击“系统单位设置”按钮，在打开的对话框中，将“系统单位比例”中的单位设置为毫米，设置完成后单击“确定”按钮。

2. 创建烟灰缸

（1）单击“创建”面板→“几何体”→“扩展几何体”→“切角圆柱体”按钮，在顶视图创建切角圆柱体，设置参数如图 3-25 所示。

（2）单击“选择并移动”按钮，按住【Shift】键的同时移动切角圆柱体对象，复制切角圆柱体，设置参数如图 3-26 所示。

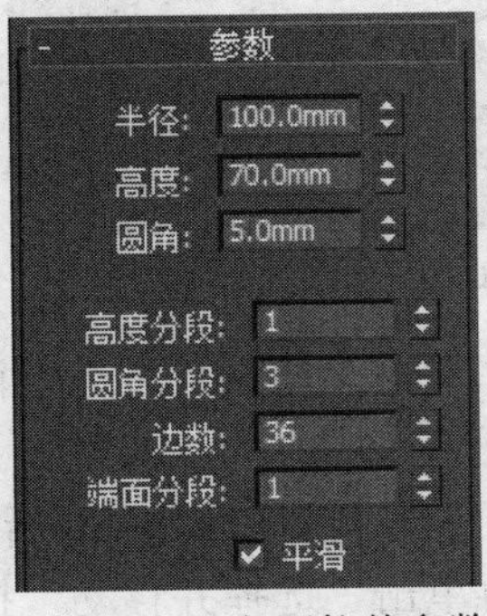

图 3-25　切角圆柱体参数

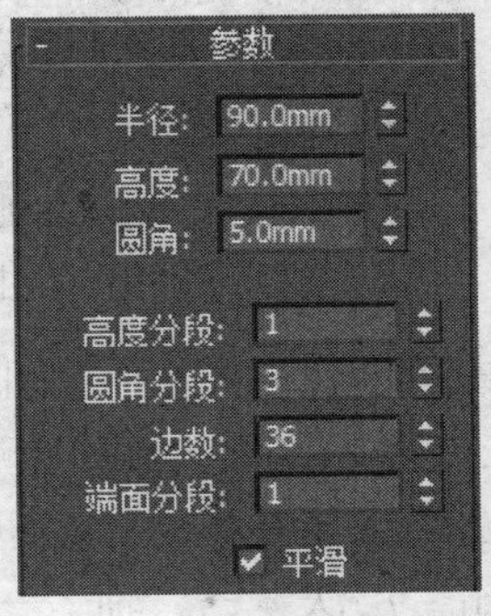

图 3-26　复制对象的参数

（3）单击“选择并移动”按钮，在各个视图中移动，调整位置如图 3-27 所示。

（4）选定外部切角圆柱体，单击“复合对象”→“布尔”按钮，执行“差集（A-B）”布尔运算，单击“拾取操作对象 B”按钮选择小圆柱体，如图 3-28 所示。

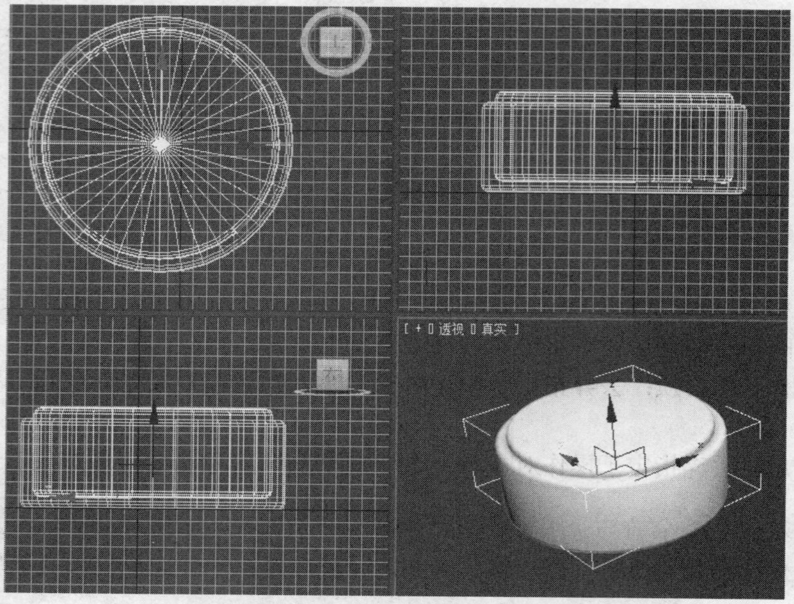

图 3-27 调整对象位置

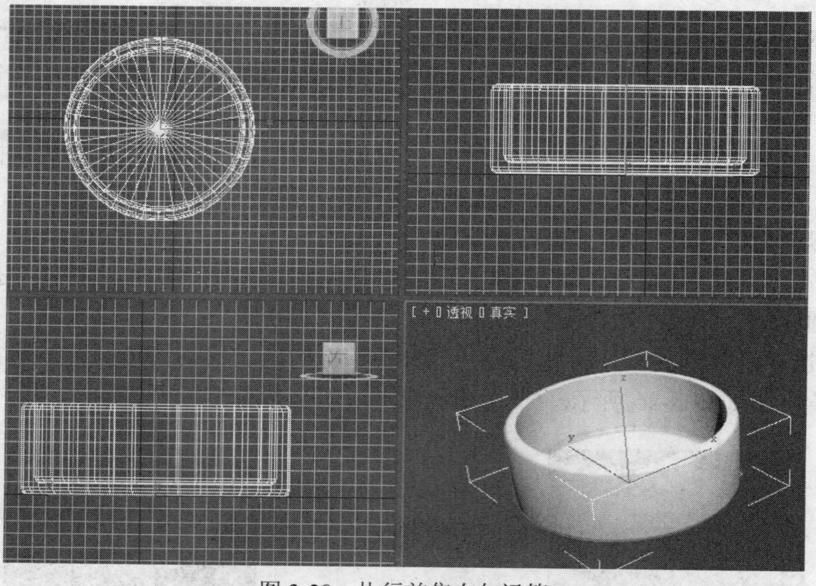

图 3-28 执行差集布尔运算

（5）单击“创建”面板→“几何体”→“扩展几何体”→“切角长方体”按钮，在顶视图创建切角长方体，设置参数如图 3-29 所示。

（6）单击“选择并移动”按钮，在各个视图中移动，调整位置如图 3-30 所示。

（7）单击“层次”→“轴”→“仅影响轴”按钮，再单击“选择并移动”按钮，将“切角长方体”的轴心移到“切角圆柱体”的中心，如图 3-31 所示。

（8）单击“工具”→“阵列”命令，在弹出的“阵列”对话框中设置 Z 轴的“旋转”增量为 120，“对象类型”选项板中勾选“复制”，“阵列维度”选项板中设置“1D”数量为 3，如图 3-32 所示。

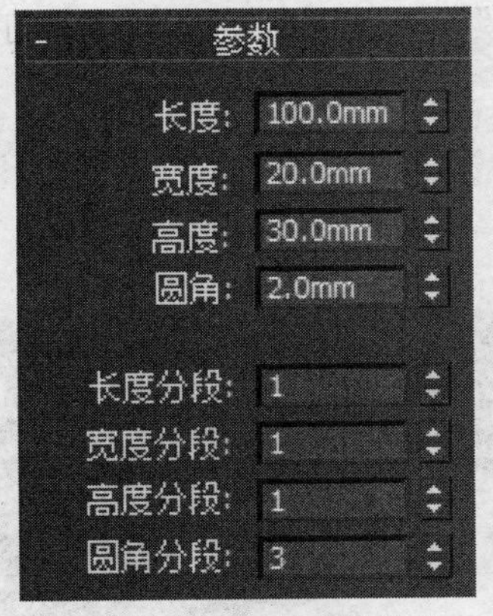

图 3-29　切角长方体参数

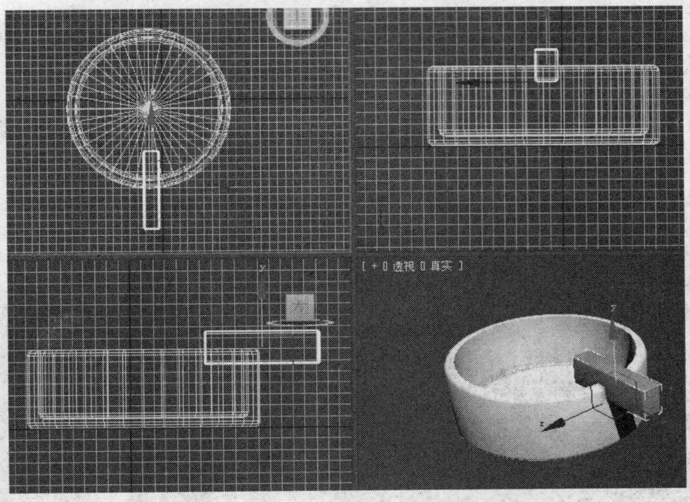

图 3-30　长方体位置

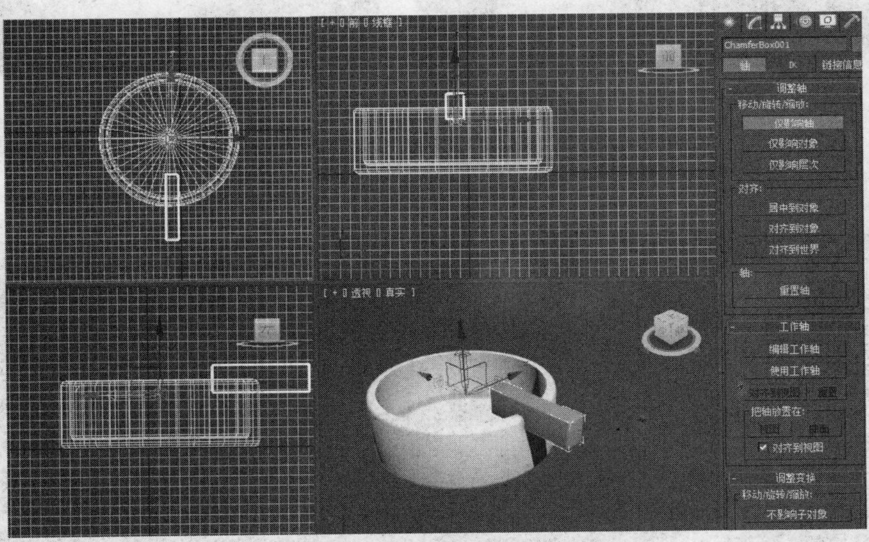

图 3-31　调整轴中心

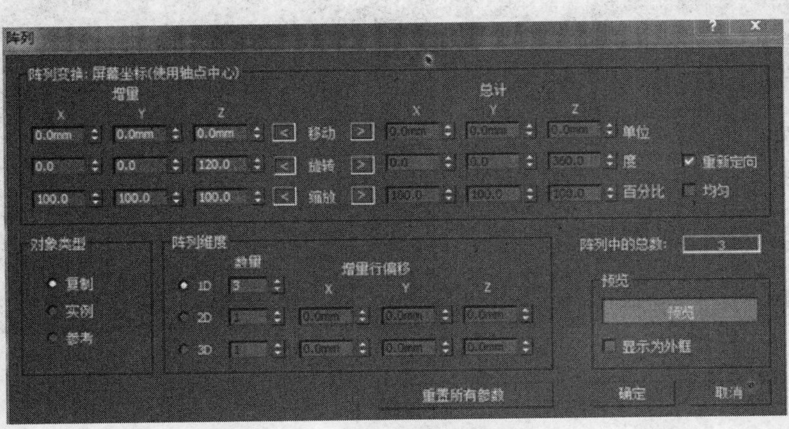

图 3-32　阵列参数设置

（9）单击“预览”按钮，确定无误后单击“确定”按钮，通过阵列旋转并复制切角长方体，如图 3-33 所示。

（10）选中任一切角长方体，单击“创建”面板→“几何体”→“复合对象”→“布尔”按钮，执行两次布尔“并集”运算，如图 3-34 所示。

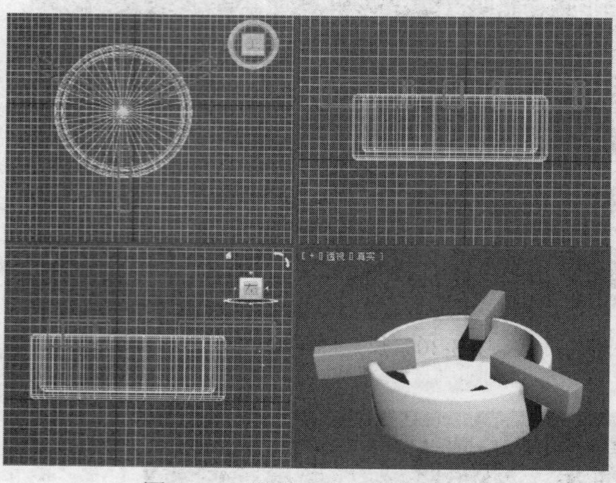

图 3-33 阵列 3 个切角长方体

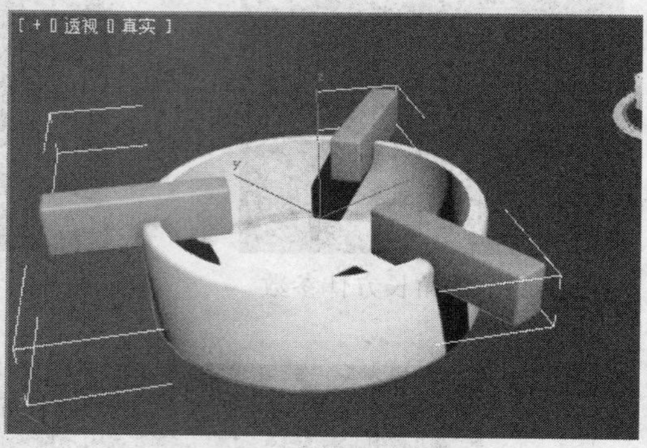

图 3-34 布尔并集运算

（11）选中圆柱体，再次单击“布尔”按钮，执行“差集（A-B）”运算，减去三个长方体部分，如图 3-35 所示。

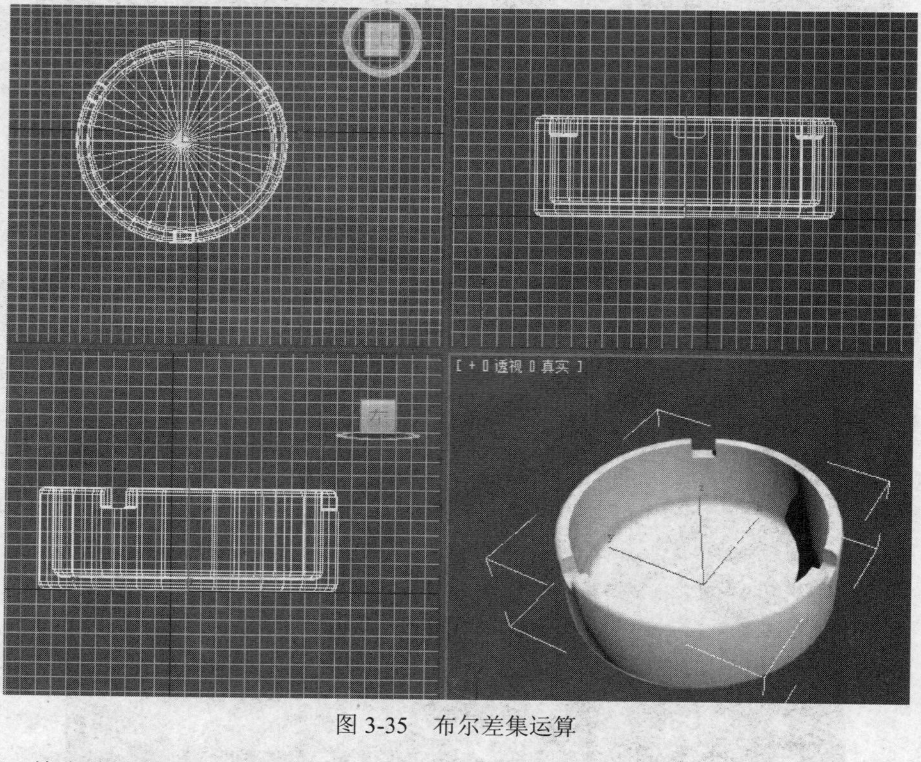

图 3-35 布尔差集运算

（12）单击渲染按钮，渲染测试，效果如图 3-1 所示。

任务 3.2　台灯的制作

3.2.1　效果展示

本任务主要是通过复合对象的放样命令完成台灯的制作，最终效果如图 3-36 所示。

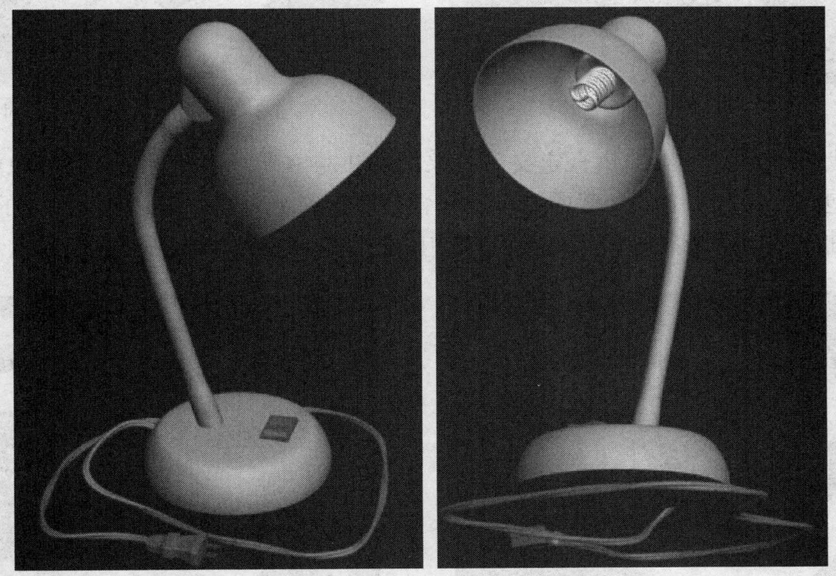

图 3-36　台灯效果

3.2.2　知识点介绍——放样命令建模

放样对象是通过一个路径型组合一个或多个截面型来创建二维形体，路径型相似于船的龙骨，而截面型相似于沿龙骨排列的船肋。它相对于其他复合对象具有更复杂的创建参数，从而可以创建出更为精细的模型。

1. 创建放样对象

使用“放样”复合对象建模的方法如下：

（1）创建用于操作的路径型和截面型，如图 3-37 所示。

（2）选择路径型，在“复合对象”创建面板的“对象类型”卷展栏中单击“放样”命令按钮。

（3）在“创建方法”方法卷展栏中单击“获取图形”按钮，然后在视图中拾取截面型，效果如图 3-38 所示。

读者也可以使用从截面型开始建立放样对象的方法，该方法与从路径型开始建立放样对象基本相同。若使用该方法，只需在步骤（3）中单击“创建方法”卷展栏中的“获取路径”按钮，拾取路径型即可。在了解了放样对象的创建方法和一些基本概念后，接下来介绍放样的一些术语，以帮助读者更好地掌握放样建模方法。

步数：用于描述曲线中每个顶点之间的分段。该数值常用来定义放样对象表面的光滑程度和网格密度，相似于几何体的分段数。如图 3-39 所示，为设置了不同步数的放样模型。

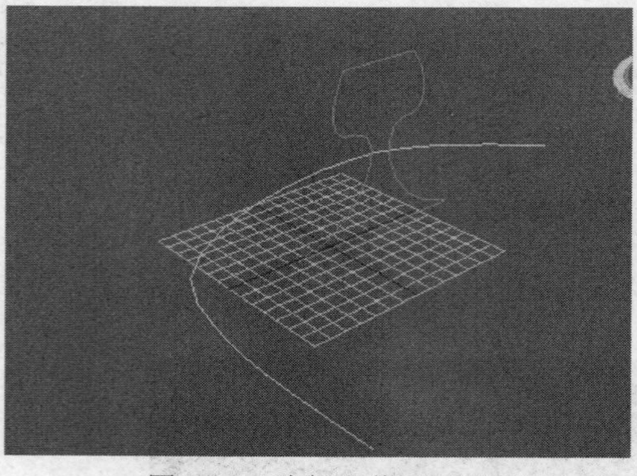

图 3-37　路径和截面图形

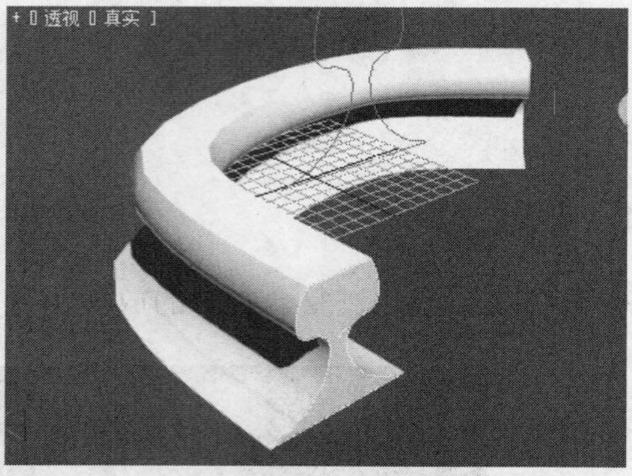

图 3-38　使用“放样”复合对象

图形（截面形）：样条线的集合定义型对象，如图 3-40 所示，为一个放样对象中的截面型。路径型只能包含一条样条曲线，截面型可以包含任意数目的样条线，只是路径上的所有截面型所包含样条曲线的数目必须相等。放样对象中的截面型和路径型成为源对象的次对象。

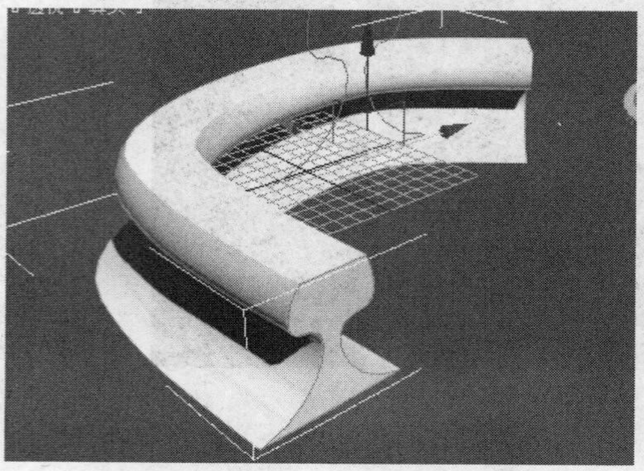

图 3-39　不同步数的放样模型

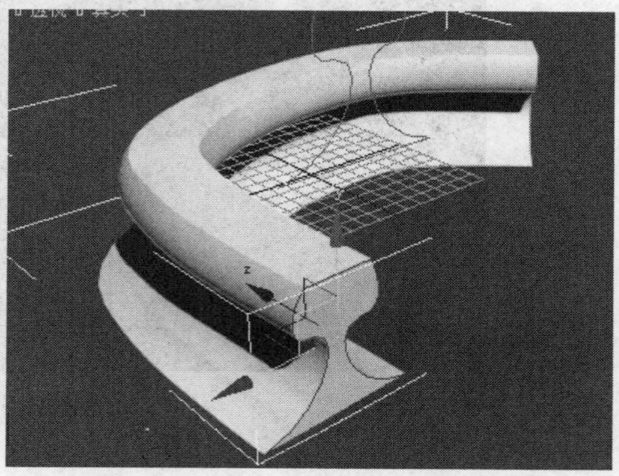

图 3-40　截面型

路径：定义放样中心的二维形，可以是开放的样条线，也可以是封闭的样条线，但是样条线不能有交叉点、不能为嵌套型。如图 3-41 所示，为放样对象中的开放路径。

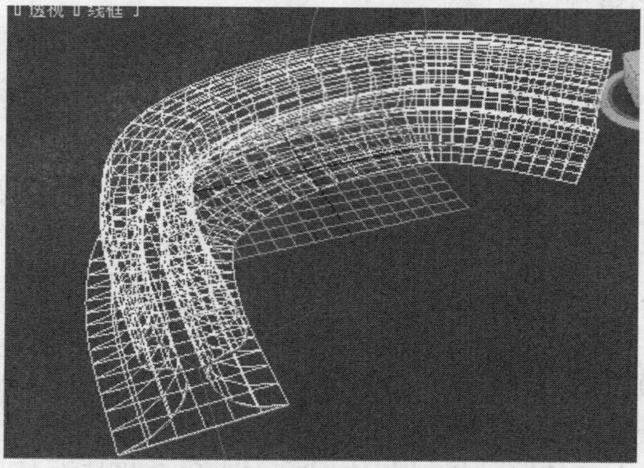

图 3-41　放样对象中的开放路径

首顶点：二维形上的第一个顶点。放样对象过程中的一切运算都将从首顶点开始。当放样对象拥有多个截面型时，如果截面型的首顶点不匹配，放样对象将会出现扭曲现象。

2. 使用多个截面型创建放样对象

在一条路径型上放置多个截面型可以创建出复杂的放样对象。使用多个截面型创建对象的重点是设置不同的路径位置，然后在不同的路径位置上拾取不同的截面型。

下面介绍使用多个截面型创建放样的操作步骤：

（1）单击“创建”面板→“图形”按钮，在“对象类型”中分别选择“圆”、“星形”和“线”命令按钮，在视图中创建如图 3-42 所示的 3 个二维型。

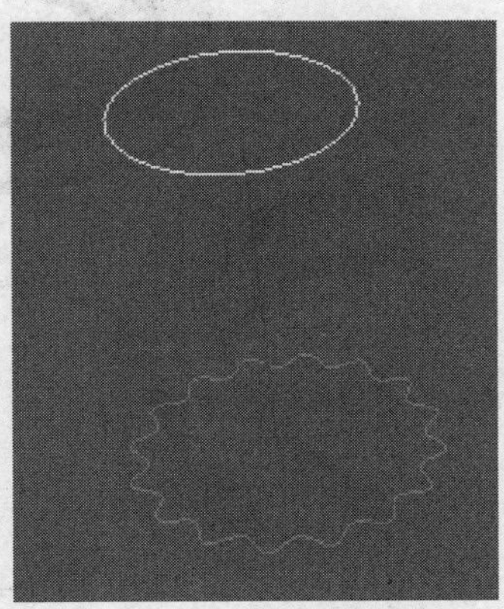

图 3-42 创建路径和截面型

（2）在视图中选择右侧的“线”图形，进入“复合对象”创建面板。在该面板的“对象类型”卷展栏中单击“放样”命令按钮，在“创建方法”卷展栏中单击“获取图形”按钮。

（3）在视图中拾取视图左侧的“圆”图形，以确定拾取的截面型位于路径的 0 位置。

（4）在“路径参数”卷展栏中的“路径”参数栏中键入 100，再次单击“获取图形”按钮，然后在视图拾取中间的二维图形，这时拾取的截面型位于路径 100 的位置，效果如图 3-43 所示。

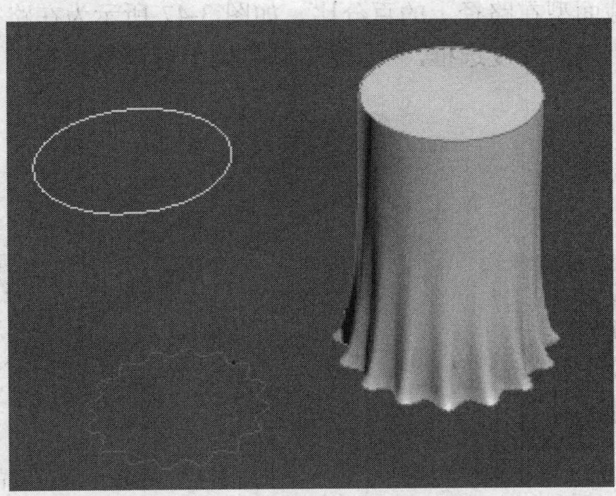

图 3-43 使用多个截面型创建对象

3. 编辑放样对象

当在场景中已经完成放样对象的创建后，可以进入“修改”面板对其进行编辑。放样对象中的截面型、路径型以及表面的光滑处理都是可以编辑的。

- “曲面参数”：该卷展栏中的参数可以控制放样曲面的光滑以及指定是否沿着放样对象应用纹理贴图坐标，如图 3-44 所示。
- “平滑”选项组中的“平滑长度”和“平滑宽度”复选框处于启用状态时，路径方向和截面周长方向会产生平滑曲面效果，如图 3-45 所示。

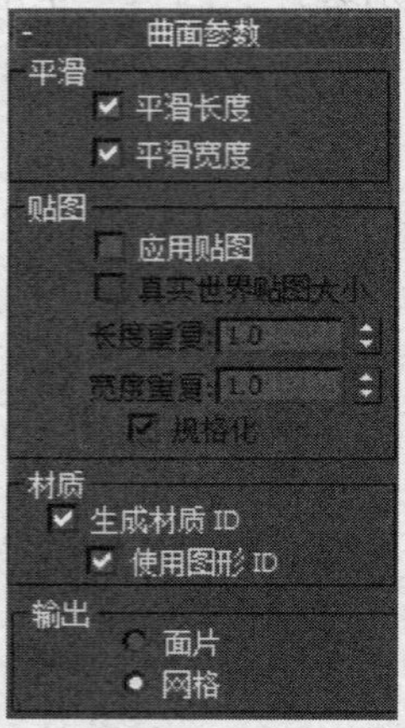

图 3-44 “曲面参数”卷展栏

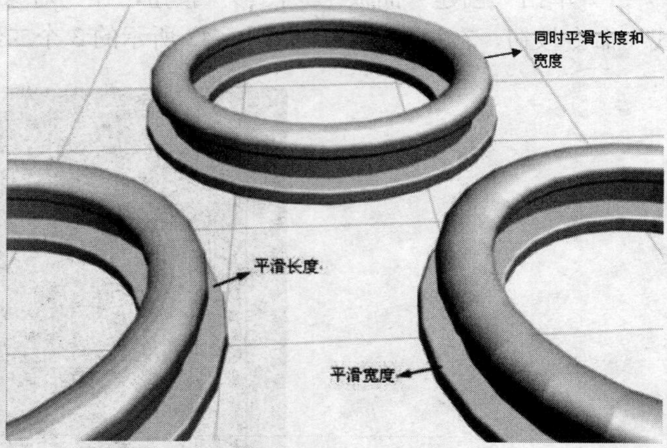

图 3-45 设置平滑

- 选择“贴图”选项组中的“应用贴图”复选框，可以为放样对象创建贴图坐标，该坐标会紧随放样对象的路径型和截面型，从而使贴图更好地适应对象。“长度重复”和“宽度重复”参数控制贴图在路径型和截面型方向的重复次数。
- “材质”选项组中的两个复选框用来控制对象的材质 ID。“输出”选项组中的“面片”和“网格”单选按钮用于确定输出的类型。
- “路径参数”：使用“路径参数”卷展栏可以控制沿着放样对象路径在各个间隔期间的图形位置，如图 3-46 所示。

路径：用来设置截面型在路径上的百分比。如图 3-47 所示为在路径的不同位置插入不同形状的图形。当选择“启用”复选框，“捕捉”参数处于可调整状态。

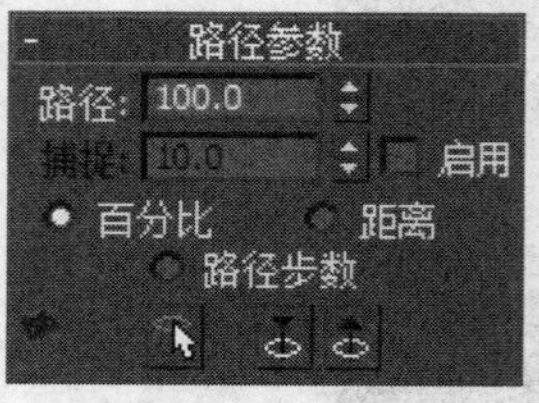

图 3-46 “路径参数”卷展栏

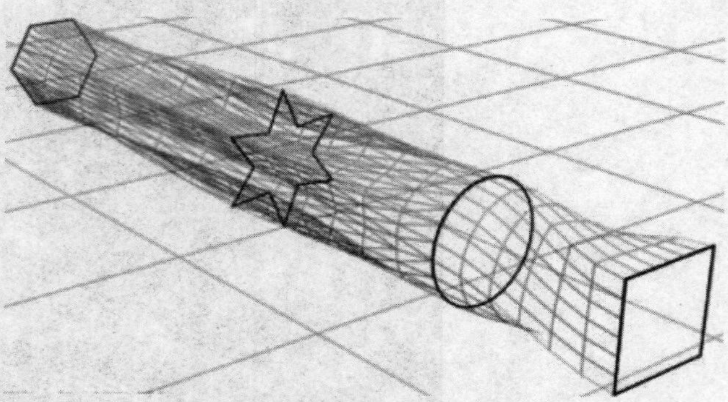

图 3-47 路径不同位置的截面型

捕捉：用来设置沿着路径图形之间的恒定距离。“百分比”、“距离”和“路径步数”单选按钮为 3 种控制路径的计算方式。

- “蒙皮参数”：该卷展栏中的参数用于调整放样对象网格的复杂性和对象表面的显示，如图 3-48 所示。

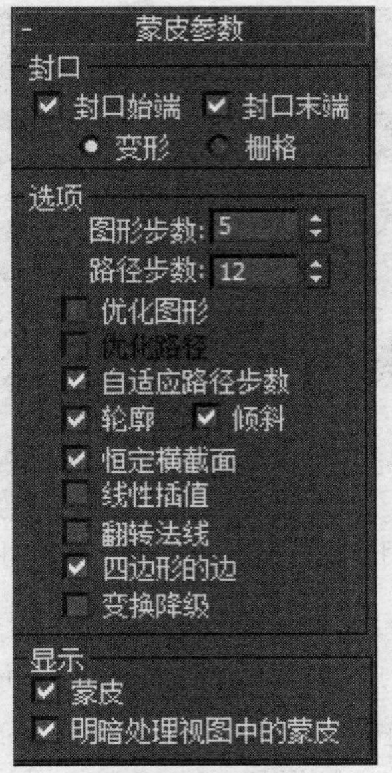

图 3-48 “蒙皮参数”卷展栏

封口始端/封口末端：启用这两个复选框后，将对路径第一个顶点和最后一个顶点处的放样端进行封口。如图 3-49 所示，为禁用和启用封口时的放样模型。

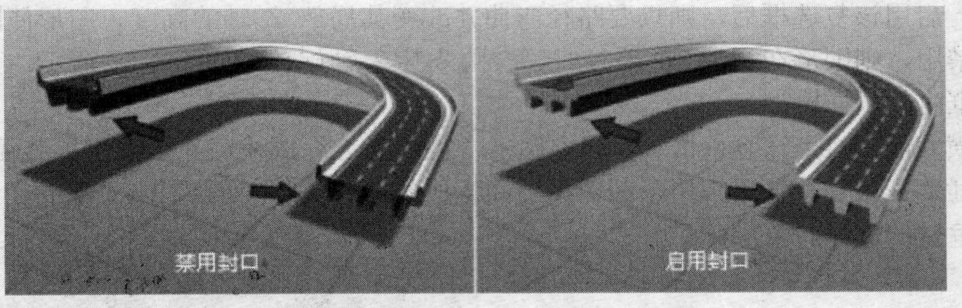

图 3-49 禁用和启用封口时的放样模型

- “选项”选项组中的“图形步数”和“路径步数”用来设置横截面图形和路径图形曲线中每个顶点之间的分段，如图 3-50 所示。

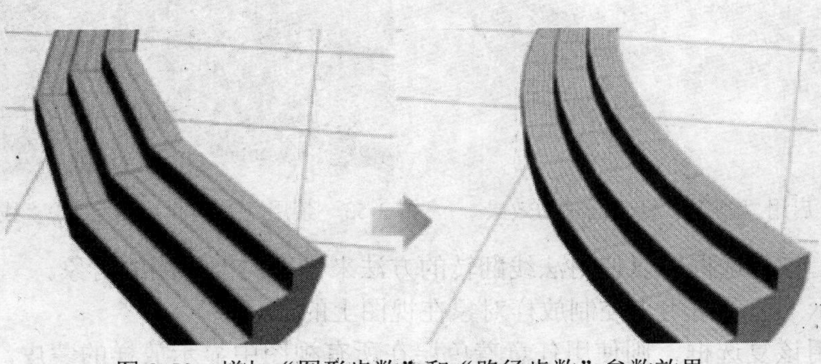

图 3-50 增加“图形步数”和“路径步数”参数效果

优化图形：设置截面型上的分段数，如图 3-51 所示，为启用和禁用“优化图形”时的放样对象。

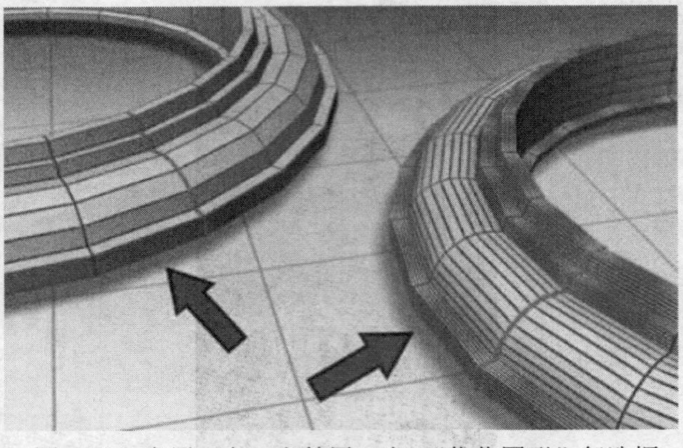

图 3-51 启用（左）和禁用（右）“优化图形”复选框

优化路径：设置路径型上的分段，该项仅在“路径步数”模式下才可用。禁用“优化路径”时，放样路线使用更多步数；启用“优化路径”时，放样路线的直线部分无需更多步数。

自适应路径步数：启用该复选框后，将分析放样，并调整路径分段的数目，以生成最佳蒙皮。

轮廓：如果启用该复选框，则每个图形都将遵循路径的曲率，每个图形的正 Z 轴与形状层级中路径的切线对齐。如果禁用，则图形保持平行，且与放置在层级 0 中的图形保持相同的方向。

倾斜：启用该复选框后，则只要路径弯曲并改变其局部 Z 轴的高度，图形便围绕路径旋转；如果禁用，则图形在穿越 3D 路径时不会围绕其 Z 轴旋转。如图 3-52 所示，为启用“倾斜”复选框时的放样模型。

恒定横截面：启用该复选框，可以在路径中的拐角处缩放横截面，以保持路径宽度一致。

线性插值：该复选框用来控制截面型之间生成的蒙皮类型。如图 3-53 所示，为禁用和启用该复选框时的放样对象。

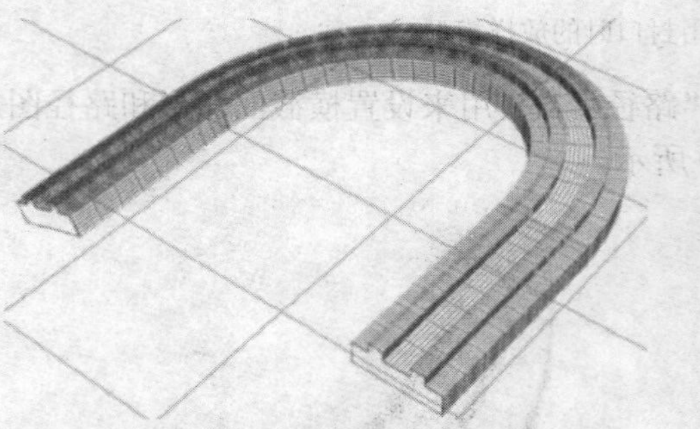

图 3-52 启用“倾斜”复选框时的效果

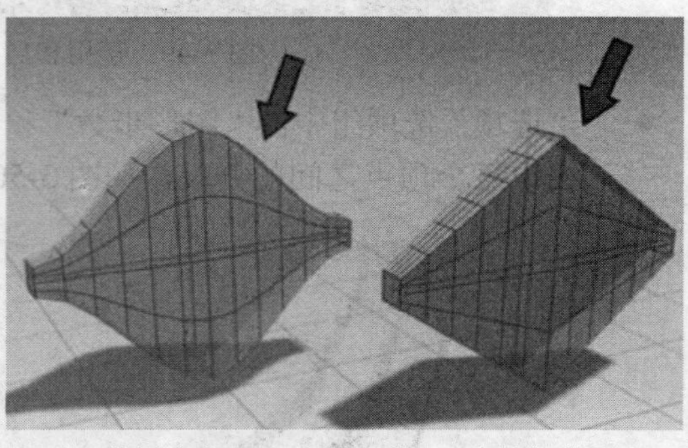

图 3-53 禁用（左）和启用（右）“线性插值”复选框

翻转法线：该复选框可以使用法线翻转的方法来修正内部外翻的对象。

- “显示”选项组用来控制放样对象在视图上的显示。

蒙皮：启用该复选框，则使用任意着色层在所有视图中显示放样的蒙皮，并忽略“着色视图中的蒙皮”设置。如果禁用，则只显示放样子对象。

明暗处理视图中的蒙皮：启用该复选框，则忽略“蒙皮”设置，在明暗处理视图中显示放样的蒙皮。如果禁用，则根据“蒙皮”设置来控制蒙皮的显示。

4. 使用变形曲线

使用变形曲线命令可以改变放样对象在路径上不同位置的形态。3ds Max 中有 5 种变形曲线，分别为“缩放”、“扭曲”、“倾斜”、“倒角”和“拟合”。所有的编辑都是针对截面型的，截面型上带有控制点的线条代表沿路径方向的变形。在“变形”卷展栏中可以看到这 5 个变形曲线的命令按钮，在每个命令按钮的右侧都有一个“激活/不激活”按钮，用于切换是否应用变形的结果，并且只有该按钮处于激活状态，变形曲线才会影响对象的外形。如图 3-54 所示，为“变形”卷展栏。

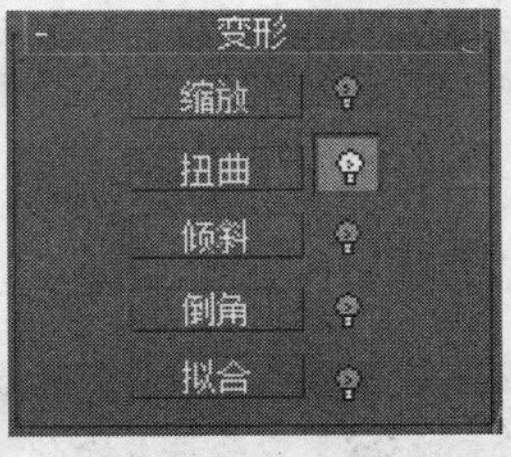

图 3-54　“变形”卷展栏

提示　通过“修改”面板的“变形”卷展栏，可以访问放样变形曲线。“变形”在“创建”面板上不可用，必须在放样之后进入“修改”面板才能访问“变形”卷展栏。

（1）使用“缩放”变形曲线。

“缩放”变形曲线能够改变放样对象 X 轴和 Y 轴的比例因子，并且缩放的基点总是在路径上。下面通过瓶子实例介绍“缩放”变形的使用方法。

1）在视图中创建一个 Line 对象和 Circle 对象，然后完成放样模型，如图 3-55 所示。

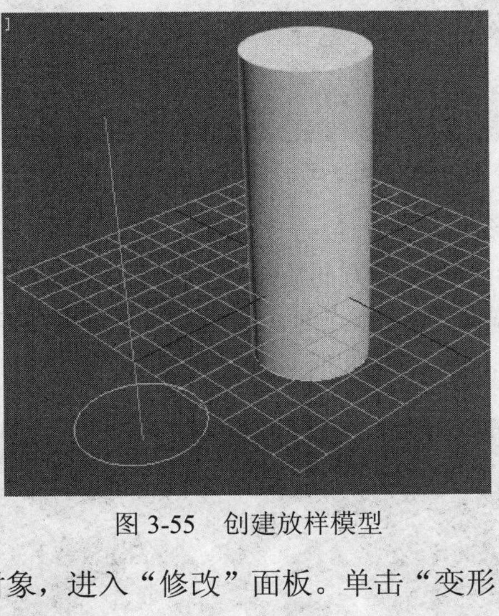

图 3-55　创建放样模型

2）选择新创建的放样对象，进入“修改”面板。单击“变形”卷展栏中的“缩放”按钮，打开“缩放变形”对话框。

3）在“缩放变形”对话框顶点工具栏上单击 “插入角点”按钮，在变形曲线上通过单击的方式添加 5 个控制点，右击鼠标结束插入角点操作。

4）通过在选择控制点上右击鼠标，转换控制点的属性，然后调整控制点，效果如图 3-56 所示。

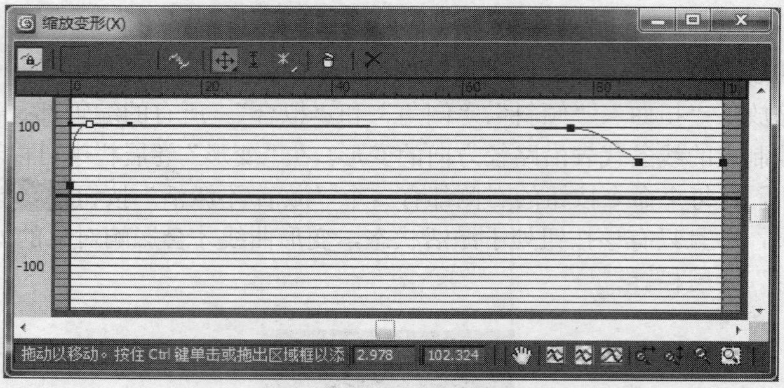

图 3-56 调整缩放曲线

5）完成后的瓶子造型如图 3-57 所示。

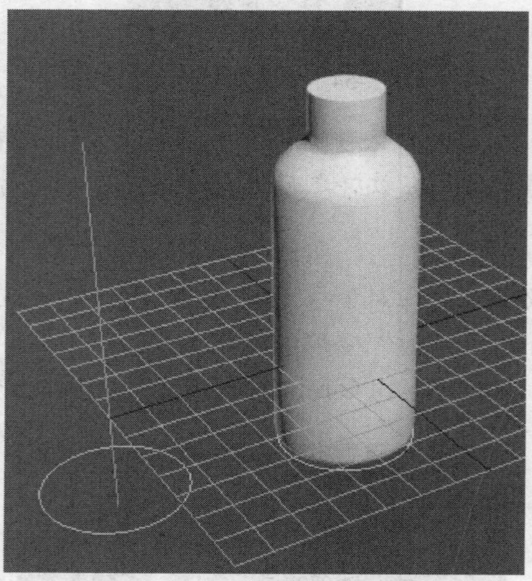

图 3-57 调整后的造型

（2）使用“扭曲”变形曲线。

“扭曲”变形曲线可以沿着路径方向旋转截面型，从而产生盘旋或扭曲效果。变形曲线处于 0 位置上，当向正值方向拖拽控制点时，截面型呈逆时针旋转；当向负值方向拖拽控制点时，截面型将呈顺时针旋转，如图 3-58 所示为使用扭曲变形制作的模型。

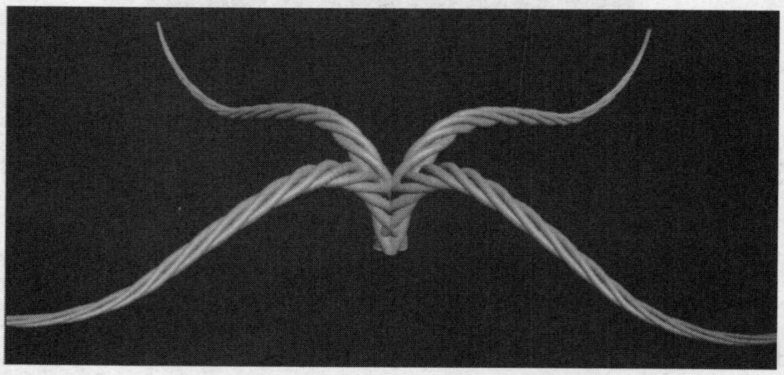

图 3-58 放样“扭曲”变形

（3）“倾斜”变形曲线。

“倾斜”变形曲线围绕局部X轴和Y轴旋转截面型。该命令常用来辅助与路径有偏移的型生成其他方法难以创建的对象，效果如图3-59所示。

（4）“倒角”变形曲线。

“倒角”变形曲线命令用来为放样对象添加倒角效果，该变形曲线类似于“倒角”修改器，但是“倒角”变形曲线可以产生比“倒角”修改器更丰富的效果，如图3-60所示。

图3-59 使用“倾斜”变形

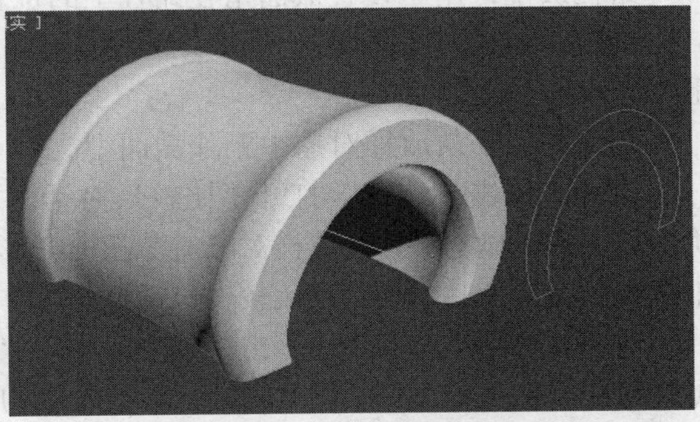

图3-60 使用“倒角”变形

（5）“拟合”变形曲线。

“拟合”变形曲线通过定义对象在顶视图、前视图和侧视图的轮廓线，即可创建出合适的三维对象，该曲线通常用来创建电话、球拍、鼠标等模型，如图3-61所示。

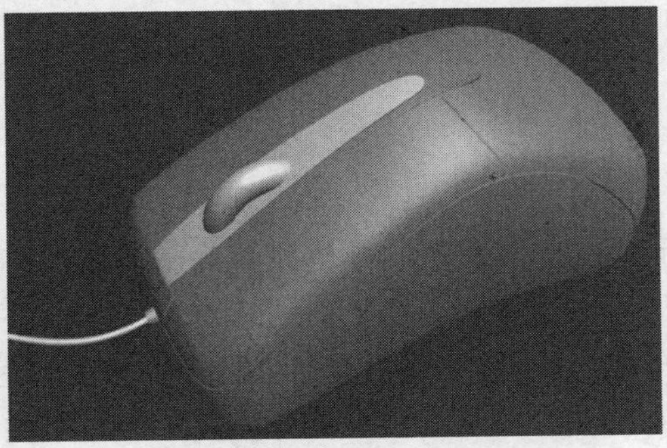

图3-61 使用“拟合”变形

5. 放样对象的次对象编辑

当放样对象创建结束后，若对对象的外形仍不满意时，可以进入放样对象的次对象，对外形进行编辑。放样对象的次对象编辑工作需要在“修改”面板中进行，单击“修改”面板堆栈栏中的Loft选项左侧的展开符号，在层级选项中选择“图形”或“路径”选项就可以进入次对象的编辑模式，如图3-62所示。

在堆栈栏中选择“图形”选项后，进入截面型次对象编辑状态，可以对截面型进行变换和对齐截面等操作。如果路径上放置了多个截面型，常需要比较截面型的位置以及方向或顶点是否对齐，3ds Max提供了“图形命令”卷展栏供读者进行设置，如图3-63所示。

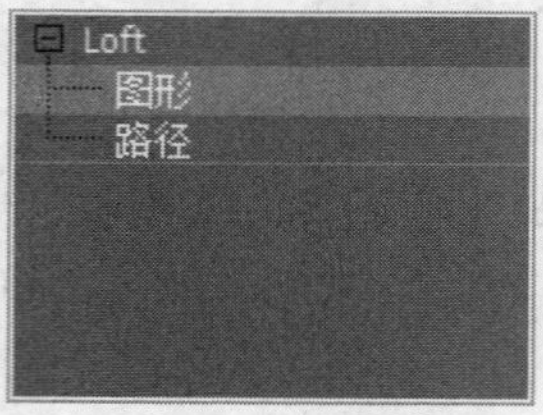

图 3-62 放样次对象

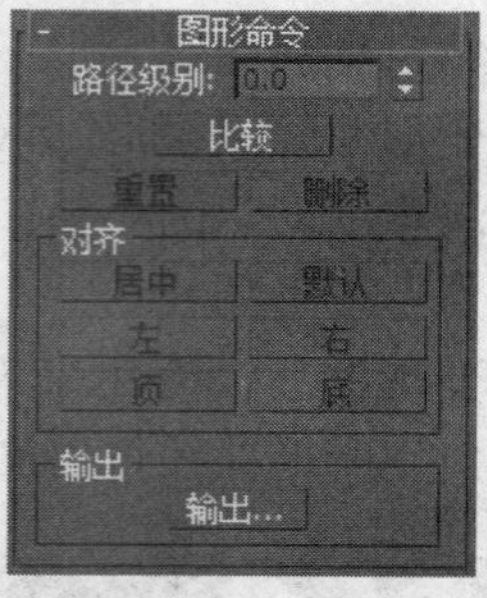

图 3-63 “图形命令”卷展栏

路径级别：用于设置截面型在路径上的位置。

重置：单击“重置”按钮可以撤销使用“选择并移动”和“选择并缩放”工具执行的图形旋转和缩放操作。

删除：用于从放样对象中删除截面型。

比较：单击该按钮，打开“比较”对话框。该对话框可以比较任何数量的截面型，并为确保首顶点正确对齐，使放样对象避免扭曲变形现象。“拾取图形”按钮用于选择选定放样对象中的截面型，使其添加到“比较”对话框中。单击“重置”按钮可以从对话框中移除所有图形。

对齐：使用“对齐”选项组中的“居中”、“默认”、“左”、“右”、“顶”和“底”6 个按钮，可针对路径对齐选定图形。“输出”选项组中的“输出”按钮可以将选择的截面型作为独立的对象放置在场景中。

选择堆栈栏中的“路径”选项，将进入“路径”子对象编辑状态。该项子对象只能进行沿 Z 轴旋转操作。

路径命令：该卷展栏中的“输出”选项组中的“输出”按钮可以将路径作为独立的对象放置在场景中。单击“输出”按钮，会打开“输出到场景”对话框，单击“确定”按钮完成输出操作。

3.2.3 任务实施

1. 设置单位

在建模之前需要将显示单位比例和系统单位设置为毫米。

2. 创建台灯底座

（1）单击“创建”面板→“图形”→“样条线”→“线”按钮，在前视图中创建一个图形，单击“修改”命令，通过设置“顶点”的类型，调节顶点圆角，效果如图 3-64 所示。

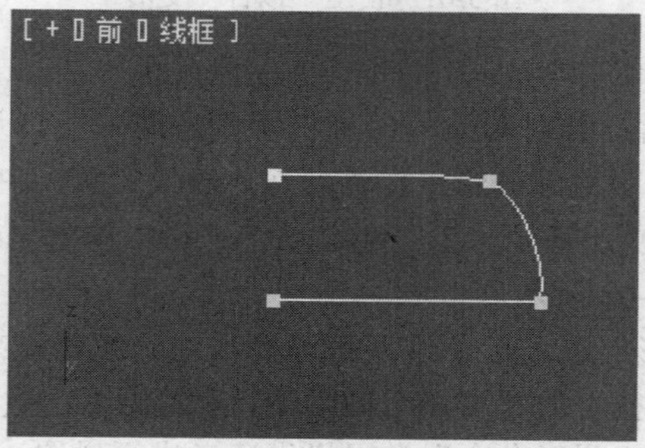

图 3-64 创建截面

（2）选中绘制的图形，单击“修改”命令，在“修改器列表”下拉列表中选择“车削”命令，设置“参数”选项中的“分段”为 40，勾选“焊接内核”和“翻转法线”选项框，在“对齐”选项中单击“最小”，效果如图 3-65 所示。

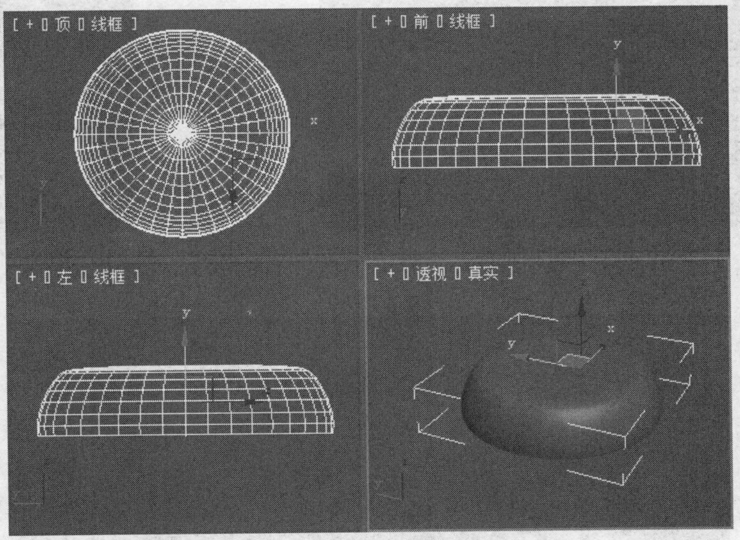

图 3-65　“车削”参数设置

（3）添加开关。单击“创建”面板→“图形”→“样条线”→“矩形”按钮，在顶视图中绘制矩形。单击“修改”命令，为矩形添加“编辑样条线”修改器，在几何体选项板中设置“轮廓”值，效果如图 3-66 所示。

（4）继续添加“挤出”修改器，数量设置为 4，效果如图 3-67 所示。

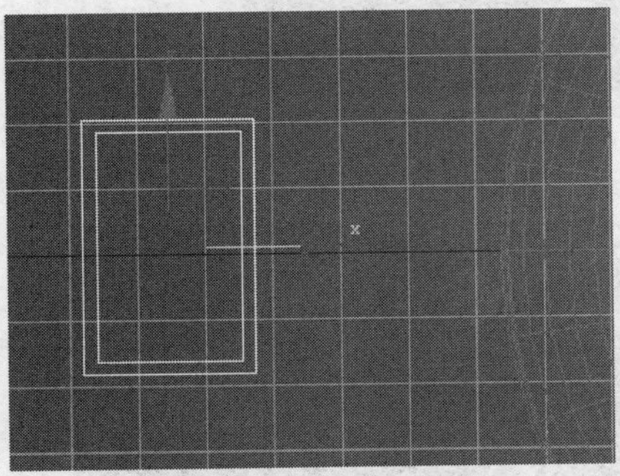

图 3-66　设置轮廓参数

图 3-67　挤出矩形框

（5）单击“创建”面板→“图形”→“样条线”→“线”按钮，在前视图中创建图形，单击“修改”命令，通过修改“顶点”次对象的类型，调整截面效果如图 3-68 所示。

（6）给刚绘制的截面添加“倒角”修改器，并设置参数如图 3-69 所示，调整位置后效果如图 3-70 所示。

3. 创建底座电线插头

（1）单击“创建”面板→“图形”→“样条线”→“线”按钮，在顶视图中创建一条长的路径图形，在“修改”面板中通过修改“顶点”次对象中顶点的类型，调整线的曲度。在左视图中，将线的起点调整到底座的一侧里，效果如图 3-71 所示。

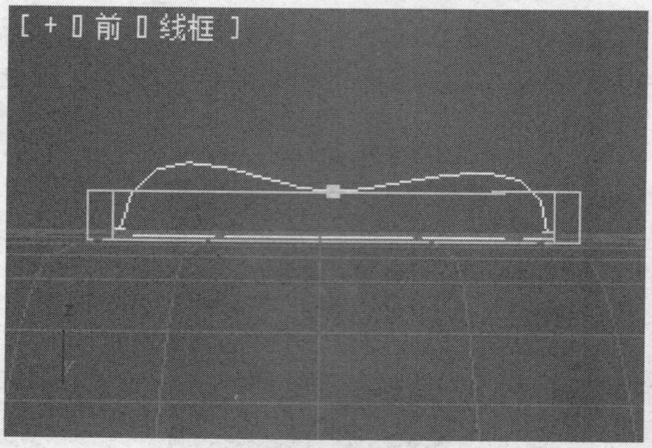

图 3-68 绘制截面

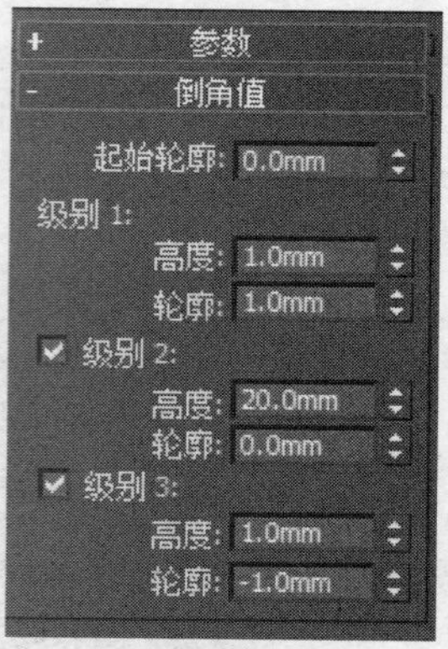

图 3-69 倒角参数

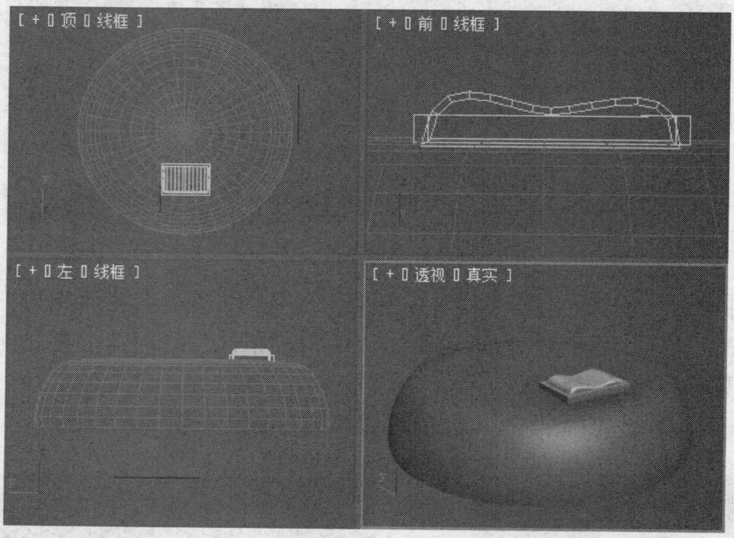

图 3-70 底座效果

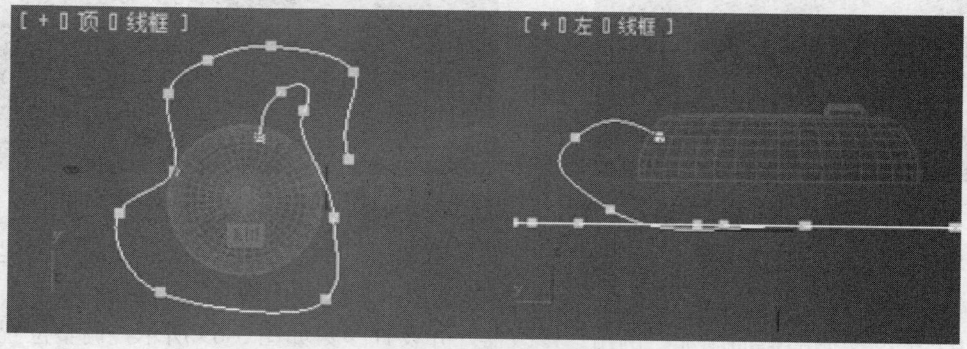

图 3-71 电线路径图形

（2）继续在顶视图中创建截面，绘制小圆，并复制小圆，选中其中一个圆，单击“修改”命令，添加“编辑样条线”修改器，单击“附加”按钮，将两个小圆附加在一起。单击“层次”命令，在“层次”面板中选中“仅影响轴”按钮，再选择“对齐”选项板中的“居中到对象”按钮，调整对象中心点在两个圆的中间，效果如图 3-72 所示。

（3）选中路径图形，单击“创建”面板→“几何体”→“复合对象”→“放样”按钮，点击“获取图形”按钮选择截面图形，得到放样的电线效果如图 3-73 所示。

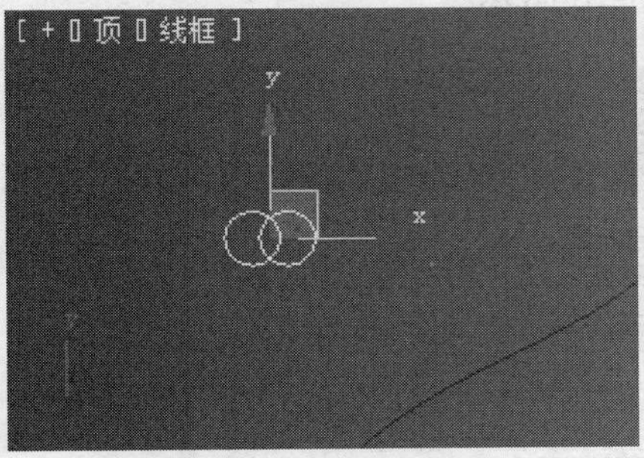

图 3-72　创建截面

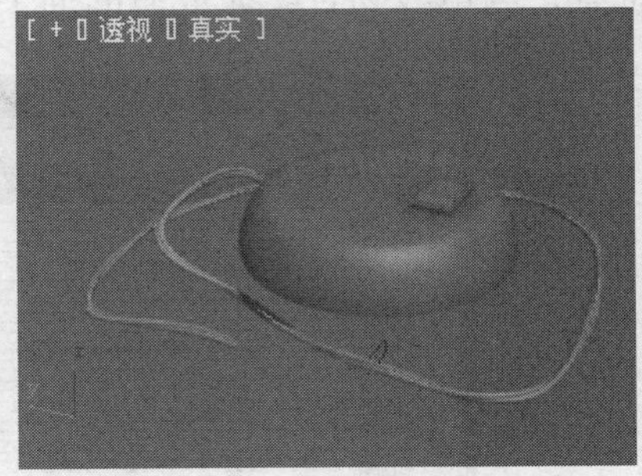

图 3-73　放样效果

（4）对放样得到的电线进行扭曲。选中放样的对象，在“修改”面板中展开“变形”选项板，选择“扭曲”按钮，在弹出的“扭曲变形”对话框底部的数值框中设置路径 0 的地方角度为 0，路径 100 的地方角度为 2440，参数设置如图 3-74 所示。这样可以实现路径的扭曲，得到的电线效果如图 3-75 所示。

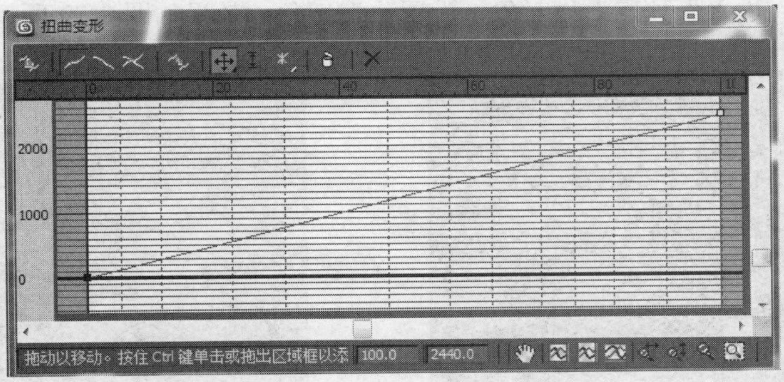

图 3-74　设置扭曲变形参数

（5）完成插头的制作。绘制矩形和直线，分别用作放样的路径和截面。选中直线，执行直线“复合对象”中的“放样”命令，点击“获取图形”按钮，在视图中选取矩形。得到放样后的效果如图 3-76 所示。

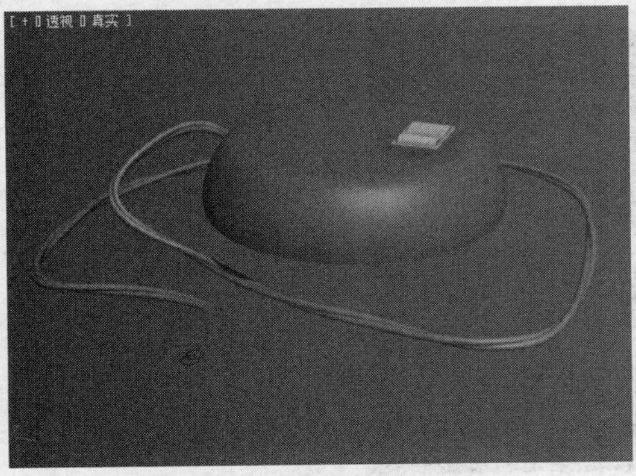

图 3-75　扭曲后的电线

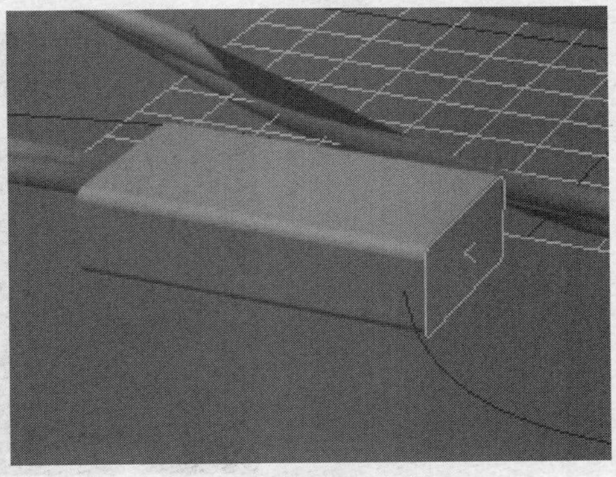

图 3-76　插头主体

（6）选中放样的对象，在“修改”面板中展开“变形”选项板，选择“缩放”按钮，在弹出的“缩放变形”对话框中添加一些控制点，并调整点的位置，如图 3-77 所示。调整插头主体的位置，与电线吻合。完成后的插头主体如图 3-78 所示。

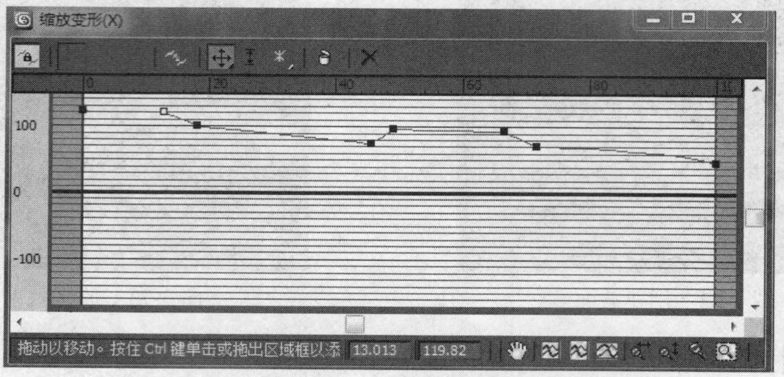

图 3-77 缩放变形设置

（7）完成插头上的铜片绘制。在左视图中绘制矩形，并在矩形的一端绘制圆，设置矩形和圆沿着 Y 轴中心对齐。选择矩形图形，添加“编辑样条线”修改器，执行“附加”命令，将圆附加在一起。进入”顶点”次对象，设置一端切角，效果如图 3-79 所示。

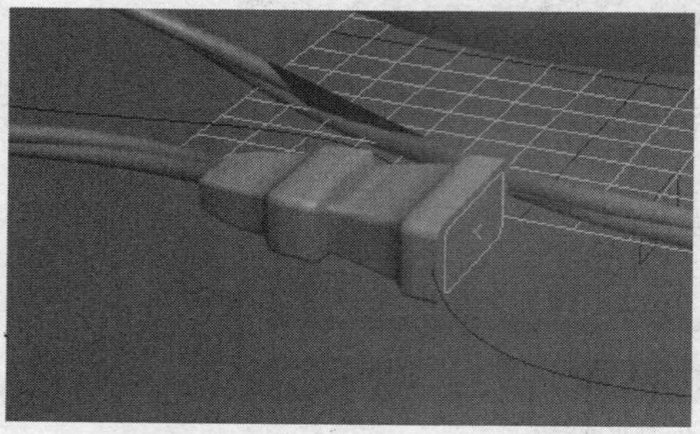

图 3-78 完成后的插头主体

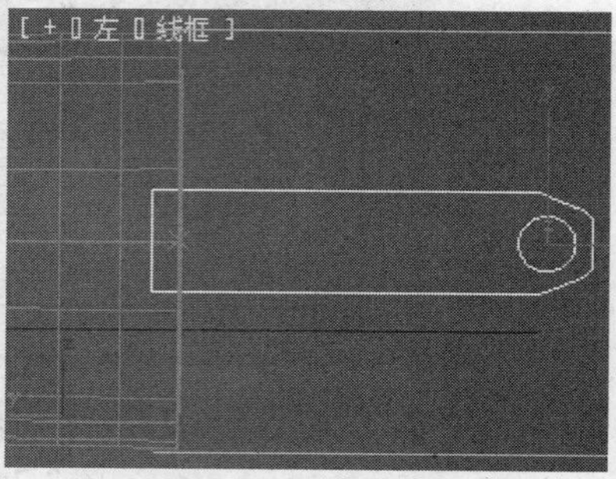

图 3-79 铜片截面图形

（8）选中刚完成的截面图形，添加“挤出”修改器，设置数量为 1.0，其他参数为默认设置。在透视图中设置对象与插头主体沿 X 轴和 Z 轴中心对齐，并移动到合适位置，如图 3-80 所示。

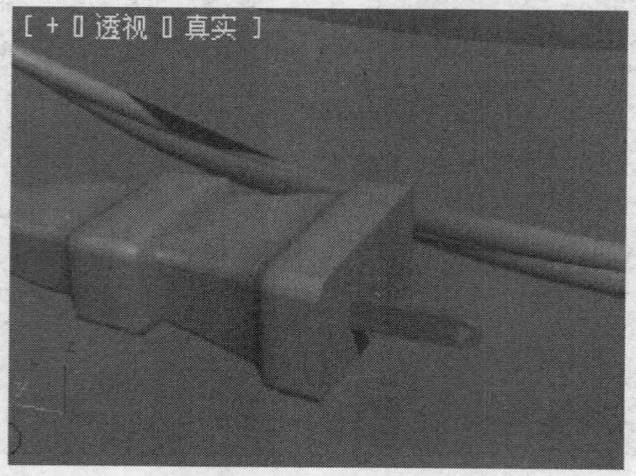

图 3-80 一个铜片效果

（9）按住【Shift】键，沿着 X 轴拖动铜片，在弹出的“克隆选项”对话框中选择“实例”，如图 3-81 所示。复制另外一个铜片，并放置在合适的位置。选中两个铜片，执行“组”→“成组”命令，将两个铜片临时成组，再与插头主体设置 X 轴和 Z 轴中心对齐，如图 3-82 所示。

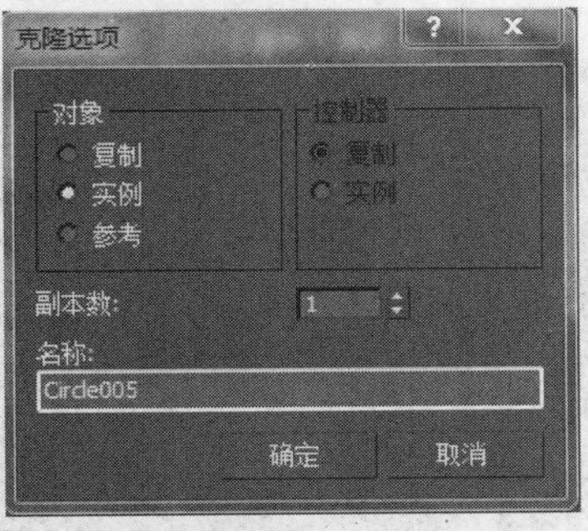

图 3-81　设置对齐

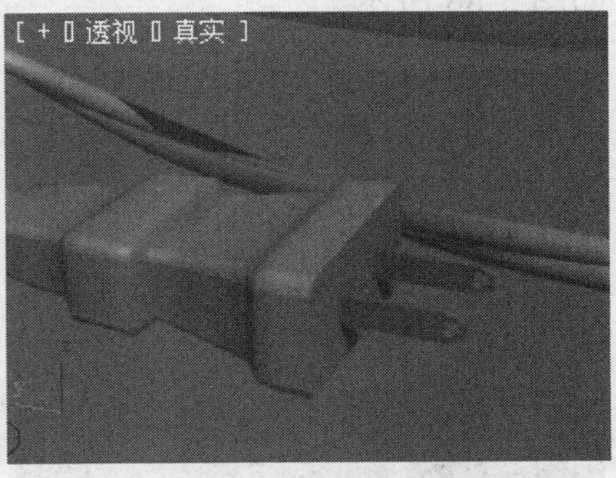

图 3-82　完成的铜片效果

（10）将铜片与插头主体选中，再次执行“组”→“成组”命令，将组命名为“台灯底座插头”。至此，台灯底座电线插头部分全部完成，效果如图 3-83 所示。

4. 制作台灯灯头

（1）在左视图中单击“创建”面板→“图形”→“样条线”→“线”按钮，绘制灯罩的轮廓线，如图 3-84 所示。

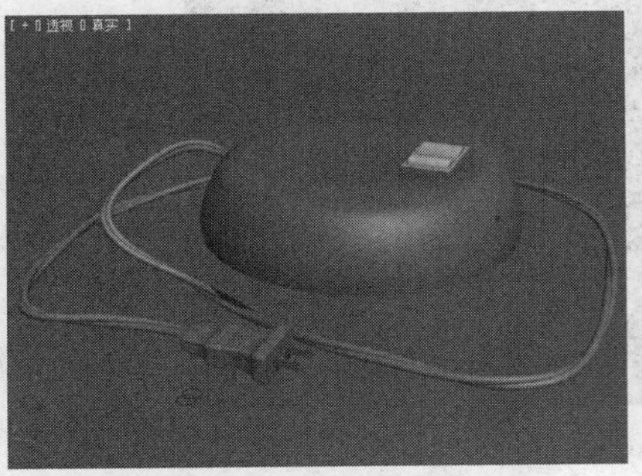

图 3-83　台灯底座插头

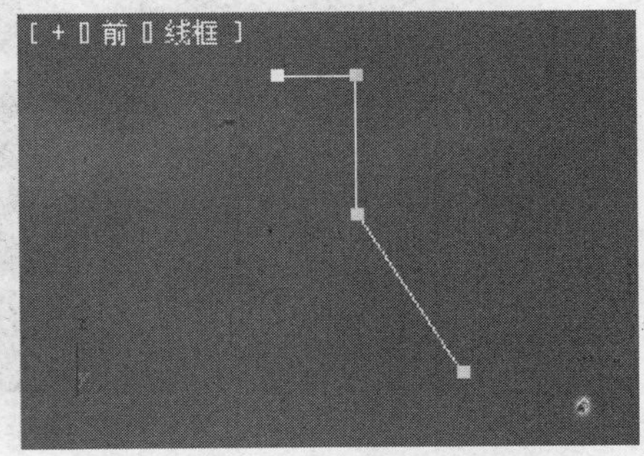

图 3-84　灯罩轮廓形状

（2）进入“顶点”次对象，通过设置顶点的圆角和改变顶点的类型，调整弧度，效果如图 3-85 所示。进入“样条线”次对象，在几何体选项板中设置“轮廓”值，效果如图 3-86 所示。

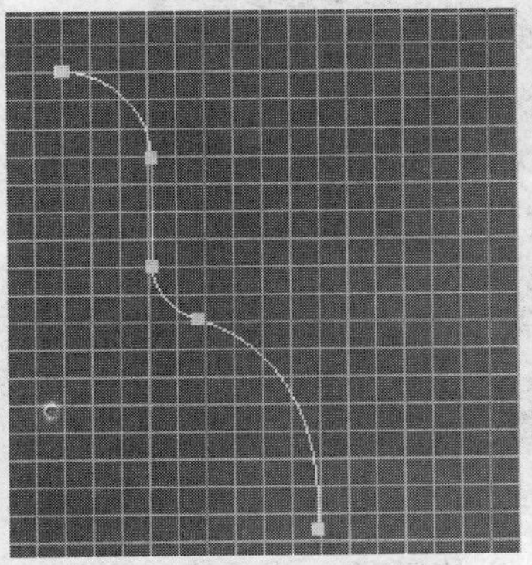

图 3-85　调整顶点弧度

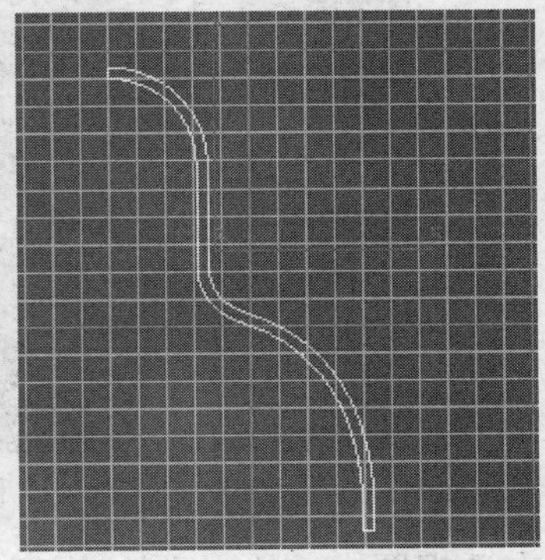

图 3-86　添加轮廓

（3）选择完成的图形，添加“车削”修改器，单击“对齐”选项中的“最小”按钮，效果如图 3-87 所示。

（4）完成灯罩里面的灯芯螺纹。继续在左视图绘制截面图形，修改“顶点”类型，调整弧度后如图 3-88 所示。

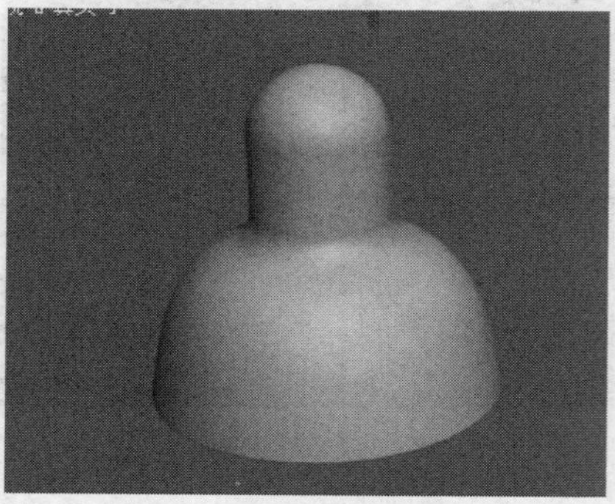

图 3-87　灯罩效果

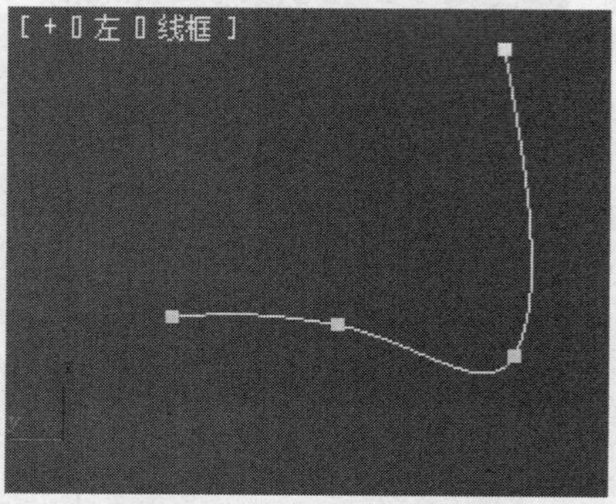

图 3-88　灯芯螺纹截面

（5）选中刚完成的截面，在“修改器列表”下拉列表中选择“车削”修改器，单击“对齐”选项中的“最小”按钮，如果效果不对，则勾选“翻转法线”选项，并将其与灯罩对齐，如图 3-89 所示。

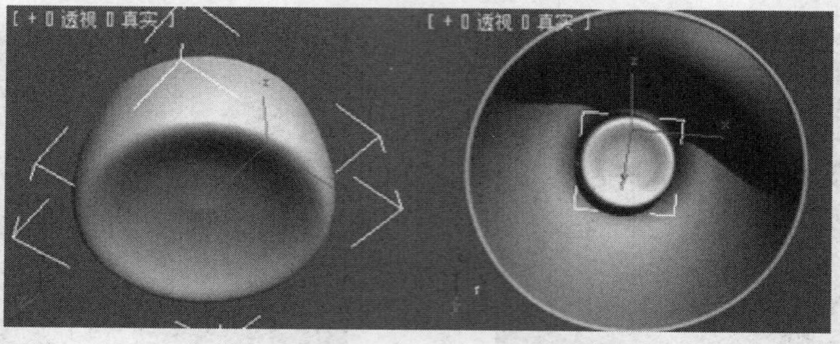

图 3-89　灯芯效果

（6）绘制灯丝。在左视图中绘制水平方向稍微倾斜的长线，进入“线段”次对象，在“拆分”旁的框里输入 25，然后单击“拆分”按钮，将线段拆分成多段，如图 3-90 所示。

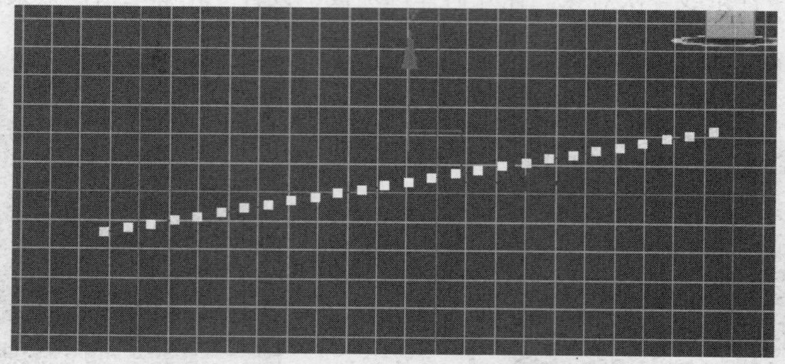

图 3-90　拆分线段

（7）在透视图中，选中刚绘制的线段，添加“弯曲”修改器，设置角度为 1440，弯曲轴为 X 轴，效果如图 3-91 所示。

（8）继续添加“编辑样条线”修改器，进入“顶点”次对象，选中该图形中的所有顶点，单击鼠标右键，设置顶点类型为“平滑”，并调节下方顶点的位置，如图 3-92 所示。

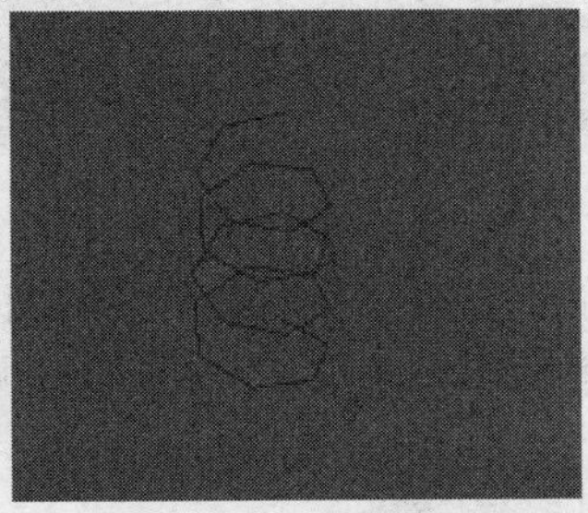

图 3-91　弯曲的线段

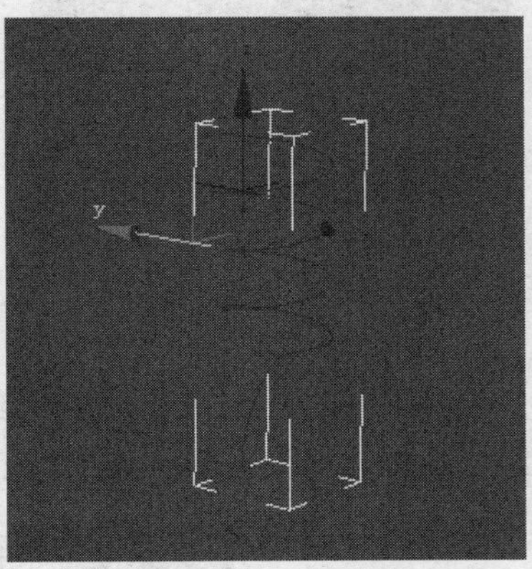

图 3-92　灯丝螺旋线效果

（9）单击“选择并旋转”按钮，并打开“角度捕捉切换”按钮，按住【Shift】键，在透视图中沿着 Z 轴旋转 180 度，设置两个对象 X 轴和 Y 轴中心对齐。单击“编辑样条线”参数卷展栏中的“附加”按钮，将两个对象附加在一起，如图 3-93 所示。

（10）进入“顶点”次对象，将上方的两个顶点连接起来。选择其中一个顶点，单击“编辑样条线”参数卷展栏中的“连接”按钮，从该顶点往要连接的另一个顶点画一条线，这样两个顶点中间就连接了一条线。同时选中两个顶点，将类型修改为“平滑”，并往中心缩放一点，如图 3-94 所示。

图 3-93　旋转并复制后的灯丝线

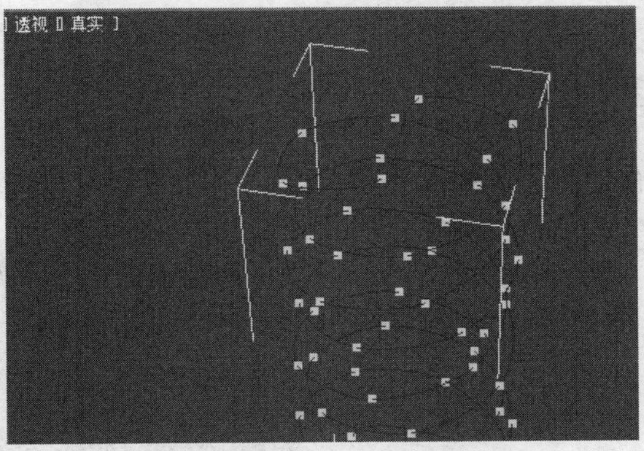

图 3-94　连接上方顶点

（11）确定样条线的编辑已经没有问题后，用鼠标单击最上层的“编辑样条线”修改器，在修改堆栈层单击鼠标右键，在弹出的菜单中选择“塌陷全部”，这样就只剩一个“可编辑样条线”修改层。

（12）展开“渲染”参数卷展栏，勾选“在渲染中启用”和“在视口中启用”，然后设置“渲染”中将“径向”的厚度设置为 3.0，效果如图 3-95 所示。

（13）将灯丝移动到台灯头的合适位置，并旋转角度。设置对齐，修改颜色，效果如图 3-96 所示。

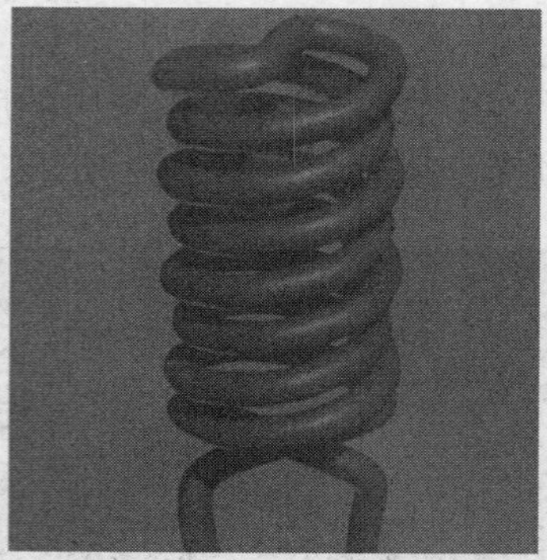

图 3-95 完成后的灯丝效果

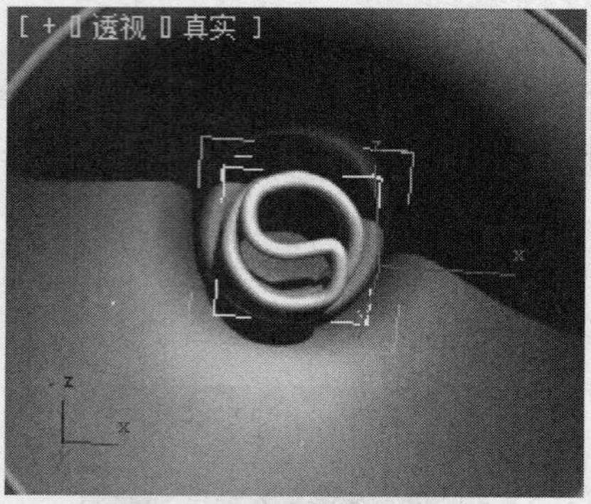

图 3-96 完成后的台灯灯头

（14）将灯头三部分选中，执行“组”→“成组”命令，将其命名为“台灯灯头”。在左视图中将组合后的台灯灯头移动到底座上方合适位置，稍微旋转角度，如图 3-97 所示。

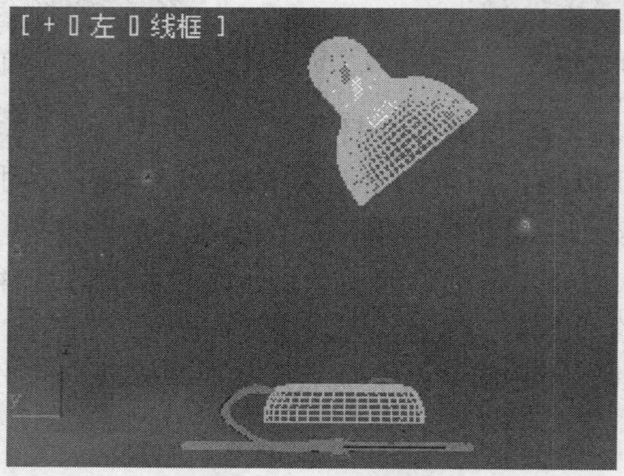

图 3-97 旋转灯头

5. 连接灯头和底座

（1）在左视图中绘制路径图形，修改顶点的类型，调整弧度。再绘制一个小圆作为放样的截面图形，如图 3-98 所示。

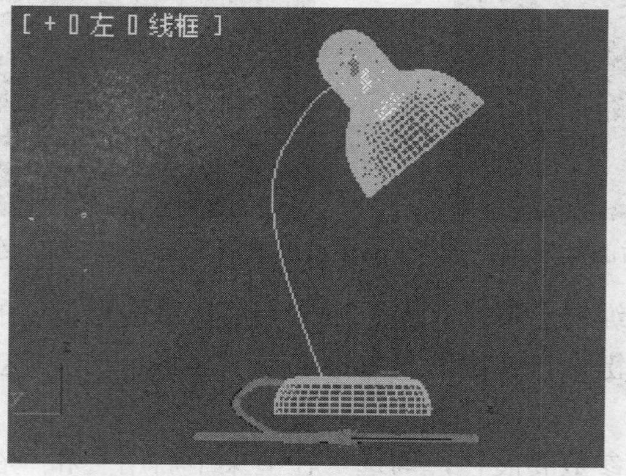

图 3-98 路径和截面

（2）选中刚绘制路径，单击“创建”面板→“几何体”→“复合对象”→“放样”按钮，单击“获取图形”，选取视图中的圆形图形。在“蒙皮参数”卷展栏中设置路径步数为 32，取消勾选“自适应路径步数”，效果如图 3-99 所示。

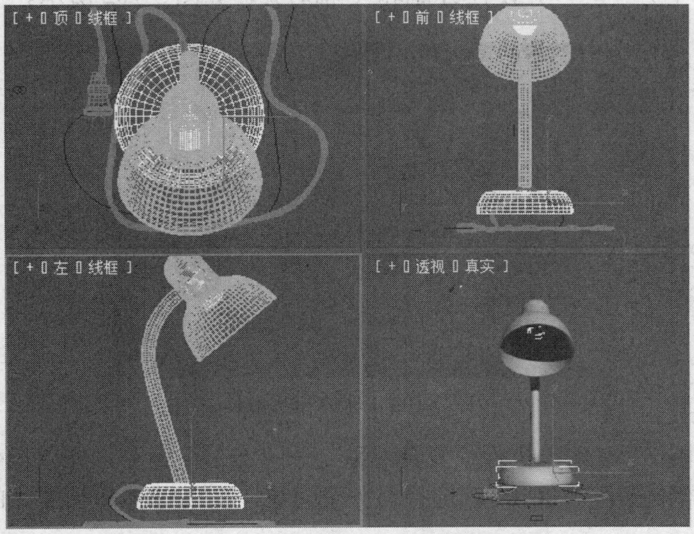

图 3-99　放样结果

（3）展开“变形”参数卷展栏，单击“缩放”按钮，在弹出的“缩放变形”对话框中设置缩放控制点，如图 3-100 所示，完成的图形效果如图 3-101 所示。

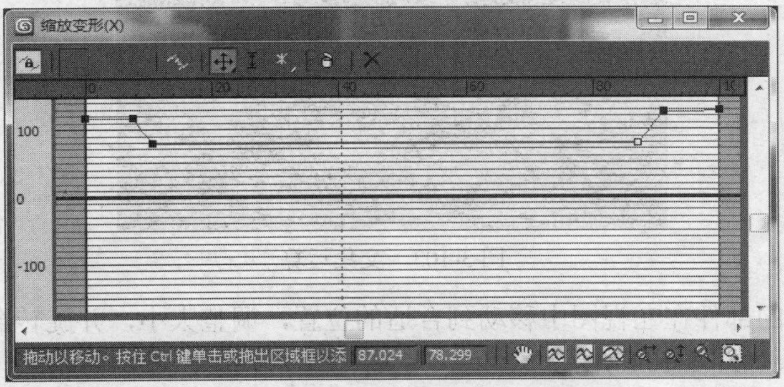

图 3-100　“缩放变形”对话框

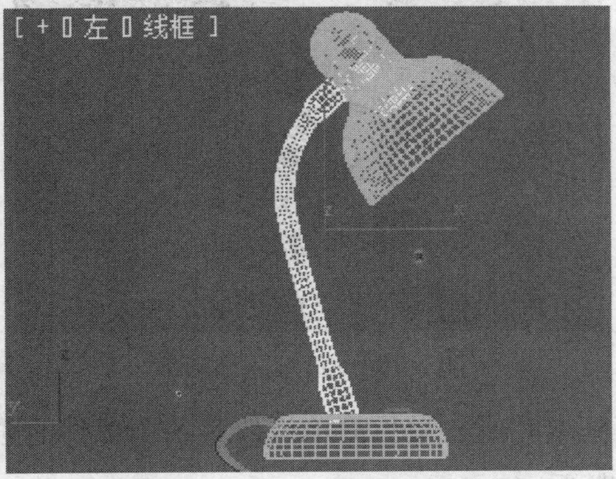

图 3-101　缩放变形效果

（4）绘制灯头连接处的小部件。在透视图中绘制长方体，再绘制合适大小的球体，将球体移动到长方体的上方一些，并设置 X 轴和 Y 轴对齐，如图 3-102 所示。

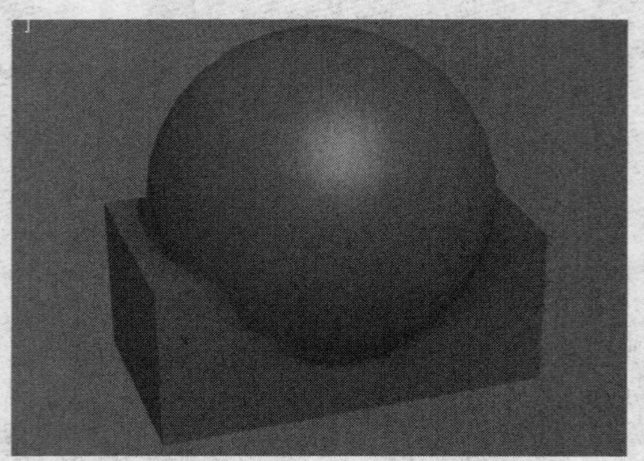

图 3-102　球体和长方体

（5）选中其中一个对象，执行“复合对象”→“布尔”命令，在“操作”选项板中选择“交集”，单击“拾取操作对象 B”，选择另一个对象，实现球体和长方体的交集，效果如图 3-103 所示。

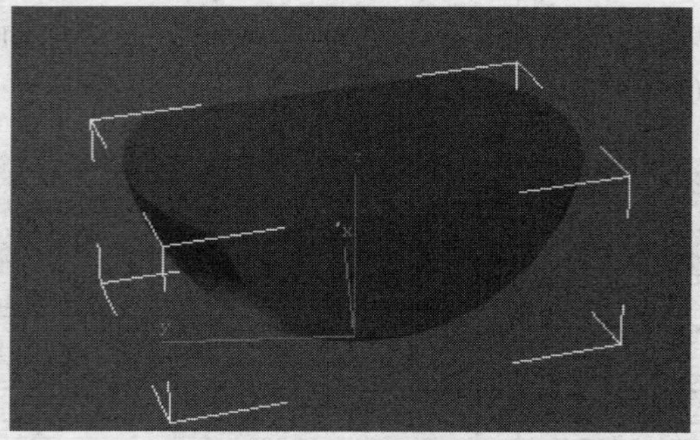

图 3-103　交集运算

（6）将得到的部件在左视图中移动到合适的位置，调整大小，并旋转合适的角度，改变对象的颜色，效果如图 3-104 所示。

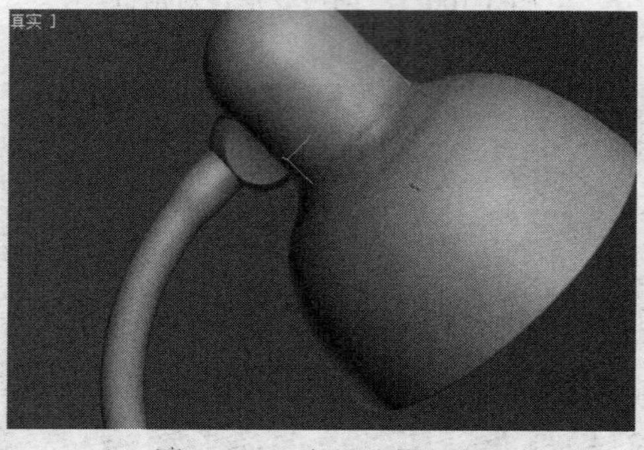

图 3-104　台灯头部细节

（7）至此，整个台灯基本完成，最后简单修改其各个部件的颜色，使其基本协调一致，最后完成的效果如图 3-36 所示。

任务 3.3　花瓶的制作

3.3.1　效果展示

本任务主要是通过车削修改器得到基本模型，然后利用可编辑多边形的次对象命令，制作一个老式的花瓶效果，如图 3-105 所示。

图 3-105　老式花瓶效果

3.3.2　知识点介绍——多边形建模 1

多边形建模是一种常见的建模方式。首先使一个对象转化为可编辑的多边形对象，然后通过对该多边形对象的各种子对象进行编辑和修改来实现建模过程。对于可编辑多边形对象，它包含了节点、边界、边界环、多边形面、元素 5 种子对象模式，多边形对象的面不仅可以是三角形面和四边形面，而且还可以是具有任何多个节点的多边形面。

多边形建模将面的次对象定义为多边形，无论被编辑的面有多少条边界，都被定义为一个独立的面。这样，多边形建模在对面的次对象进行编辑时，可以将任何面定义为一个独立的次对象进行编辑。

另外，多边形建模中的平滑功能可以很容易地对多边形对象进行光滑和细化处理。多边形建模的这些特点大大方便了用户的建模工作，使多边形建模成为创建低级模型时首选的建模方法。

1. 创建多边形对象

在 3ds Max 中，有 3 种将对象塌陷为可编辑多边形对象的方法。

（1）在视图中的选择对象右击鼠标，在弹出的快捷菜单中选择“转换为”→“转换为可编辑多边形”选项，该对象被塌陷为多边形对象，如图 3-106 所示。

（2）选择要塌陷的对象后，进入“修改”命令面板，在修改堆堆栈层列表中右击鼠标，在弹出的菜单中选择“编辑多边形”选项，该对象被塌陷为多边形对象，如图 3-107 所示。

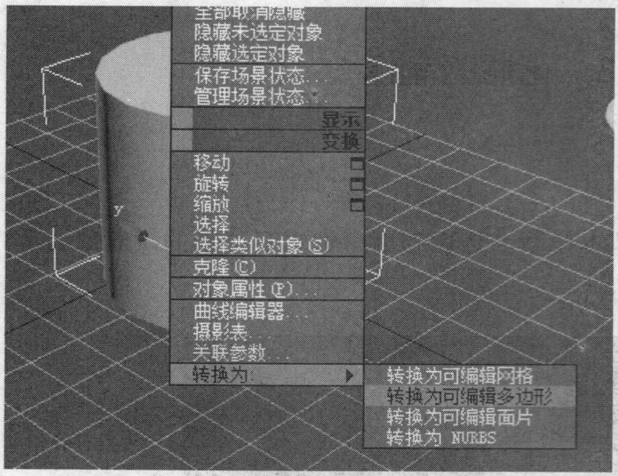

图 3-106 在视图中塌陷对象

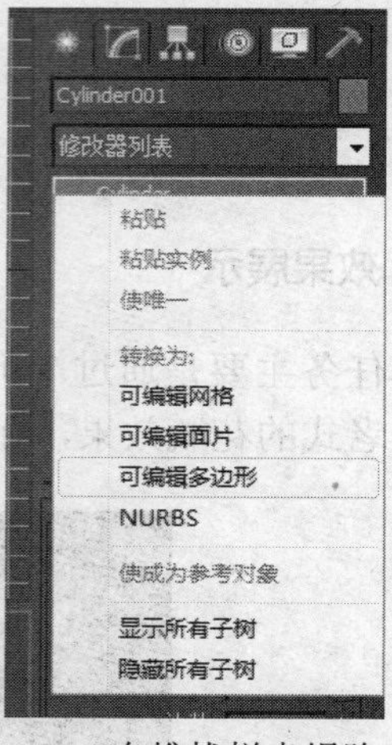

图 3-107 在堆栈栏中塌陷对象

（3）选择对象后，进入“修改”面板，从该面板内的修改器列表中选择“编辑多边形”选项，为对象添加“编辑多边形”修改器。然后进入“应用程序”命令面板，在该面板中单击“塌陷”按钮，接着在“塌陷”卷展栏中设置输出类型为“修改器堆栈结果”，单击“塌陷选定对象”按钮；或者直接在修改堆栈层列表中右击鼠标，从弹出的菜单中选择“塌陷全部”选项，即可将选择的对象塌陷为多边形对象，如图 3-108 所示。

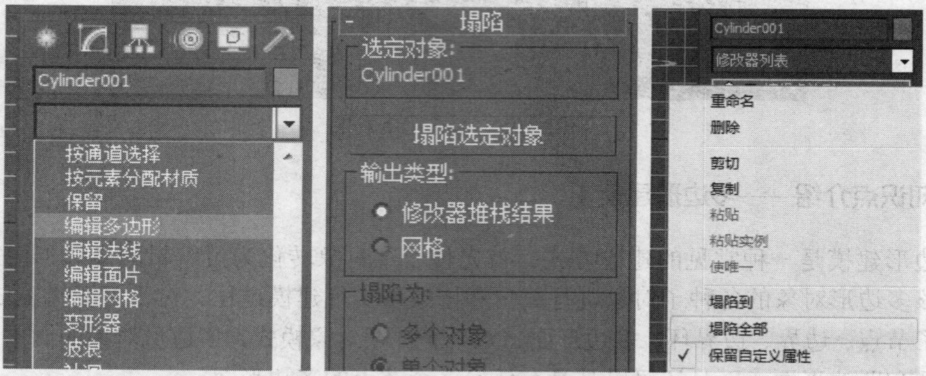

图 3-108 添加“编辑多边形”修改器并塌陷对象

2. 多边形对象的次对象

多边形对象共有 5 种次对象类型，分别为“顶点”、“边”、“边界”、“多边形”和“元素”。因为多边形建模是以多边形来定义基础面的，所以在次对象中没有了网格对象中的“面”次对象层，而取而代之的是“边界”次对象层。如图 3-109 所示，为这 5 种次对象。

3. 多边形对象的公共命令

在本节中，将为读者介绍一些针对多边形对象整体编辑的命令，包括选择命令、细分表面命令等。

（1）多边形编辑模式。

为对象添加“编辑多边形”编辑修改器后，就可以对多边形对象进行编辑，在 3ds Max 中，多边形有两种编辑模式，分别为标准模式和动画模式，可以在“编辑多边形模式”卷展栏内对编辑模式进行选择，如图 3-110 所示，为“编辑多边形模式”卷展栏。

图 3-109 多边形对象的次对象

注意 只有在为对象添加了“编辑多边形”修改器之后，才可看到“编辑多边形模式”卷展栏；如果将对象塌陷为多边形对象，是找不到“编辑多边形模式”卷展栏的，这是“编辑多边形”修改器所特有的。

模型：选择该单选按钮后，进入标准编辑模式，用于使用“编辑多边形”功能建模，该选项为默认选项。

动画：选择该单选按钮后，进入动画编辑模式，用于使用“编辑多边形”功能设置动画。

提交：当选择次对象执行某项命令后，该按钮处于可编辑状态。在“模型”模式下，使用“设置”对话框接受任何更改和关闭对话框（与对话框上的“确定”按钮相同）。在“动画”模式下，冻结已设置动画的选择在当前帧的状态，然后关闭对话框，会丢失所有的现有关键帧。

设置：可打开当前命令的“设置”对话框，对当前命令参数进行编辑。

取消：取消最近使用的命令。

（2）“选择”卷展栏。

选择一个多边形对象后，进入“修改”命令面板，在“选择”卷展栏下列出了有关次对象选择的命令，如图 3-111 所示。

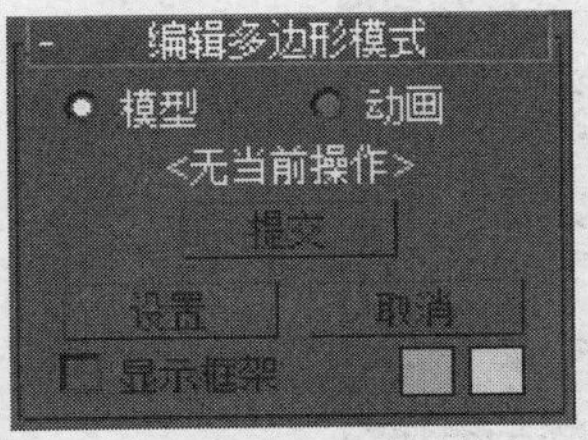

图 3-110 “编辑多边形模式”卷展栏

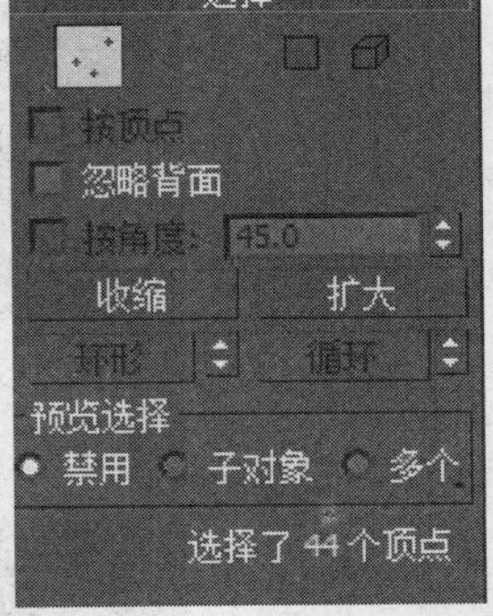

图 3-111 “选择”卷展栏

按顶点：启用该复选框时，只有通过选择所用的顶点，才能选择子对象。单击顶点时，将选择使用该选定顶点的所有子对象。

忽略背面：启用该复选框后，在选择次对象时，不会对模型背面的次对象产生影响。

按角度：启用并选择某个多边形时，该软件也可以根据复选框右侧的角度设置选择邻近的多边形。该值可以确定要选择的邻近多边形之间的最大角度。例如，如果单击长方体的一个侧面，且角度值小于 90.0，则仅选择该侧面，因为所有侧面相互成 90 度角。但如果角度值为 90.0 或更大，将选择所有长方体的所有侧面。

收缩：通过取消选择最外部的子对象缩小子对象的选择区域，如果无法再减小选择区域的大小，将会取消选择其余的子对象。

扩大：该命令的功能与“收缩”命令功能相反，选择次对象后，单击“扩大”按钮，选择范围将朝所有可用方向外侧扩展选择区域。

环形：通过选择与选定边平行的所有边来扩展边选择。选择次对象后，单击“环形”按钮，所有与所选次对象平行的次对象都将被选择，该命令仅适用于边和边界选择。

环形平移：单击右侧的旋钮后，会移动选择边到它临近平行边的位置。单击上箭头和下箭头分别出现的不同效果。

提示 结合【Ctrl+】键，可在原选择区域的基础之上扩充选择；结合【Alt+】键，即可在原选择区域的基础之上收缩选择。

循环：尽可能扩大选择区域，使其与选定的边对齐。选择次对象后，单击“循环”按钮，将沿被选择的次对象形成一个环形的选择集，“循环”仅适用于边和边界选择，且只能通过 4 路交点进行传播。

循环平移：单击右侧的旋钮后，会移动选择边到与它临近对齐边的位置。单击上箭头和下箭头分别会出现不同效果。

（3）“软选择”卷展栏。

在“编辑多边形”编辑修改器中，“软选择”卷展栏下增加了“绘制软选择”选项组，如图 3-112 所示。通过该选项组内的命令，可以通过手工绘制的方法设定选择区域，大大提高了选择次对象的灵活性，“绘制软选择”命令还可以与“软选择”命令配合使用，得到更好的渲染效果。

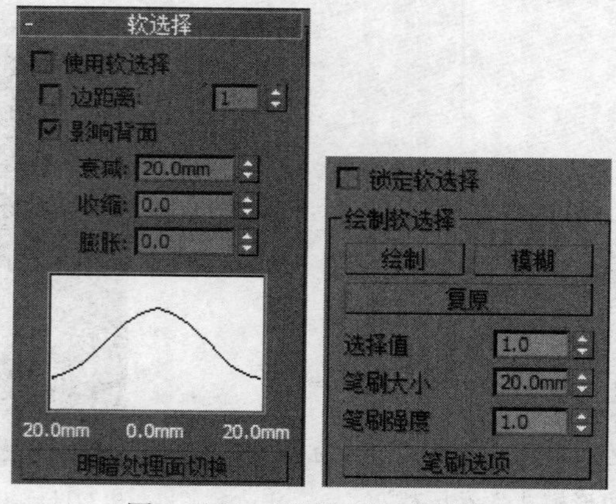

图 3-112 “软选择”卷展栏

当选择“软选择”卷展栏下的“使用软选择”复选框后，将启用选择命令和“绘制软选择”命令。

绘制：可以在使用当前设置的活动对象上绘制软选择。单击“绘制”按钮，然后在对象曲面上拖动鼠标以绘制选择区域。

模糊：可以通过绘制来软化现有绘制软选择的轮廓。单击该按钮，然后通过手工绘制方法对选择的轮廓进行柔化处理，以达到平滑选择的效果。

复原：单击该按钮后，通过手工绘制方法复原当前的软选择，其作用类似于橡皮。

选择值：绘制的或还原的软选择的最大相对选择程度。

笔刷大小：用以设置绘制选择的圆形笔刷的半径。

笔刷强度：设置绘制软选择的笔刷的影响力度。高的“强度”值可以快速地达到完全值，而低的“强度”值需要重复的应用才可以达到完全值。

笔刷选项：单击该按钮可打开“绘制选项”对话框，在该对话框中可自定义笔刷的形状、镜像、压力灵敏度设置等相关属性。

（4）细分曲面。

如果当前多边形对象是由塌陷产生的，在“修改”面板中会出现“细分曲面”卷展栏，如果是为对象添加编辑修改器产生的，则不会出现该卷展栏。“细分曲面”卷展栏下的各项命令能够细分对象表面，这样使用户能够使用较少的网格数，观察到只有使用较多的网格才能够实现的平滑的细分结果。但这些命令只能应用于对象的显示和渲染，由细化产生的新的次对象是不能够直接编辑的。该卷展栏既可以在所有子对象层级使用，也可以在多边形对象层级使用。因此会影响整个对象。如图 3-113 所示，为“细分曲面”卷展栏。

（5）“细分置换”卷展栏。

“细分置换”用于可编辑多边形的细分设置，该卷展栏中的选项只有多边形对象在指定了置换贴图后才产生影响。如图 3-114 所示，为“细分置换”卷展栏。

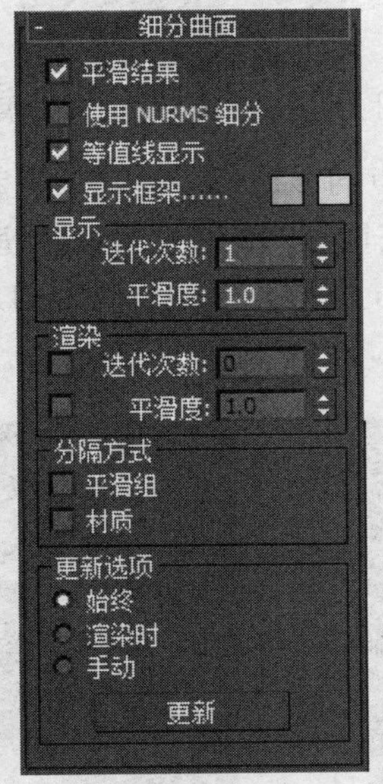

图 3-113　“细分曲面”卷展栏

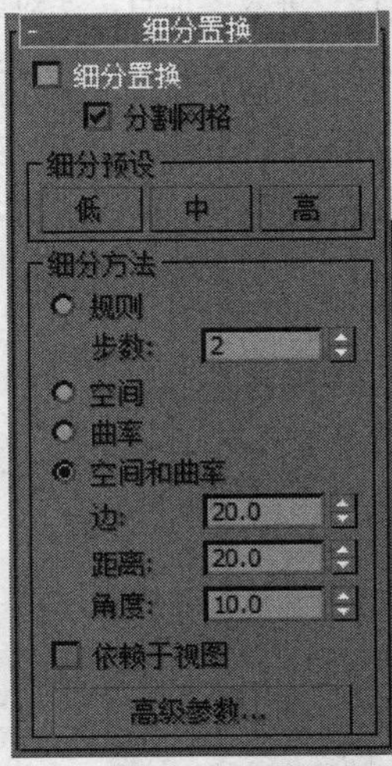

图 3-114　“细分置换”卷展栏

细分置换：启用该复选框后，可以通过在“细分预设”和“细分方法”选项组中指定的方法和设置，将相关的多边形精确地细分为多边形对象。禁用该复选框后，移动对象的顶点匹配贴图。

分割网格：启用该复选框时，会将多边形对象分割为单个多边形，然后使其发生位移，这有助于保留纹理贴图；禁用该复选框时，会对多边形进行分割，还会使用内部方法分配纹理贴图。

- “细分预设”选项组中提供了 3 种快捷类型，分别为低、中、高 3 个精度，可单击这些按钮来选择预设曲线近似值。
- “细分方法”选项组可以选择各种细分方法，控制不同的精度分布，使我们在获得相同渲染效果的前提下，使用更少的多边形划分。如果选定的预设值可以提供理想的结果，则不必调整该卷展栏中的参数。具体参数在此不再一一讲解。

4. 编辑“顶点”子对象

在多边形对象中，顶点是非常重要的，顶点可定义组成多边形的其他子对象的结构。当移动或编辑顶点时，它们形成的几何体也会受影响。顶点也可以独立存在，这些孤立顶点可以用来构建其他几何体，但在渲染时，它们是不可见的。选择一个多边形对象后，进入“修改”命令面板，在修改器堆栈栏列表中展开可编辑多边形，然后选择“顶点”选项，或在“选择”卷展栏中单击“顶点”按钮，即可进入“顶点”子对象层级，如图 3-115 所示。

在“编辑顶点”卷展栏中包含了用于编辑顶点的一些命令，如图 3-116 所示。

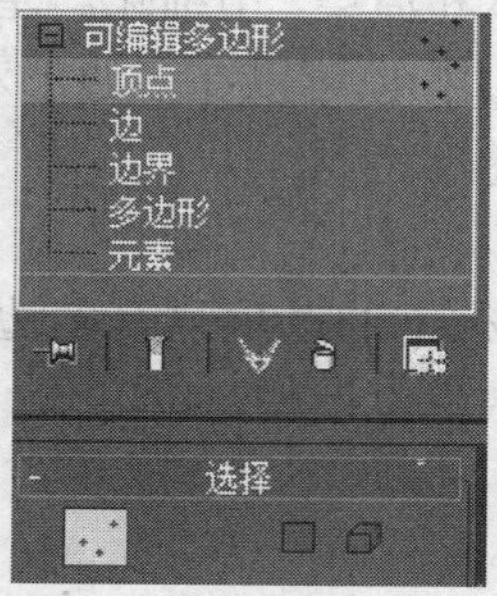

图 3-115 进入“顶点”次对象层级

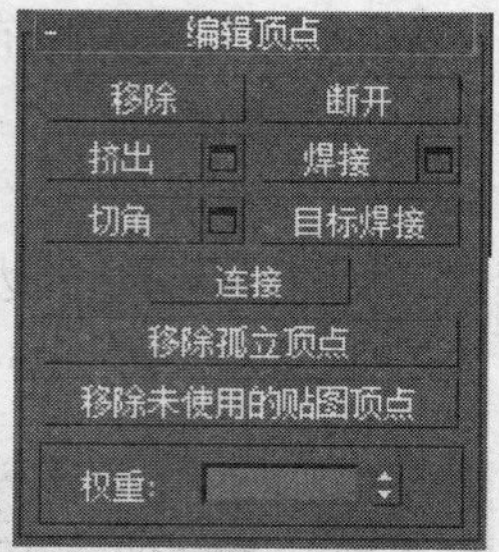

图 3-116 “编辑顶点”卷展栏

移除：将当前选择的顶点移除，并组合使用这些顶点的多边形。移除顶点和删除顶点是不同的，删除顶点后，与顶点相邻的边界和面会消失，在顶点的位置会形成“空洞”，而执行移除顶点操作仅使顶点消失，不会破坏对象表面的完整性，被移除的顶点周围的点会重新进行结合。如图 3-117 所示，为移除顶点和删除顶点后的效果。

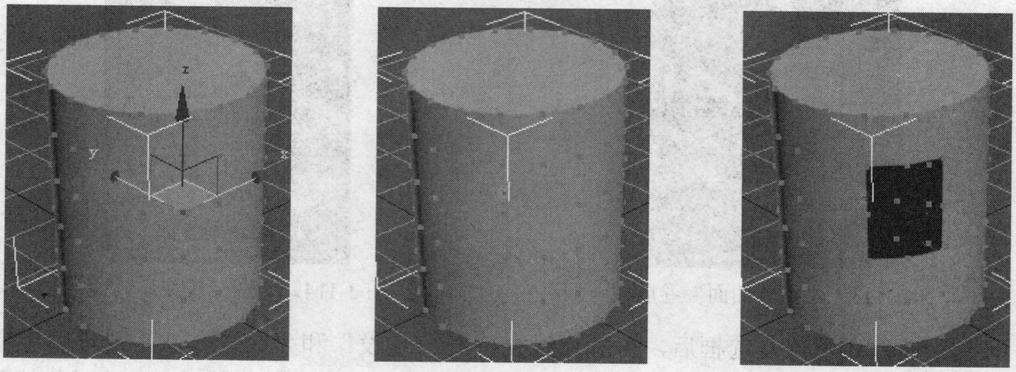

（a）选择顶点 （b）移除顶点 （c）删除顶点

图 3-117 移除顶点和删除顶点后的效果

提示　按下【Delete】键也可删除选择顶点，不同的是使用【Delete】键在删除选择顶点的同时会将点所在的面一同删除，模型的表面会产生破洞；使用【Backspace】键可移除选择顶点，不会删除点所在的表面，但会导致模型的外形改变。

断开：在与选定顶点相连的每个多边形表面上，均创建一个新顶点，这可以使多边形的转角相互分开，使它们不再共享同一顶点，每个多边形表面在此位置都会拥有独立的顶点，如图 3-118 所示。如果顶点是孤立的或者只有一个多边形使用，则顶点不会受影响。

挤出：激活该按钮后，可以在视图中通过手动方式对选择的顶点进行挤出操作。将鼠标移至某个顶点，当鼠标指针变为挤出图标后，垂直拖动鼠标时，可以指定挤出的范围；水平拖动鼠标时，可以设置基本多边形的大小，如图 3-119 所示。选定多个顶点时，拖动任何一个，也会同样地挤出所有选定顶点。当“挤出”按钮处于激活状态时，可以轮流拖动其他顶点，进行挤出操作。再次单击“挤出”按钮或在当前视图中右击鼠标，以便结束操作。

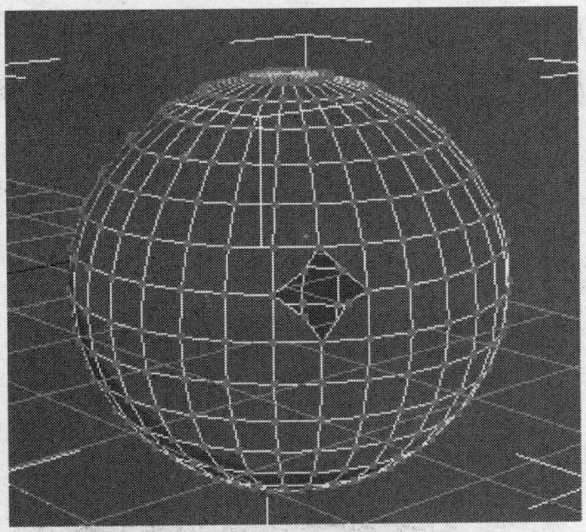

图 3-118　断开顶点

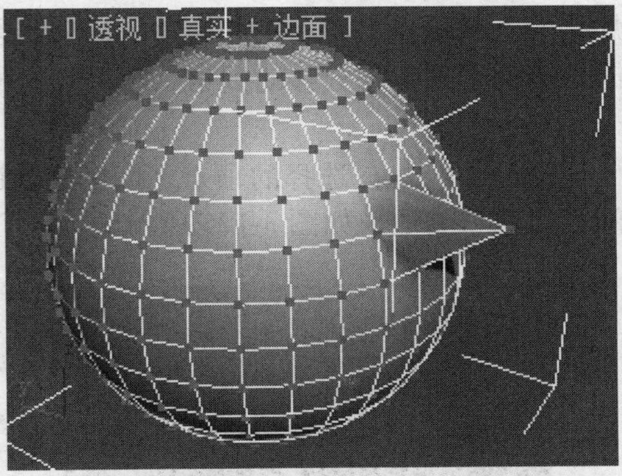

图 3-119　长方体显示挤出的一个顶点和多个顶点

如果需要精确地控制挤出效果，可以单击“挤出”按钮右侧的 “设置”按钮，将打开“挤出顶点”对话框，如图 3-120 所示。

焊接：用于顶点之间的焊接操作，在视图中选择需要焊接的顶点后，单击该按钮，在阈值范围内的顶点将焊接到一起。如果选择的顶点没有焊接到一起，可单击“焊接”按钮右侧的“设置”按钮，打开“焊接顶点”对话框，如图 3-121 所示。

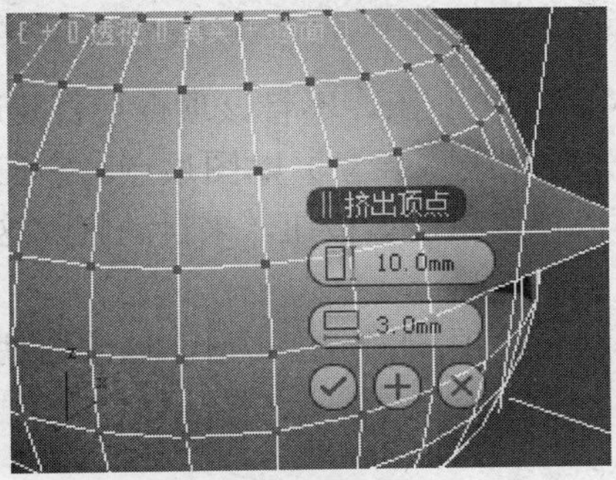

图 3-120　“挤出顶点”对话框

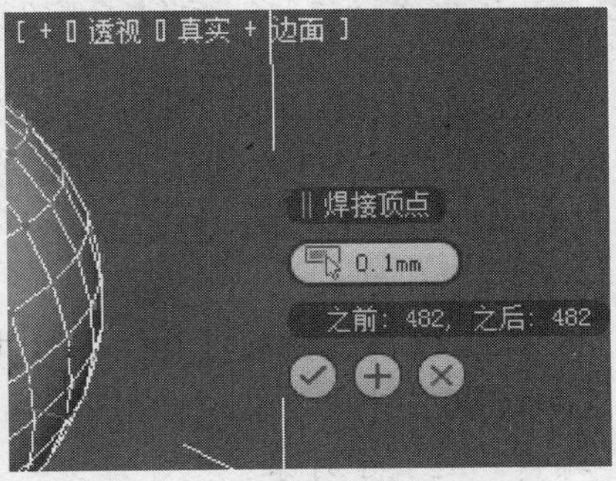

图 3-121　“焊接顶点”对话框

切角：单击该按钮后，在选择的顶点上拖动鼠标，会对其进行切角处理，如图 3-122 所示。

单击“切角”按钮右侧的“设置”按钮，会打开如图 3-123 所示的“切角顶点”对话框，可通过数值框调节切角的大小。

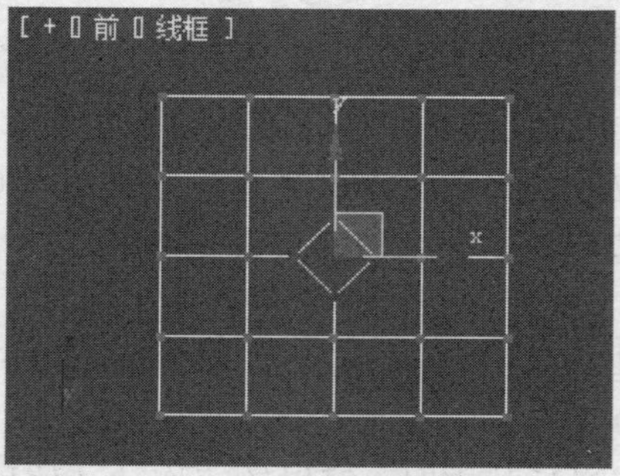

图 3-122 对顶点进行切角操作

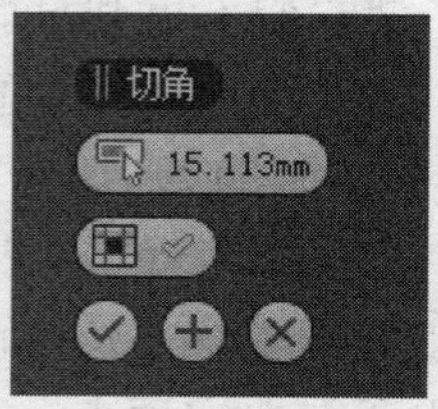

图 3-123 “切角顶点”对话框

目标焊接：可以选择一个顶点，并将它焊接到目标顶点。单击该按钮后，将光标移动到要焊接的一个顶点上，单击并拖动鼠标会出现一条虚线，移动到其他附近的顶点时单击鼠标，此时，第一个顶点将会移动到第二个顶点的位置，从而将这两个顶点焊接在一起，如图 3-124 所示。

连接：在一对被选择的顶点之间创建新的边界。选择一对顶点，单击“连接”按钮，顶点间会出现新的边，如图 3-125 所示。

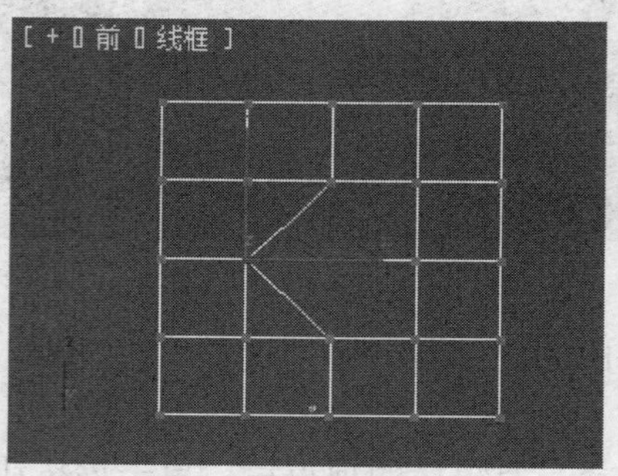

图 3-124 焊接目标顶点

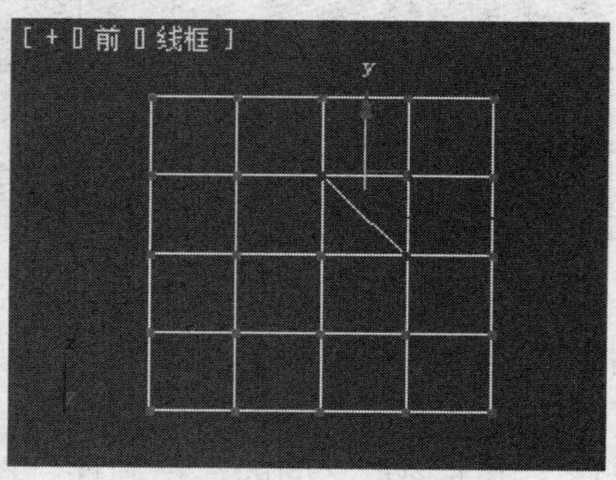

图 3-125 连接顶点

注意 连接不会让新的边交叉，例如，如果选择了四边形的所有四个顶点，然后单击“连接”按钮，那么只有两个顶点会连接起来。

移除孤立顶点：单击该按钮后，将会把所有孤立的顶点删除，不管该顶点是否被选择。

移除未使用的贴图顶点：某些建模操作会留下未使用的（孤立）贴图顶点，它们会显示在“展开 UVW”编辑器中，但是不能用于贴图。可以使用单击该按钮，来自动删除这些贴图顶点。

权重：用于设置选择顶点的权重。供 NURMS 细分选项和“网格平滑”修改器使用，可通过该选项调整平滑的效果。

5. 编辑“边”子对象

边是连接两个顶点的直线，它可以形成多边形的边。边不能由两个以上多边形共享。当选择一个多边形对象后，进入“修改”面板，在修改堆栈栏列表中展开可编辑多边形，选择

“边”选项，或在“选择”卷展栏下单击 “边”按钮，即可进入“边”子对象层级，如图 3-126 所示。

当进入“边”子对象层级后，命令面板中将会出现如图 3-127 所示的“编辑边”卷展栏，在该卷展栏中包含了特定于编辑边的命令。

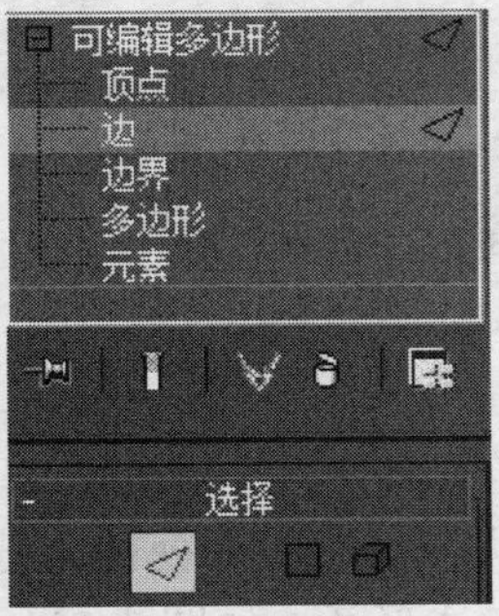

图 3-126　进入“边”子对象层级

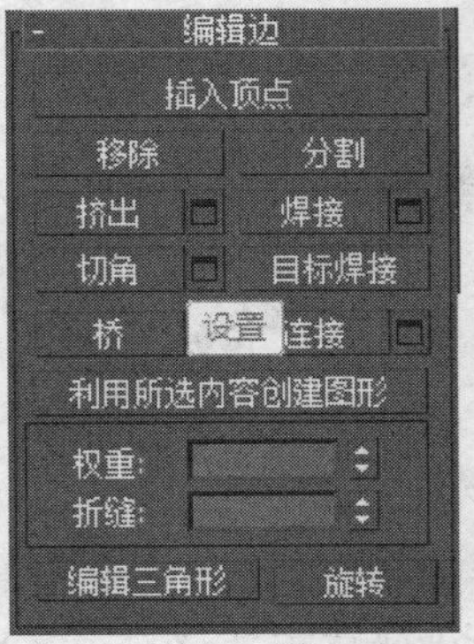

图 3-127　“编辑边”卷展栏

“边”子对象层级的一些命令功能与“顶点”子对象层级的一些命令功能相同，这里不再重复介绍。

插入顶点：用于手动细分可视的边。单击该按钮后，在视图中多边形对象的某条边上单击，可添加任意多的点，右击鼠标或再次单击该按钮可结束当前操作。

移除：可将所选择的边移除。选择一条或多条边后，单击“移除”按钮，所选的边将被移除。

分割：沿着选定边分割网格。该命令只有对分割后的边进行移动时才能看出效果。

挤出：单击该按钮后，在视图中通过手动方式对选择边进行挤出操作。该命令与“顶点”次对象层级下的“挤出”命令作用相同，选择边会沿着法线方向在挤出的同时创建出新的多边形表面，如图 3-128 所示。

焊接：对指定阈值范围内的选择边进行焊接。在视图中选择需要焊接的边后，单击该按钮，在阈值范围内的边会焊接到一起，如图 3-129 所示。如果选择的边没有被焊接到一起，可单击右侧的“设置”按钮，在弹出的“焊接设置”对话框中增大阈值继续焊接。

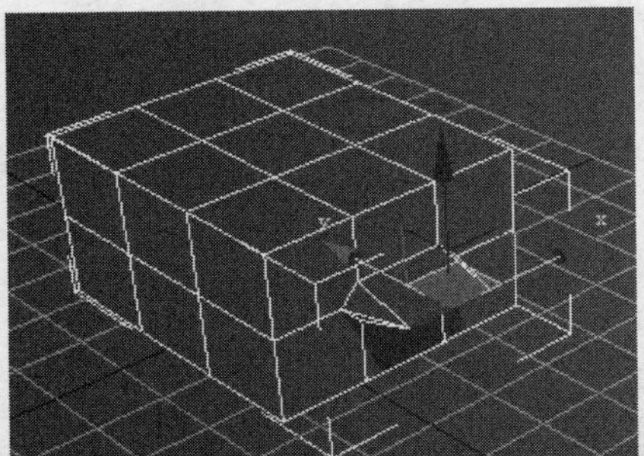
图 3-128　显示挤出边的切角长方体

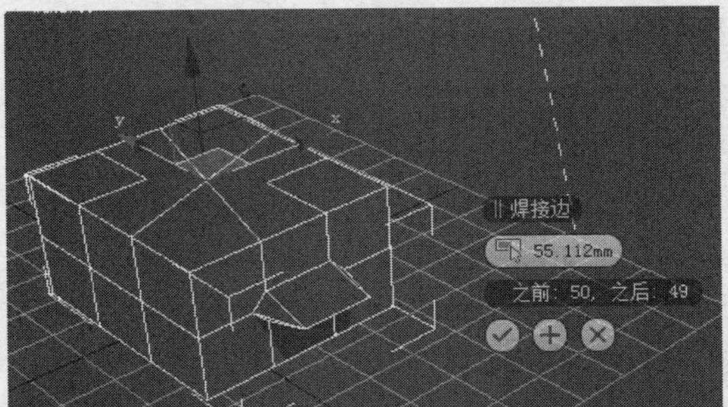

图 3-129　焊接选择边

桥：可创建新的多边形来连接对象中的两条边或选定的多条边。该命令功能类似于编辑边界和编辑多边形中的“桥”工具。

有两种方法可以直接手动桥接对象的边。

选择对象中的两个或多个将要进行桥接的边，然后单击“桥”按钮，此时可立即在选择的边界之间创建出多边形桥，如图 3-130 所示。

图 3-130　桥接边对象

若没有选择边时，可先单击“桥”按钮使其处于激活状态，然后在视图中选择一条边界，拖动鼠标拉出虚线后再选择另一条边界，此时便可创建出多边形桥，如图 3-131 所示。但这种方法仅限于一次连接两条边的情况，可以重复使用该方法来创建其他桥。

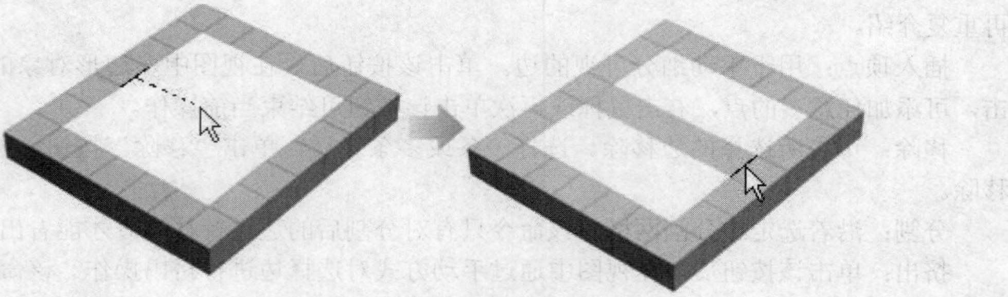

图 3-131　手动桥接边对象

连接：在选定边对之间创建新边，只能连接同一多边形上的边，连接不会让新的边交叉。如果选择四边形的 4 个边，然后单击“连接”按钮，则只能连接相邻边，生成菱形图案，如图 3-132 所示。

利用所选内容创建图形：选择一个或多个边后，单击该按钮，将通过选定的边创建样条线形状。此时，会打开“创建图形”对话框，如图 3-133 所示。

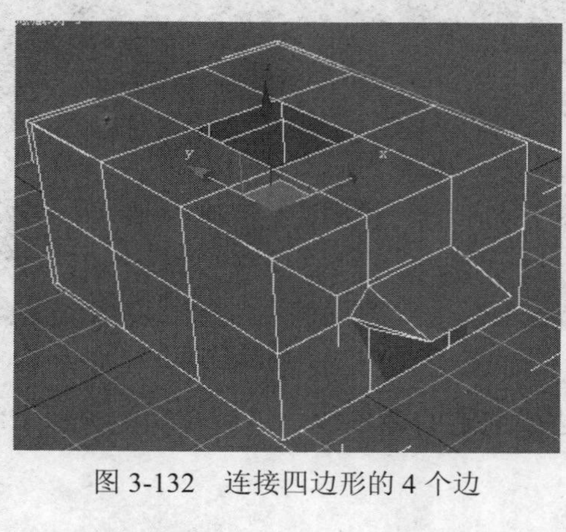

图 3-132　连接四边形的 4 个边

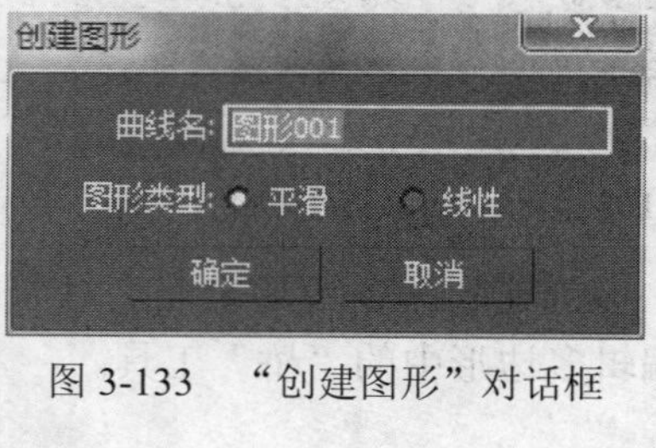

图 3-133　“创建图形”对话框

6. 编辑“边界”子对象

“边界”是网格的线性部分，通常可以描述为孔洞的边缘。它通常是多边形仅位于一面时的边序列。选择一个多边形对象后，进入“修改”面板，在修改堆栈栏列表内展开编辑多边形，选择“边界”选项，或在“选择”卷展栏下单击 “边界”按钮，即可进入“边界”次对象层级，如图 3-134 所示。

当进入多边形对象的“边界”子对象层级后，命令面板中会出现“编辑边界”卷展栏，如图 3-135 所示。“边界”层级下的一些命令参数与“顶点”、“边”层级下的相关命令功能相同，在此不再重复介绍。

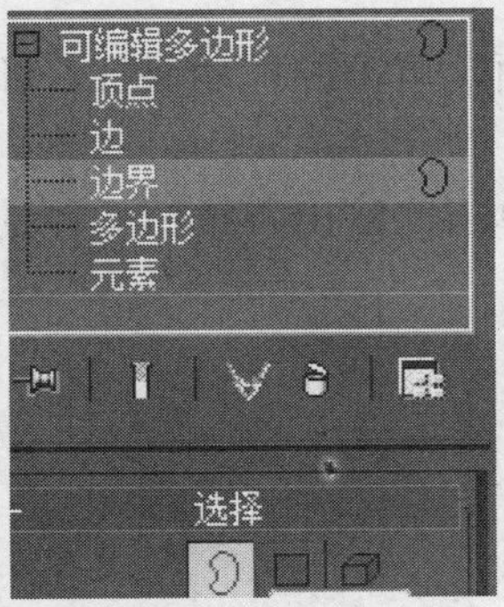

图 3-134　进入“边界”次对象层级

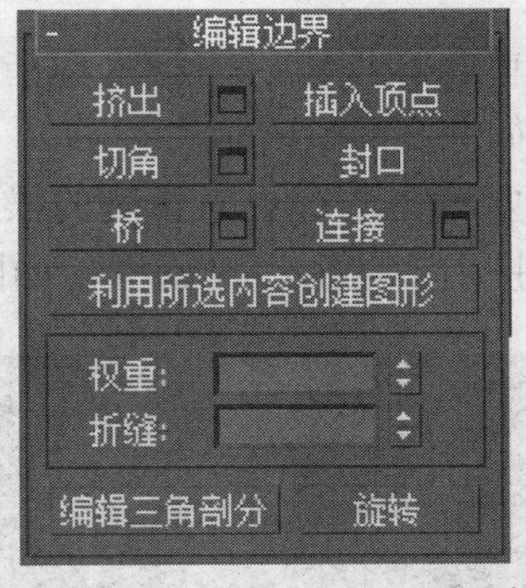

图 3-135　“编辑边界”卷展栏

封口：可以为选择的开放边界添加一个盖子使其封闭。选择一个“边界”子对象后，单击该按钮，这时会沿“边界”子对象出现一个新的面，形成封闭的多边形对象，如图 3-136 所示。当封闭“边界”子对象后，该多边形对象将不再包含“边界”子对象成分。

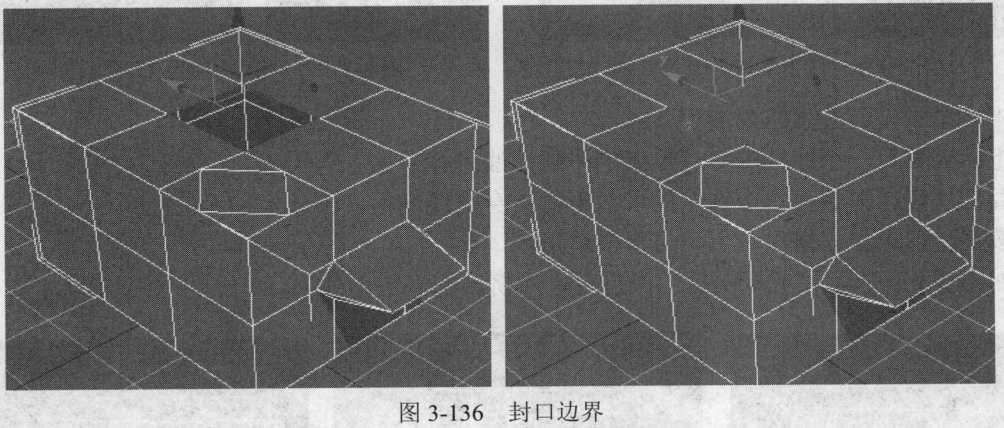
图 3-136　封口边界

7. 编辑“多边形”、“元素”子对象

由于“多边形”和“元素”子对象的编辑命令完全相同，所以将综合对有关“多边形”、“元素”子对象的编辑命令进行讲解。选择一个多边形对象后，进入“修改”面板，在修改堆栈栏列表中展开编辑多边形，选择“多边形”或“元素”选项或在“选择”卷展栏下单击“多边形”或“元素”按钮，即可进入“多边形”或“元素”子对象层级。

当进入“多边形”、“元素”子对象层级后，命令面板中出现的“编辑多边形”和“编辑元素”卷展栏，如图 3-137 所示。

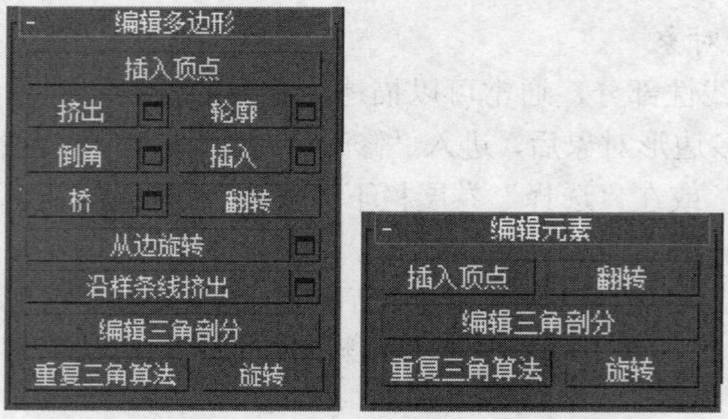

图 3-137 “编辑多边形”和“编辑元素”卷展栏

挤出：单击该按钮后，将鼠标指针移至需要挤出的面，单击并拖动鼠标，即可对面执行挤出操作，如图 3-138 所示。

如果需要对面进行更为精确的操作，可以选择面后单击“挤出”按钮右侧的“设置”按钮，打开“挤出多边形”对话框，如图 3-139 所示。

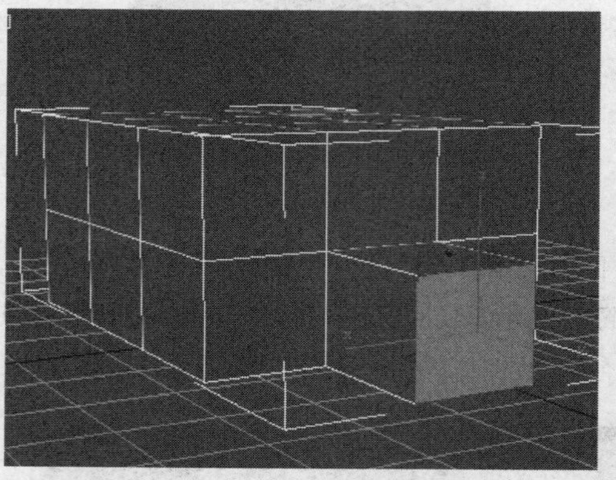

图 3-138 挤出多边形的长方体

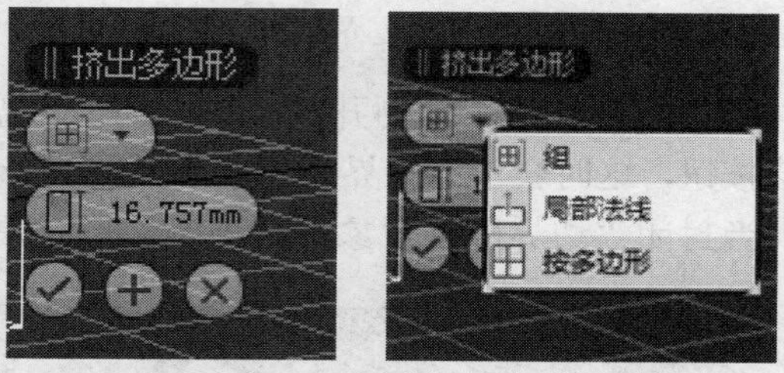

图 3-139 “挤出多边形”对话框

“挤出类型”选项组功能如下：

组：沿着每一个连续的多边形组的平均法线进行挤出。

局部法线：沿着每一个选定的多边形的自身法线进行挤出。

按多边形：独立挤出或倒角每个多边形。

如图 3-140 所示设置不同挤出类型时，所挤出的多边形效果。

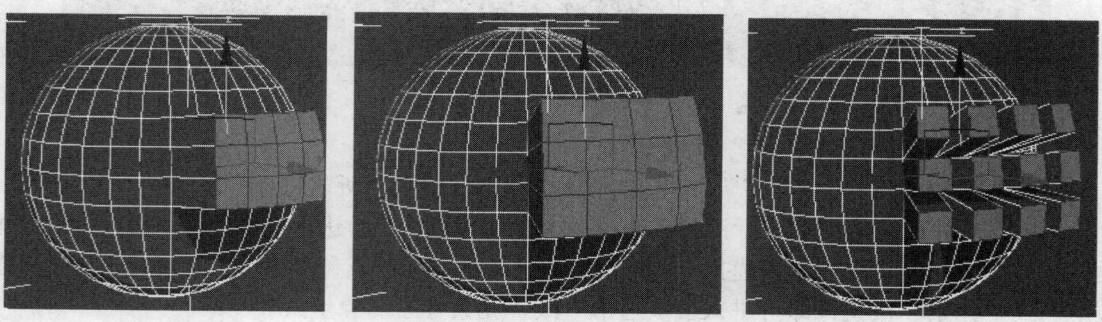

（a）组 （b）局部法线 （c）按多边形

图 3-140 三种不同挤出类型的挤出效果

轮廓：用于增加或减小每组连续的选定多边形的外边。单击该按钮后，将鼠标指针移动至被选择的面，向上拖动鼠标可对所选面的轮廓进行放大，向下拖动鼠标可对所选面的轮廓进行缩小。该命令通常用来调整挤出面的大小。

倒角：对选择的多边形进行倒角和轮廓处理。单击该按钮，然后垂直拖动任何多边形，以便将其挤出。松开鼠标，然后垂直向上或向下移动鼠标，设置挤出轮廓的大小，使其向外或者向内进行倒角，完成操作后，单击按钮，如图 3-141 所示。

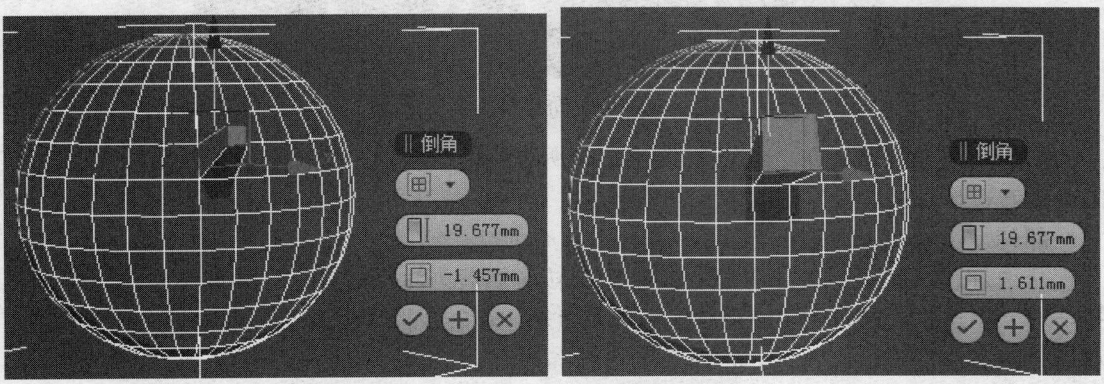

图 3-141　向外和向内倒角的多边形

插入：可在选择面的内部插入面，也就是对选择多边形进行了没有高度的倒角操作。单击该按钮后，直接在视图中拖动选择的多边形，将会在所选面的内部插入面。如果需要更精确地设置“插入”参数，可以单击“插入”按钮右侧的 “设置”按钮，打开“插入多边形”对话框，如图 3-142 所示。

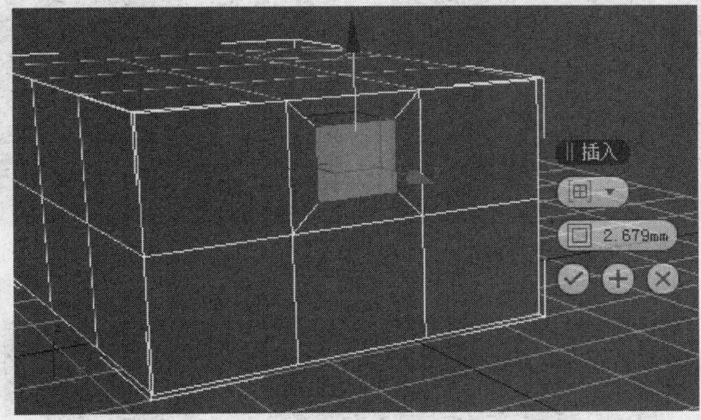

图 3-142　插入多边形

桥：使用该命令可以创建出新的多边形来连接对象中的两个多边形或选定多边形。该命令始终创建多边形对象之间的直线连接，如图 3-143 所示。

在“直接操纵”模式（即无需打开“桥设置”对话框）下，使用桥的方法有两种：

- 在多边形对象中选择两个单独的多边形，然后单击“桥”按钮，此时，将立即使用当前的“桥”设置创建桥，然后再次单击“桥”按钮，结束操作。
- 首先单击“桥”按钮，在多边形对象上单击选择一个多边形，当出现一条连线后，移动鼠标至第 2 个多边形上单击，桥接这两个多边形，右击鼠标结束操作。

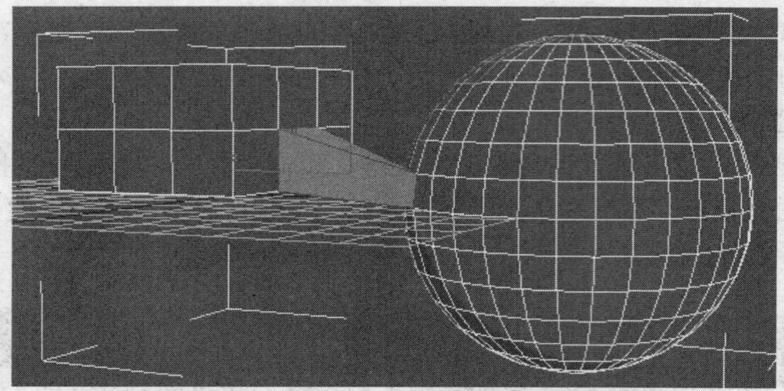

图 3-143　桥接多边形对象

由于桥只建立多边形之间的直线连接，所以当两个多边形之间建立的直线会经过几何体的内部时，桥连接将会穿过对象来进行连接。

翻转：反转选定多边形的法线方向。

从边旋转：使选择多边形绕着某条边旋转，然后创建形成旋转边的新多边形，从而将选择与对象相连。选择一个多边形，然后单击“从边旋转”按钮，沿着垂直方向拖动任何边，可对选择的多边形进行旋转。

沿样条线挤出：沿样条线挤出当前的选择的多边形。选择要进行沿样条线挤出的多边形，单击该按钮，然后选择场景中的样条线，选择多边形会沿该样条线的当前方向进行挤出。如图 3-144 所示，图 a 为挤出单个面，图 b 为挤出连续的面，图 c 为挤出非连续的面。

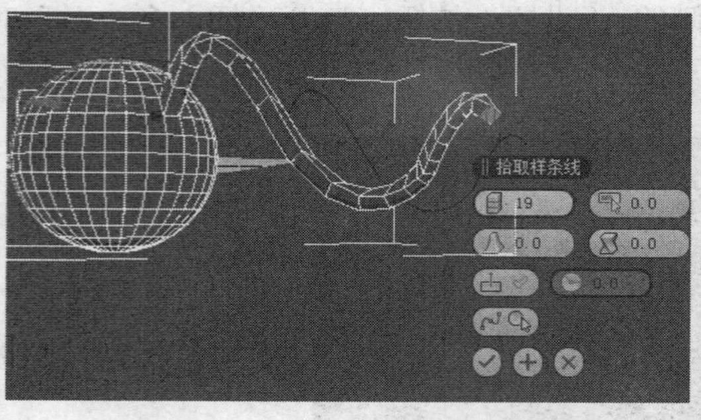

（a）挤出单个面

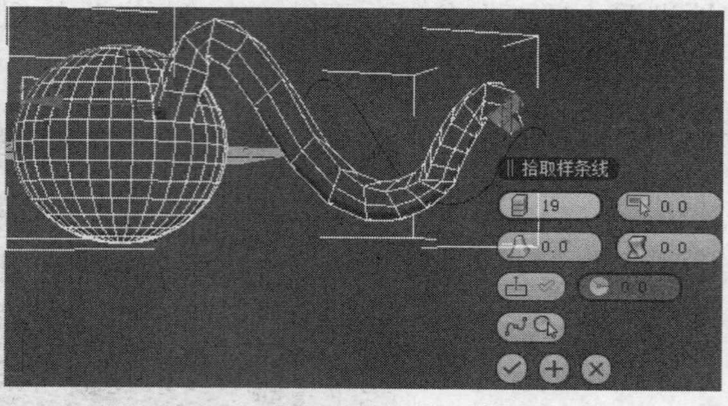

（b）挤出多个连续的面

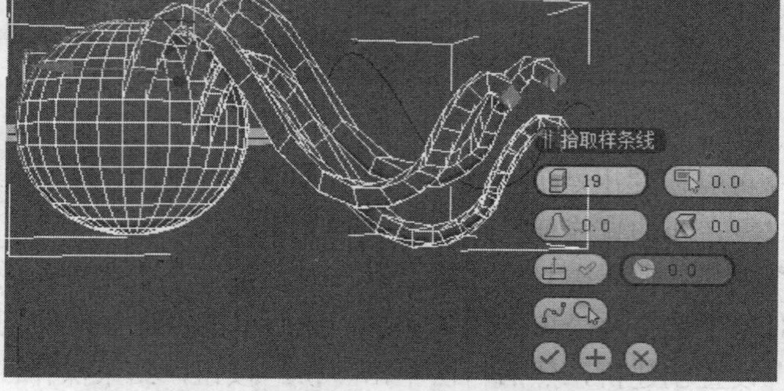

（c）挤出多个不连续的面

图 3-144　沿样条线挤出多边形

旋转：用于通过单击对角线修改多边形细分为三角形的方式。该命令与“边”次对象中的“旋转”命令作用相同，在此就不再重复介绍。

3.3.3　任务实施

1. 设置单位

在建模之前需要将显示单位比例和系统单位设置为毫米，具体的操作步骤请参看 1.1.3 节。

2. 创建花瓶外形

（1）单击“创建”面板→“图形”→“样条线”→“线”按钮，在前视图中创建图形，调整顶点类型和曲度，效果如图 3-145 所示。

（2）选中绘制好的图形，在“修改器列表”下拉列表中添加“车削”修改器，在“对齐”参数栏中选择“最小”按钮，其他参数设置如图 3-146 所示，效果如图 3-147 所示。

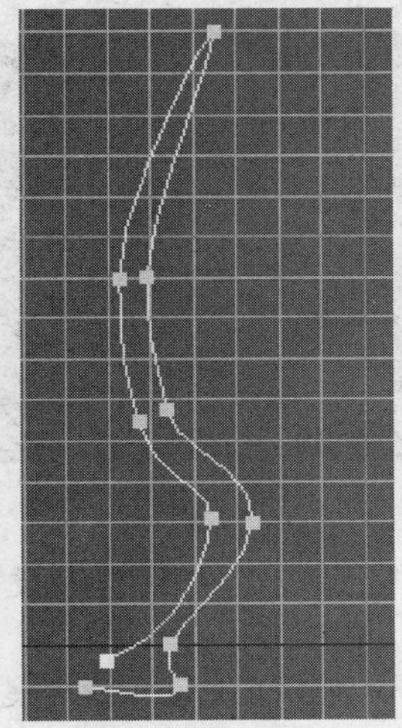

图 3-145　底座参数

图 3-146　“车削”参数

（3）如果对外形不满意，可以回到“line”级进行调整，勾选“修改器”面板的“显示最终结果开关”按钮，在视图中修改顶点，同时又可看到车削的结果，效果如图 3-148 所示。

图 3-147　花瓶外形

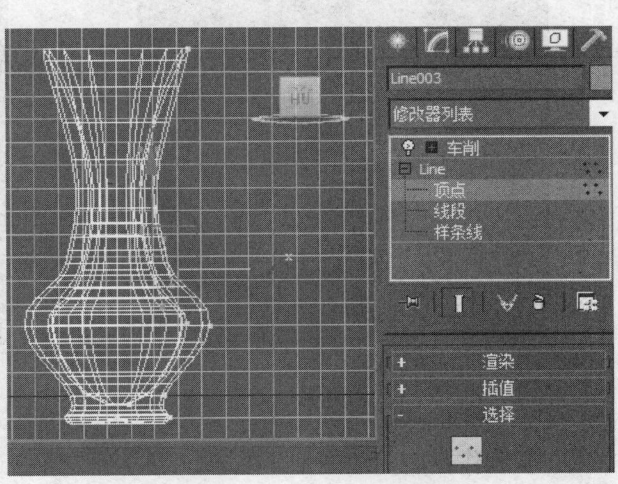

图 3-148　调整“顶点”

3. 完成花瓶装饰

（1）回到“修改器”面板的“车削”层级，选择花瓶对象，在“修改器列表”中选择“可编辑多边形”修改器。

（2）进入“可编辑多边形”边次对象级，选择花瓶下部突出部分的一条边，然后点击“选择”卷展栏中的“循环”按钮，选中相连的一圈边，效果如图 3-149 所示。

（3）继续单击“选择”卷展栏中的“扩大”按钮，连续点击后将选中周围相连的一组边，按住【Alt】键，在前视图中框选不需要的边，效果如图 3-150 所示。

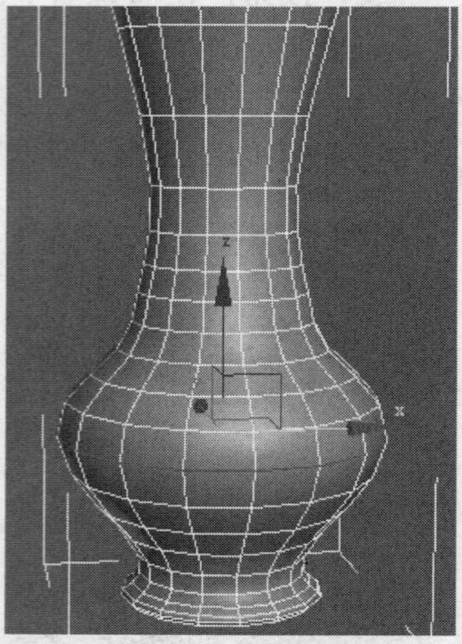

图 3-149 选中边

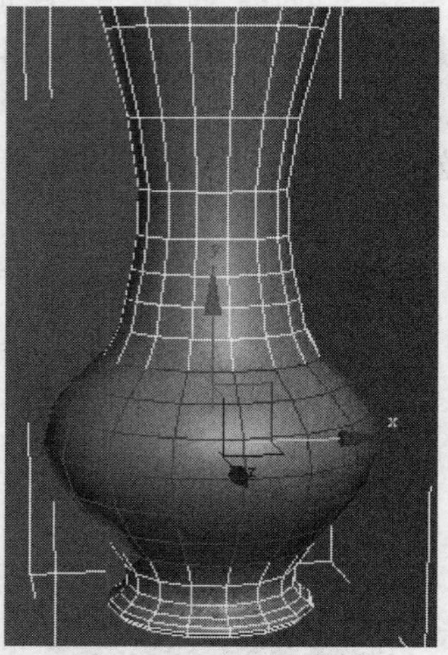

图 3-150 循环选择边

（4）执行“编辑边”卷展栏中的“挤出”命令，在“挤出边”对话框中设置高度和宽度值，效果如图 3-151 所示。

（5）继续添加其他细节。选择上面花瓶中部的一组边，然后点击“选择”卷展栏中的“环形”按钮，得到选中的一组边，效果如图 3-152 所示。

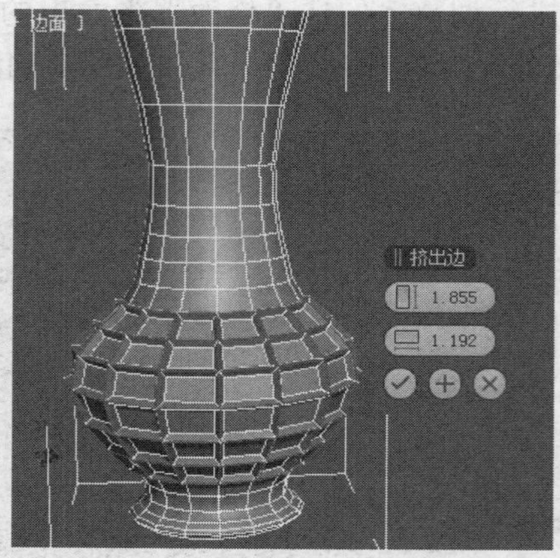

图 3-151 挤出边

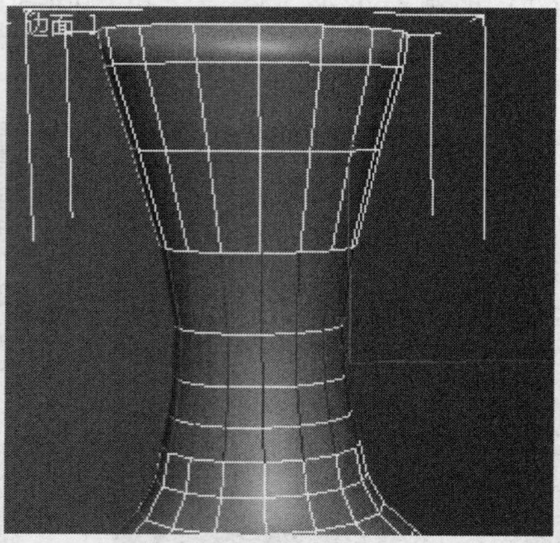

图 3-152 环形选择边

（6）继续挤出。设置参数比下方的挤出稍微值小一些，效果如图 3-153 所示。

（7）制作花瓶两边的把手装饰，通过可编辑多边形的面次对象下的沿样条线挤出实现。在前视图中沿着花瓶中部绘制路径，调整顶点曲度，效果如图 3-154 所示。

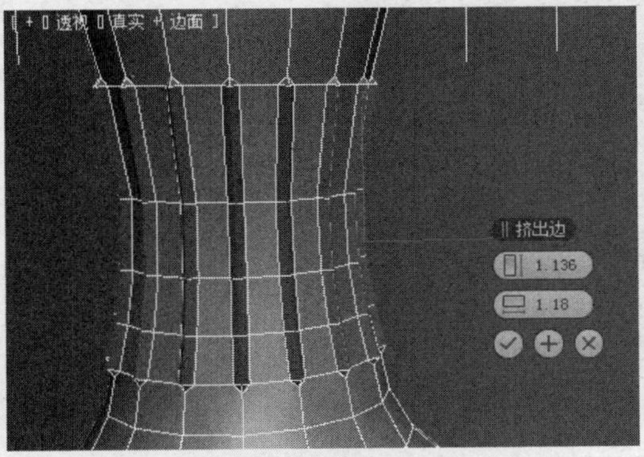

图 3-153　再次挤出边

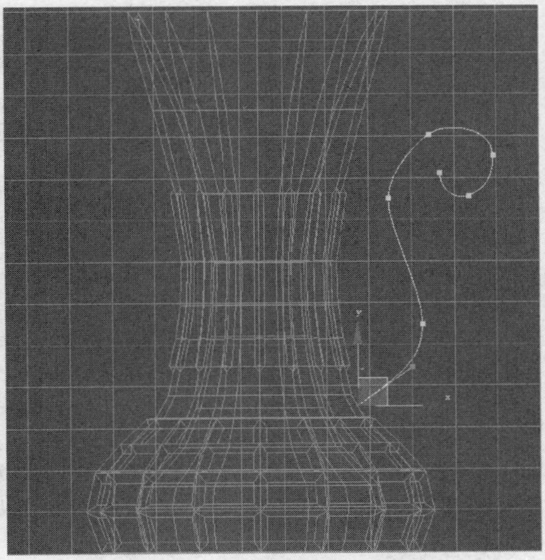

图 3-154　创建样条线路径

（8）在前视图中，进入“可编辑多边形”修改器的“多边形”次对象层级，选中需要挤出的对称的两边的多边形，如图 3-155 所示。然后点击“编辑多边形”卷展栏中的“沿样条线挤出”旁的按钮，在弹出的“沿样条线挤出”对话框中设置相应的参数：分段、锥化量和锥化曲线，效果如图 3-156 所示。

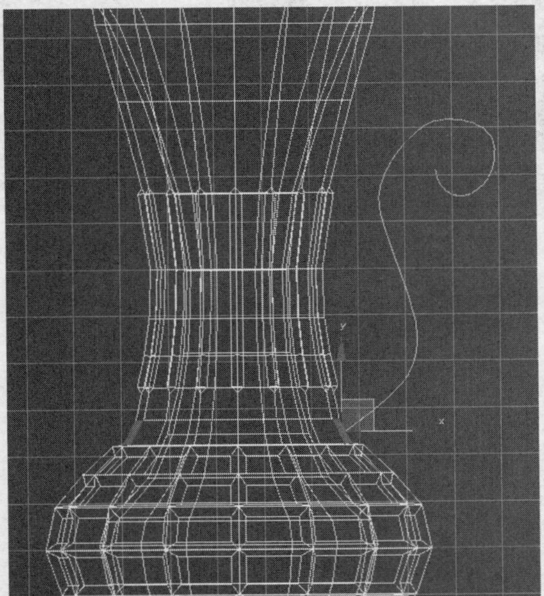

图 3-155　选择要挤出的多边形面

（9）继续完成花瓶口的细节处理。进入“可编辑多边形”的“点”次对象层级，借助【Ctrl】键，选中分隔的点，执行“缩放”命令，然后再稍微向下移动一点，效果如图 3-157 所示。

（10）至此，花瓶的外部造型和细节基本处理完成。由于表面还不够光滑，因此添加“涡轮平滑”修改器，设置“迭代次数”值为 2，如图 3-158 所示，最后完成效果如图 3-105 所示。

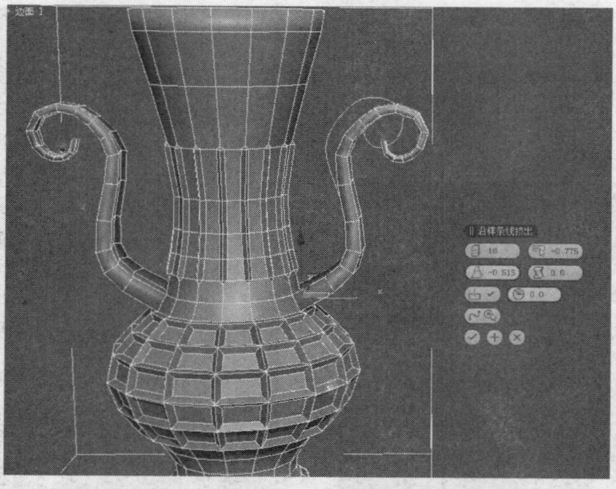

图 3-156　两边沿样条线挤出

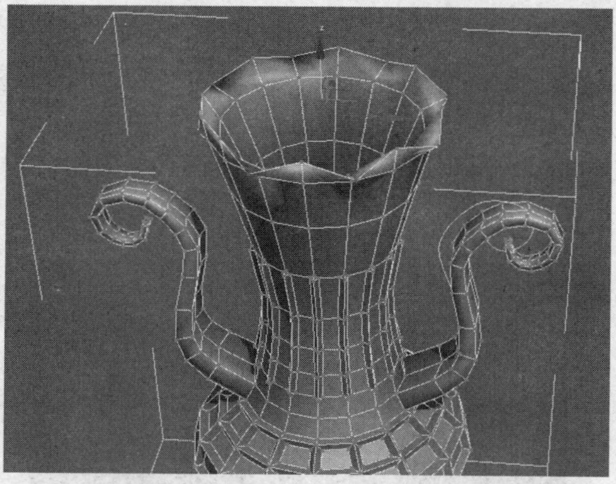

图 3-157　缩放并移动瓶口的顶点

图 3-158　添加“涡轮平滑”修改器

任务 3.4 坐便器的制作

3.4.1 效果展示

通过编辑多边形的次对象物体，主要用到挤出、切角、倒角、分离等命令，完成马桶的制作效果，如图 3-159 所示。

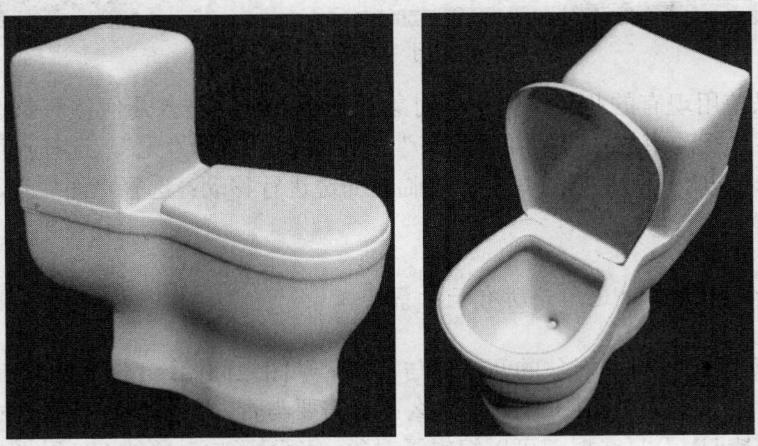

图 3-159 马桶模型

3.4.2 知识点介绍——多边形建模 2

在任意一个子对象层级下，命令面板中都会出现“编辑几何体”卷展栏，该卷展栏中包含可以在大多数子对象层级和对象层级使用的功能，也有一些命令参数是针对不同层级而使用的，如图 3-160 所示。下面我们就来对该卷展栏中的具体命令参数进行讲解。

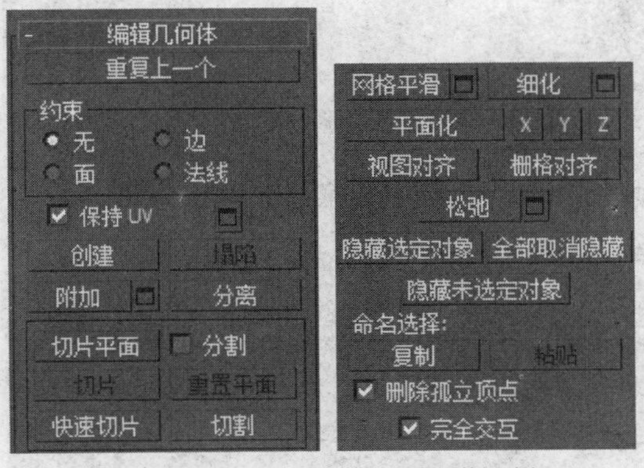

图 3-160 “编辑几何体”卷展栏

重复上一个：重复最近使用的命令。例如，如果挤出某个多边形，并要对几个其他边界应用相同的挤出效果，可选择其他多边形，然后单击该按钮即可。如图 3-161 所示，图 a 所示为对单一表面应用“重复上一个”命令后的效果；图 b 所示为选择连续的多边形表面应用“重复上一个”命令后的效果；图 c 所示为选择不连续表面应用“重复上一个”命令后的效果。

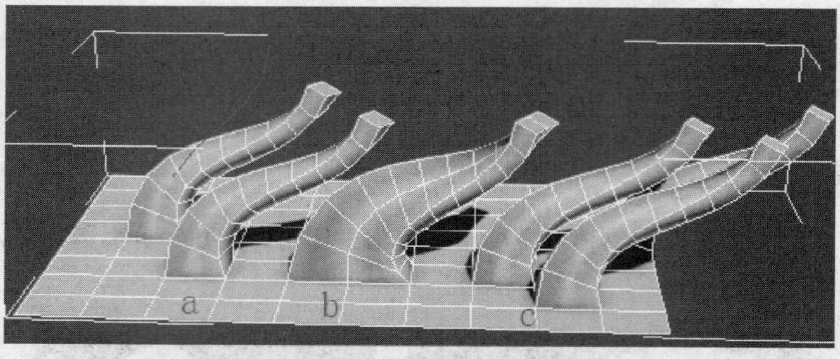

图 3-161 应用“重复上一个”命令

约束：可以使用现有的几何体约束子对象的变换。例如进入几何体对象的“顶点”次对象层级，选择要进行约束的顶点，在“约束”下拉列表中选择“无”，选择点可以在任意方向进行变换；选择“边”时，选择点只能沿着临近的边进行移动；选择“面”时，选择顶点只能在多边形的曲面上进行移动。

提示 “约束”命令适用于所有子对象层级。

保持 UV：通常情况下，对象的几何体与其 UV 贴图之间始终存在直接对应关系，如果为一个对象添加贴图，然后移动了子对象，那么不管需要与否，纹理都会随着子对象移动。此时，如果启用了“保持 UV”复选框，可以编辑子对象，而不影响对象的 UV 贴图。

设置：单击该按钮将打开“保持贴图通道”对话框，当“保持 UV”复选框启用后，可以使用该对话框中的设置来指定要保持的顶点颜色通道和纹理通道（贴图通道），如图 3-162 所示。默认情况下，所有顶点颜色通道都处于禁用状态（未保持），而所有的纹理通道都处于启用状态（保持）。

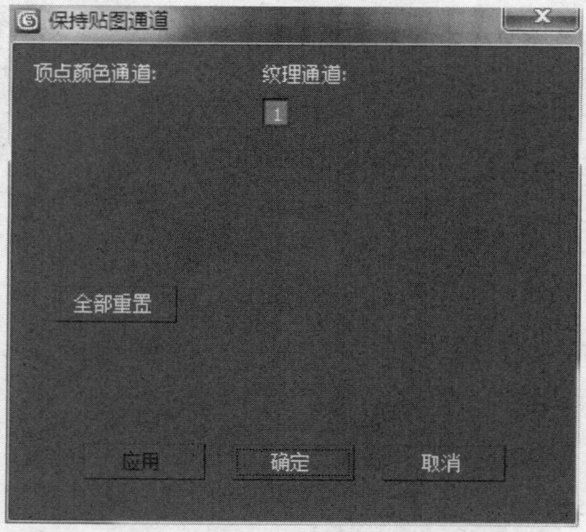

图 3-162 “保持贴图通道”对话框

在该对话框中包含了所有可用的、包含数据顶点颜色通道和纹理通道的按钮。显示这些按钮的编号和类型因对象的状态而异，可以使用“顶点绘制”和“通道信息”工具对这些按钮进行更改。

- 顶点颜色通道：显示包含数据的任何顶点颜色通道的按钮。这些按钮可以是“顶点颜色”、“顶点照明”、“顶点 Alpha”。默认情况下，所有顶点颜色按钮处于禁用状态。
- 纹理通道：显示包含数据的任何纹理（贴图）通道的按钮。这些按钮按编号识别，默认情况下，这些按钮处于启用状态。
- 全部重置：将所有通道按钮返回到它们的默认状态。所有顶点颜色通道处于禁用状态，而所有纹理通道处于启用状态。

创建：可建立新的单个顶点、边、多边形和元素。

塌陷：将选择的顶点、线、边界和多边形删除，留下一个顶点与四周的面连接，产生新的表面。如图 3-163 所示，是将长方体的顶面塌陷后的效果。

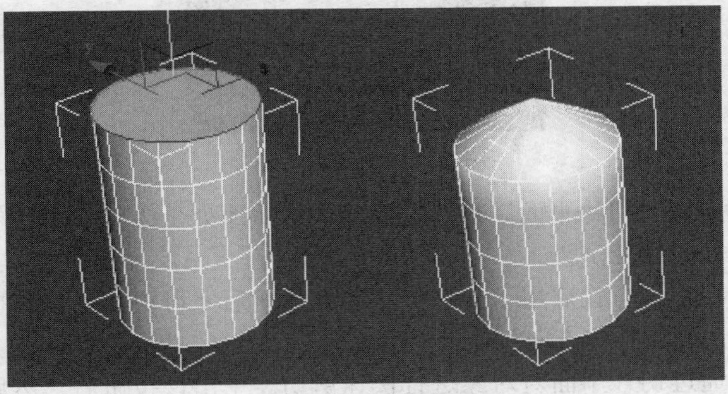

图 3-163　塌陷多边形

附加：用于将场景中的其他对象附加到选定的可编辑多边形中。可以附加任何类型的对象，包括可编辑网格、样条线、面片对象和 NURBS 对象。单击该按钮后，在视图中拾取其他对象，即可将其他对象附加到原对象中。单击该按钮右侧的“设置”按钮，会弹出“附加列表”对话框，可以方便用户一次附加多个对象。

分离：将当前选择的子对象分离出去，成为一个独立的新对象。选择要分离的子对象后，单击按钮，将打开“分离”对话框，如图 3-164 所示。

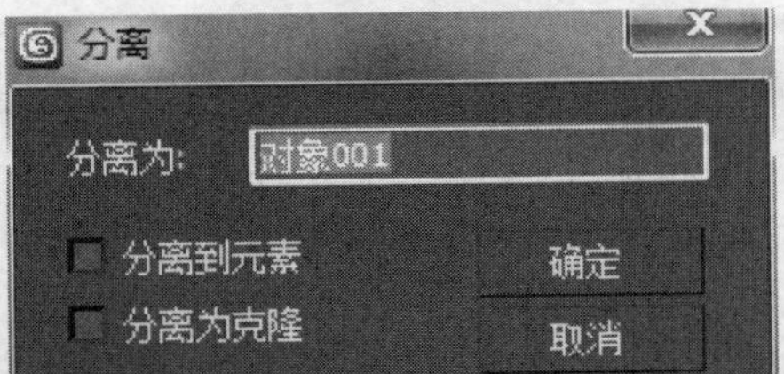

图 3-164　“分离”对话框

- 分离为：设置分离对象名称。
- 分离到元素：选择该复选框后，会将分离的对象作为多边形对象的一个“元素”子对象存在。
- 分离为克隆对象：选择该复选框后，可以复制选择的子对象，但不能将其分离。

切片平面：单击该按钮后，为可以在需要对边执行切片操作的位置处定位和旋转的切片平面创建 Gizmo，如图 3-165 所示。“分割”：选择该复选框后，在进行切片或剪切操作时，会在划分边的位置处的点创建两个顶点集。这样，便可轻松地删除要创建孔洞的新多边形，还可以将新多边形作为单独的元素设置动画。

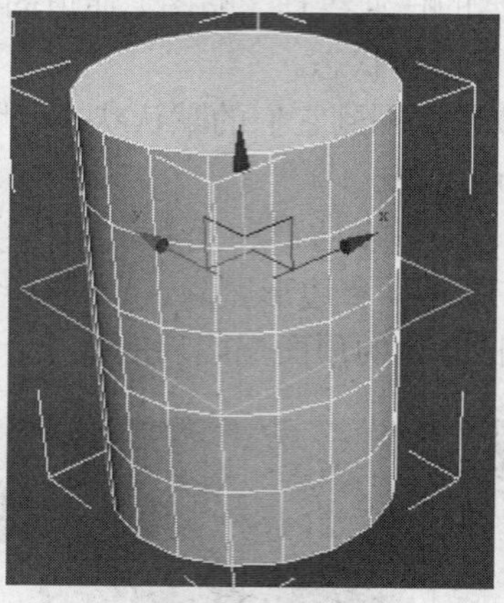

图 3-165 创建 Gizmo

切片：只有在启用“切片平面”复选框后，该按钮才处于激活状态。单击该按钮，将在切片平面位置处进行切片操作。

重置平面：该按钮只有在启用了“切片平面”按钮后才可用。单击该按钮后，会将“切片”平面恢复到默认的位置和方向。

快速切片：不通过切片平面对对象进行快速剪切。单击该按钮后，然后在多边形对象的切片的起始点单击鼠标，接着移动鼠标至终点处单击，会自动沿着起点和终点的方向对对象进行剪切，如图 3-166 所示。单击该按钮后，可连续对象进行切片操作，再次单击该按钮或在视图中右击可结束操作。

切割：通过在边上添加点来细分子对象，从而创建出边，或者在多边形内创建边。单击该按钮，然后在需要细分的边上单击鼠标，移动鼠标再次单击，再次移动鼠标第三次单击，以便创建出新的连接边，如图 3-167 所示。右击鼠标退出当前切割操作，然后可以开始新的切割，或者再次右击退出“切割”命令。

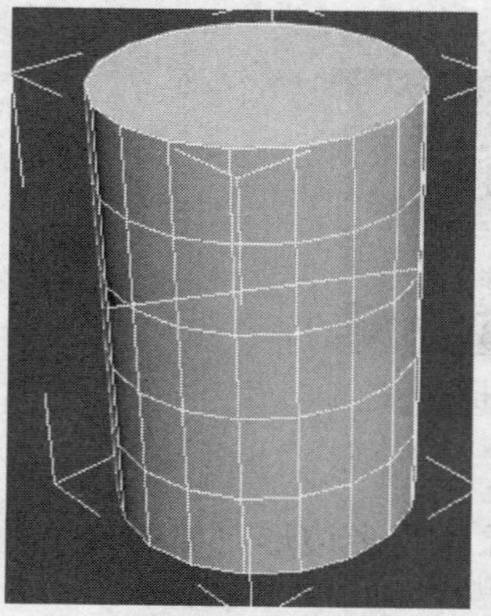

图 3-166 快速切片

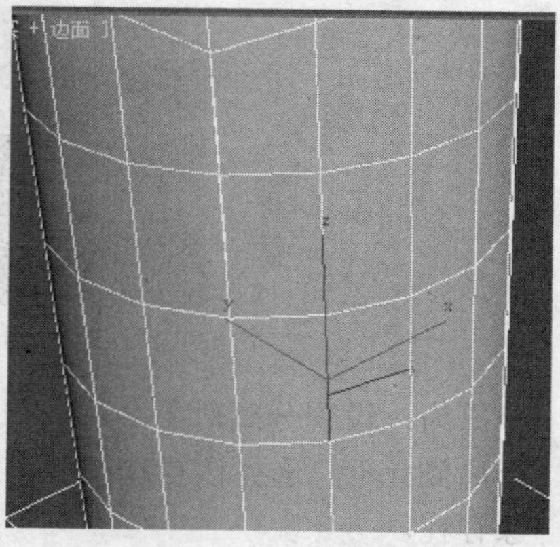

图 3-167 切割边

网格平滑：使用当前的平滑设置对选择子对象进行平滑处理。单击该按钮右侧的“设置”按钮，将打开“网格平滑”对话框，如图 3-168 所示。

平滑度：确定新增多边形与原多边形之间的平滑度。如果值为 0.0，将不会创建任何多边形；如果值为 1.0，即便位于同一个平面也会向所有顶点中添加多边形。

平滑组：避免平滑群组在分离边上创建新面。

材质：避免具有分离的材质 ID 号的边的新面建立。

细化：对选择的子对象进行细化处理。在增加局部网格密度时，可使用该功能。单击该按钮右侧的“设置”按钮，可打开“细化选择”对话框，如图 3-169 所示。

图 3-168　“网格平滑”对话框

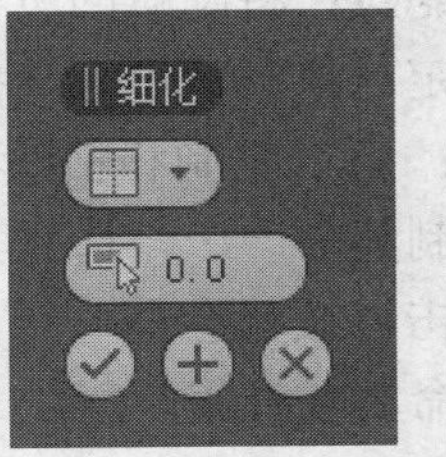

图 3-169　“细化选择”对话框

“类型”：提供两种细化方法。“边”：在每个边的中间插入顶点，然后绘制与这些顶点连接的线，创建的多边形数等同于原始多边形的侧数。“面”：将顶点添加到每个多边形的中心，然后绘制将该顶点与原始顶点连接的线，创建的多边形数等同于原始多边形的侧数。

张力：用于增加或减少“边”的张力值，仅当“类型：边”处于活动状态时可用。负值将从其平面向内拉顶点，以便生成凹面效果；如果值为正，将会从其所在平面处向外拉动顶点，从而产生凸面效果。

平面化：强制所有选择的多边形成为共面。选择要成为共面的多边形，单击该按钮即可，如图 3-170 所示。“X\Y\Z”：平面化选定的多边形，并使该平面与对象的局部坐标系中的相应平面对齐。例如，使用的平面是与按钮轴相垂直的平面，因此单击“X”按钮时，可以使多边形与局部 Y、Z 轴对齐。

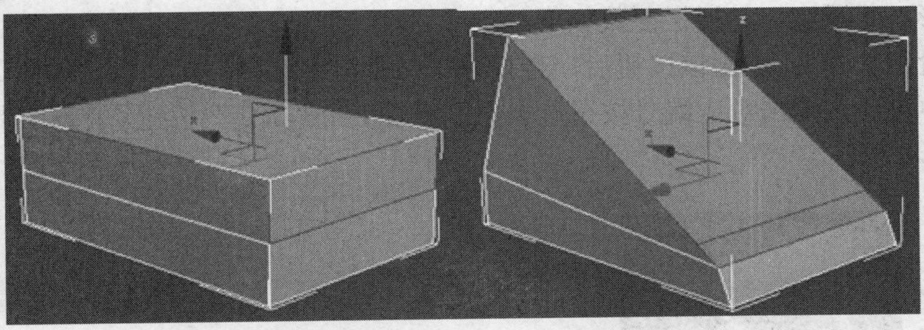
图 3-170　将选择多边形成为共面

视图对齐：使选定多边形与当前视图所在的平面对齐。

栅格对齐：单击该按钮后，选择的子对象被放置在同一平面内，并且这一平面与活动视图的栅格平行。

松弛：朝着邻近对象的平均位置移动每个顶点，以规格化网格空间。该命令类似于“松弛”修改器。单击该按钮右侧的“设置”按钮，打开“松弛”对话框，如图 3-171 所示。

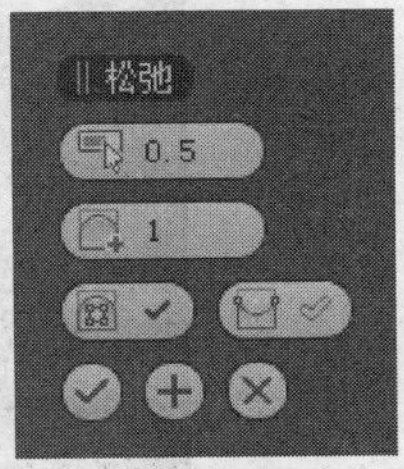

图 3-171　“松弛”对话框

- 数量：控制移动每个迭代次数的顶点程度。该值指定从顶点原始位置到其相邻顶点平均位置的距离的百分比，范围为-1.0～1.0。

- 迭代次数：设置重复“松弛”过程的次数。针对每个迭代次数，将重新计算平均位置，然后将“松弛值”重新应用于每个顶点。
- 保留边界点：控制是否移动开放网格边上的顶点，默认设置为启用状态（不移动）。
- 保留外界点：启用该复选框后，保留距离对象中心最远的顶点的原始位置。

隐藏选定对象：隐藏选定的所有子对象。

全部取消隐藏：将隐藏的所有子对象在视图内显示。

隐藏未选定对象：将没有选择的子对象隐藏。

命名选择：用于复制和粘贴对象之间的子对象的命名选择集。首先，创建一个或多个命名选择集，复制其中一个，选择其他对象，并转到相同的子对象层级，然后粘贴该选择集。

复制：单击该按钮会打开“复制命名选择”对话框。在该对话框中可以指定要放置在复制缓冲区中的命名选择集。

粘贴：从复制缓冲区中粘贴命名选择集。

删除孤立顶点：启用该复选框后，在删除子对象（除顶点以外的子对象）的同时会删除孤立的顶点；而取消该复选框后，删除子对象后孤立的顶点将会保留。

完全交互：启用该复选框后，在进行切片和剪切操作时，视图中会交互地显示出最终效果；禁用该复选框后，只有在完成当前操作后才显示出最终效果。

在“多边形”和“元素”子对象层级下，还包含了“多边形：材质 ID”和“多边形：平滑组”卷展栏，如图 3-172 所示。接下来对这两个卷展栏中命令选项进行介绍。

“多边形：材质 ID”卷展栏参数如下：

设置 ID：用于向选定的子对象分配特殊的材质 ID 编号，以供“多维/子对象”材质使用。

选择 ID：选择与相邻 ID 字段中指定的“材质 ID”对应的子对象。

清除选择：启用该复选框后，如果选择新的 ID 或材质名称，将会取消选择以前选定的所有子对象。禁用该复选框后，会在原有选择内容基础上累积新内容。

“多边形：平滑组”卷展栏参数如下：

“按平滑组选择”：单击该按钮后，会打开“按平滑组选择”对话框，如图 3-173 所示。在该对话框中可通过单击对应编号按钮选择组，然后单击“确定”按钮，将所有具有当前平滑组号的多边形选择。

图 3-172 “多边形：材质 ID”和“平滑组”卷展栏

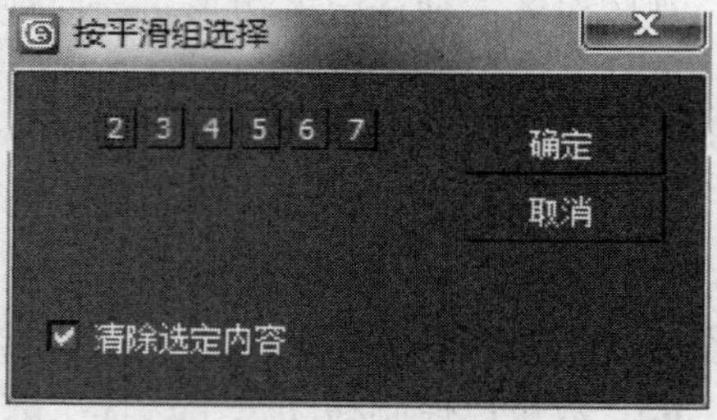

图 3-173 “按平滑组选择”对话框

清除全部：将对多边形对象的中指定的平滑组全部清除。

自动平滑：根据按钮右侧数值框中所设置的阈值，对多边形表面自动进行平滑处理。

阈值：该数值框可以指定相邻多边形的法线之间的最大角度，值越大，进行平滑处理的表面就越多。

3.4.3 任务实施

1. 设置单位

将显示单位比例和系统单位设置为毫米。

2. 制作马桶主体

（1）制作长方体，设置长宽高以及分段值，如图 3-174 所示。

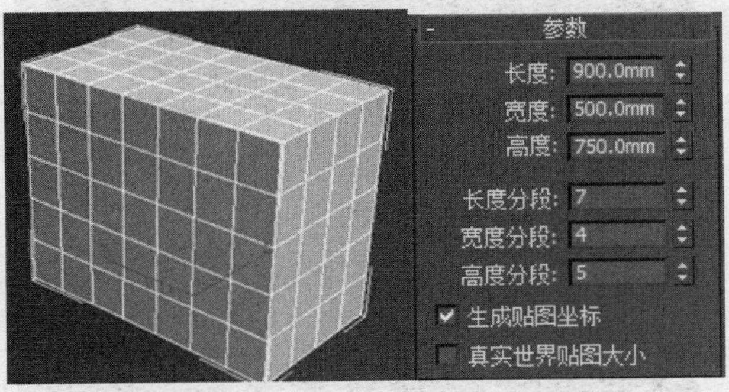

图 3-174　绘制长方体

（2）选中长方体对象，右击鼠标，执行“转换为”→“转换为可编辑多边形”命令，在“修改”面板中展开“可编辑多边形”修改器，进入“顶点”次对象层级，在顶视图中缩放并移动，调节顶点，如图 3-175 所示的形状。

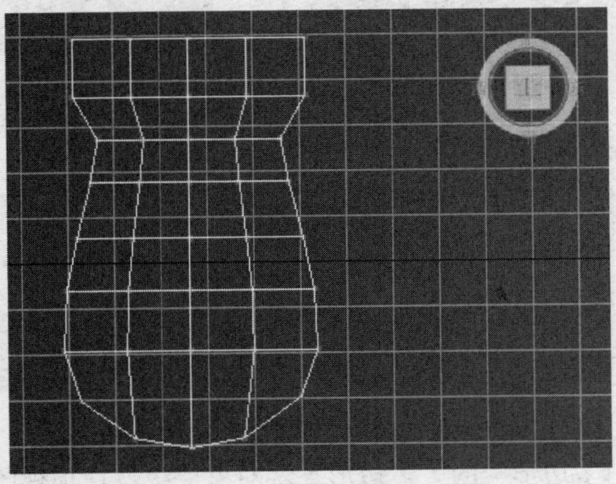

图 3-175　顶视图中调节顶点

（3）继续在左视图和前视图中调整顶点，如图 3-176 所示的形状。

（4）进入“可编辑多边形”的“边”次对象层级，在左视图中框选上方所有相邻的第一组竖边，如图 3-177 所示。然后点击“编辑边”卷展栏中的“连接”按钮，即可在这组边中重新添加一条边线，如图 3-178 所示。

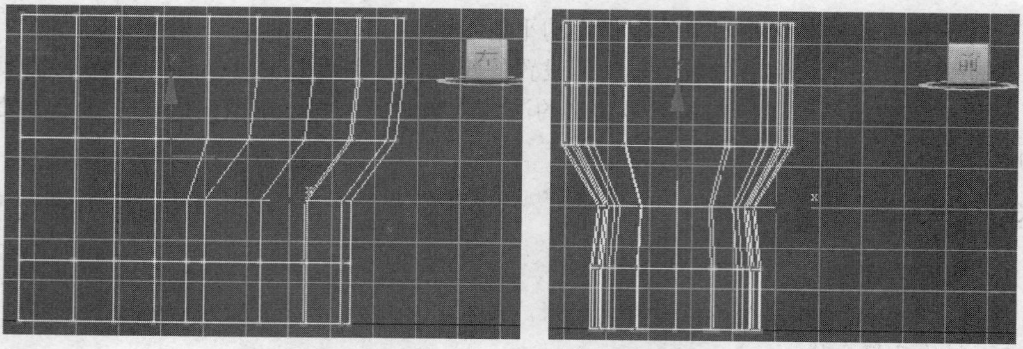

图 3-176　左、前视图的形状

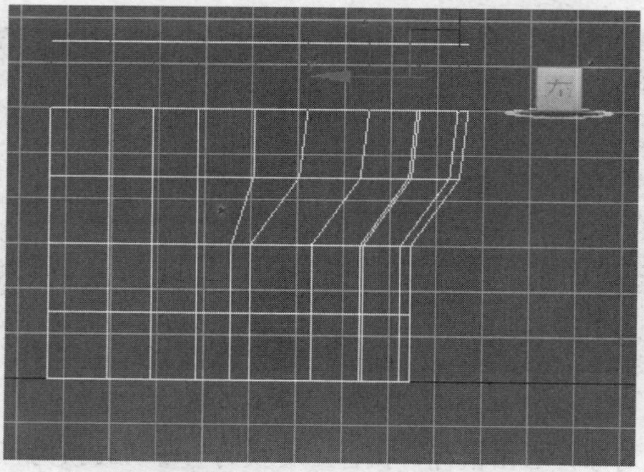

图 3-177　选中一组边

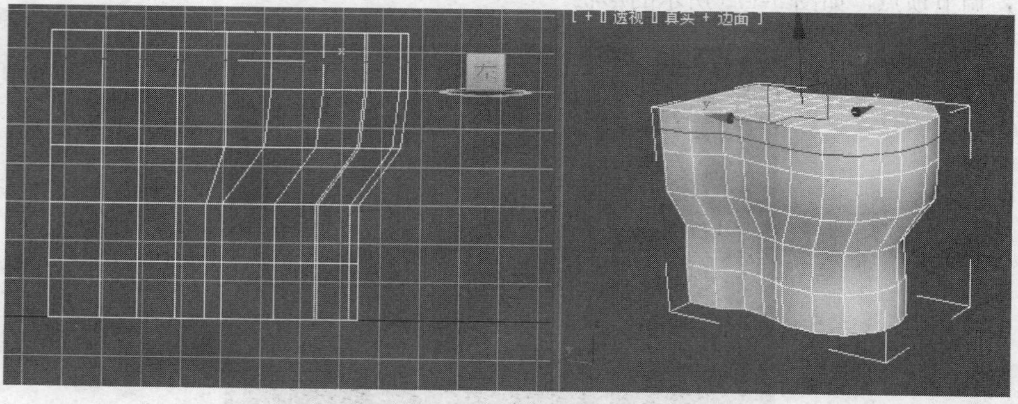

图 3-178　连接添加边

（5）进入“可编辑多边形”的“多边形”次对象层级，在顶视图中选中如图 3-179 所示的面，点击“编辑多边形”卷展栏中的“挤出”旁的按钮，在弹出的“挤出多边形”对话框中设置高度为 500mm，效果如图 3-180 所示。

（6）在透视图中按住【Alt】键，拖动鼠标，旋转视图角度后，选中后面的多边形，如图 3-181 所示。继续点击“编辑多边形”卷展栏中的“挤出”旁的按钮，在弹出的“挤出多边形”对话框中设置高度为 300mm，效果如图 3-182 所示。

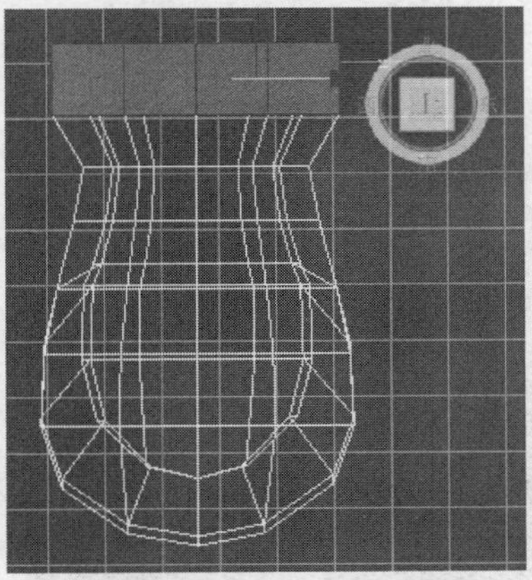

图 3-179　选中多边形面

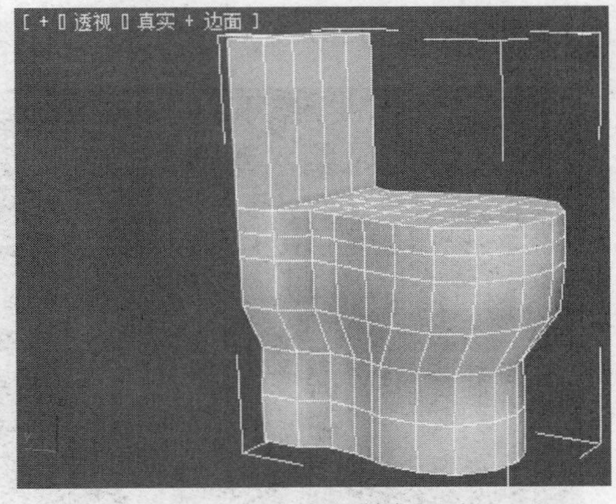

图 3-180　挤出多边形面

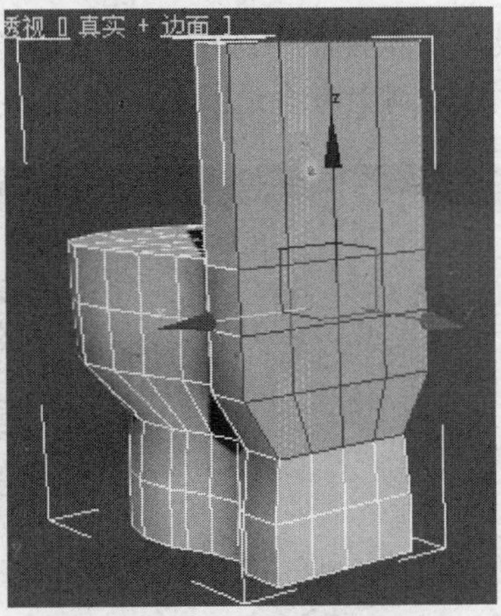

图 3-181　选中后面的多边形

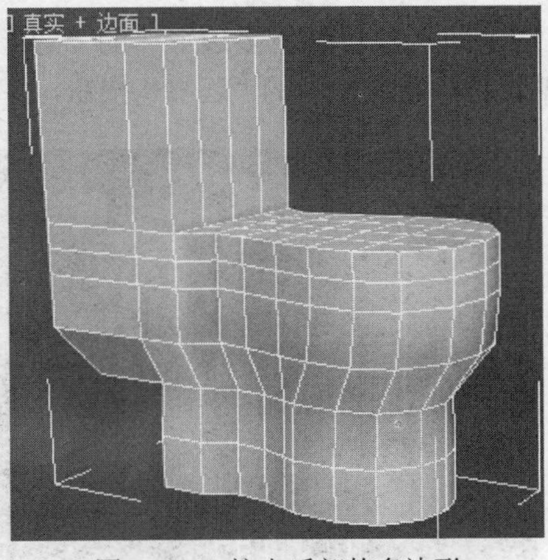

图 3-182　挤出后部的多边形

（7）在左视图中选中如图 3-183 所示的多边形面，然后点击“编辑多边形”卷展栏中的“挤出”旁的按钮，在弹出的“挤出多边形”对话框中设置挤出类型为“局部法线”，设置高度为 10mm，效果如图 3-184 所示。

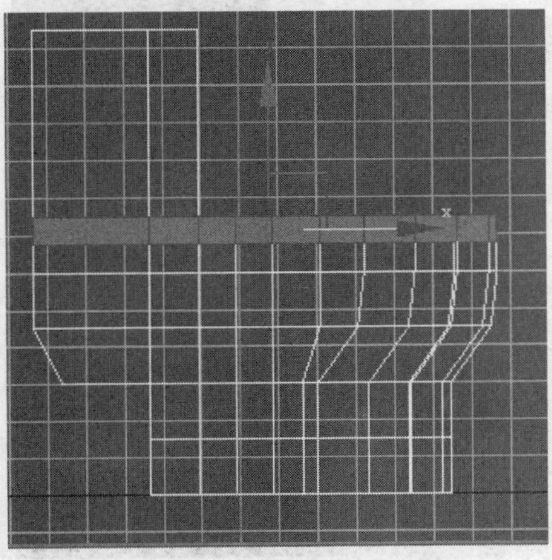

图 3-183　选中上边缘的多边形

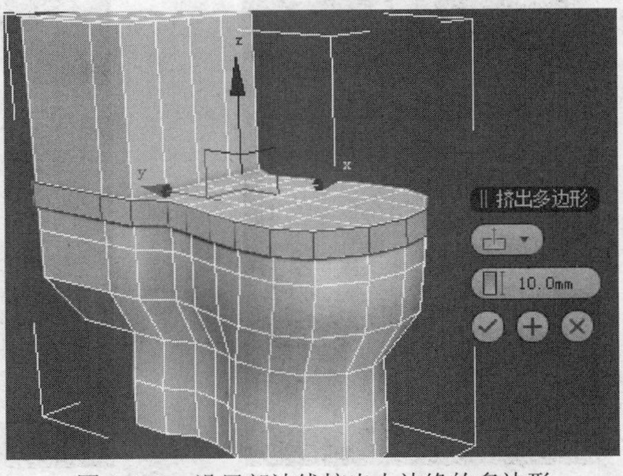

图 3-184　沿局部法线挤出上边缘的多边形

（8）用同样的方法，挤出下边缘，如图 3-185 所示。

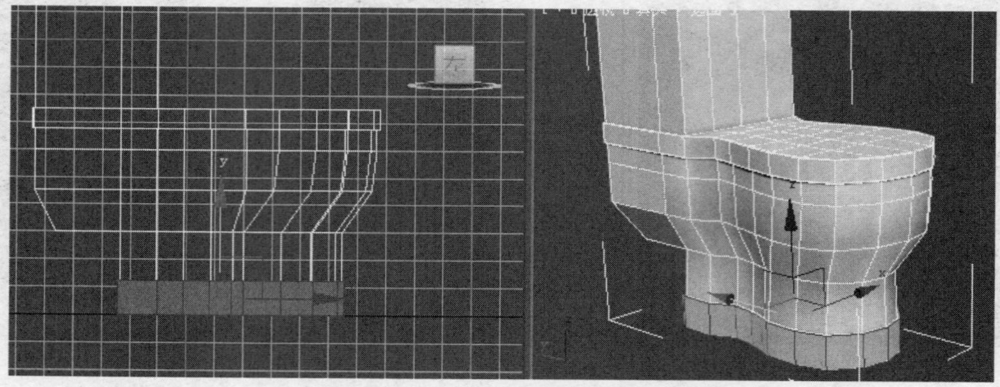

图 3-185 沿局部法线挤出下边缘

（9）进入“可编辑多边形”的“边”次对象层级，在左视图中选中上部一组竖边线，点击“编辑边”卷展栏中的“连接”按钮，并移动该连接的边到上方合适位置，如图 3-186 所示。

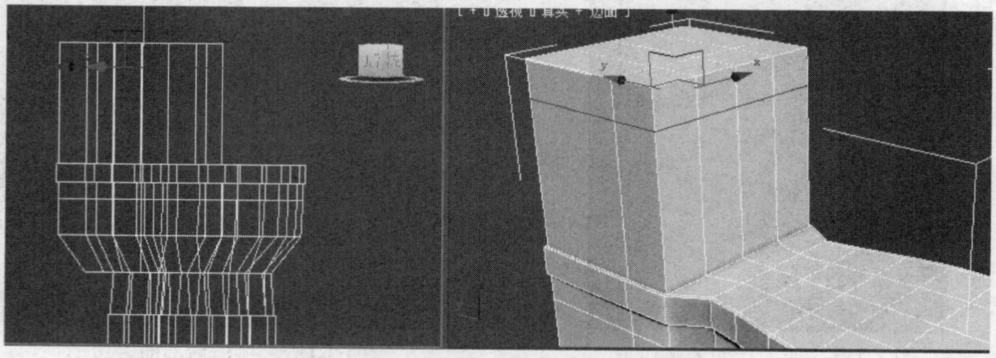

图 3-186 连接添加边

（10）继续操作边对象。选中如图 3-187 所示的后部的一组边，点击“编辑边”卷展栏中的“切角”旁的按钮，在弹出的“切角”对话框中设置边切角量为 7mm，如图 3-188 所示。

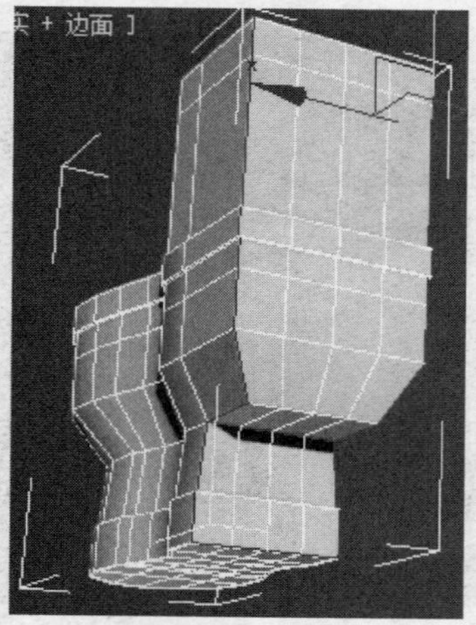

图 3-187 选中后部的边

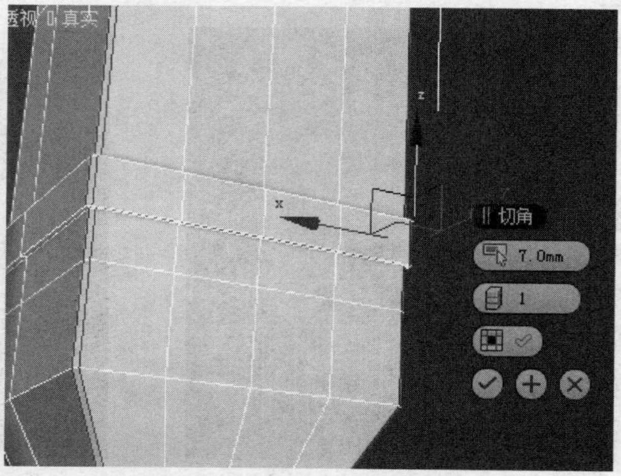

图 3-188 切角边线

（11）继续选中水箱下方连接处的一圈边线，进行切角处理，如图 3-189 所示。

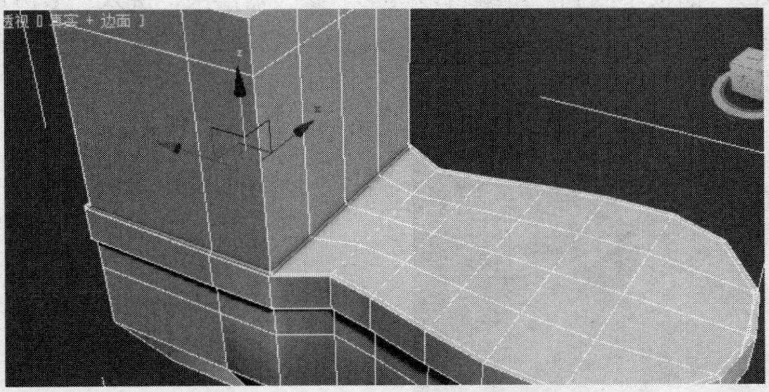

图 3-189 切角水箱连接处边线

（12）选中水箱上方前面的边线，进行切角处理，设置边切角量为 45mm，效果如图 3-190 所示。

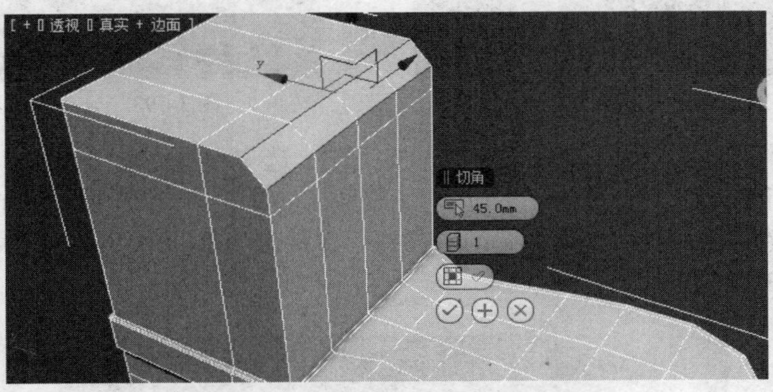

图 3-190 切角上方边线

（13）至此，马桶的主体部分基本完成，添加“涡轮平滑”修改器，设置迭代次数值为 2，效果如图 3-191 所示。

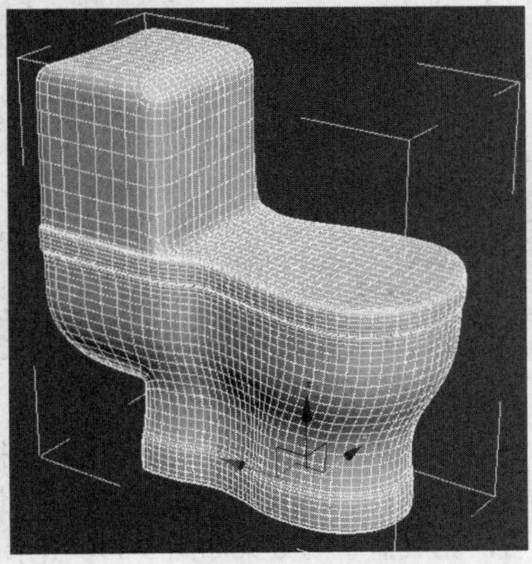

图 3-191 完成的马桶主体部分

3. 制作马桶盖

（1）在“修改”面板中回到“可编辑多边形”修改器层级，进入“多边形”次对象层级，选中如图 3-192 所示的多边形面，点击“编辑几何体”卷展栏中的“分离”按钮，在弹出的对话框中，勾选“以克隆对象分离”复选框，并命名为“盖子”，如图 3-193 所示。

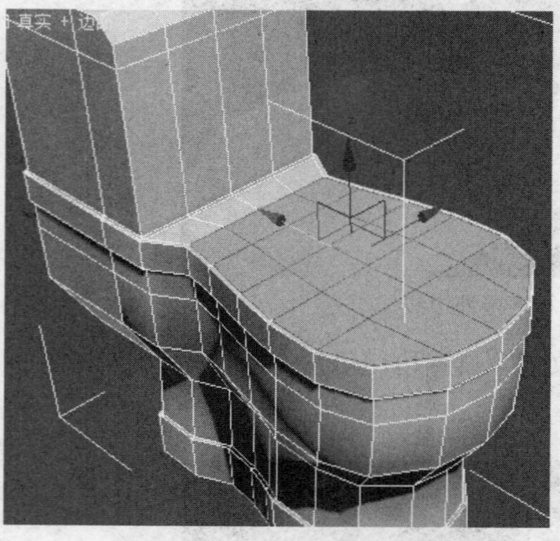

图 3-192 选中顶部的多边形

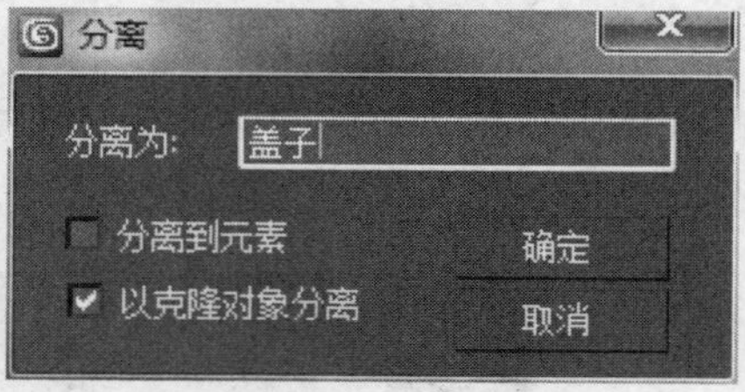

图 3-193 分离多边形

（2）点击“工具栏”的“按名称选择”按钮，选中刚刚克隆出来的“盖子”对象，展开“可编辑多边形”修改器，进入“多边形”子对象层级，选中盖子中的所有的多边形，点击“编辑多边形”卷展栏中的“倒角”旁的按钮，在弹出的“倒角”对话框中设置高度为 50，轮廓为-5，如图 3-194 所示。

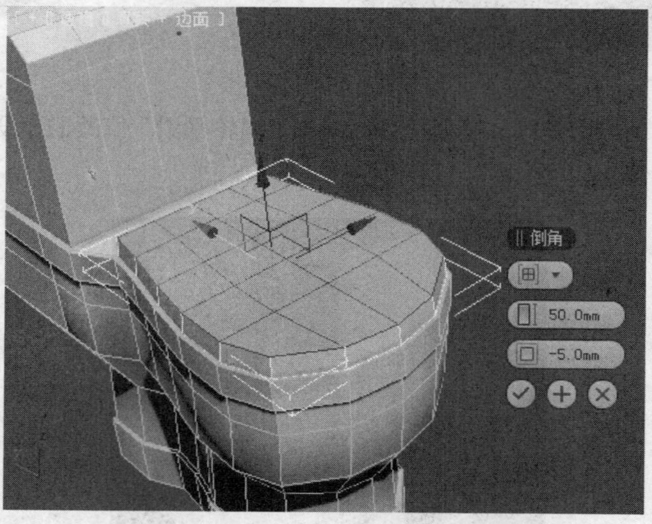

图 3-194 倒角多边形

（3）在场景中右击鼠标，在弹出的快捷菜单中选择“隐藏未选定对象”，只留下盖子对象，然后进入“边”次对象层级，选中底部的一圈边，进行“切角”处理，如图 3-195 所示。

（4）添加“涡轮平滑”后，完成盖子的效果如图 3-196 所示。

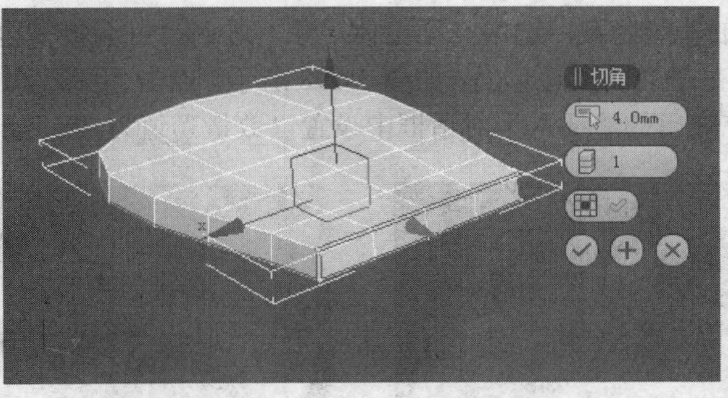

图 3-195　切角盖子边缘的边线

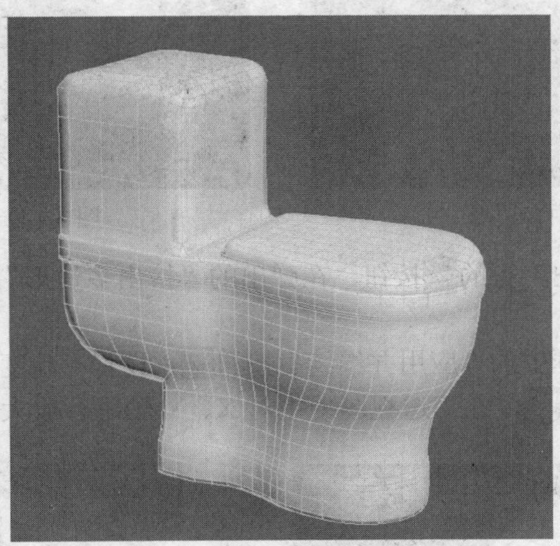

图 3-196　完成后的盖子

4. 制作马桶内部

（1）将完成后的马桶及盖子复制一份后，将盖子旋转 90 度后竖起来，如图 3-197 所示。然后添加“壳”修改器，使得马桶盖具备真正的厚度，以便能渲染输出。

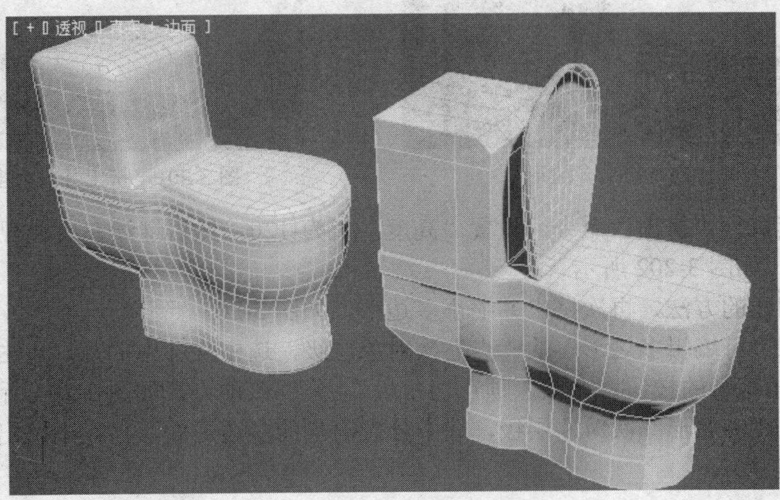

图 3-197　旋转马桶盖子

（2）将竖起来的盖子隐藏，选中马桶主体对象，进入“可编辑多边形”的“多边形”次对象层级，选中上方盖子处的多边形面，如图 3-198 所示。点击“编辑多边形”卷展栏中的“插入”旁的按钮，在弹出的“插入”对话框中设置“数量”值为 70，如图 3-199 所示。

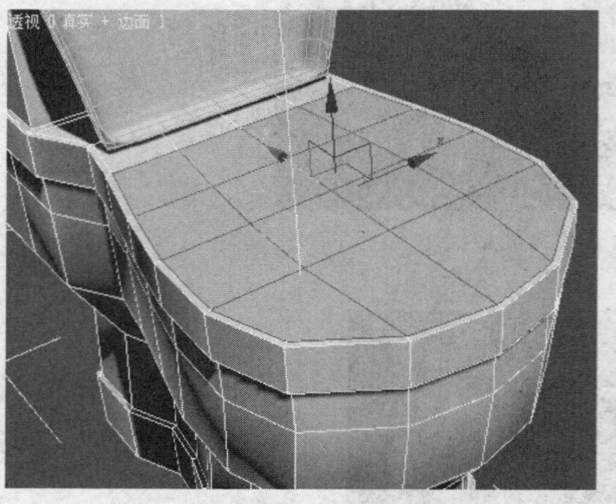

图 3-198 选中多边形

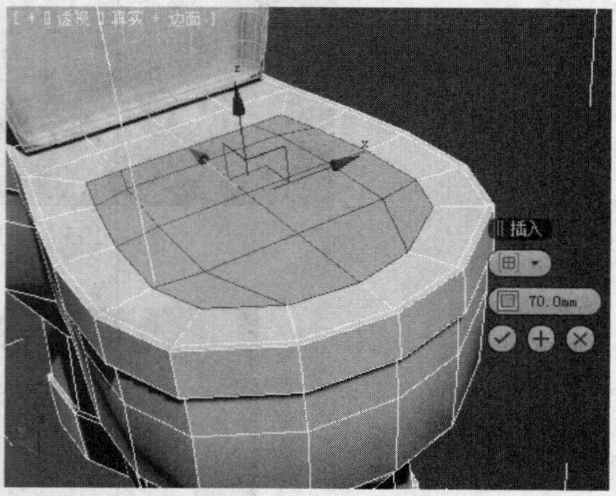

图 3-199 插入多边形面

（3）继续点击“挤出”旁的按钮，在弹出的“挤出多边形”对话框中设置“高度”值为-75，如图 3-200 所示。

（4）此时单击对话框中的“应用并继续”按钮，设置“高度”值为-50，应用后，执行“选中并均匀缩放”命令，在“透视图”中对 X、Y 轴进行放大。如图 3-201 所示。

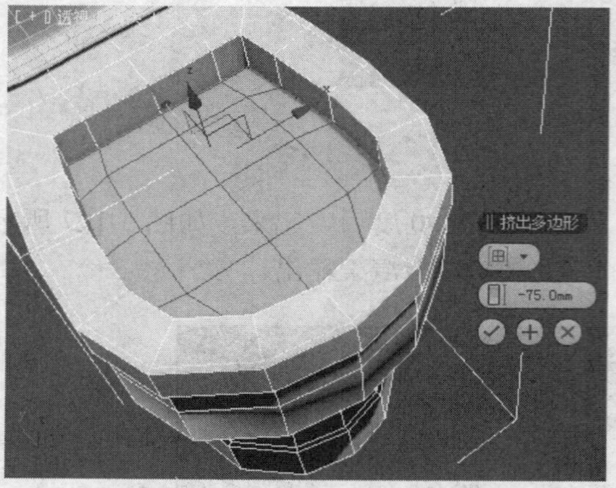

图 3-200 向下挤出多边形

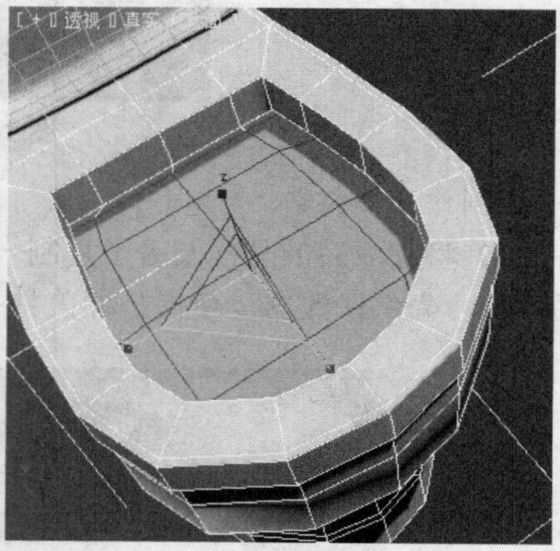

图 3-201 挤出并放大多边形

（5）继续执行“挤出”命令，设置“高度”值为-120，然后继续在“透视图”中对 X、Y 轴进行缩小，如图 3-202 所示。

（6）用同样的方法，再次挤出并缩小多边形，如图 3-203 所示。

（7）进入“可编辑多边形”的“点”次对象层级，选中底部中的点，点击“编辑点”卷展栏中的“切角”旁的按钮，调整“顶点切角量”，分裂该顶点，如图 3-204 所示。

（8）进入“多边形”次对象层级，选中分裂出来的多边形面，往左下挤出两次并旋转对象，如图 3-205 所示。

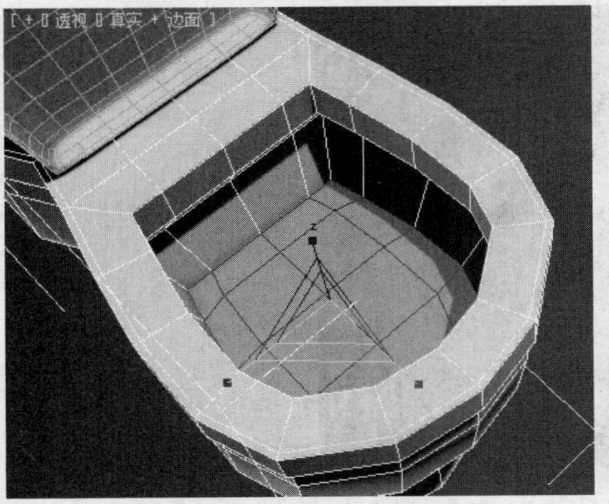

图 3-202　挤出并缩小多边形

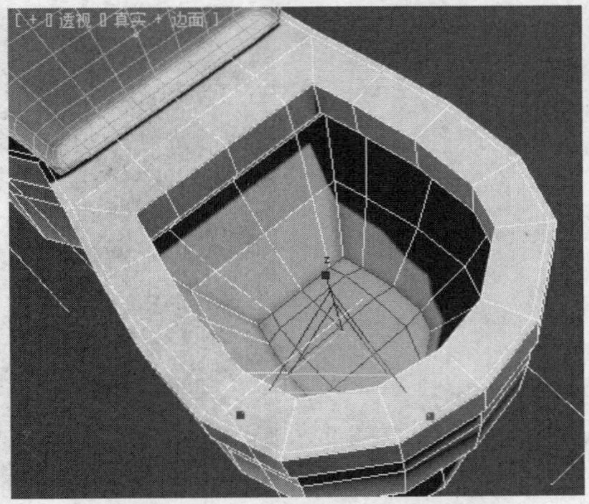

图 3-203　第四次挤出多边形

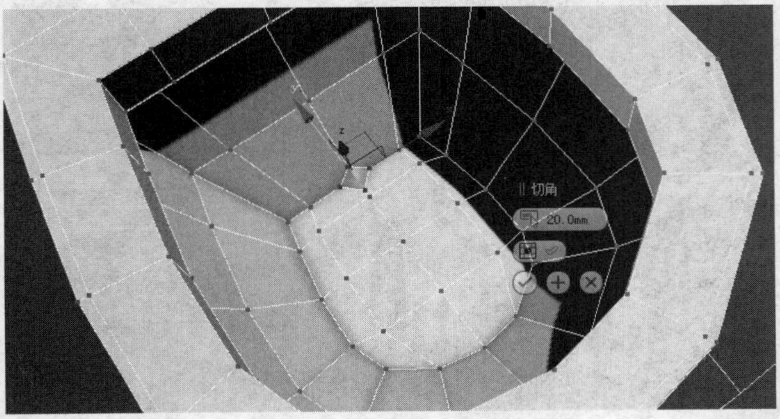

图 3-204　切角分裂顶点

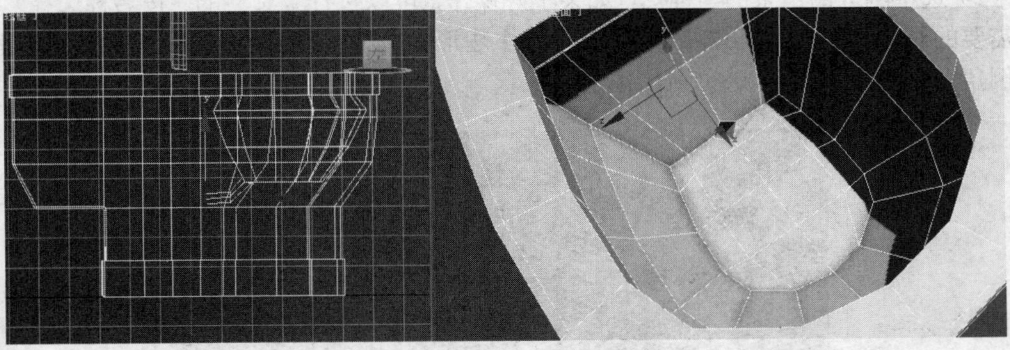

图 3-205　挤出漏水口

（9）至此，完成马桶内部的制作。添加“网格平滑”修改器后的效果如图 3-206 所示。

5. 制作马桶上边套

（1）选中马桶主体，在“修改”面板中回到的“可编辑多边形”层级，进入“多边形”次对象层级，选中上边缘的一圈多边形面，点击“编辑几何体”卷展栏中的“分离”按钮，在“分离”对话框中勾选“以克隆对象分离”复选框，如图 3-207 所示。

图 3-206 制作的马桶内部

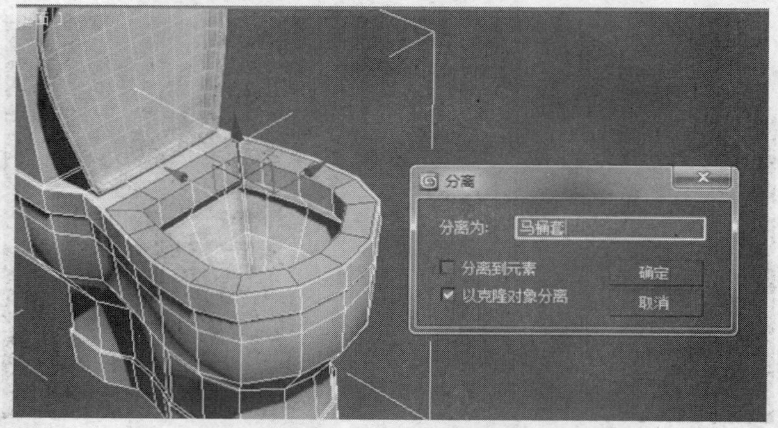

图 3-207 分离出马桶套

（2）选中刚分离出来的马桶套，如果不好操作，可以执行工具栏的“按名称选择”按钮，选择需要的对象。进入“可编辑多边形”的“多边形”次对象层级，选择所有的多边形面，执行“倒角”命令，如图 3-208 所示。

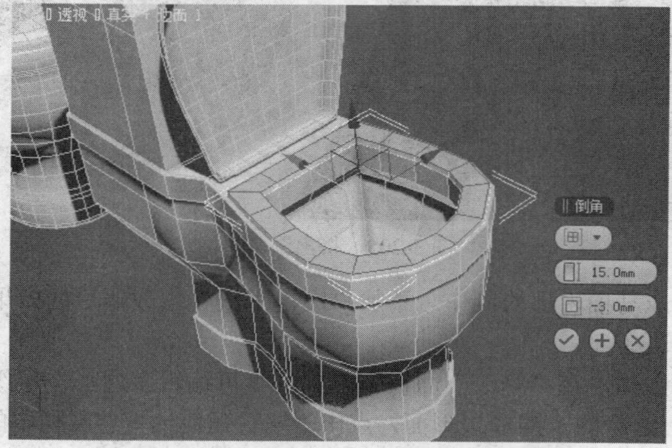

图 3-208 倒角多边形

（3）至此，马桶套完成。继续添加“网格平滑”修改器，设置“迭代次数”值为 2，效果如图 3-209 所示。

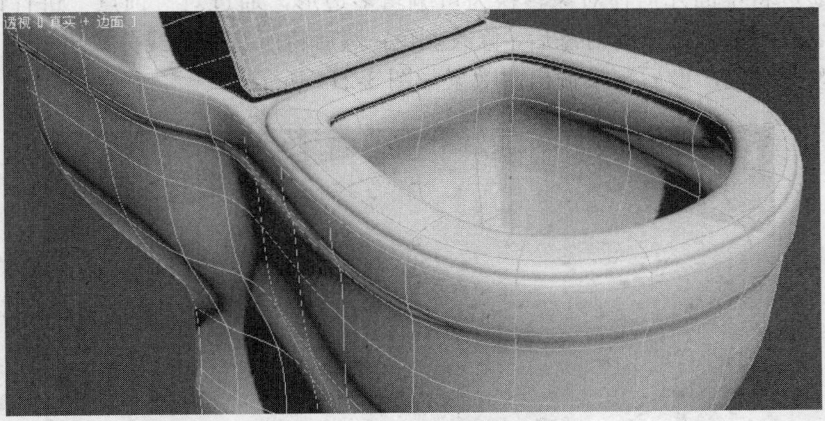

图 3-209　完成后的马桶套

（4）马桶的基本部件制作完成，最后完成效果如图 3-159 所示。有兴趣的读者可以自行完成水箱上面的出水开关按钮等效果。

3.5　拓展练习

练习一：杯子的制作

提示：通过绘制二维图形，车削后得到杯体部分，然后转换为可编辑多边形，通过沿样条线挤出，得到杯子的把手，最后再将挤出的多边形另一段边界“封口”后，再进行多边形的“桥”命令连接在一起。效果如图 3-210 所示。

图 3-210　杯子效果

练习二：地板格的制作

提示：通过将平面几何体对象转换为可编辑多边形，通过对“顶点”进行切角，将切角出来的小多边形面分离为克隆对象后，修改颜色；然后将所有的边线分离出来后改变颜色，将大多边形面改变颜色，最后渲染输出，效果如图 3-211 所示。

图 3-211 地板格效果

练习三：床垫的制作

提示：通过将平面几何体对象转换为可编辑多边形，选中所有多边形分别以边和面进行“细化”处理；将对角线上的顶点上移并切角处理；将边角的多边形进行倒角处理；最后将边界复制并扩大，然后向上和向下复制得到其厚度，最终效果如图 3-212 所示。

图 3-212 席梦思床垫效果

第4章　核心——材质的应用

本章将介绍3ds Max 2012在效果图制作过程中，通过颜色、自发光、凹凸程度、贴图等要素来模拟金属、玻璃、陶瓷、地板等真实物体的材质，以表现物体的质感与视觉效果。因此本章将主要介绍如何通过材质编辑器使物体表现的质感达到理想的状态，在本章的学习中，首先介绍材质编辑器的基本知识以及标准材质与常用材质的操作方法，然后将介绍常用贴图和贴图坐标的运用。

学习目标：

- 认识材质编辑器
- 掌握常用材质的类型及基本操作
- 掌握复合材质的类型
- 掌握常用贴图类型及其参数操作步骤
- 掌握贴图坐标的设置

任务4.1　制作茶盘中各物体材质

4.1.1　效果展示

本任务主要通过茶盘中不同物体的材质表现效果，掌握基本材质中常见的陶瓷、塑料、玻璃、金属材质的参数设置方法，最终效果如图4-1所示。

图4-1　茶盘中各物体材质

4.1.2 知识点介绍——标准材质

在 3ds Max 2012 中，系统提供了“材质编辑器”和“材质/贴图浏览器”用于材质的调节和设置。在以下的章节中，将介绍如何将材质指定给对象、如何创建基本材质以及如何创建几种高级材质。

为了更好地学习本章的内容，下面将简单介绍材质和贴图的概念。

材质主要用于表现物体的颜色、质地、纹理、透明度和光泽等属性，依靠各种类型的材质可以制作出现实世界中的任何物体。有了材质，我们可以使苹果显示为红色，使桔子显示为橙色，还可以为铝合金添加光泽，为玻璃添加抛光效果。材质可以使一些生硬的模型变得生机勃勃，可以使场景看起来更加真实。

贴图则是物体材质表面的纹理。贴图和材质是紧密相连的。贴图是为材质服务的，利用贴图可以在不增加模型复杂程度的条件下突出表现对象的细节，它最大的用途就是提高材质的真实程度。贴图还可以用于创建环境和灯光投影效果，以及创建反射、折射、凹凸、镂空等多种效果。

通过贴图可以增加模型的质感，完善模型的造型，使创建的三维场景更接近于现实。贴图的类型也很多，最常用的是位图，也就是木纹、金属、花纹、布纹等图片，可以用它们制作出各种质感的材质。

了解了材质和贴图的概念以后，接下来学习材质的制作方法。

1. 材质制作的一般思路

材质是一个相对独立的板块，其制作目的就是要使模型反映出它在现实生活中所表现的效果，制作材质的一般思路如下。

（1）使材质示例窗处于活动状态，并输入所要制作材质的名称。

（2）选择材质类型，如果是制作标准或光线跟踪材质，就需要选择明暗器类型。

（3）设置各种材质属性，包括漫反射颜色、光泽度和不透明度等。

（4）将贴图指定给要设置贴图的贴图通道，并调整其参数。

（5）将材质指定给对象。

2. 材质编辑器

对模型表面材质进行编辑是在材质编辑器中进行的，因此，要对模型进行材质编辑，首先需要认识并掌握材质编辑器。用户可以通过如下几种方式打开材质编辑器。

- 单击主工具栏上的“材质编辑器”按钮。
- 选择“渲染”→“材质编辑器”→“精简材质编辑器”菜单命令。
- 按快捷键【M】。

执行以上任何一种操作后，即可打开“材质编辑器”对话框，其中主要包括“菜单栏”、“材质示例窗”、“材质球”、“工具栏”、“工具列”以及参数卷展栏，如图 4-2 所示。

（1）菜单栏。

菜单栏提供了关于制作材质的所有命令，这些命令对应中的快捷按钮都位于“工具栏”、“工具列”中。

（2）材质示例窗。

材质示例窗的主要作用是实现材质的预览效果，它位于示例列表框中。系统默认的状态下，示例列表框中只显示 6 个材质示例窗，用户可以根据需要增加它的显示数量。操作步骤如下：

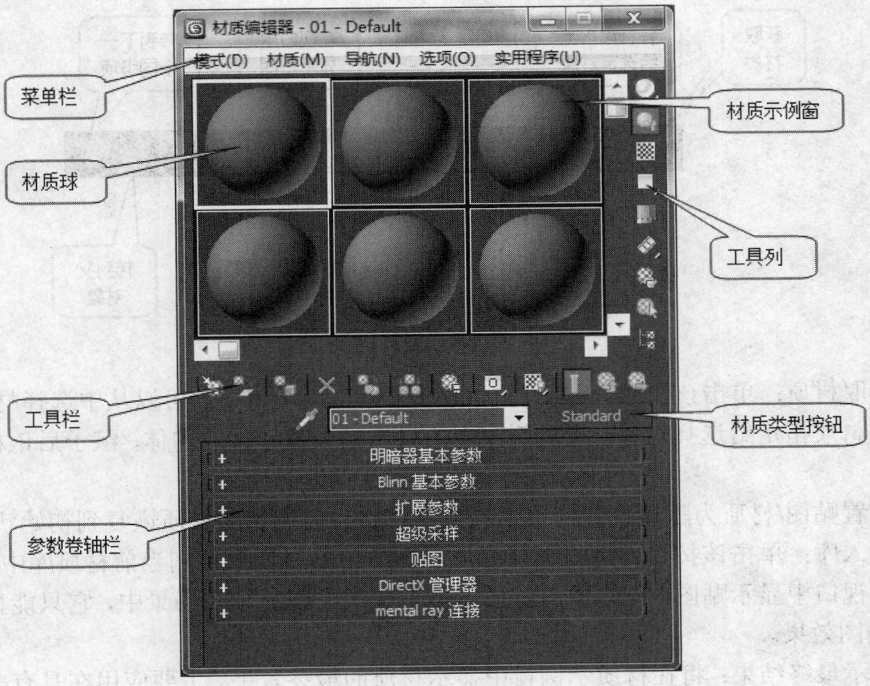

图 4-2　材质编辑器

1）打开“材质编辑器”，在材质示例列表中选择一个材质示例窗，右击鼠标，在弹出的快捷菜单中选择“6*4 示例窗”命令，如图 4-3 所示。

2）此时示例列表中将显示 24 个材质示例窗。

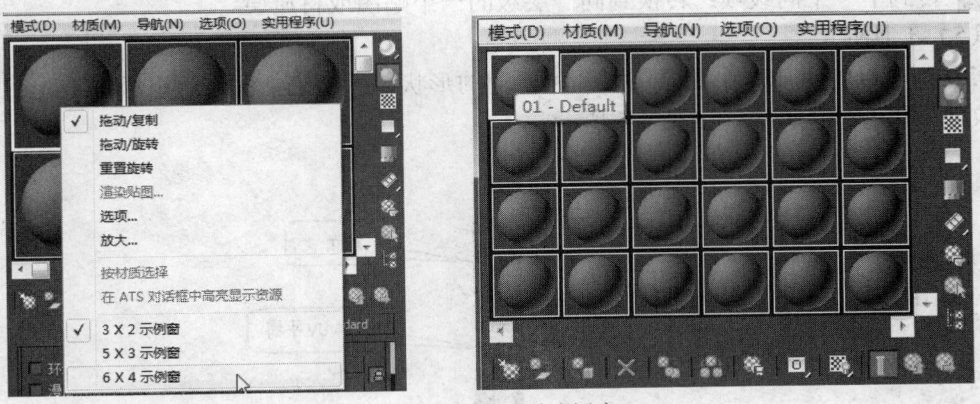

图 4-3　增加材质示例窗

（3）材质球。

材质球用于显示材质的最终效果，一个材质对应一个材质球。材质球越大，显示的材质越清晰，在材质示例窗上双击，会弹出一个单独的示例窗，将光标放到窗口的边缘可以缩放窗口的大小。

（4）工具栏。

工具栏主要是执行材质的相关编辑，将制作完成的材质赋予给场景中的物体，如图 4-4 所示。

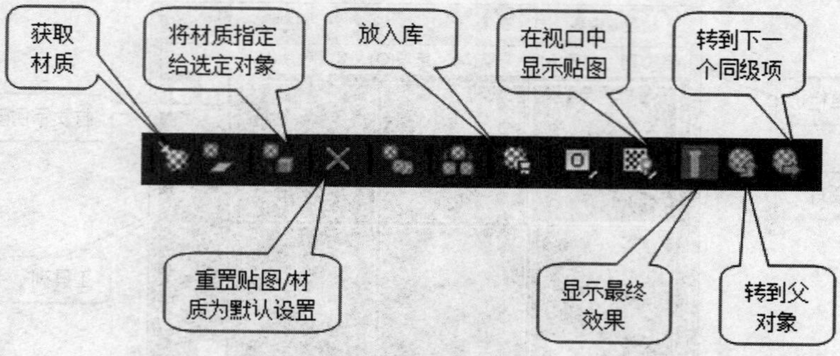

图 4-4　工具栏

获取材质：单击该按钮，弹出“材质/贴图浏览器”窗口，可以从中选择材质和贴图。

将材质指定给选择对象：将示例窗中的材质赋予被选择的物体，赋予后该材质会变为同步材质。

重置贴图/材质为默认设置：单击该按钮，将当前编辑的材质恢复到初始状态。

放入库：单击该按钮，可将当前材质示例窗中的材质保存到当前材质库中。

在视口中显示贴图：可将当前材质示例窗中的贴图显示在场景中，它只能显示当前材质的一种贴图效果。

显示最终结果：将在材质示例窗中显示材质的最终效果。主要应用在具有多维材质及多个层级嵌套的材质中。当对某个层级的材质或贴图进行设置后想知道此种设置对最后的材质结果起到的影响，单击此按钮即可显示最终效果。系统默认为关闭状态，示例窗显示当前层级的材质效果。

转到父对象：返回到材质编辑器的上一个层级。

转到下一个同级项：转换到同一层级的一个贴图或材质层。

（5）工具列。

工具列可以将材质球中的贴图以几种不同的形状显示出来，并且可以很好地观察物体材质的纹理效果和颜色效果，如图 4-5 所示。

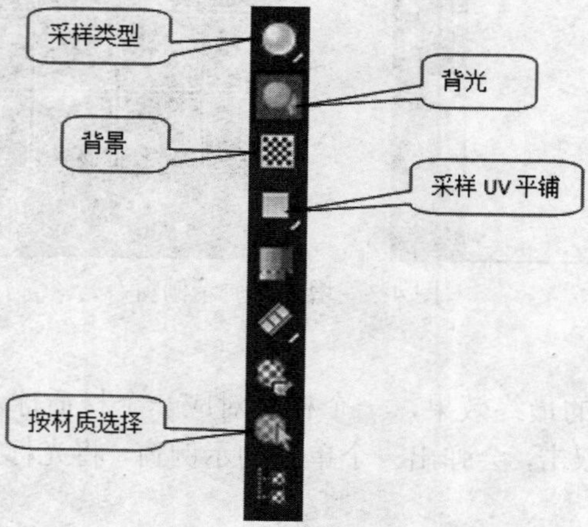

图 4-5　工具列

采样类型：用于控制材质球的形态，该按钮具有两个隐藏按钮，可以将材质球的形态显示为圆柱体和方体。

背光：为材质球添加背光效果。

背景：可使材质球的背景变为彩色的方格背景，便于观察到类似玻璃与金属这样的材质效果。

采样 UV 平铺：用于测试贴图的重复效果，只改变材质球的显示效果，对场景中的物体没有影响。

按材质选择：单击该按钮，会弹出“选择对象”对话框，可以选中场景中具有相同材质的物体，功能与“按名称选择”按钮一致。

（6）材质类型选项。

从对象拾取材质：单击该按钮后，鼠标光标变为形状，将光标移到具有材质的物体上单击，该物体的材质会被选择到当前的材质球中，可对该材质进行修改与编辑。

01 - Default：可以为编辑好的材质命名。

Standard：单击该按钮，会弹出“材质/贴图浏览器”窗口，从中可选择各种材质和贴图类型，如图 4-6 所示。

图 4-6　材质/贴图浏览器

提示　“材质/贴图浏览器”对话框主要用于选择和管理场景中的材质与贴图。当一个场景较复杂时，材质编辑器中的材质示例窗不能将所有材质都显示出来，此时就可以通过“材质/贴图浏览器”对话框中的材质和贴图进行管理。在材质编辑器的工具栏中单击“获取材质”按钮也可打开“材质/贴图浏览器”对话框。

（7）参数卷展栏。

参数卷展栏用来控制当前所编辑材质的属性和特性，用户主要在其中的“明暗器基本参数”、“扩展参数”等卷展栏中进行设置，相关知识将在后面进行详细讲解。

3. 制作标准材质

在材质的制作过程中，最常用的材质就是标准材质，它是系统默认的材质类型。在制作材质时，通常需对其亮度、阴影和颜色等参数进行设置，这些参数设置都是在参数卷展栏的各项中进行的，下面就介绍几种常用的卷展栏。

（1）“明暗器基本参数”卷展栏。

在“明暗器基本参数”卷展栏中的参数用于设置材质的明暗效果以及渲染形态，如图 4-7 所示。

明暗类型下拉列表框：用于选择材质的渲染属性。3ds Max 2012 明暗参数下拉列表中有 8 种不同的明暗类型，如图 4-8 所示。其中“各向异性”、“Blinn”、“金属”和“Phong”是比较常用的材质渲染属性。

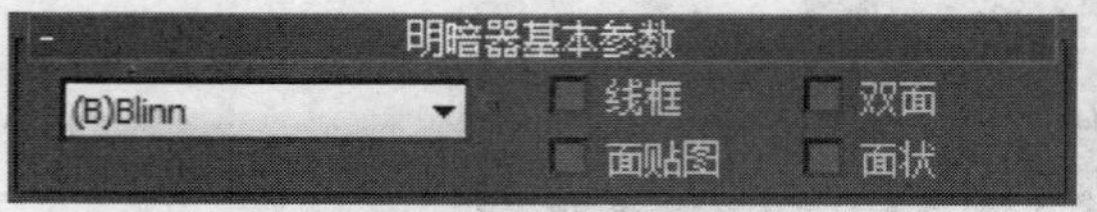

图 4-7 “明暗器基本参数”卷展栏

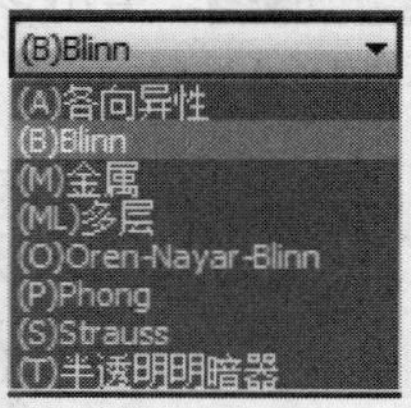

图 4-8 明暗类型

各向异性：用于调节可见高光尺寸的差值，产生“叠光”的高光效果。多用于椭圆表面的物体，可用来表现陶瓷、玻璃、油漆等材质表面的质感。

Blinn：以光滑方式进行表面渲染，主要用来表现塑料类材质，是 3ds Max 2012 默认的渲染属性。

金属：专用金属材质，可表现出金属的强烈反光效果。

多层：与“各向异性”明暗器相似，但它具有一套两个反射高光的控件，以分层高光形式来创建复杂高光，适合做抛光的表面和特殊效果等。

Oren-Nayar-Blinn：它包含附加的“高级漫反射”控件、漫反射强度和粗糙度，使用它可以生成无光效果，适合做表面较为粗糙的物体，如织物和地毯等效果。

Strauss：它与“金属”相似，多用于表现金属，如光泽的油漆和光亮的金属等效果。

半透明明暗器：专用于制作物体半透明效果，用于表现光线穿过半透明物体，如窗帘、透明玻璃等效果。

线框：勾选该项后，物体将以线框的形态在场景中显示，如图 4-9 所示。线框的粗细可以通过“扩展参数”卷展栏中调整“大小”的参数来实现，如图 4-10 所示。

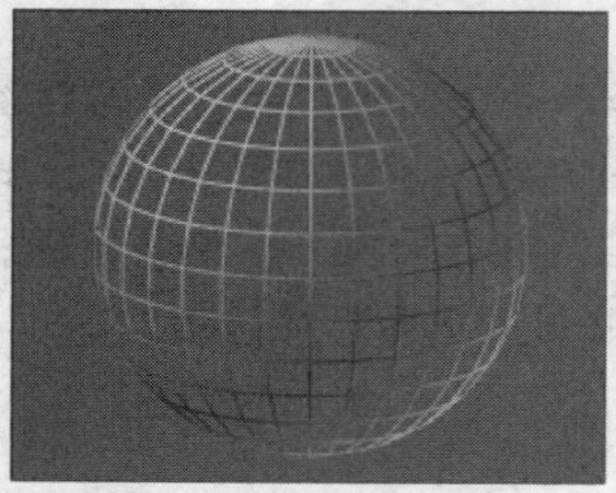
图 4-9 线框效果

图 4-10 调整线框大小

双面：勾选该项后可将物体的正反两面在场景显示，由于法线的指向不同，物体会分为正反两面，单面材质反面不赋予材质，所以渲染后的效果会出现丢失面的情况，如图 4-11 所示。勾选双面后的效果如图 4-12 所示。

图 4-11　未勾选双面效果

图 4-12　勾选双面效果

面贴图：勾选该项可将材质赋予物体的每个表面，如图 4-13 和图 4-14 所示。

图 4-13　未勾选面贴图

图 4-14　勾选面贴图

面状：勾选该项可在物体表面产生块面效果，如图 4-15 和图 4-16 所示。

图 4-15　未勾选面状

图 4-16　勾选面状

（2）“基本参数”卷展栏。

“基本参数”卷展栏用于调整材质的颜色、反光度、反光强度、自发光属性和透明度等，并制定用于材质各种组件的贴图。“基本参数”卷展栏中的参数不是一直不变的，不同的明暗器对应不同的参数，但大部分参数都是相同的。这里以常用的“Blinn”明暗器对应的“Blinn 基本参数”卷展栏为例来介绍其参数面板中的参数含义及设置方法，如图 4-17 所示。

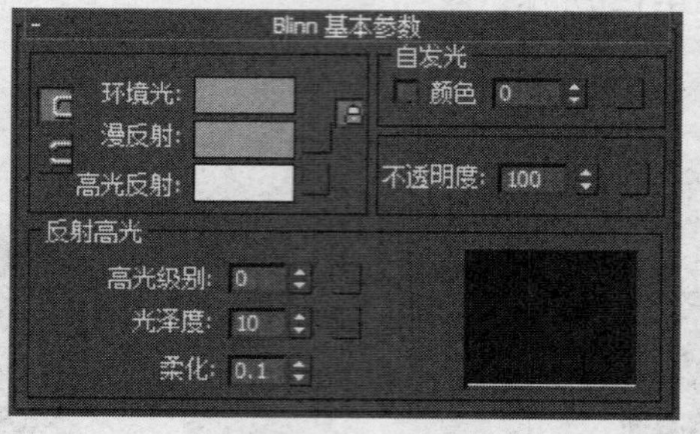

图 4-17　“Blinn 基本参数”卷展栏

环境光：用于设置物体阴影部分的颜色，与“漫反射”相互锁定，改变一个颜色，另一个也会随着改变。

漫反射：用于设置物体在受光后经过反射所呈现出来的颜色。

高光反射：指物体受光产生的最亮部分的颜色。

单击这 3 个参数右侧的颜色框，会弹出“颜色选择器”对话框，如图 4-18 所示，设置好合适的颜色后单击“确定”按钮即可。若单击“重置”按钮，设置的颜色数值将回到初始位置。对话框右侧用于设置颜色的红、绿、蓝值，可以通过数值来设置颜色。

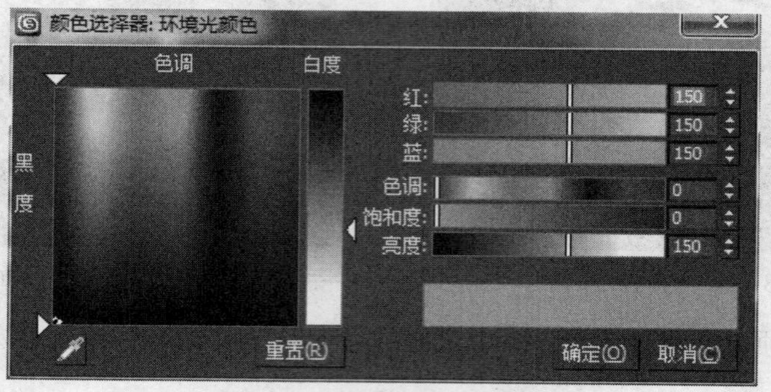

图 4-18　“颜色选择器”对话框

锁定按钮：单击锁定按钮可将“环境光”和“漫反射”锁定起来，使其有相同的贴图。

无按钮：单击可弹出“材质/贴图浏览器”对话框来为其赋予材质。

自发光：用于制作物体本身发光效果，例如筒灯、灯泡等自发光的物体。该参数可以在数值框中输入数值，此时“漫反射”将作为自发光色。也可以选择左侧的复选框，使数值框变为颜色框，然后单击颜色框选择自发光的颜色。这种自发光效果只是一种颜色效果，而不是真正意义上的光源，其不会发光照亮其他物体。

不透明度：用来设置物体的透明度，默认值为 100，表示完全不透明，值为 0，表示完全透明。

高光级别：用来设置物体高光强度。值越大，高光的强度就越大，反之则越小。

光泽度：用于设置物体高光区域的大小，值越大，高光区域越小。

柔化：具有柔化的高光效果，使高光变得柔和，模糊。适合对反光面较强的材质进行“柔化”处理。

（3）“贴图”卷展栏

贴图卷展栏中提供了多种贴图通道，用于调整材质贴图的“环境光颜色”、“漫反射颜色”、“自发光”、“不透明度”等参数。可以根据材质的不同属性和性质进行设置，来达到真实的材质效果，如图 4-19 所示。

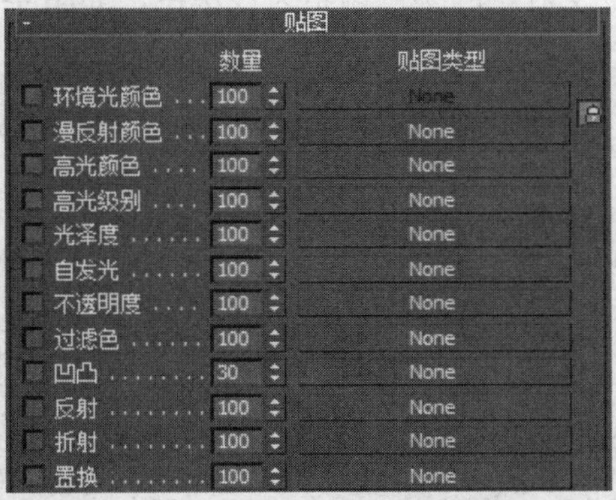

图 4-19　“贴图”卷展栏

在贴图卷展栏中有部分贴图通道与前面基本参数卷展栏中的参数对应。在基本参数卷展栏中可以看到有些参数的右侧都有一个▢按钮，这和贴图通道中的 None 按钮的作用相同，单击后都会弹出“材质/贴图浏览器”对话框，如图 4-20 所示。在“材质/贴图浏览器”对话框中可以选择贴图类型。贴图通道的操作请看本章 4.3 节。

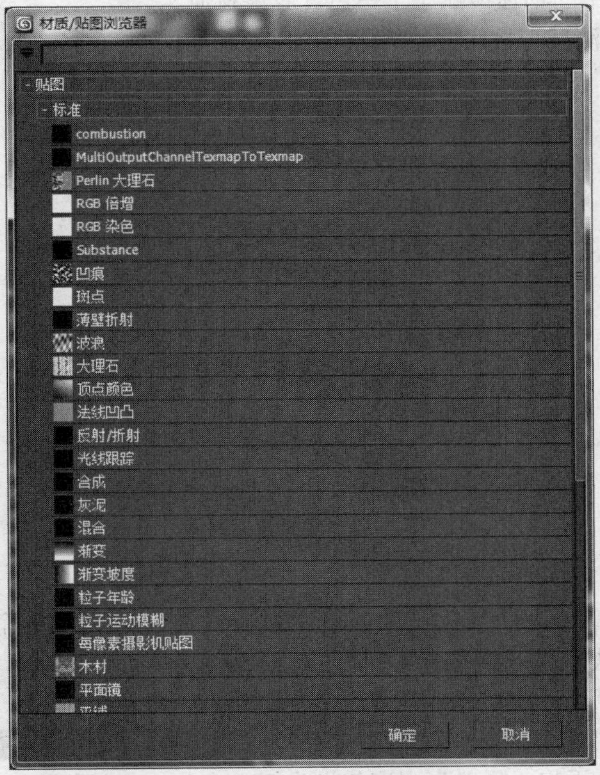

图 4-20　“材质/贴图浏览器”对话框

4.1.3 任务实施

1. 设置白色乳胶漆

（1）单击“材质编辑器”按钮，打开“材质编辑器”，选择一个材质球，在名称框中输入“白色乳胶漆”，将“漫反射”的颜色调整为浅灰色，如图 4-21 所示。

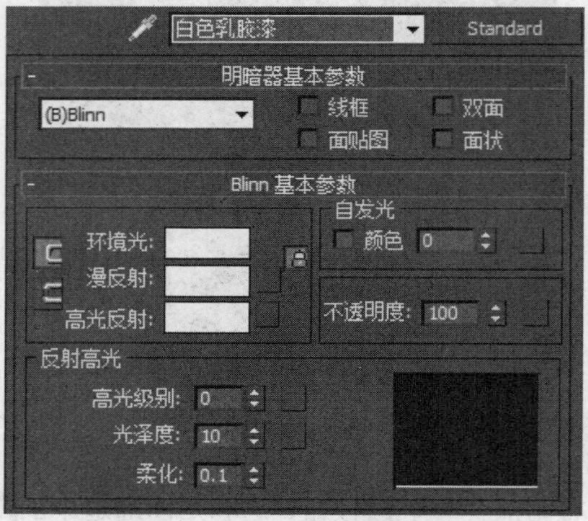

图 4-21　白色乳胶漆参数

（2）选择场景中的墙面物体，再选中“白色乳胶漆”材质球，单击“将材质指定给选定对象”按钮，场景中的物体被赋予了白色乳胶漆材质。

（3）单击“渲染测试”按钮，效果如图 4-22 所示。

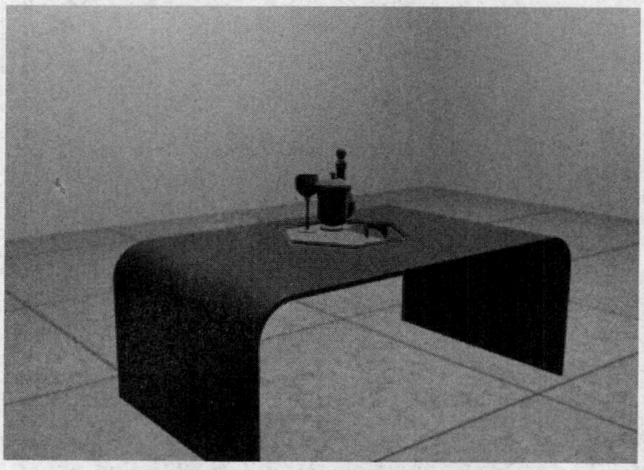

图 4-22　墙面效果测试

2. 设置陶瓷材质

（1）单击“材质编辑器”按钮，打开“材质编辑器”，选择一个材质球，命名为“白色陶瓷”，选择“明暗类型”下拉列表框中的“各向异性”，将“漫反射”的颜色框调整为白色，再将“高光级别”和“光泽度”分别设置为 200、90，如图 4-23 所示。

（2）展开“贴图”卷展栏，勾选“反射”，单击 None 按钮，为物体添加一个“衰减”贴图，再将“反射”强度值设为 30，如图 4-24 所示。

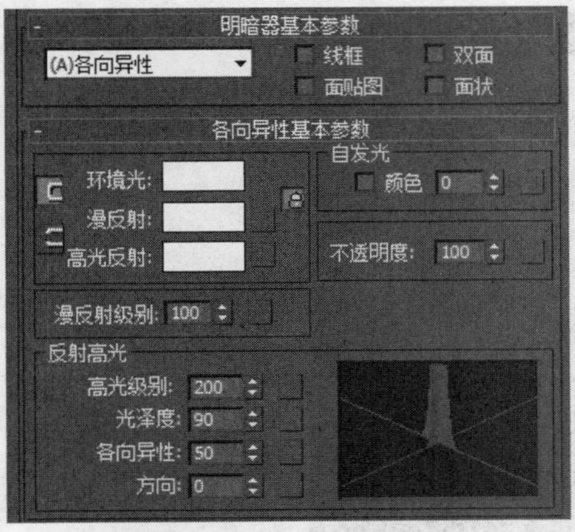

图 4-23　陶瓷材质基本参数

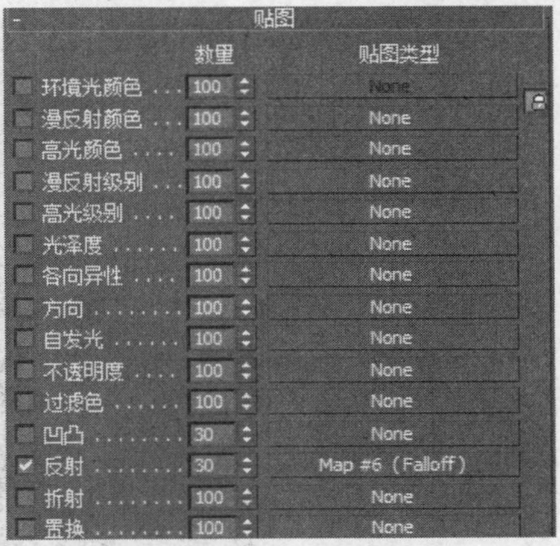

图 4-24　贴图通道参数

（3）单击按钮，将材质赋予陶瓶，单击按钮，进行渲染测试，效果如图 4-25 所示。

图 4-25　陶瓶效果

3. 设置塑料材质

（1）单击“材质编辑器”按钮，打开“材质编辑器”，选择一个材质球，命名为“塑料”，选择“明暗类型”下拉列表框中的“各向异性”选项。

（2）将“漫反射”的颜色设置为灰色，“高光反射”的颜色设置为白色，“高光级别”和“光泽度”的值分别为 140、60，并将“各向异性”的值设为 90，如图 4-26 所示。

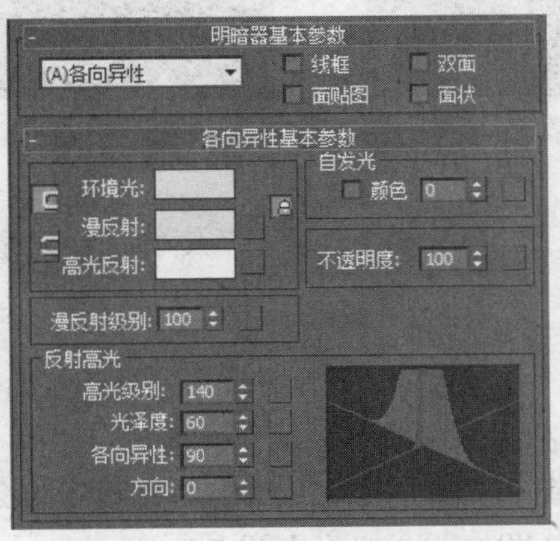

图 4-26　塑料材质基本参数

（3）单击按钮，将材质赋予食品夹，单击按钮，进行渲染测试，效果如图 4-27 所示。

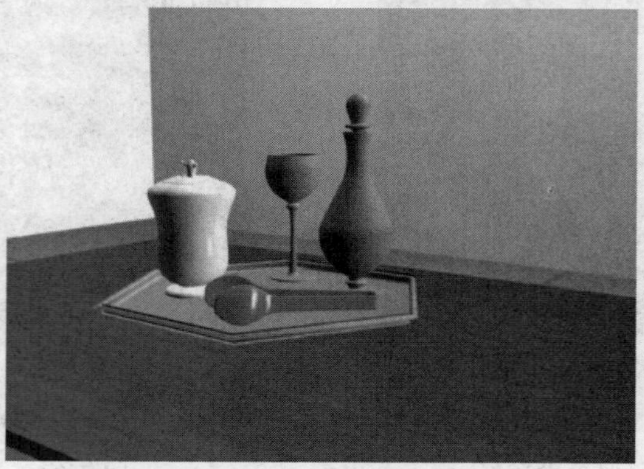

图 4-27　食品夹效果

4. 设置玻璃材质

（1）单击“材质编辑器”按钮，打开“材质编辑器”，选择一个材质球，命名为“玻璃”，然后单击 Standard 按钮，在弹出的“材质/贴图浏览器”对话框中双击“光线跟踪”选项。

（2）单击“漫反射”的颜色框，将颜色调整为白色，单击“透明度”的颜色框，将颜色调整为白色。

（3）设置“高光级别”值为 200，“光泽度”值为 90，如图 4-28 所示。

（4）单击按钮，将材质赋予玻璃杯，单击按钮，进行渲染测试，效果如图 4-29 所示。

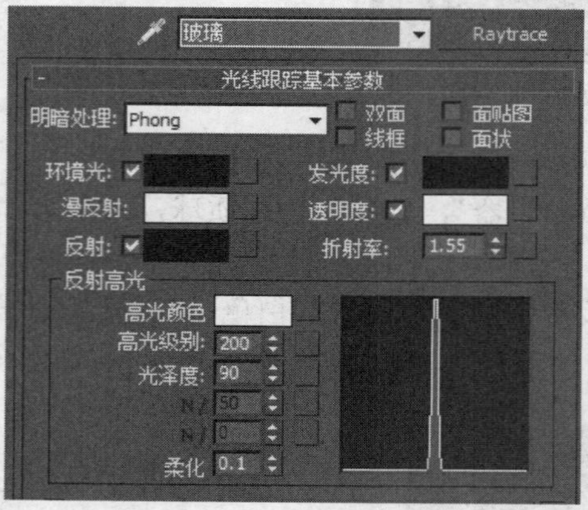

图 4-28　玻璃参数

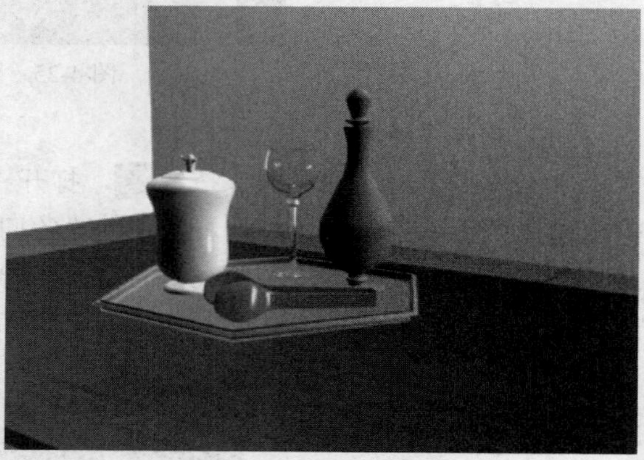

图 4-29　玻璃杯效果

提示　若想改变玻璃的颜色，可以调整“漫反射”和“透明度”的颜色。

5. 设置金属材质

（1）单击“材质编辑器”按钮，打开“材质编辑器”，选择一个材质球，命名为“金属”，选择“明暗类型”下拉列表框中的“金属”选项。

（2）单击“漫反射”的颜色框，将红、绿、蓝分别设置为 227、191、46，单击“高光级别”和“光泽度”分别设置为 80、70，如图 4-30 所示。

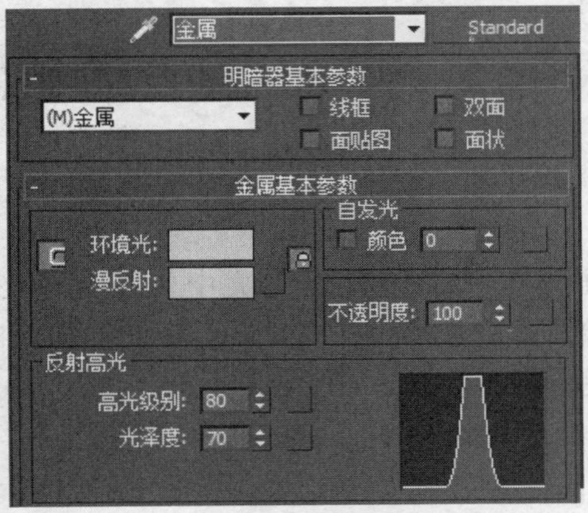

图 4-30 金属材质基本参数

（3）展开“贴图”卷展栏，勾选“反射”，单击 None 按钮，为物体添加一个“光线跟踪”贴图，再将“反射”强度值设为 80，如图 4-31 所示。

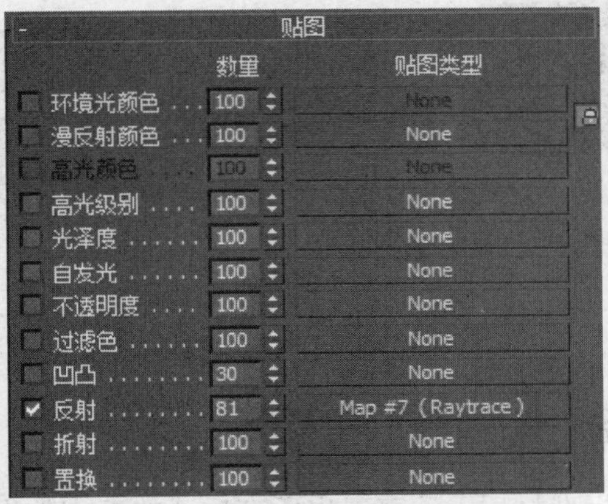

图 4-31 贴图通道参数

（4）单击按钮，将材质赋予茶盘、金属瓶，单击按钮，进行渲染测试，效果如图 4-32 所示。

图 4-32 茶盘、金属瓶效果

任务 4.2　制作组合沙发材质效果

4.2.1　效果展示

本任务主要是利用多维/子对象材质对组合沙发中单人沙发、三人沙发不同的材质对象，沙发靠背、坐垫、抱枕、沙发脚赋予不同材质效果，其中多维/子对象材质的各个子材质的制作主要通过建筑材质来表现，最终效果图如图 4-33 所示。

图 4-33　沙发材质效果

4.2.2　知识点介绍——复合材质

在制作材质时，通过标准材质无法表现出所有质感的真实效果，如玻璃、皮革等。而利用复合材质可以制作由两种或两种以上的材质相互融合、交错而形成的材质效果，可以使物体的表面呈现多种不同的纹理效果，这一点是标准材质所不能表现的。在 3ds Max 2012 中常用的复合材质有光线跟踪材质、混合材质、多维/子对象材质等。

打开“材质编辑器”后，单击 Standard 按钮可以打开“材质/贴图浏览器”对话框，双击一种高级材质即可将其应用到材质示例窗中。

1. 光线跟踪材质

光线跟踪材质是一种高级材质类型，它是除标准材质以外使用最多的材质类型，其功能非常强大，不仅包含了标准材质的所有特点，并且能真实反映光线的反射和折射，适合创建半透明、荧光以及其他的特殊效果。

（1）光线跟踪材质的基本参数。

“光线跟踪基本参数”卷展栏主要用于控制材质的颜色、反射、折射及凹凸等属性，该卷展栏中的基本参数与标准材质的基本参数相似，如图 4-34 所示。

单击明暗处理下拉列表框，会发现光线跟踪材质只有 5 种明暗方式，分别是“Phong”、“Blinn”、“金属”、“Oren-Nayar-Blinn”和“各向异性”，这 5 种方式的属性和用法与标准材质中相同。

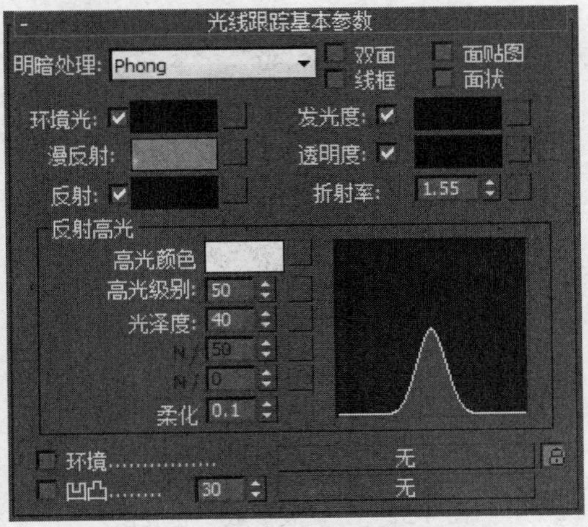

图 4-34　“光线跟踪基本参数”卷展栏

环境光：与标准材质环境光作用不同，对于光线跟踪材质，该环境光用于控制环境光的吸收系数，即该材质吸收多少环境光。

漫反射：物体受光后所呈现的颜色，即固有色。

反射：设置物体高光反射的颜色。若“反射”后的色块设置为白色，则物体表现为全反射，这种情况下看不到物体本身的固有色，可以用来制作镜面、不锈钢等材质。

发光度：功能类似于标准材质中的“自发光”，也可制作自发光的物体。

透明度：可以调整物体的透明度，是通过过滤来表现出的颜色。若“透明度”颜色为白色则完全透明，若“透明度”颜色为黑色则完全不透明。

折射率：决定材质折射率的强度。调整该数值能真实反映物体对光线折射的不同折射率。值为 1 时是空气的折射率，值为 1.5 时是玻璃的折射率。

- 反射光参数栏用于设置物体反射区的颜色和范围。

高光颜色：用于设置高光反射的颜色。

高光级别：用于设置反射光的范围。

光泽度：用于决定发光的强度，数值在 0～200。

柔化：用于对反光区域进行柔化处理。

环境：选中时，将使用场景中设置的环境贴图；未选中时，将为场景中的物体指定一个虚拟的环境贴图，这会忽略掉在环境和效果对话框中设置的环境贴图。

凹凸：设置材质的凹凸贴图，与标准材质中“贴图”卷展栏中的“凹凸”贴图相同。

（2）光线跟踪材质的扩展参数。

- “扩展参数”卷展栏主要用于控制材质的特殊效果、透明度属性以及高级反射率等，如图 4-35 所示。

附加光：用于模拟一个物体放射到另一个物体上的光。

半透明：用于创建半透明效果。对于薄的对象，产生的效果可能会像在白纸后面点一盏灯。对于厚的对象，可用于制作类似蜡烛或有雾的玻璃效果。

荧光和荧光偏移：“荧光”使材质发出类似黑色灯光下的荧光颜色，它将引起材质被照亮，就像被白光照亮，而不管场景中的光颜色。而“荧光偏移”决定亮度的程度，1 表示最亮，0 表示不起作用。

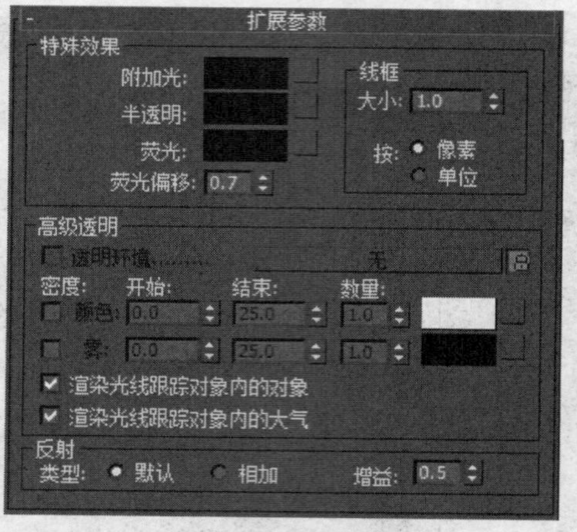

图 4-35 “扩展参数”卷展栏

“高级透明”复选框：类似于环境贴图，但这个复选框是专门用做透明效果的，只有将后面的锁定取消后该复选框才可用。

“密度”栏：用于控制物体的透明效果，“颜色”复选框用于设置物体的透明颜色，即用于制作透明物体内部颜色，“雾”复选框用于产生透明物体内部的雾状物体，如烟或透明灯泡里的雾灯。

“反射”栏：用于控制反射效果，当选择“默认”单选项后，反射将使用漫反射颜色分层。选中“相加”单选项后，反射会加到漫反射颜色上。“增益”数值框用于控制反射的亮度，默认设置为 0.5，值越小，反射越亮，当值为 1 时，将没有反射。

下面以镜面材质的制作为例简单介绍光线跟踪材质应用方法。

1）打开光盘中的“镜面材质.max”文件，单击“材质编辑器”按钮，打开“材质编辑器”，选择一个材质球，命名为“镜面”，单击 Standard 按钮，在弹出的“材质/贴图浏览器”对话框中双击“光线跟踪选项”。

2）在“明暗处理”下拉列表框中选择“金属”，将“漫反射”的颜色设置为白色，再将“反射”的颜色调整为白色，最后设置“高光级别”值为 200，“光泽度”的值为 90，如图 4-36 所示。

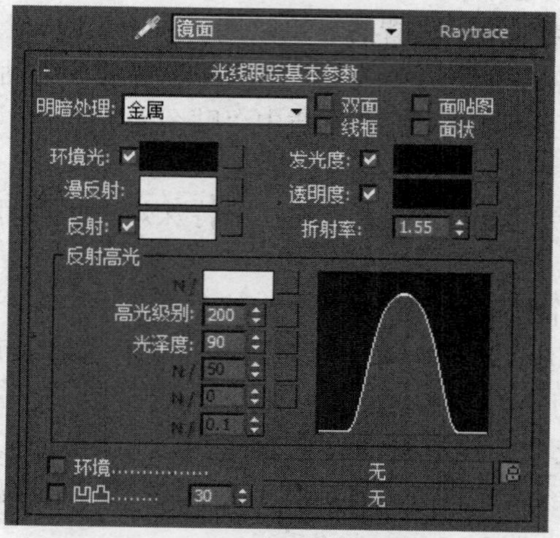

图 4-36 镜面材质参数

3）选择场景中的墙面，单击按钮，将材质赋予墙面，单击按钮，进行渲染测试，效果如图 4-37 和图 4-38 所示。

图 4-37　未赋予镜面材质

图 4-38　赋予镜面材质

2. 高级照明覆盖材质

高级照明覆盖材质是基于光能传递渲染方式而存在的，可将其看做是在标准材质的基础上添加一个表皮，并在表皮上设置更接近现实的物理属性，如反射、折射或发光等。

高级照明覆盖材质主要用于在光能传递过程中调整解决方案或在光线跟踪中调整材质属性，以产生特殊的效果，例如让自发光对象在光能传递中起作用。该材质对应的参数都位于“高级照明覆盖材质”卷展栏中，如图 4-39 所示。

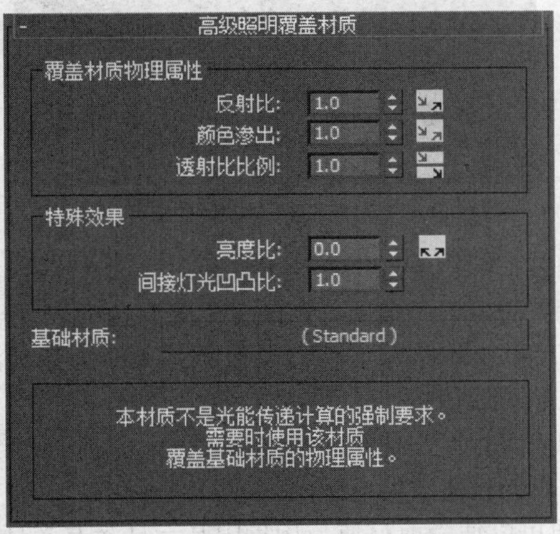

图 4-39　“高级照明覆盖材质”卷展栏

反射比：用来控制材质表面对光线的反射量，当值大于 1 时，物体表面受光后会产生大的反射，以增加周围环境的亮度，反之，则降低周围环境的亮度。

颜色溢出：用来增加或减少反射颜色的饱和度，当值大于 1 时，物体表面受光后会产生大的颜色溢出，反之则降低颜色溢出。

透射比比例：用来增加或减少材质透射的能量，该设置只对透明或半透明材质有效，当值大于 1 时，产生较大的透光性，反之则产生较小的透光性。

亮度比：用来控制标准材质中设置的自发光的缩放比，该值只能大于 0，不能小于 0。

间接灯光凹凸比：在间接照明区域中，用来控制基础材质的凹凸贴图效果，系统默认值为 1，当值为 0 时，对间接照明不产生凹凸贴图，增加间接灯光的凹凸比可以增强间接照明下的凹凸效果。

基础材质：单击其中的按钮可以返回标准材质的参数控制区。

3. 建筑材质

建筑材质是 3ds Max 中一个十分优秀的材质，通过它不但可以轻易制作出需要的材质，而且它还将高级照明覆盖材质整合进来，使其功能更加强大。

建筑材质提供了多种已经设置好基本参数的模板，如木材、石材、金属、玻璃和塑料等。用户在创建新材质时，可以选择需要的模板，然后再“模板”、“物理属性”、“特殊效果”和“高级照明覆盖”卷展栏中进行简单的参数设置即可。

（1）“模板”和“物理性质”卷展栏。

在“模板”卷展栏中可以选择建筑材质的模板，而在“物理性质”卷展栏中可以调整在“模板”卷展栏中选择的建筑材质的属性，如图 4-40 所示。

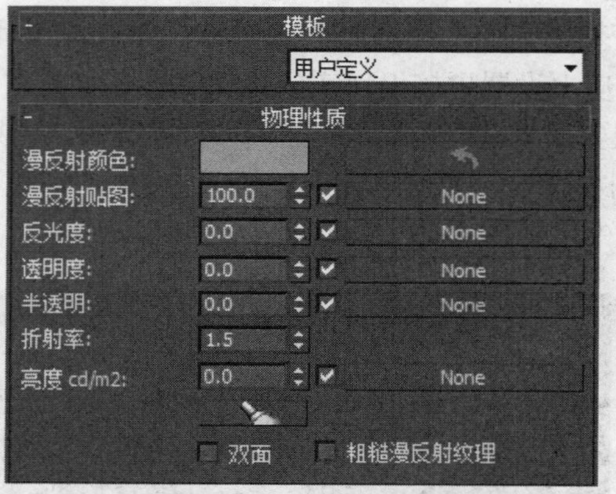

图 4-40 “模板”与“物理性质”卷展栏

“用户定义”下拉列表框：用于选择需要的模板。

漫反射颜色：用于设置漫反射颜色，即材质在灯光直射时表现出来的颜色。

按钮：单击该按钮可将漫反射颜色更改为当前漫反射贴图中颜色的平均值。只有为当前材质制定贴图后该按钮才可用。

反光度：表示材质的光滑程度，值越大越光滑。

亮度：表示材质的自发光程度。

按钮：该按钮可以使当前材质与场景中某一灯光发光亮度具有一样的强度效果。其方法为单击该按钮，在场景中选择需要的灯光即可。

“双面”复选框：选择该复选框后，即对选中的物体应用双面材质。

“粗糙漫反射纹理”复选框：选择该复选框后，可以取消材质的照明及曝光控制设置，纹理材质将与原始图像或颜色相吻合。

（2）“特殊效果”卷轴栏。

创建新的建筑材质或编辑现有材质时，可使用“特殊效果”卷展栏的参数来为材质加载贴图以及调整光线强度或透明度，如图 4-41 所示。在“特殊效果”卷展栏中主要通过贴图通道来加载贴图。

（3）“高级照明覆盖”卷展栏。

“高级照明覆盖”卷展栏用于在光能传递时设置材质的传递方案，如图 4-42 所示。因为建筑材质整合了高级照明覆盖材质，所以“高级照明覆盖”卷展栏中的各个参数与高级照明覆盖材质中的参数一致，这里不再进行讲解。

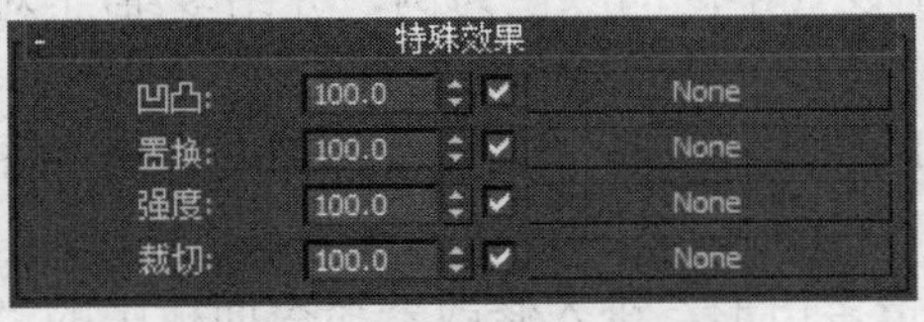

图 4-41　“特殊效果”卷展栏

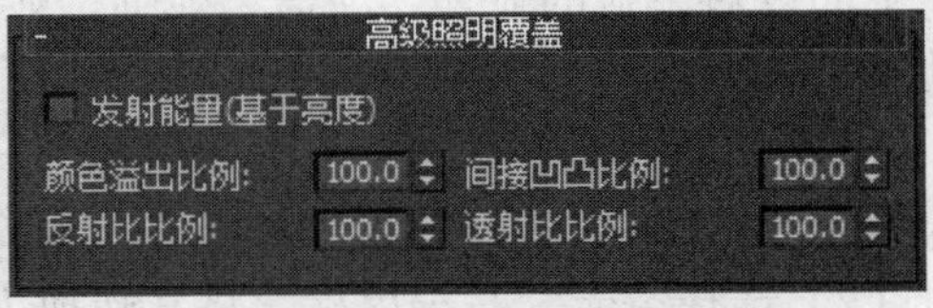

图 4-42　“高级照明覆盖”卷展栏

注意　建筑材质主要设置的是物理属性，因此它与光度学灯光和光能传递一起使用时，便能最逼真地表现物体材质效果。

4. 多维/子对象材质

在许多情况下都需要在一种物体上表现出不同的质感，例如茶几可能有一个金属桌脚底和一个木质桌脚。用标准材质，就需要创建多个材质，反复进行赋予材质的操作。如果需要的材质较多，可能产生混乱，而多维/子对象材质则避免了这种情况。

多维/子对象材质可以在一个材质球上赋予多种材质，使一个物体可以有多种材质。但每种材质需要设置其 ID 号，根据不同的 ID 号来对场景中物体赋予不同的材质，让每种材质都可以对号入座。多维/子对象材质对应的参数都位于“多维/子对象基本参数”卷展栏中，如图 4-43 所示。

设置数量：单击该按钮可弹出“设置材质数量”对话框，用于设置所选物体的材质数量，如图 4-44 所示。

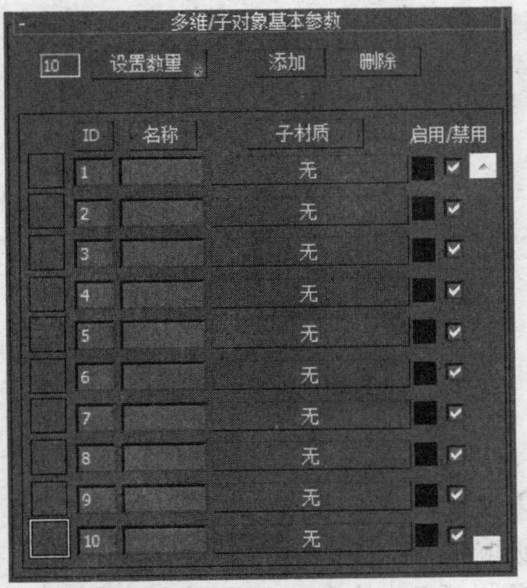

图 4-43　多维/子对象基本参数

图 4-44　设置材质数量

添加：单击该按钮可以增加子材质的数量。

删除：单击该按钮可以减少子材质的数量。

ID：子材质的编号。

名称：为了更好地区分每种材质，可以为子材质进行命名。

子材质：单击 无 按钮可以设置每种子材质参数。

■：单击该按钮可以弹出“颜色选择器”，若物体无需赋予材质，只需赋予颜色，则可在“颜色选择器”中为物体设置一个颜色。

下面以对茶壶的壶体、壶盖、壶嘴、壶把分别设置不同的颜色为例，介绍多维/子对象材质的应用方法。

（1）单击“创建”面板→“几何体”→“标准基本体”→“茶壶”按钮，在透视图中创建一个茶壶对象。

（2）选择茶壶，右击鼠标，将其转换为可编辑多边形，进入修改器命令面板中的“多边形”子对象，选中壶嘴、壶把，如图 4-45 所示。在“多边形：材质 ID”卷展栏中设置 ID 为 1，敲击【Enter】键结束，如图 4-46 所示。

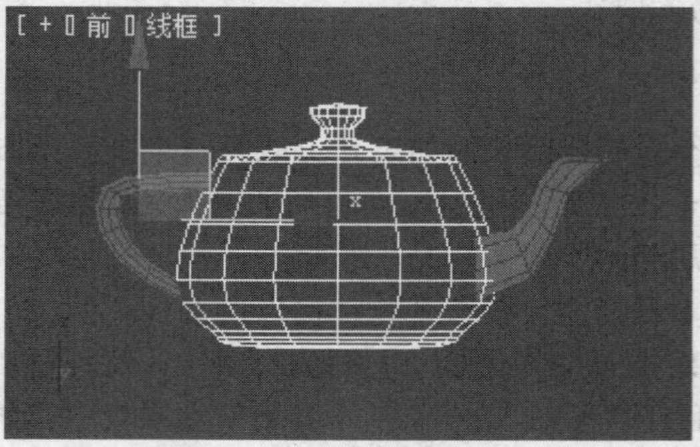

图 4-45　选中壶嘴、壶把

图 4-46　设置壶嘴、壶把 ID

（3）在修改器命令面板中进入“多边形”子对象，选中壶盖，如图 4-47 所示。在“多边形：材质 ID”卷展栏中设置 ID 为 2，敲击【Enter】键结束，如图 4-48 所示。

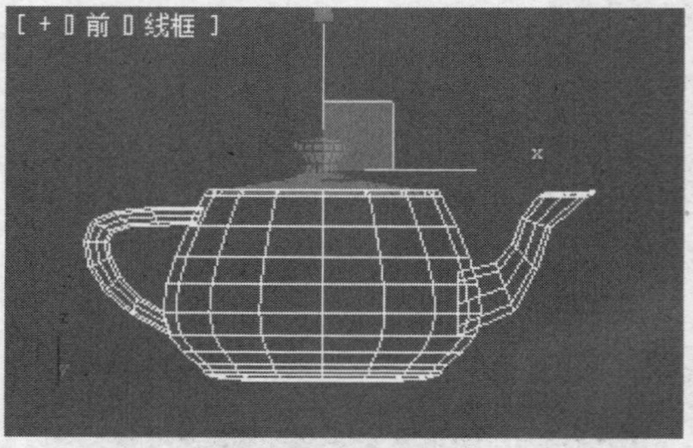

图 4-47　选中壶盖

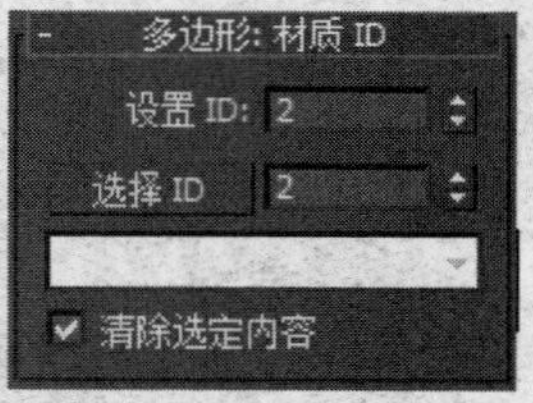

图 4-48　设置壶盖 ID

（4）按照步骤（3）的操作方法，将壶体的 ID 设置为 3。

（5）单击“材质编辑器”按钮，打开“材质编辑器”，单击 Standard 按钮，在弹出的“材质/贴图浏览器”对话框中双击“多维/子对象材质”，单击“设置数量”按钮，将材质数量设置为 3，再单击 ID1 的 无 按钮，在弹出的“材质/贴图浏览器”对话框中选择“标准”材质，设置“漫反射”颜色为蓝色，如图 4-49 所示。单击“转到父对象”按钮，ID1 的材质设置完成，如图 4-50 所示。

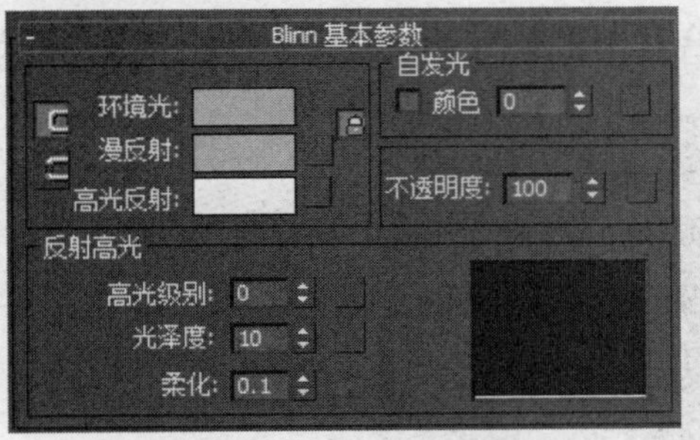

图 4-49 设置“漫反射”颜色

图 4-50 设置 ID1 材质

（6）单击 ID2 的 无 按钮，在弹出的“材质/贴图浏览器”对话框中选择“标准”材质，设置“漫反射”颜色为黄色，如图 4-51 所示。单击“转到父对象”按钮，ID2 的材质设置完成，如图 4-52 所示。

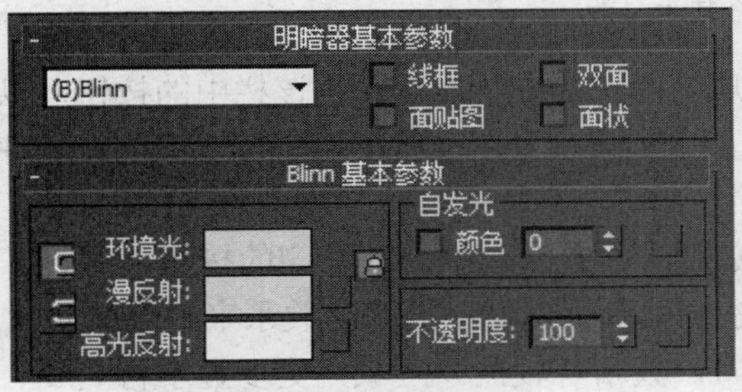

图 4-51 设置“漫反射”颜色

图 4-52 设置 ID2 材质

（7）按照步骤（6）的操作方法将 ID3 的材质颜色设置为红色，在材质球上将显示各种材质效果，如图 4-53 所示。

（8）在场景中选择茶壶，单击按钮，将编辑好的多维/子对象材质赋予茶壶，单击按钮，进行渲染测试，效果如图 4-54 所示。

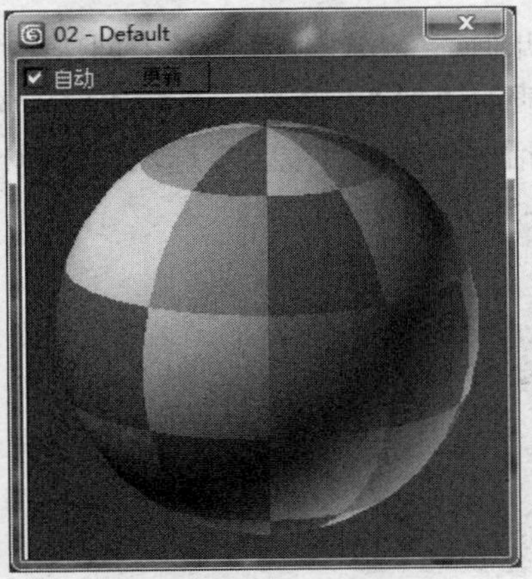

图 4-53 材质球效果

图 4-54 多维/子对象材质效果

5. 混合材质

混合材质是指两种不同的材质混合在一起，设置其混合参数来控制两种材质的显示程度，也可利用“遮罩”的敏感度来决定两种材质的融合程度。混合材质可以用来做锈蚀、粗糙的混泥土墙面等，该材质对应的参数设置都位于“混合基本参数”卷展栏中，如图 4-55 所示。

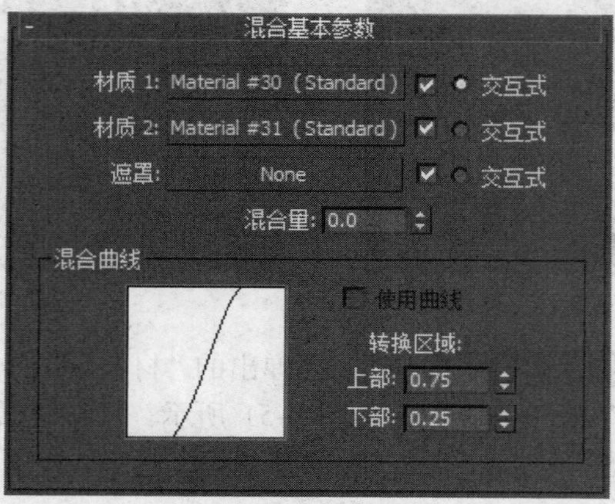

图 4-55　混合基本参数

“材质 1”和“材质 2”：表示组成混合材质的两种标准材质，单击该栏中的按钮可以进入标准材质对应的参数设置。当选中“交互式”单选项后，将在材质 1 和材质 2 中选择一种材质展现在物体表面。

遮罩：用贴图来控制两个标准材质的混合方式，其方法是单击其右侧的按钮，在打开的“材质/贴图浏览器”对话框中选择一种贴图，系统就会根据贴图的明暗关系来混合材质 1 和材质 2，其中较明亮（较白）区域更多显示材质 1，较暗（较黑）区域则更多显示材质 2。

混合量：用于在没有设置遮罩的情况下，通过数值来控制材质 1 和材质 2 的混合百分比。当数值为 0 时显示第一种材质，为 100 时只显示第二种材质。

混合曲线：以曲线方式来调整两个材质混合的程度，只有为遮罩选择贴图，并且选中“使用曲线”复选框时才有效。其中“上部”和“下部”数值框用来控制材质 1 和材质 2 的混合比例。

下面介绍多混合材质的应用方法。

（1）单击“创建”面板→“几何体”→“标准几何体”按钮，在场景中创建一个平面。

（2）单击“材质编辑器”按钮，打开“材质编辑器”，选择一个材质球，然后单击 Standard 按钮，在弹出的“材质/贴图浏览器”对话框中双击“混合”选项，在弹出的“替换材质”对话框中选择“丢弃旧材质”选项，如图 4-56 所示。

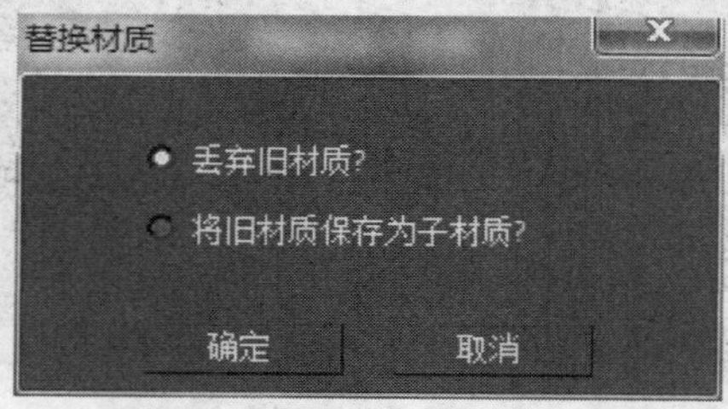

图 4-56　“替换材质”对话框

（3）在“混合基本参数”卷展栏中单击材质 1 的 Material #25 (Standard) 按钮，进入标准材质的参数设置，设置“漫反射”颜色为绿色，单击“转到父对象”按钮，返回“混合基本参数”设置。

（4）按照步骤（3）的方法设置材质 2 的“漫反射”颜色为红色，并返回“混合基本参数”设置。

（5）单击“遮罩”栏中的 None 按钮，在弹出的“材质/贴图浏览器”对话框中双击“位图”选项，在弹出的“选择位图图像文件”对话框中选择随书附赠光盘中的“CD:\案例文件\chap-04\贴图\flower.jpg”，如图 4-57 所示。

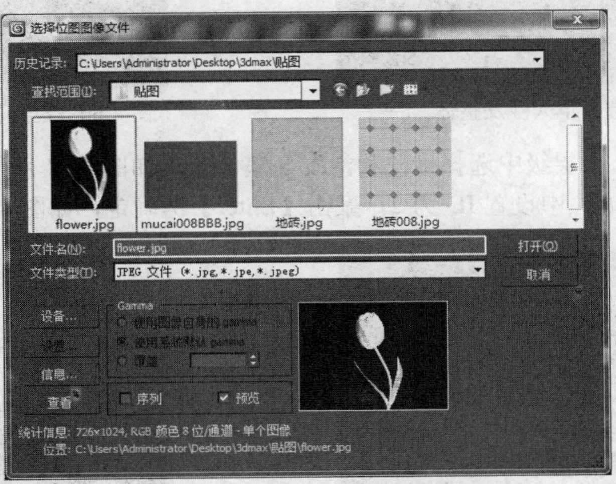

图 4-57 选择“遮罩”贴图

（6）单击按钮，将材质赋予场景中的平面，单击按钮，进行渲染测试，通过“遮罩”栏的黑白贴图，黑色的部分显示材质 1 的纹理，白色的部分显示材质 2 的纹理，效果如图 4-58 所示。

图 4-58 混合材质渲染效果

4.2.3 任务实施

1．设置物体的 ID 号

（1）打开随书附赠光盘中的“CD:\案例文件\chap-04\4-2 组合沙发.max”模型文件，选择场景中的“单人沙发”对象，单击“修改”面板，进入“可编辑网格”对象的“元素”子层级。

（2）在“元素”子层级中选择“单人沙发”整体，如图 4-59 所示。在“修改器命令”面板“曲面属性”卷展栏中设置 ID 为 1，敲击【Enter】键确定，如图 4-60 所示。

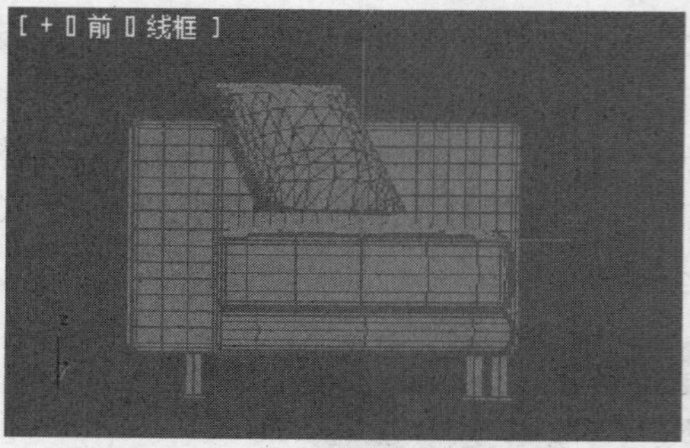

图 4-59 选择单人沙发整体

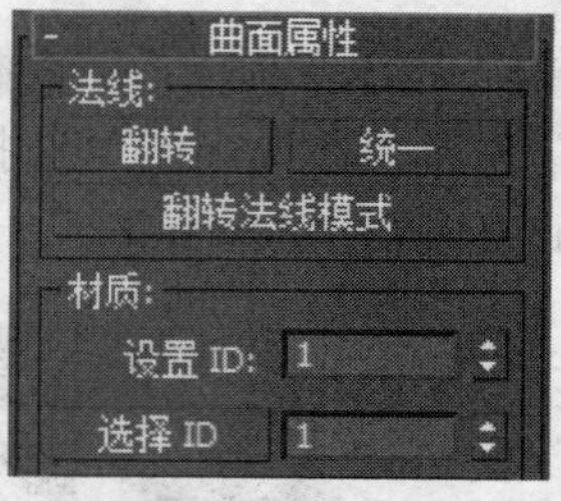

图 4-60 设置 ID1 对象

（3）在“元素”子层级中选择抱枕和沙发坐垫部分，如图 4-61 所示。在“修改器命令”面板“曲面属性”卷展栏中设置 ID 为 2，敲击【Enter】键确定，如图 4-62 所示。

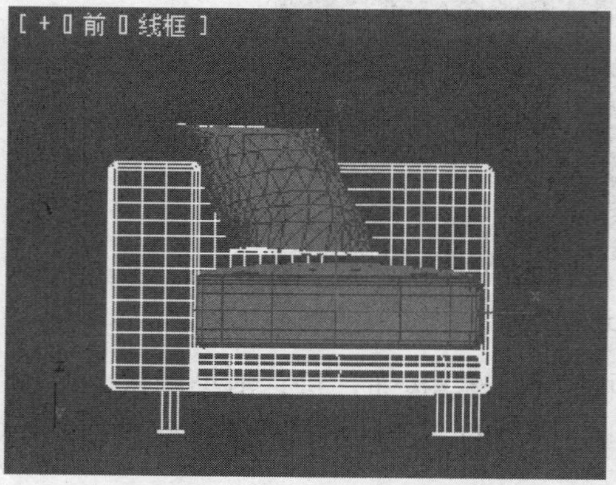

图 4-61 选择抱枕与沙发坐垫

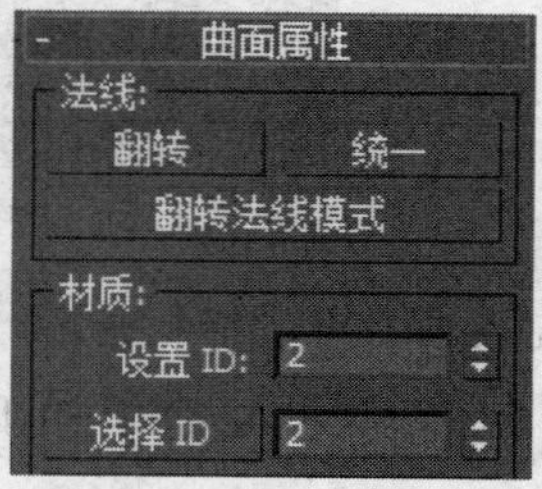

图 4-62 设置 ID2 对象

（4）在“元素”子层级中选择沙发脚部分，如图 4-63 所示。在“修改器命令”面板“曲面属性”卷展栏中设置 ID 为 3，敲击【Enter】键确定，如图 4-64 所示。

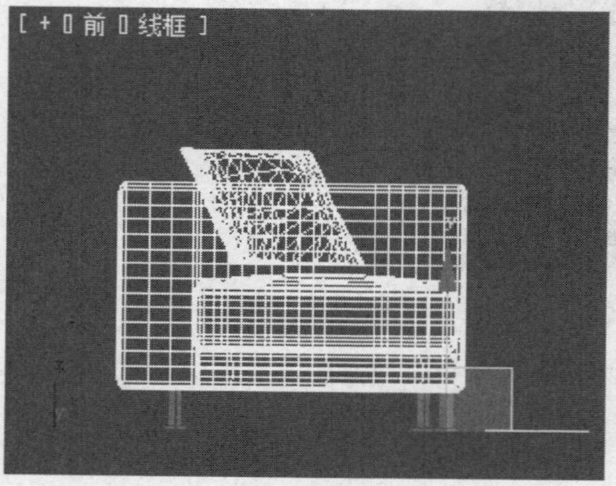

图 4-63 选择沙发脚

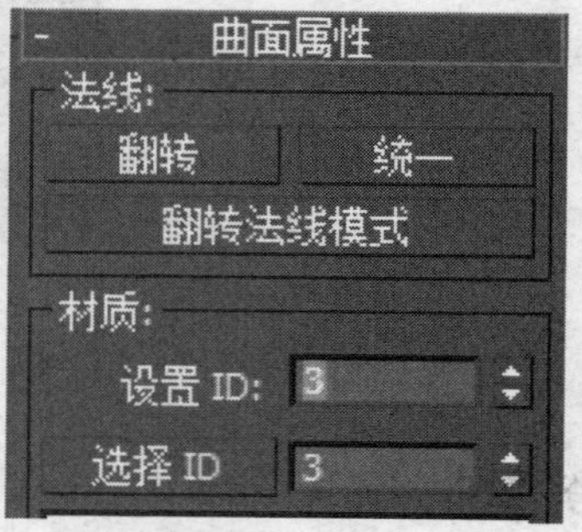

图 4-64 设置 ID3 对象

（5）在“修改器命令”面板“曲面属性”卷展栏 选择 ID 输入框中输入 1，再单击 选择 ID 按钮，检查 ID 号是否对应物体的材质对象。用同样的方法，检查 ID2、ID3 是否对应相应的材质对象。

（6）按照步骤（2）～（5）的方法对场景中的“三人沙发”不同的材质部分设置对应的 ID 号。

2. 制作沙发材质

（1）单击“材质编辑器”按钮，打开“材质编辑器”，选择一个材质球，在名称框中输入“沙发材质”，单击 Standard 按钮，在弹出的“材质/贴图浏览器”对话框中选择“多维/子对象”选项，然后在弹出的“替换材质”对话框中选择“丢弃旧材质”。

（2）在“多维/子对象基本参数”卷展栏中单击“设置数量”按钮，将材质数量设为 3。

（3）单击 ID1 的 无 按钮，在弹出的“材质/贴图浏览器”对话框中选择“建筑”材质，在名称框中命名为“沙发靠背”。在“用户定义”下拉列表框中选择“纺织品”模板，在“漫反射贴图”中单击 None 按钮，在弹出的“材质/贴图浏览器”对话框中选择“位图”，在弹出的“选择位图图像文件”对话框中选择随书附赠光盘中的“CD:\案例文件\chap-04\贴图\布料 02.jpg”，如图 4-65 所示。单击“转到父对象”按钮，ID1 的材质设置完成，如图 4-66 所示。

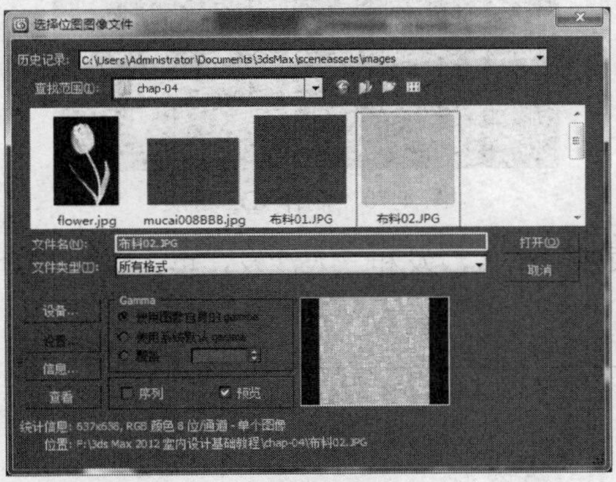

图 4-65　选择沙发靠背贴图

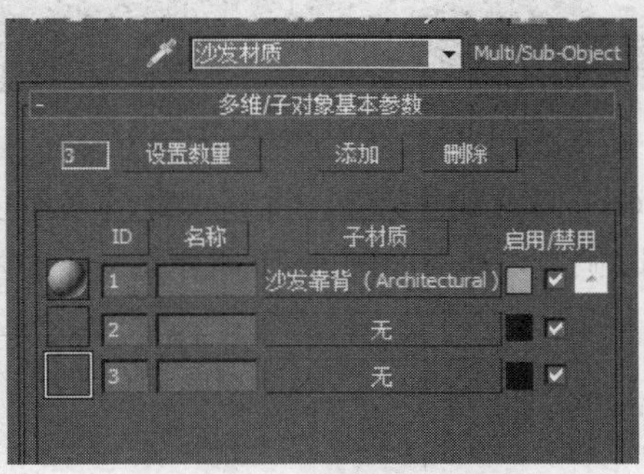

图 4-66　制作 ID1 材质

（4）单击 ID2 的 无 按钮，在弹出的“材质/贴图浏览器”对话框中选择“建筑”材质，在名称框中命名为“抱枕和坐垫”，在“用户定义”下拉列表框中选择“纺织品”模板，在“漫反射贴图”中单击 None 按钮，在弹出的“材质/贴图浏览器”对话框中选择“位图”，在弹出的“选择位图图像文件”对话框中选择随书附赠光盘中的“CD:\案例文件\chap-04\贴图\布料 01.jpg”，如图 4-67 所示。单击“转到父对象”按钮，ID2 的材质设置完成，如图 4-68 所示。

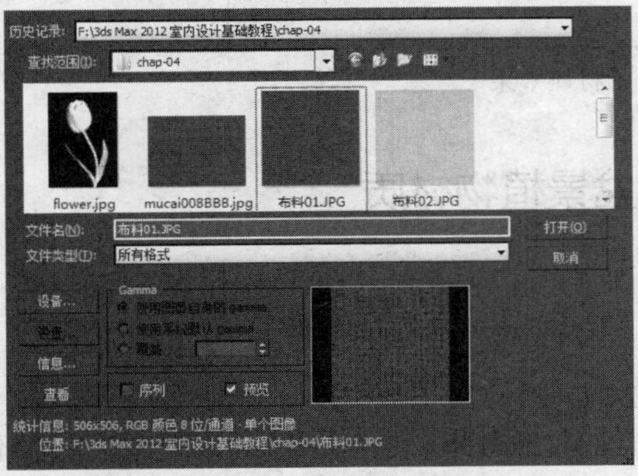

图 4-67　选择沙发抱枕和坐垫贴图

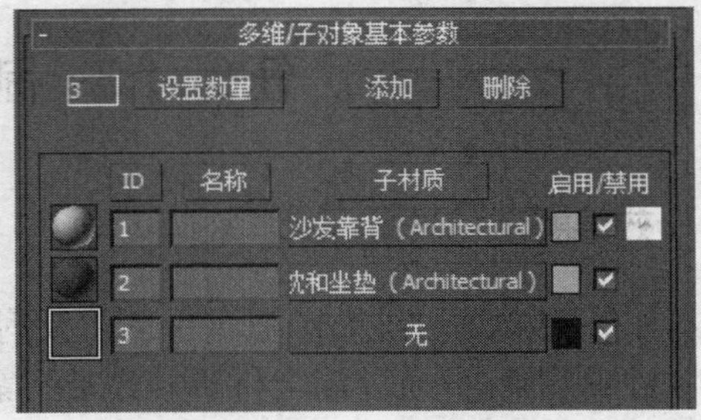

图 4-68　制作 ID2 材质

（5）单击 ID3 的 无 按钮，在弹出的“材质/贴图浏览器”对话框中选择“建筑”材质，在名称框中命名为“沙发脚”。在“用户定义”下拉列表框中选择“金属-擦亮的”模板，在“漫反射颜色”中设置金属颜色，如图 4-69 所示。单击“转到父对象”按钮，ID3 的材质设置完成，如图 4-70 所示。

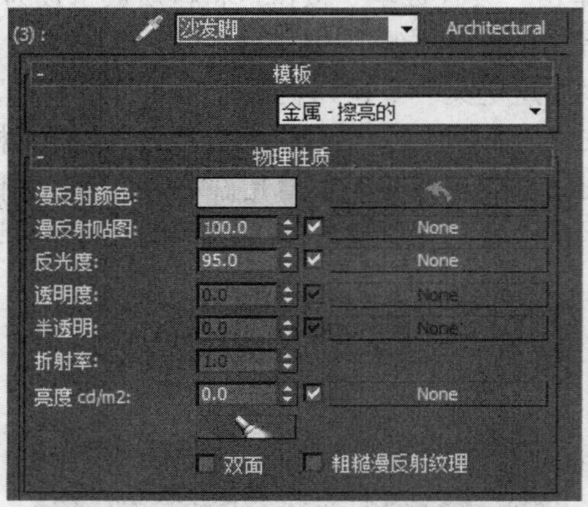

图 4-69 设置沙发脚材质属性

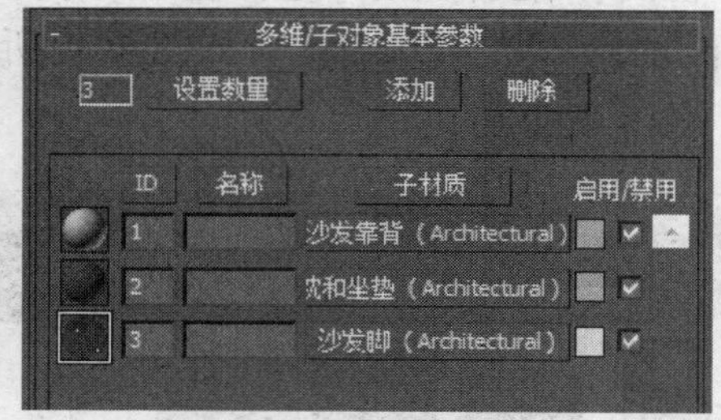

图 4-70 制作 ID3 材质

（6）单击按钮，将编辑好的多维子材质赋予单人沙发和三人沙发，单击按钮，进行渲染测试，效果如图 4-71 所示。

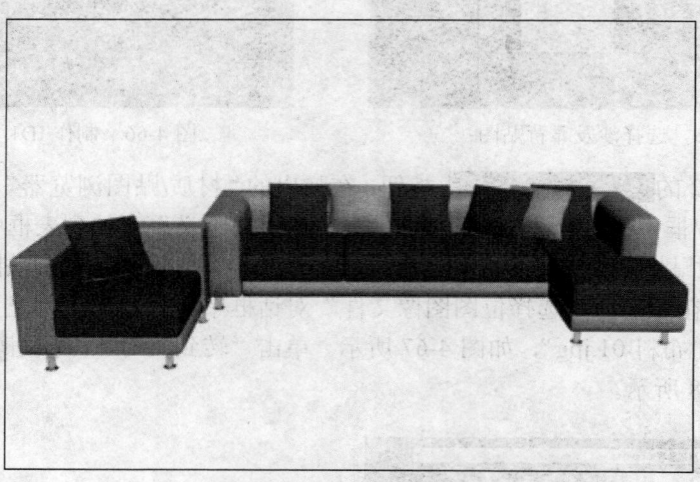

图 4-71 多维子材质效果

任务 4.3 制作盆景植物材质

4.3.1 效果展示

本任务主要是通过贴图通道中的漫反射颜色贴图通道与不透明度贴图通道结合使用，制作植物材质效果，再通过混合材质制作带图案的花瓶材质效果，最终完成盆景植物材质的制作，效果如图 4-72 所示。

图 4-72　盆栽效果

4.3.2　知识点介绍——贴图坐标

贴图的应用一般包含贴图通道、贴图类型、贴图坐标设置等。贴图是表现物体表面的纹理，好的贴图能够更好地表现物体的质感，使物体更生动。下面将详细介绍贴图通道及常用贴图类型的操作。

1. 贴图通道

有些模型中的几何体多种多样，不同类型的几何体都具有不同的属性，只有对不同的贴图通道正确设置，才能使制作的材质真实表现模型具有的属性。3ds Max 2012 提供了 12 种常用贴图通道，它们位于标准材质对应的“贴图”卷展栏中，如图 4-73 所示。

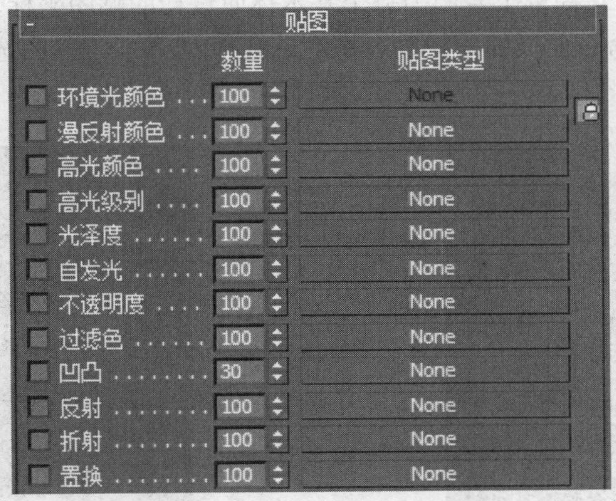

图 4-73　贴图通道

数量：可用来设置贴图变化的程度。例如勾选“自发光”后设置“数量”为 100，物体将呈现自发光的效果，类似灯泡这类光源物体。设置“数量”为 50 的时候发光程度减弱。

环境光颜色：将贴图应用于材质的阴影部分。系统默认为与“漫反射颜色”锁定使用。

漫反射颜色：用于表现材质的纹理效果，在该通道中设置的贴图会代替“漫反射”，是最常用的一种贴图。

高光颜色：在该通道设置的贴图将应用于材质的高光部分。

高光级别：与“高光颜色”类似，效果明显与否取决于高光强度的设置。

光泽度：该通道设置的贴图会应用于物体的高光区域，控制高光区域的模糊程度。

自发光：该通道可以是物体的部分区域发光，贴图黑色区域表示无自发光，白色区域表示有自发光。在其“贴图类型”中添加“衰减”贴图，可以用来做灯具。

不透明度：该通道的贴图可以根据其明暗程度在物体表面产生透明效果，贴图上颜色深的部分是透明的，浅的部分是不透明的。

过滤色：该通道的像素深浅程度可以产生透明的颜色效果。

凹凸：该通道中可通过位图的颜色使物体表面产生凹凸不平的效果，贴图深色部分产生凸起效果，浅色部分产生凹陷效果。

反射：该通道中的贴图可以从物体表面反射图像，若移动周围的物体，则会出现不同的贴图效果。

折射：该通道的贴图可以使光线弯曲，并且可以透过透明的对象显示出变形的图像，主要用来表现水、玻璃等材质的折射效果。

置换：该通道的贴图可以使物体产生一定的位移，产生一定的膨胀效果，可以使物体的造型进行扭曲。

2. 贴图坐标

贴图坐标用于控制物体在赋予贴图后的显示方式，如果赋予了模型贴图，却没有创建贴图坐标，那么在渲染的模型中将不会渲染出贴图。

（1）创建贴图坐标。

3ds Max 2012 提供了以下 3 种创建贴图坐标的方法：

1）对于标准基本体，在创建时，只需要在“参数”卷展栏中勾选“生成贴图坐标”复选框即可创建贴图坐标，它提供了专门为每个基本体而设计的贴图坐标，如图 4-74 所示。

2）在“修改器”命令面板的下拉列表框汇总选择“UVW”贴图选项，也可以创建贴图坐标，如图 4-75 所示。

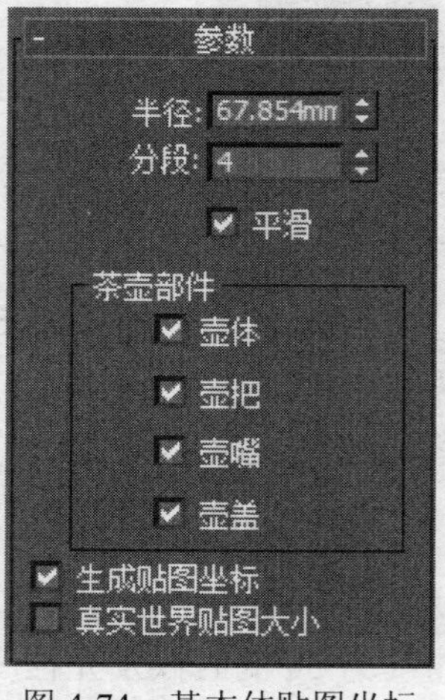

图 4-74 基本体贴图坐标

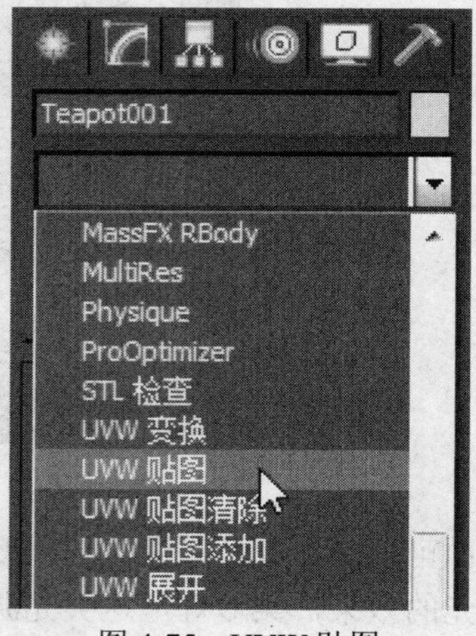

图 4-75 UVW 贴图

3）对于特殊的物体，可以使用特殊的贴图坐标控件。例如三维放样物体具有内在的贴图坐标，可以沿物体的长度或圆周方向定义贴图坐标。

（2）贴图坐标类型。

3ds Max 2012 提供了“平面”、“柱形”、“球形”、“收缩包裹”、“长方形”、“面”和“XYZ 到 UVW”7 种贴图坐标。

平面：平面贴图坐标使物体产生一个平面投影贴图，在某种程度上类似于投影幻灯片，一般在模型只具有一个面或在场景中只看到模型的一个面的情况。

柱形：以圆柱体的形式投影贴图，使贴图包裹对象。

球形：以球体投影贴图来包围对象。

收缩包裹：使用球形贴图，但是它会截去贴图的各个角，然后在一个单独点上将它们全部结合在一起。

长方体：这是使用最广泛的贴图坐标，它从长方体的六个侧面投影贴图，每个侧面投影为一个平面贴图，并且可以任意控制每个平面的平铺次数和大小。

面：在模型表面每一个面上产生一个平铺效果，其大小由面的大小决定。

XYZ 到 UVW：该贴图方式将贴图锁定到模型的表面，当模型被拉伸时，贴图也会被拉伸，不会造成贴图在表面流动的效果。

（3）UVW 贴图。

为模型指定材质后，如果贴图在模型的表面显示不正确，这时可通过“UVW 贴图”修改器命令来修改模型的贴图坐标，从而改变贴图在模型表面的显示方式。“UVW 贴图”修改器命令的参数设置如图 4-76 所示。

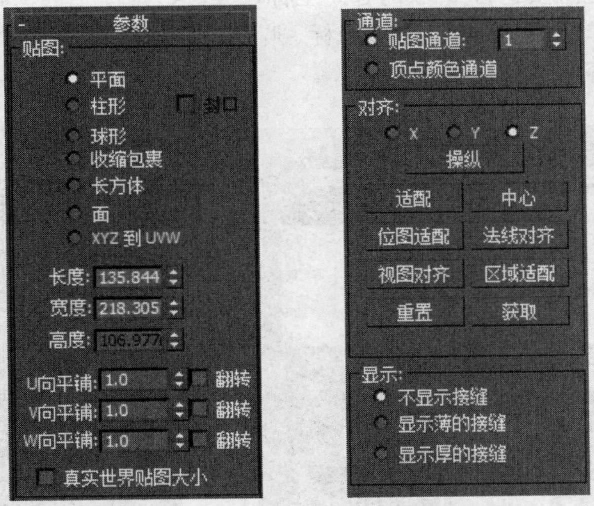

图 4-76　UVW 贴图参数

贴图选项组：用于选择贴图坐标的类型。

长度、宽度、高度：该选项用于设置贴图坐标的 Gizmo 物体尺寸。

U 向平铺、V 向平铺、W 向平铺：用于指定 UVW 贴图的尺寸以便平铺图像。

翻转：启动该选项后，将绕指定轴反转图像。

通道选项组：用于设置贴图通道。

对齐选项组中的参数用来设置贴图 Gizmo 的位置，其中包括对齐轴、适配方式等。

X/Y/Z：各选项指定 Gizmo 的哪个轴与物体的局部 Z 轴对齐。

操作：启动该按钮，Gizmo 出现在能让用户改变参数的物体上。

适配：该选项可将 Gizmo 适配到对象的范围并使其居中。

中心：该选项可将 Gizmo 中心对齐到物体中心。

位图适配：单击该选项，可弹出“选择图像”对话框，使用户可以指定适配图像。

法线对齐：该选项可在物体表面单击并拖动，Gizmo 会放置在鼠标表面。

视图对齐：该选项用于将视图坐标与当前激活的视图对齐。

区域适配：该选项可在视图上拉出一个范围确定贴图坐标。

重置：该选项可恢复贴图坐标初始设置。

获取：该选项可在视图中单击选取另一个物体，并将它的贴图坐标设置导入到当前物体中。

3. 常用贴图

3ds Max 2012 中提供了多种贴图类型，但在效果图制作过程中经常使用的并不多，其中使用较多的有位图贴图、平铺贴图、渐变贴图、光线跟踪贴图、噪波贴图、衰减贴图及混合贴图等。

（1）位图贴图。

“位图”是最常用的贴图类型，可将二维图像作为纹理贴图贴到物体表面，使其具有材质和真实的纹理。“位图”贴图支持多种图像格式，如 bmp、jpg、tga、tif、psd、gif 等格式。它一般被加载到“漫反射颜色”贴图通道中，以作为材质的显示颜色或图案。在“材质/贴图浏览器”中双击“位图”选项后，即可在打开的“选择位图图像文件”对话框中选择作为位图的图像，如图 4-77 所示，然后将进入对应的子层级，显示出这种贴图类型的相关参数。

位图的贴图卷展栏主要包含 5 项内容：坐标、噪波、位图参数、时间和输出，如图 4-78 所示。在效果图的制作过程中，只需要对坐标、噪波、位图参数中的内容进行设置即可，下面将详细介绍其中的内容。

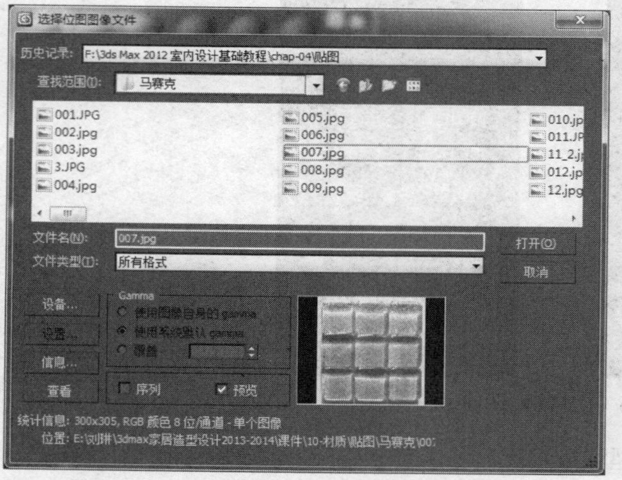

图 4-77　选择位图图像

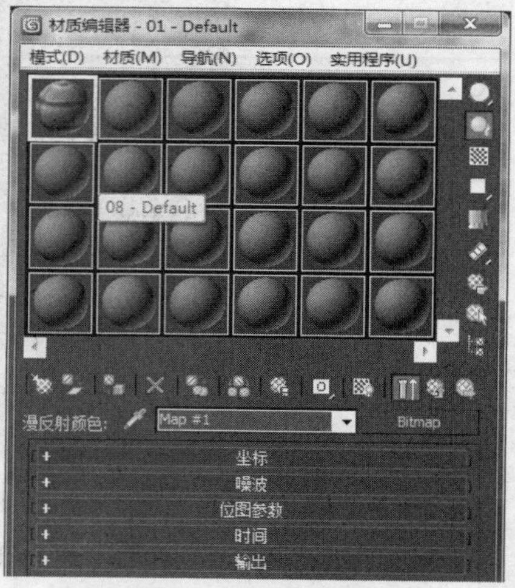

图 4-78　“位图”卷展栏

1）“坐标”卷展栏。

“坐标”卷展栏中的参数主要用于定义贴图的位置、旋转角度和模糊程度，如图 4-79 所示，其中各参数的功能如下。

纹理：用于定义物体的贴图对象。

贴图：将贴图对象定义为环境，可在右边的下拉列表框中选择不同的环境贴图坐标。

在背面显示贴图：默认为选中状态，表示三维物体的外表面和内表面都会显示贴图。

贴图通道：其中的数值表示目前的贴图通道，可以在这里选择进入别的贴图通道。

偏移：该数值框用于控制物体的三维表面和贴图之间相对位置关系，在贴图中通常用 U、V、W 来表示 X、Y、Z 轴。

瓷砖：该数值框中的数值表示贴图重复排列的次数。

镜像：选中该复选框，系统会以选定的轴向对贴图进行镜像处理。

角度：该数值框中的数值用于设置贴图的角度值，可以从 U、V、W 三个轴向调整贴图的角度在。

模糊：该数值框中的数值用于设置贴图的清晰程度，值越大，图像越模糊。

模糊偏移：该数值框中的数值用于设置图像模糊位移的程度。

旋转：单击此按钮，可以打开“旋转贴图坐标”窗口，以对材质进行任意旋转，如图 4-80 所示。

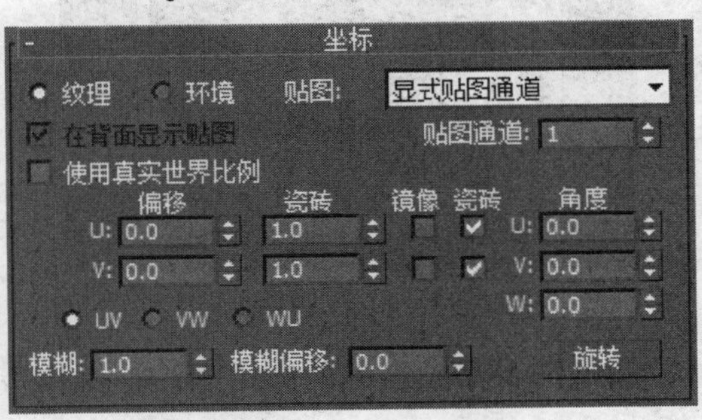

图 4-79　“坐标”卷展栏

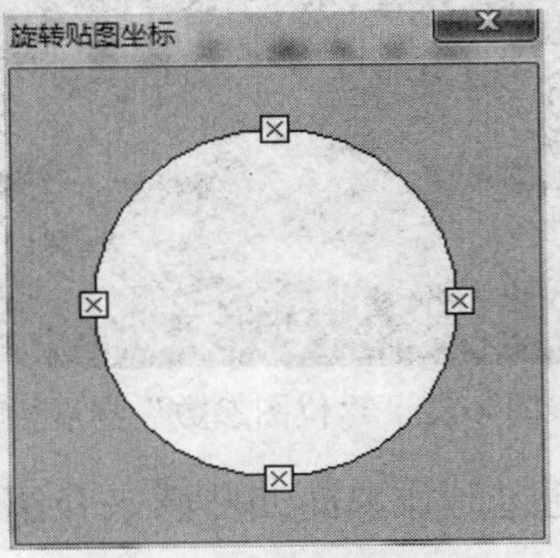

图 4-80　旋转贴图坐标

2）“噪波”卷展栏。

“噪波”卷展栏的参数用于设置物体表面的杂乱性质，如图 4-81 所示，其中主要参数的功能如下。

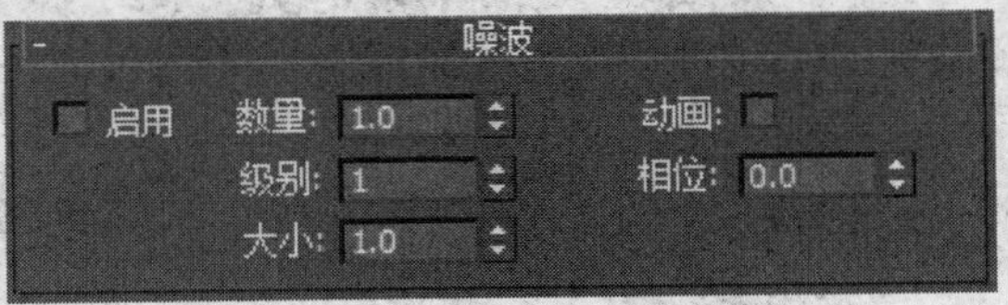

图 4-81　“噪波”卷展栏

启用：选择该复选框，可以在材质表面产生噪波效果。

数量：调整该数值框中的数值用于控制噪波的程度。

级别：调整该数值框中的数值用于设置进行噪波处理运算的次数，次数越多，噪波效果越明显。

大小：调整该数值框中的数值用于设置产生的随机杂乱图案的大小。

3）“位图参数”卷展栏。

“位图参数”卷展栏用于定义使用的贴图文件，也可以控制贴图应用的密度大小，如图 4-82 所示，其中主要参数功能如下。

位图：单击右侧的按钮，可以在“选择位图图像文件”对话框中选择位图。

重新加载：单击该按钮，可以重新调入位图文件。

过滤：该选项主要用于确定系统采用的渲染模式，以薄面出现锯齿化的边缘，提供的“四棱锥”、“总面积”、“无”3 种方式。

单通道输出：该选项用于设置在多材质的工作模式下，以何种色彩模式进行编辑操作，其提供了 RGB 和 Alpha 两种工作模式。

裁剪/放置：用于设置图像的裁剪边缘和设置图像的位置，单击“查看图像”按钮，将打开“指定裁剪/放置”对话框，以便设置并查看图像的裁剪效果，如图 4-83 所示。

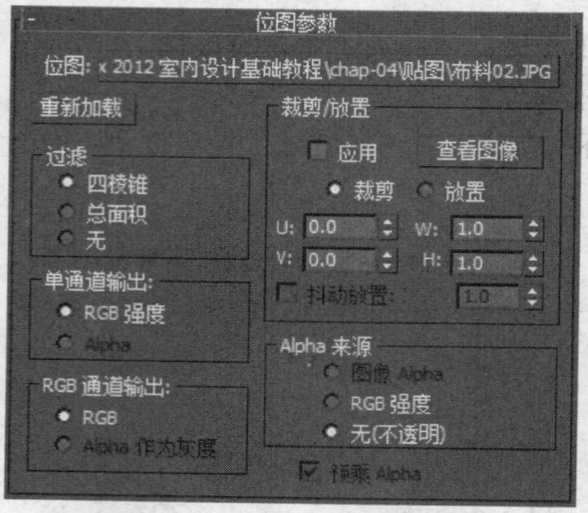

图 4-82 “位图参数”卷展栏

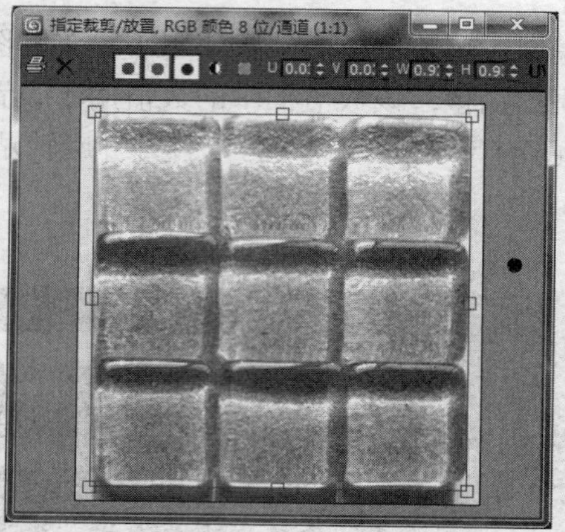

图 4-83 查看或裁剪位图

下面通过制作墙面凹凸感来介绍贴图通道、位图贴图及贴图坐标的应用方法，操作步骤如下。

1）单击“创建”面板→“几何体”→“标准基本体”→“长方体”按钮，在前视图中创建一个长方体对象用来模拟墙面，如图 4-84 所示。

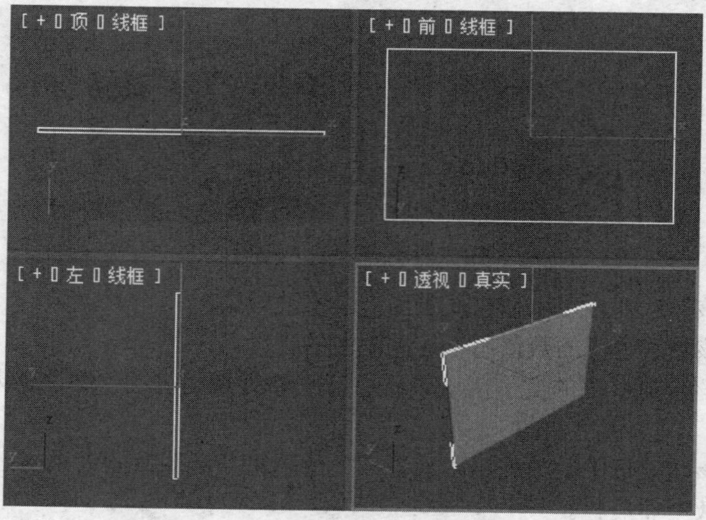

图 4-84 创建长方体

2）单击“材质编辑器”按钮，打开“材质编辑器”，选择一个材质球，在名称框中输入“墙体”。单击“漫反射”的贴图通道按钮，在弹出的“材质/贴图浏览器”对话框中选择“位图”选项，如图 4-85 所示。在弹出的“选择位图图像文件”对话框中打开随书附赠光盘中的“CD:\案例文件\chap-04\贴图\墙体 01(A).jpg”，如图 4-86 所示。单击“转到父对象”按钮，回到标准材质设置栏。

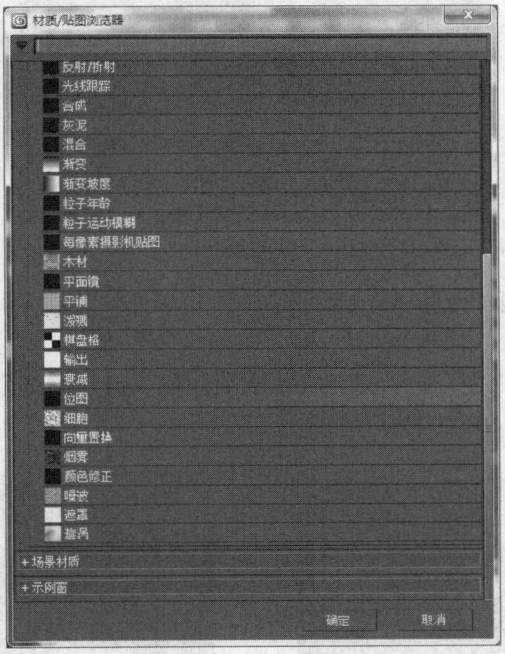

图 4-85　选择“位图”选项

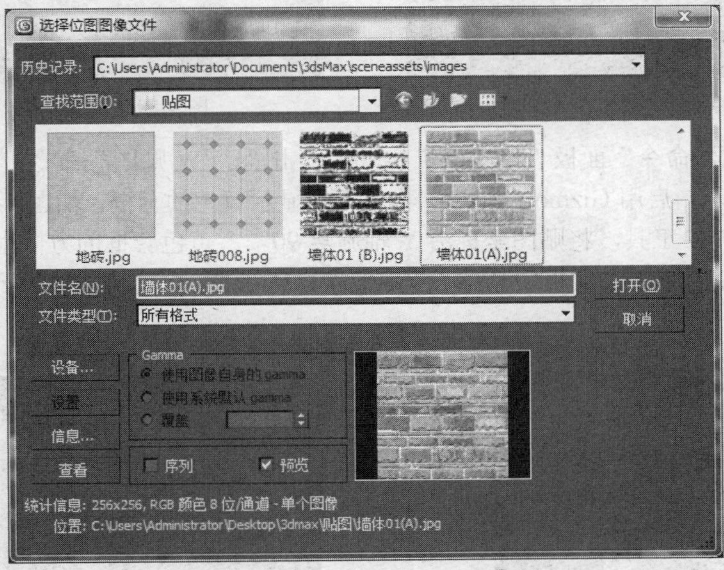

图 4-86　漫反射贴图

3）单击打开“贴图”卷展栏，在“漫反射颜色”的贴图通道中按住鼠标左键不放，将贴图复制到“凹凸”贴图通道中，在弹出的“复制（实例）贴图”对话框中选择“实例”，设置凹凸数量为 60，如图 4-87 所示。

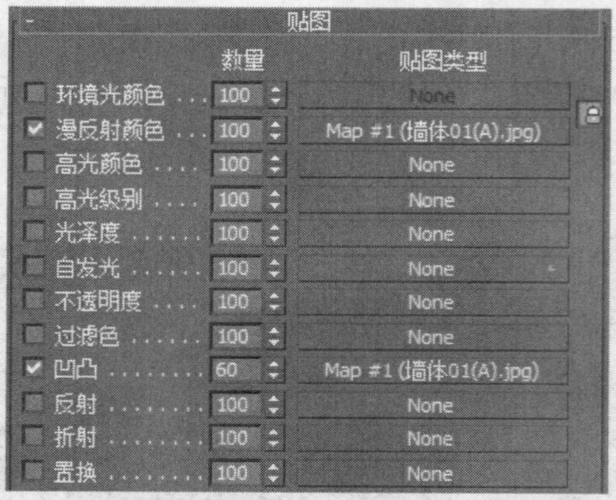
贴图
数量
贴图类型
环境光颜色 ... 100 None
漫反射颜色 ... 100 Map #1 (墙体01(A).jpg)
高光颜色 .... 100 None
高光级别 .... 100 None
光泽度 ...... 100 None
自发光 ...... 100 None
不透明度 .... 100 None
过滤色 ...... 100 None
凹凸 .... 60 Map #1 (墙体01(A).jpg)
反射 .... 100 None
折射 .... 100 None
置换 .... 100 None

图 4-87 将“漫反射”贴图复制到“凹凸”贴图通道中

4）单击按钮，将编辑好的材质赋予墙体，再单击按钮，效果如图 4-88 所示。

5）单击“修改器命令”面板下拉列表中的“UVW”贴图，为物体添加 UVW 贴图坐标。在贴图参数中选择“贴图类型”为长方体，观察墙体赋予材质后的效果，需要调整贴图坐标大小及侧面贴图坐标方向，如图 4-89 所示。

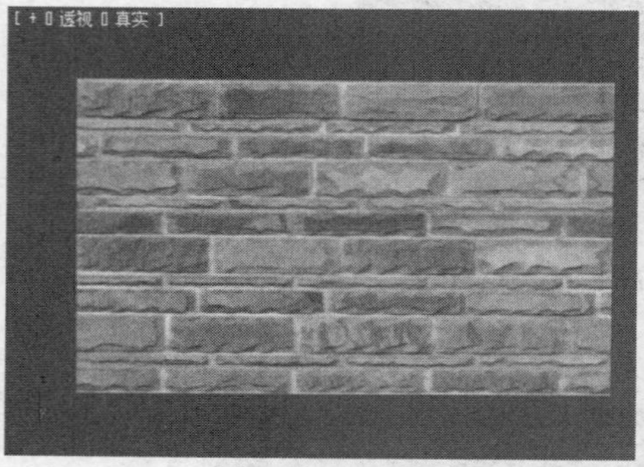

图 4-88 赋予墙体材质

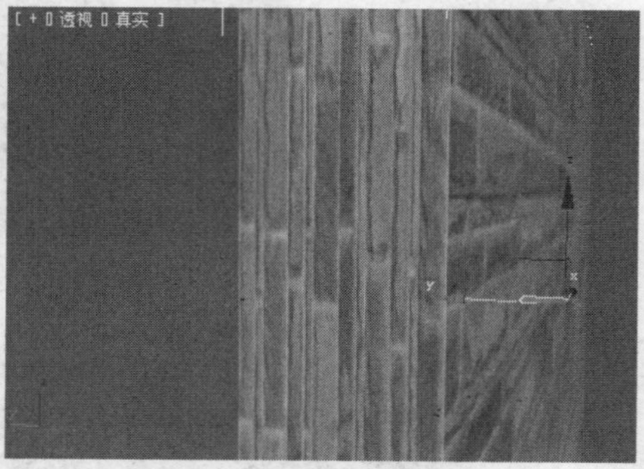

图 4-89 侧面贴图效果

6）在“修改器命令”面板“修改器堆栈”中单击“UVW 贴图”命令，进入 Gizmo 子层级，如图 4-90 所示。启用 Gizmo 命令后，物体上会显示黄色的套框，如图 4-91 所示。单击主工具栏上的“旋转”工具，将贴图坐标沿 Y 轴旋转 90°，黄色套框的方向也将随着改变，如图 4-92 所示。再在“参数”面板中调整长度、宽度、高度的值，使材质效果更真实，如图 4-93 所示。

图 4-90 进入 Gizmo 子层级

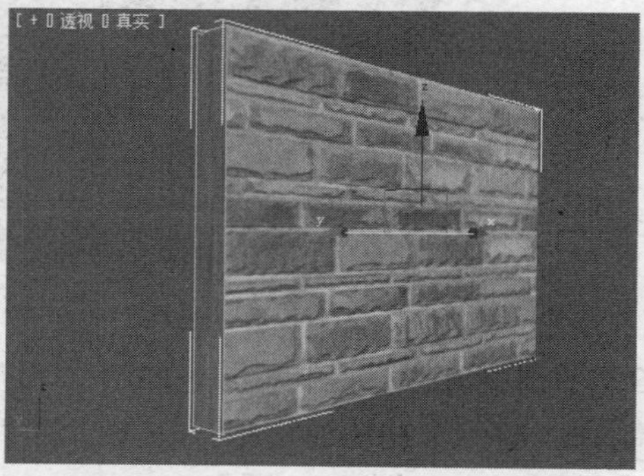

图 4-91 显示 Gizmo 套框

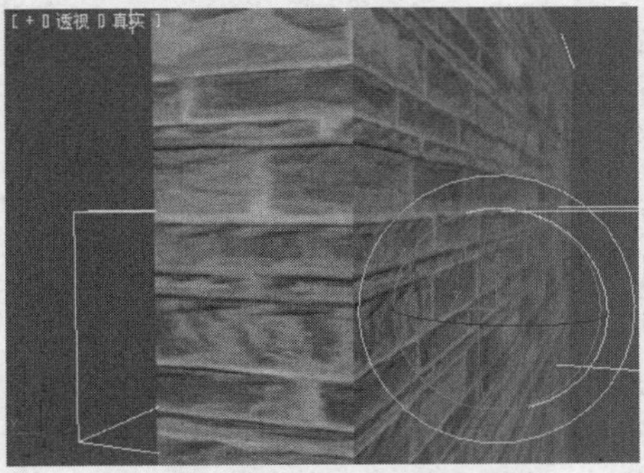

图 4-92　调整贴图坐标方向

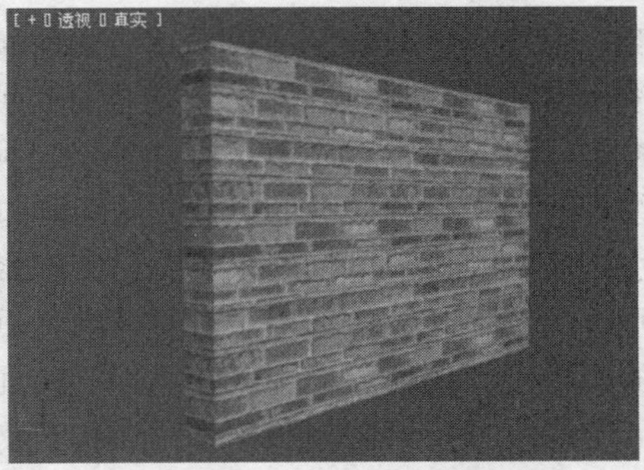

图 4-93　最终墙体效果

注意　“Gizmo”套框命令可以在视图中对贴图坐标进行调整，将纹理贴图的接缝处的贴图坐标对齐。启用该命令后，物体上会显示黄色套框，使用移动、旋转和缩放工具都可以对贴图进行调整，套框也会随之改变。

（2）平铺贴图。

平铺贴图一般被加载到“漫反射颜色”贴图通道中，它常用来表现建筑瓷砖和彩色瓷砖等，常用到“标准控制”卷展栏和“高级控制”卷展栏，如图 4-94 所示，其对应的参数功能如下。

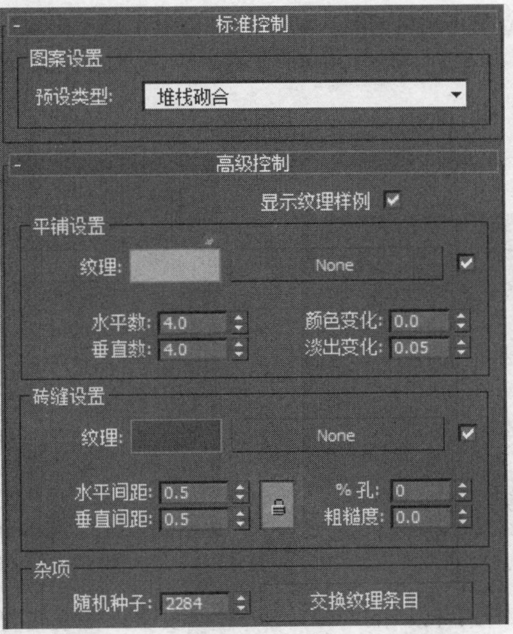

图 4-94　“平铺”贴图常用卷展栏

“预设类型”下拉列表框：该下拉列表框中列出了平铺的类型。

- “平铺设置”栏用来设置砖面的颜色纹理及其色彩变化，以及砖面平铺数量。

纹理：用来设置砖面的颜色，也可通过加载贴图来设置砖面的显示纹理。

水平数：该数值框用来设置砖面平铺的行数。

垂直数：该数值框用来设置砖面平铺的列数。

颜色变化：该数值框用来设置砖面的颜色变化

淡出变化：该数值框用来设置砖面的颜色渐隐变化。

- “砖缝设置”栏用来设置砖缝的颜色纹理及其大小。

纹理：用来设置砖缝的颜色，也可通过加载贴图来设置其颜色。

水平间距：该数值框用来设置砖缝在水平方向的大小。

垂直间距：该数值框用来设置砖缝在垂直方向的大小。

随机种子：该数值框用来随机控制砖面的颜色变化。

“交换纹理条目”按钮：单击该按钮将交换砖面和砖缝的颜色或纹理贴图。

下面通过制作地板材质介绍平铺贴图的应用方法，操作步骤如下：

1）单击“创建”面板→“几何体”→“标准基本体”→“平面”按钮，在透视图中创建一个平面对象用来模拟地板，如图 4-95 所示。

2）单击“材质编辑器”按钮，打开“材质编辑器”，选择一个材质球，在名称框中输入“地板”。单击“漫反射”的贴图通道按钮，在弹出的“材质/贴图浏览器”对话框中选择“平铺”选项。

3）打开“高级控制”卷展栏，单击“平铺设置”组中的“纹理”的 None 按钮。在弹出的“材质/贴图浏览器”对话框中双击“位图”选项，在“选择位图图像文件”对话框中打开随书附赠光盘中的“CD:\案例文件\chap-04\贴图\地砖 02.JPG”，单击“转到父对象”按钮，回到“平铺”贴图参数设置。

4）在“高级控制”卷展栏中，将“砖缝设置”组中的“纹理”颜色设置为浅灰色，“水平间”、“垂直间距”值都为 0.1，如图 4-96 所示，单击“转到父对象”按钮，回到标准材质参数设置。

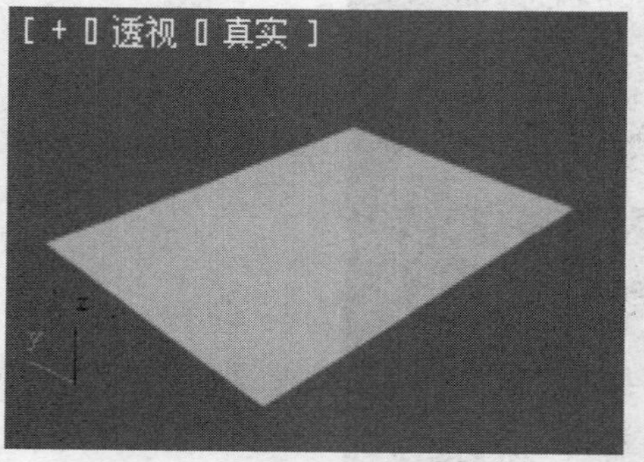

图 4-95　创建平面

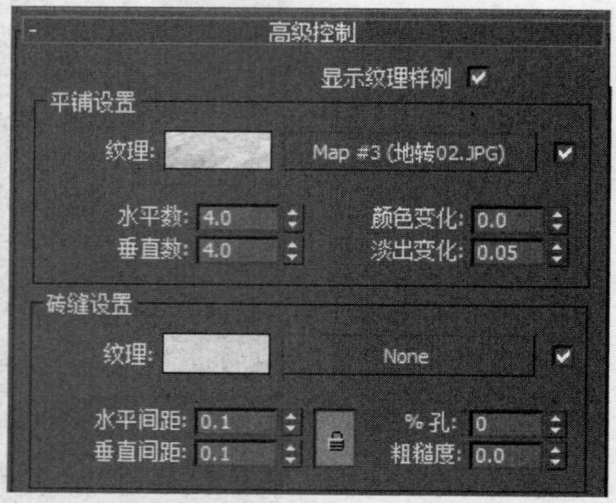

图 4-96　平铺贴图参数设置

5）在场景中选择需要赋予材质的对象，单击按钮，将编辑好的材质赋予平面。再单击按钮，渲染测试，效果如图 4-97 所示。

（3）渐变贴图。

“渐变”贴图提供了 3 种颜色或位图之间的渐变，从而使不同颜色间产生良好的过渡。为贴图通道加载渐变贴图后，用户可通过如图 4-98 所示的“渐变参数”卷展栏来修改渐变效果。

颜色#1、颜色#2 和颜色#3：分别用来显示或调整渐变贴图中上部、中部和下部所代表的颜色，也可以通过制定贴图来定义渐变纹理。

图 4-97　平铺贴图效果测试

颜色 2 位置：用于设置颜色 2 在渐变过程中所处的位置，位置范围为 0～1。如图 4-99 所示是颜色 2 位置为 0.7 的效果。

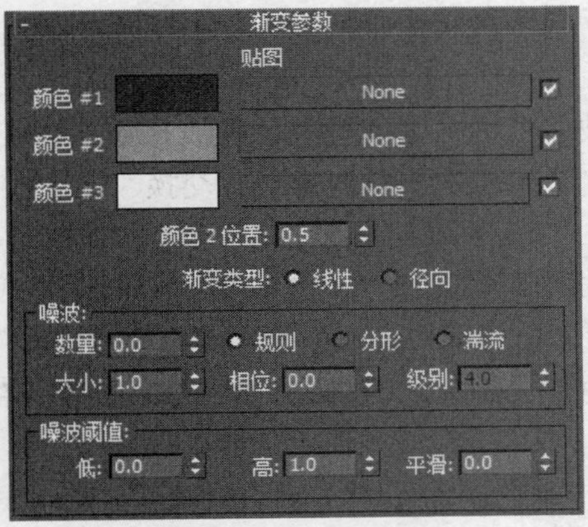

图 4-98　“渐变参数”卷展栏

图 4-99　颜色 2 位置为 0.7

渐变类型：系统默认选中“线性”单选按钮，表示颜色基于垂直方向进行渐变，如图 4-100 所示；当选中“径向”单选项时，颜色基于中心向周围进行渐变，如图 4-101 所示。

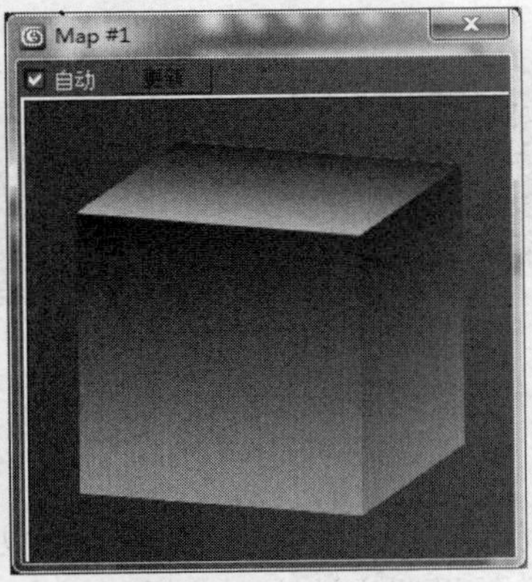

图 4-100　线性渐变

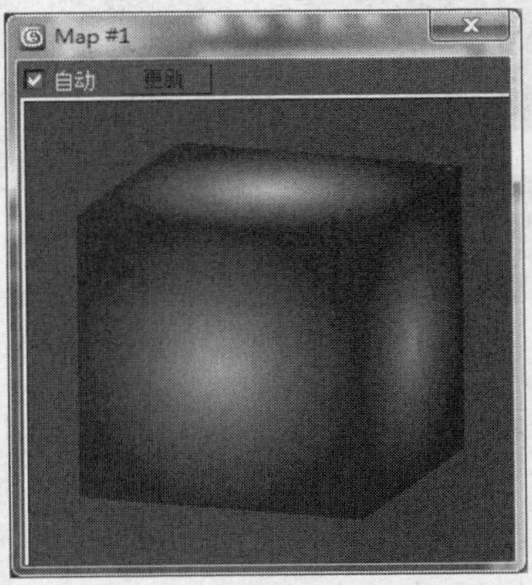

图 4-101　径向渐变

（4）噪波贴图。

“噪波”贴图是使用比较多的贴图类型，通过两种颜色的混合产生一种噪波效果。常用来制作毛玻璃或模拟坑洼的地表、水面和山脉等。其参数控制如图 4-102 所示。

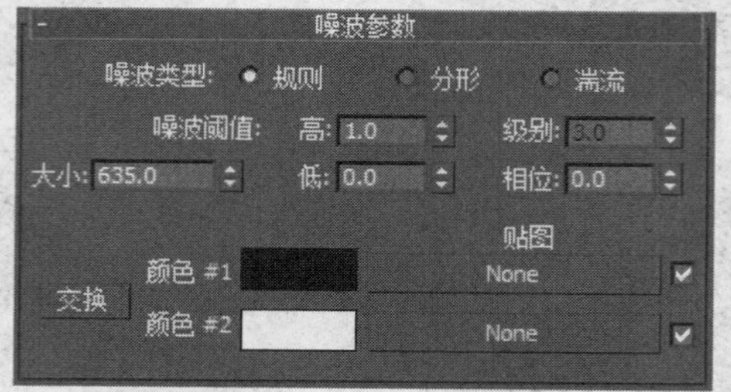

图 4-102 “噪波参数”卷展栏

噪波类型：用来设置噪波的显示方式。

噪波阈值：用来设置噪波颜色的限制。

高、低：控制两种邻近色阈值的大小，增大“低”数值使“颜色#1”更强烈，减小“高”数值使“颜色#2”更强烈。

级别：该数值框决定在选择“分形”命令时，数值越大，噪波越大。

相位：用来控制噪波产生动态效果。

大小：用来控制噪波的大小，数值越大，噪波越粗糙，数值越小，噪波感觉越细腻。

交换：单击该按钮，系统将把“颜色#1”和“颜色#2”中的内容进行交换。

（5）衰减贴图。

“衰减”贴图用于表现颜色的衰减效果。衰减贴图是基于几何体曲面上法线的角度衰减来生成从白到黑的值，而制定角度衰减的方向会随着所选的方向而改变。通常把“衰减”贴图用在“不透明度”贴图通道，用于对对象的不透明程度进行控制。衰减贴图对应的参数控制如图 4-103 所示。

前:侧栏：两个颜色框用于设置进行衰减的两种颜色，当选择不同的衰减类型时，其代表的意思也不同。在后面的数值框中可设置颜色的强度，还可以为每种颜色制定纹理贴图。单击其中的“交换”按钮，将交换颜色或贴图。

衰减类型：用于选择衰减的类型，如图 4-104 所示。

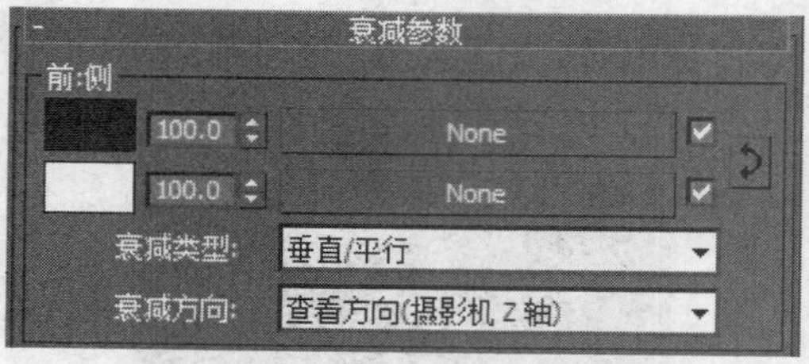

图 4-103 “衰减参数”卷展栏

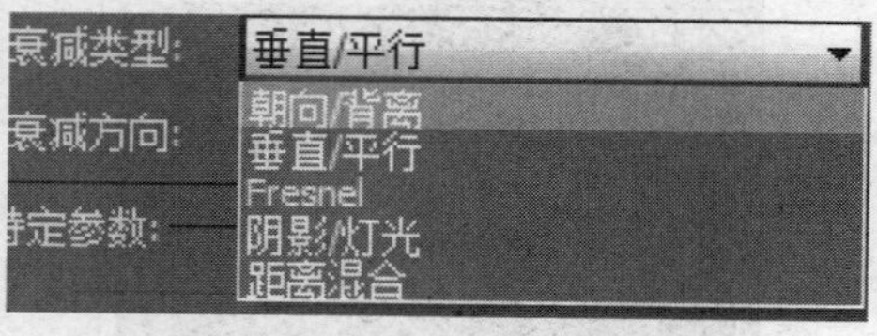

图 4-104 衰减类型

衰减方向：用于选择衰减方向，如图 4-105 所示。

（6）混合贴图。

混合贴图是将两个贴图进行混合，它对应的“混合参数”卷展栏中的各项参数的设置方法与混合材质对应的“混合基本参数”卷展栏中各参数的设置方法完全一样。

（7）光线跟踪贴图。

“光线跟踪”贴图可以创建出很好的光线反射和折射效果，其原理与光线跟踪材质类似，渲染速度要比光线跟踪材质快，但对于其他材质贴图来说，速度还是比较慢的。

在制作效果图中，为了模拟反射和折射效果，通常会在“反射”贴图通道或“折射”贴图通道中使用光线追踪贴图，其参数控制如图 4-106 所示。

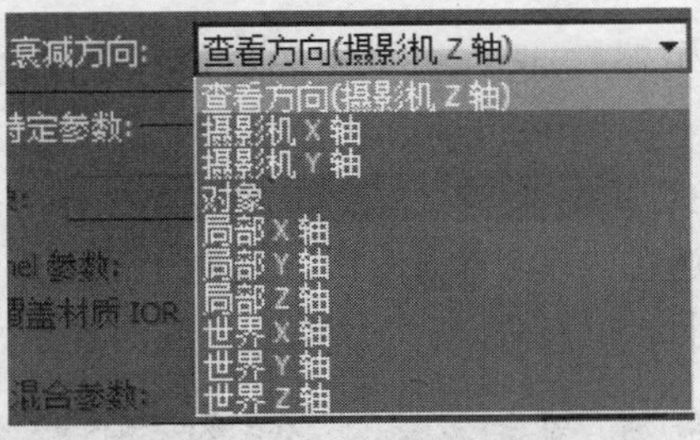

图 4-105　衰减方向

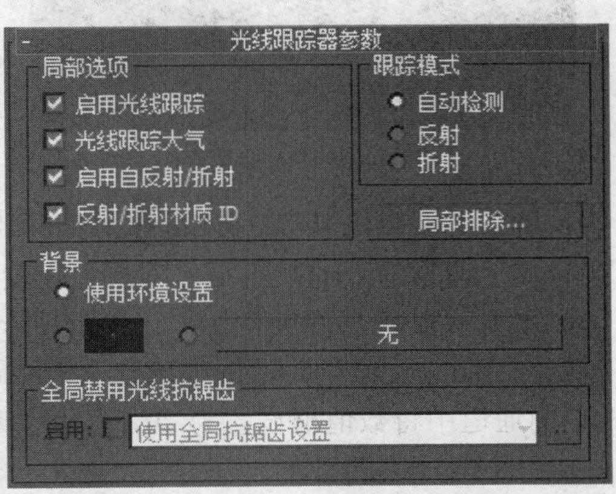

图 4-106　“光线跟踪参数”卷展栏

- “局部选项”组。

启用光线跟踪：打开或关闭光线跟踪。

光线跟踪大气：设置是否打开大气的光线跟踪效果。

启用自反射/折射：是否打开对象自身反射和折射。

反射/折射材质 ID 号：选中时，此反射折射效果被指定到材质 ID 号上。

- “跟踪模式”组。

自动检测：单击该选项，系统将自动进行检测，“反射”贴图进行反射计算，“折射”贴图进行折射计算。

反射：单击该选项，将手动控制“反射”贴图计算。

折射：单击该选项，将手动控制“折射”贴图计算。

- “背景”组。

使用环境设置：选中时，在当前环境中考虑环境的设置。也可以使用下面的颜色框或贴图按钮来设置一种颜色或一个贴图代替环境设置。

局部排除... 按钮：单击该按钮，可以打开“排除/包含”对话框，可以对物体进行或不进行光线跟踪计算。

下面通过模拟具有反射效果的地面来介绍光线跟踪的操作步骤。

1）单击“创建”面板→“几何体”→“标准基本体”→“长方体”按钮，在透视图中创建一个长方体用来模拟地面，如图 4-107 所示。

2）单击“创建”面板→“几何体”→“标准基本体”→“圆锥体”按钮，在地面上方创建圆锥体。用同样的方法在地面上方创建正方体、球体，如图 4-108 所示。

3）单击“材质编辑器”按钮，打开“材质编辑器”，单击“漫反射”的颜色框，将颜色设置为白色，选中场景中的圆锥、正方体、球体，单击按钮，将编辑好的材质赋予对象。

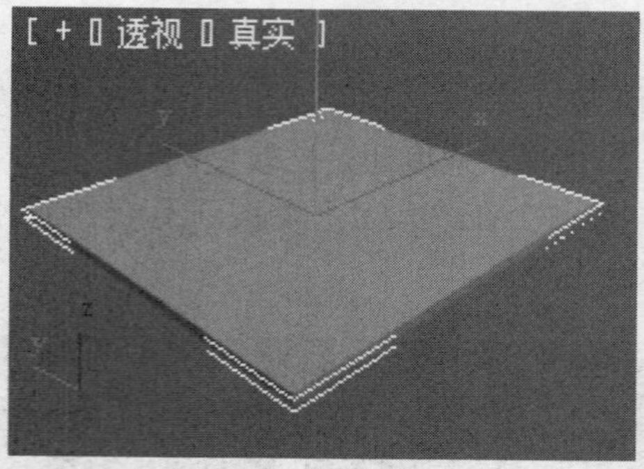

图 4-107 创建地面

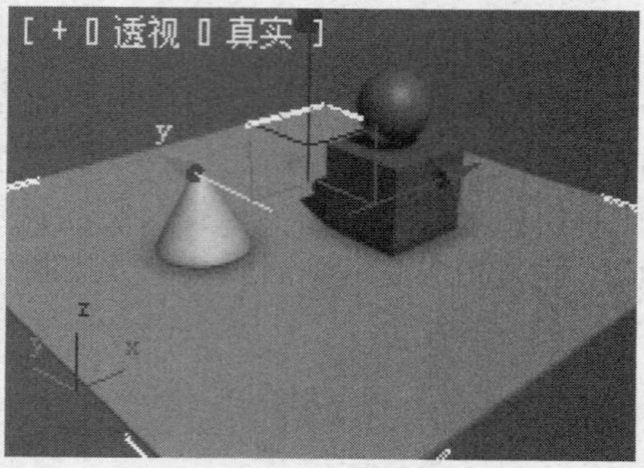

图 4-108 创建地面

4）单击“材质编辑器”按钮，打开“材质编辑器”，选择一个空的材质球，命名为“地面”。单击“漫反射”的颜色框，将颜色设置为浅黄色，如图 4-109 所示。

5）展开“贴图”卷展栏，单击“反射”贴图通道 None 按钮，在弹出的“材质/贴图浏览器”对话框中选择“光线跟踪”选项。单击按钮，返回上一级，在“反射”贴图通道中将数值框设置为 20，如图 4-110 所示。

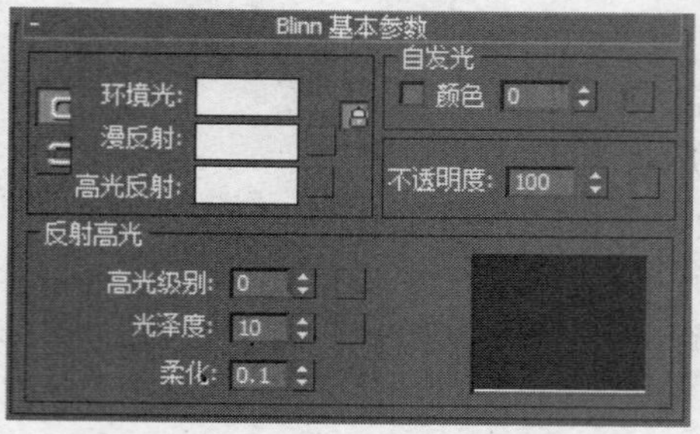

图 4-109 设置“漫反射”颜色

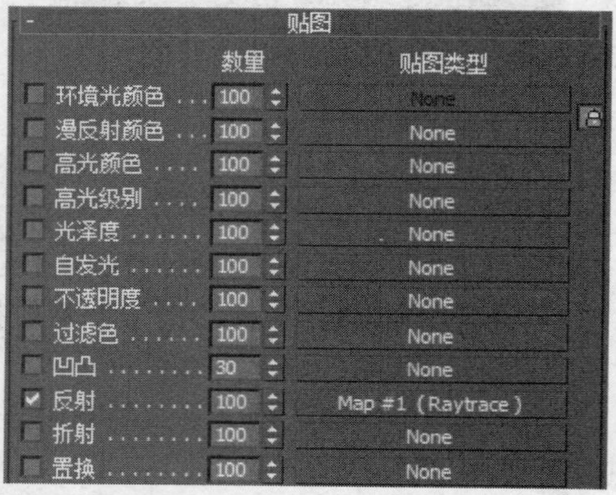

图 4-110 设置“反射”贴图通道

6）在场景中选中模拟地面的长方体，单击按钮，将制作好的地面材质赋予对象，渲染测试，通过光线跟踪贴图制作出地面材质的反射效果，如图 4-111 所示。

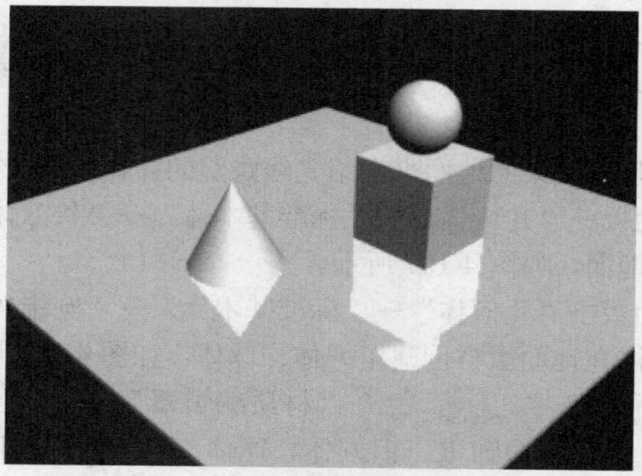

图 4-111 光线跟踪贴图模拟地面反射效果

4.3.3　任务实施

1．制作植物材质

（1）打开随书附赠光盘中的“CD:\案例文件\chap-04\4-3 盆景植物.max”模型文件，单击“材质编辑器”按钮，打开“材质编辑器”，选择一个材质球，在名称框中输入“植物”。

（2）单击“漫反射”贴图按钮，在弹出的“材质/贴图浏览器”对话框中选择“位图”选项，打开随书附赠光盘中的“CD：\案例文件\chap-04\贴图\leafA.jpg”文件，在“坐标”卷展栏中设置“角度”W 的值为 90，如图 4-112 所示。单击按钮，返回上一级。

（3）展开“贴图”卷展栏，单击“不透明度”贴图通道的 None 按钮，在弹出的“材质/贴图浏览器”对话框中选择“位图”选项，打开随书附赠光盘中的“CD:\案例文件\chap-04\贴图\leafB.jpg”文件。在“坐标”卷展栏中设置“角度”W 的值为 90，如图 4-112 所示。单击按钮，返回上一级，“贴图”卷展栏如图 4-113 所示。

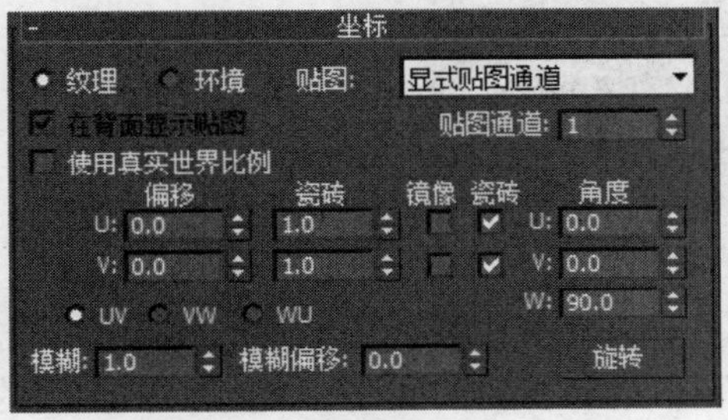

图 4-112　设置“坐标”卷展栏

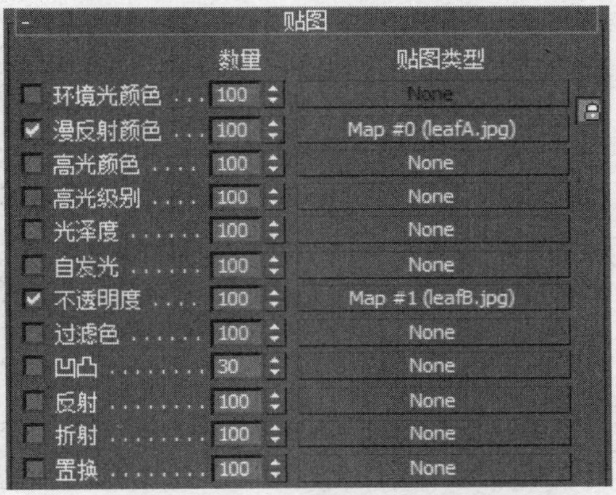

图 4-113　设置不透明度贴图通道

（4）在场景中选择植物模型，单击按钮，将材质赋予对象，单击按钮，渲染测试，效果如图 4-114 所示。

（5）按照步骤（4）的操作方法，将植物材质赋予场景中所有的植物模型，效果如图 4-115 所示。

图 4-114　渲染植物材质

图 4-115　植物材质效果

注意 “不透明度”贴图通道中使用的贴图是将“漫反射颜色”贴图通道中使用贴图进行黑白处理后的图像。

2. 制作花瓶材质

（1）单击“材质编辑器”按钮，打开“材质编辑器”，选择一个空材质球，在名称框中输入“花瓶”。

（2）单击 Standard 按钮，在弹出的“材质/贴图浏览器”对话框中选择“混合”选项，在弹出的“替换材质”对话框中选择“丢弃旧材质”。

（3）在“混合基本参数”卷展栏中单击材质 1 的设置按钮 Material #0（Standard），设置“漫反射”颜色为白色，“高光级别”数值为 120，“光泽度”数值为 70，如图 4-116 所示。单击“贴图”卷展栏中“反射”贴图通道 None 按钮，在“材质/贴图浏览器”对话框中选择“光线跟踪”贴图，设置“反射”贴图通道数值为 20，单击按钮，返回上一级。

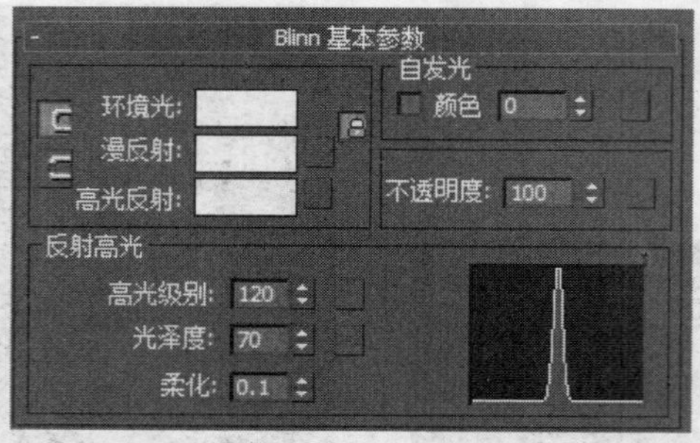

图 4-116 设置材质 1 基本参数

（4）在“混合基本参数”卷展栏中单击材质 2 的设置按钮 Material #0（Standard），单击“漫反射”贴图按钮，在弹出的“材质/贴图浏览器”对话框中选择“位图”选项，在弹出的“选择位图图像文件”中打开随书附赠光盘中的“CD:\案例文件\chap-04\贴图\F-001A.jpg”图像，如图 4-117 所示。

图 4-117 设置材质 2 漫反射贴图

（5）在“修改器命令”列表中选择“UVW 贴图”命令，在 UVW 贴图参数栏中设置“贴图类型”为柱形，“长度”、“宽度”、“高度”的数值分别为 150、150、120，“对齐”参数选择 X，如图 4-118 所示。进入“修改器堆栈”中 UVW 贴图的 Gizmo 子层级，通过移动工具将贴图坐标移动到花瓶合适的位置，如图 4-119 所示。

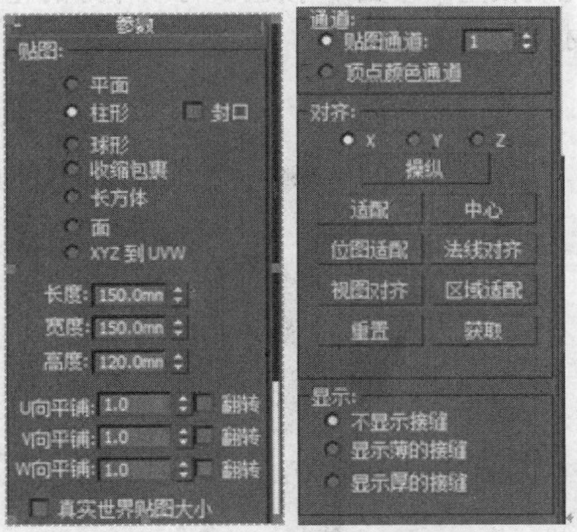

图 4-118　设置 UVW 贴图参数

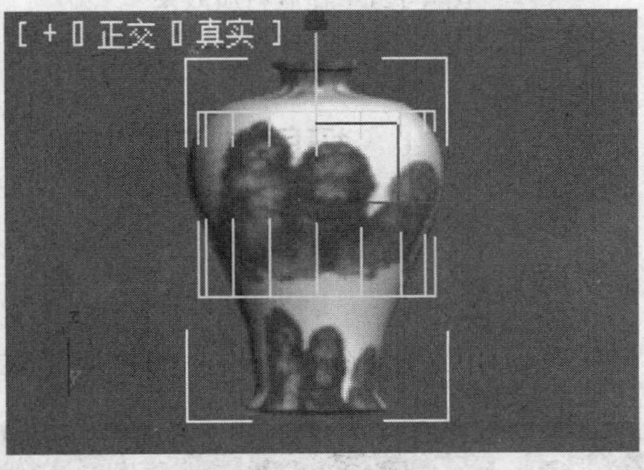

图 4-119　调整 Gizmo 坐标

（6）在材质 2“漫反射”的贴图参数设置中展开“坐标”卷展栏，将“瓷砖”属性中“U”的值设为 2，同时取消“瓷砖”V 的设置，如图 4-120 所示。单击按钮，返回上一级，回到“混合基本参数”卷展栏。

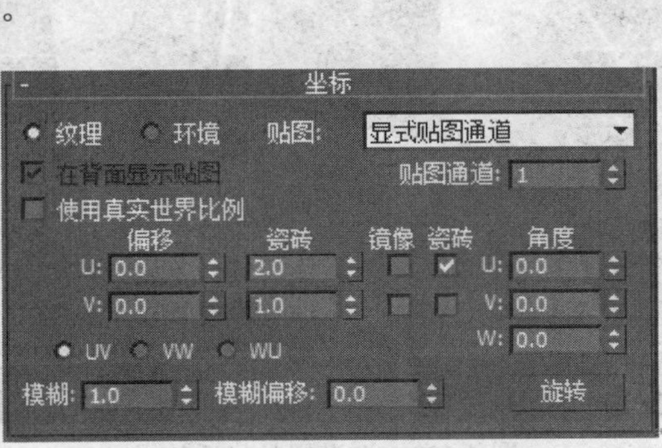

图 4-120　设置贴图“坐标”卷展栏参数

（7）在“混合基本参数”卷展栏中单击“遮罩”设置按钮 None ，在弹出的“材质/贴图浏览器”对话框中选择“位图”选项，在弹出的“选择位图图像文件”中打开随书附赠光盘中的“CD:\案例文件\chap-04\贴图\F-001.jpg”图像。在“坐标卷展栏”中按步骤（6）的操作设置如图 4-120 所示的参数，单击按钮，返回上一级，回到“混合基本参数”卷展栏。

（8）选择场景中的花瓶模型，单击按钮，将制作好的花瓶材质赋予对象，效果如图 4-121 所示。至此，花瓶材质设置完成。

图 4-121　花瓶材质效果

4.4　拓展练习

练习一：制作洗漱用品材质

提示：通过制作塑料材质并使用贴图制作洗漱用品的材质，效果如图 4-122 所示。

图 4-122　洗漱用品材质效果

练习二：制作液晶电视材质

提示：电视屏可以通过漫反射贴图赋予材质，注意设置自发光参数使屏幕产生发光效果。音响部分可以在漫反射中使用平铺贴图网格效果。电视底座背板部分可以赋予黑色塑料材质效果如图 4-123 所示。

图 4-123　液晶电视效果

练习三：制作卫生间一角效果

提示：卫生间墙面可以采用漫反射贴图制作，也可以采用平面贴图赋予材质，洗漱台的镜面效果可以在反射贴图通道中采用光线跟踪贴图制作，如图 4-124 所示。

图 4-124　卫生间一角

第 5 章　提炼——渲染输出

本章将系统介绍 3ds Max 2012 的灯光系统、摄像机的架设，以及渲染输出的方法。通过本章的学习，读者可以利用灯光系统以及匹配相应的渲染设置实现真实的效果展示。

学习目标：

- 了解灯光和阴影
- 掌握灯光的类型及特点
- 掌握灯光的布光方式
- 掌握摄像机的架设及控制
- 掌握渲染输出的设置方法

任务 5.1　制作吊灯灯光

5.1.1　效果展示

本任务主要是通过标准灯光中的泛光灯制作吊灯发光的效果，需要在灯光参数中设置灯光的颜色、强度、衰减，效果如图 5-1 所示。

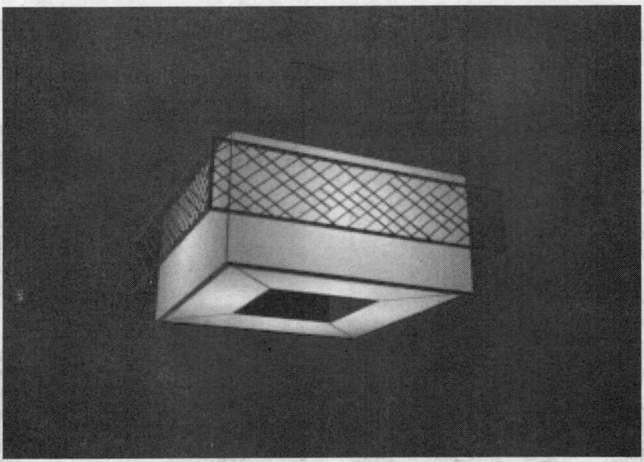

图 5-1　吊灯发光效果

5.1.2　知识点介绍——3ds Max 中标准灯光的应用

1．灯光的原理

在现实生活中，光是物体可视化的一个必要条件，不同的光对物体产生了不同的视觉效果。3ds Max 2012 的灯光系统可以完美地模拟出真实世界的自然光照和人工光照，同时其提供的细腻的阴影效果增加了画面的体量感和质量感。掌握灯光阴影产生的基本原理以及属性规律是合理配备场景照明必备的基本要素。

通常来说，照明通常分为自然光和人工灯光，这两者可以单独存在于场景中，也可以同时存在于场景中。但是，不论其照明类型归类于哪一种，都会从色彩和阴影的角度来影响物体。

（1）光与色。

色彩始于光，也源于光，包括自然光与人工光。光线微弱的话，色彩也就微弱；光线明亮的地方，色彩就可能特别强烈。当光线微弱的时候，如有月亮的夜晚，不容易辨别不同的色彩。在明亮的光线和阳光下，如在青藏高原，色彩看来就比原色更加强烈。

在灯光直接影响到物体的同时，也会通过照射到其他物体而产生光线的反弹，从而影响到物体，我们一般称之为环境照明和反射。在 3ds Max 2012 本身的照明系统中，默认的灯光照明是直接光的照明，并不会产生灯光的反弹的效果。这种情况下，我们通常采用其他渲染器或者加入辅助灯光达到全局光照明的效果，如图 5-2 和图 5-3 所示。

图 5-2　直接照明效果

图 5-3　全局光照明效果

（2）光与阴影。

在诠释阴影的产生的时候，我们无法忽略掉的一个重要因素还是光线。阴影是由于物体对光的遮挡而产生的领域。那么我们需要思考几个问题：

- 阴影的强弱与什么相关？为什么阴天的阴影非常柔和，晴天的阴影强？
- 阴影的大小与什么相关？
- 物体本身的质感对阴影有着什么样的作用？

如图 5-4 所示，通过对比，我们可以看出当灯光排列成为一个区域面的时候，灯光各自产生的阴影都被对方照亮了，所以阴影变得十分柔和。由此可以看出，灯光的面积会影响阴影的柔和度和强弱。例如在晴天的时候，太阳作为一个点光源，那么产生了强而生硬的阴影效果；阴天时候，整个天空在照明物体，天空作为一个无限大的面光源，那么它产生了弱而柔和的阴影效果。

学习灯光系统需要我们培养观察的习惯，比如一个玻璃杯子产生的阴影远远要比一个陶瓷不透明的杯子产生的阴影弱，甚至看不见阴影。这是由于光线完全或者大部分穿过了物体，物体没有对光线有效的遮挡。

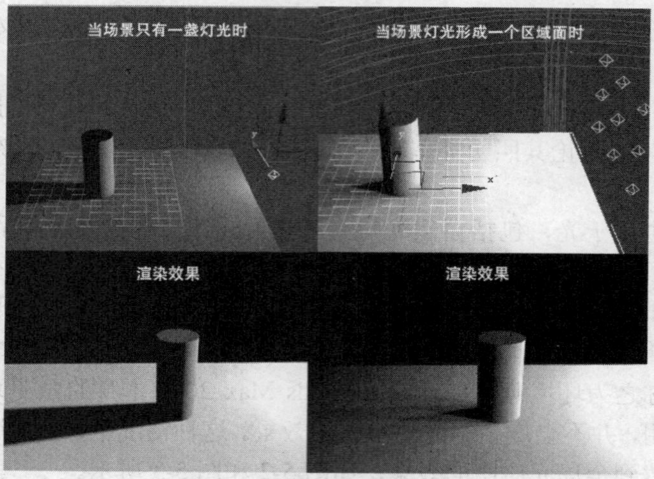

图 5-4 阴影与光之间的关系

2. 灯光的作用

3ds Max 2012 中的灯光出了产生照明作用外，还用来模拟现实生活中不同类型灯光的发光效果，如日光灯、白炽灯、台灯、筒灯和壁灯等发光效果。

灯光不仅可以使场景的外观更加逼真，而且还增强了场景的清晰度和三维效果，它除了获得照明效果外，还可以用作投射图像。灯光对场景的作用有以下 4 点：

- 若视图中的照明不够亮，或没有照到物体对象的所有面上，这时为场景添加灯光可以改进场景中的照明效果。
- 通过逼真的照明效果增强场景的真实感。
- 通过灯光为物体增加阴影效果，以增强场景的真实感。
- 在场景中投射出静态投影或动态的贴图。

3. 灯光的属性

灯光用来模拟真实的灯光效果，如室内灯光设备和太阳光效果。因此它与这些灯光设备一样，具有自己的属性，包括强度、入射角、衰减、反射光和环境光等。

强度：指灯光发光源的发光剧烈程度，发光越剧烈，则照亮的范围就越大，被照射物体的反光就越明显。

入射角：当光线到达物体表面时，物体表面会对光线进行反射，这样物体才会被观察着看见。光线被反射的多少和强度，除了与物体表面的光滑度、材质的属性等有关外，还与光线的入射角度有关。当入射角为 0 时，即光源与物体表面垂直时，物体表面由光源的全部强度照亮，随着入射角的增加，照明的强度减小。

衰减：灯光的强度将随距离的加大而减弱。远离光源的物体看起来更暗，距离光源较近的物体看起来更亮，这种效果称为衰减。

反射光：当光线照射物体时，物体表面会将光线的一部分反射到周围环境并可以照亮环境中的其他物体，这种被物体表面反射的光称为反射光。

环境光：当物体的反射光足够多时就对周围环境产生一种照明效果，这种由物体表面反射后产生的光效称为环境光，它具有均匀的强度，不具有可辨别的光源和方向。

颜色和灯光：灯光的颜色部分依赖于生产该灯光的过程，例如太阳光投射浅黄色的光。灯光的颜色也依赖于灯光通过的介质，例如大气中的云可将灯光染成天蓝色。

4. 3ds Max 2012 的灯光类型

在 3ds Max 2012 中，灯光系统为场景提供照明，其主要分为标准灯光和光度学灯光。标准灯光简单易用，光度学灯光较为复杂，但光度学灯光可以提供真实世界的人工灯光照明。3ds Max 2012 中的灯光都是模拟真实世界的灯光模式，如标准灯光中的聚光灯是像闪光灯一样投影聚焦的光束，这是在剧院中或桅灯下的聚光区，可以模拟手电筒或探照灯等；泛光灯是从单个光源向各个方向投影光线，属于点光源；平行光可以用来模拟自然界直射平行太阳光；天光可以模拟真实天空照明的效果；而光度学的灯光可以采用真实人工灯的数据进行模拟。

启动 3ds Max 2012 后，单击“创建命令面板”中的灯光图标，将进入如图 5-5 所示的灯光面板，在灯光类型下拉列表中可以选择不同的灯光类型，如图 5-6 所示。

图 5-5　灯光面板

图 5-6　灯光类型

5. 3ds Max 2012 标准灯光

3ds Max 2012 标准灯光是基于计算机的对象，标准灯光包括：目标聚光灯、自由聚光灯、目标平行光、自由平行光、泛光灯、天光、mr 区域泛光灯、mr 区域聚光灯 8 个类型。

不同种类的灯光对象可用不同的方式投影灯光，用于模拟真实世界不同种类的光源。与光度学灯光不同，标准灯光不具有基于物理的强度值。

目标聚光灯：聚光灯像闪光灯一样投影聚焦的光束。它可随目标点的移动而移动，目标聚光灯使用目标对象指向摄影机。

自由聚光灯：与目标聚光灯不同，“自由聚光灯”没有目标对象。可以移动和旋转自由聚光灯以使其指向任何方向。

平行光以一个方向投射平行光线，它与聚光灯相同，也是有方向的光源。但它的光线是互相平行的，使用平行光可以模拟一个非常远的点光源，在三维场景中，它主要用于模拟太阳光。

目标平行光：用来投射类似圆柱状的光柱，与目标聚光灯一样，也包括用来限定灯光投影方向的目标点。

自由平行光：自由平行光是没有目标点的平行灯光。

泛光灯：泛光灯是使用频率最高的一种标准灯光，泛光灯从单个光源向各个方向照射光线。泛光灯用于将“辅助照明”添加到场景中，或模拟点光源。

天光：天光可以模拟自然光照的天空照明效果，比如模拟阴雨天，或者可以再加入平行光作为阳光效果模拟晴天，需要和光跟踪器一起使用。可以设置天空的颜色或将其指定为贴图。

mr 区域泛光灯：当使用 mental ray 渲染器渲染场景时，区域泛光灯从球体或圆柱体体积发射光线，而不是从点源发射光线。使用默认的扫描线渲染器，区域泛光灯像其他标准的泛光灯一样发射光线。

mr 区域聚光灯：当使用 mental ray 渲染器渲染场景时，区域聚光灯从矩形或碟形区域发射光线，而不是从点源发射光线。使用默认的扫描线渲染器，区域聚光灯像其他标准的聚光灯一样发射光线。

6. 灯光参数

不论何种光线，在 3ds Max 2012 的灯光系统中的工作原理都是相同的，因此它们在 3ds Max 2012 中的参数是十分接近的，它们由常规参数卷展栏、强度\颜色\衰减卷展栏、高级效果卷展栏、阴影参数卷展栏、大气和灯光效果卷展栏等组成。在本书中，我们着重讲述 3ds Max 2012 的默认扫描线渲染器的灯光系统的参数，关于 mental ray 渲染器的灯光参数不再进行讲述。

（1）“常规参数”卷展栏。

创建了灯光以后，在场景中选取“创建灯光”切换到“修改命令面板”中，可以进行灯光参数的修改。展开“常规参数”卷展栏，可以设置灯光的基本参数，如图 5-7 所示。

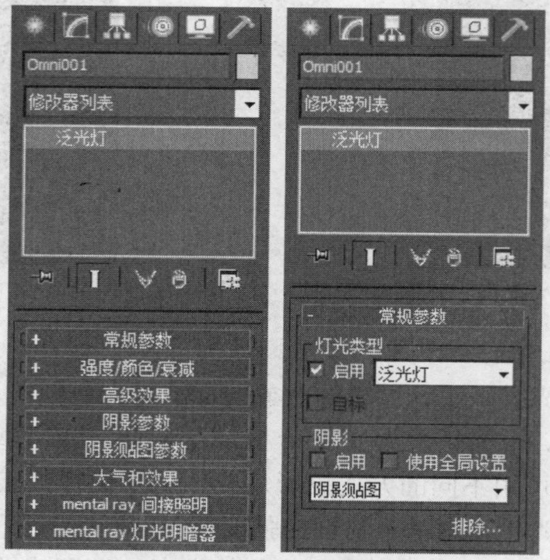

图 5-7 “常规参数”卷展栏

灯光的类型：默认是开启的状态，可以改变灯光的类型，在下拉菜单中可以选择泛光灯、聚光灯、平行光灯等不同的类型。如果创建的是聚光灯或平行光灯，可以勾选“目标”的选项来决定该灯光是否有目标点，在右侧可以选择灯光与目标点之间的距离。

阴影：是否开启灯光的阴影。

使用全局设置：勾选该复选框，场景中的所有投影灯都会产生阴影效果。

阴影贴图的下拉列表：可以选择不同的阴影贴图类型。

排除按钮：单击该按钮会弹出“排除/包含”对话框，如图 5-8 所示。在其中可以设置物体不受被选择灯光的照射。

（2）“强度/颜色/衰减”卷展栏。

该卷展栏主要用于设置标准灯光的颜色和强度，也可以定义灯光的衰减，如图 5-9 所示。

倍增：用于设置灯光的强度值，值越大，发光强度越大。

颜色框：用于设置灯光的颜色。

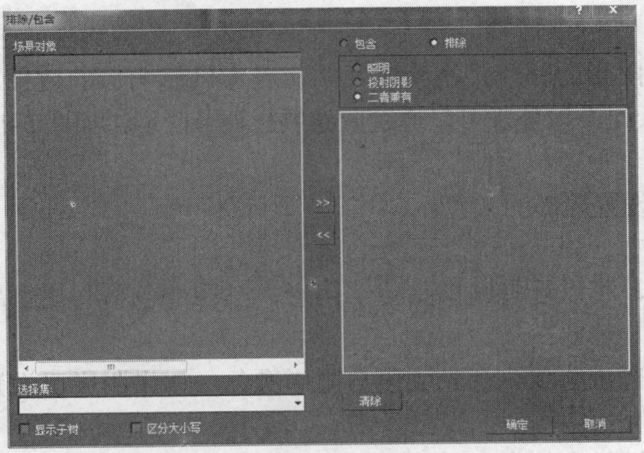

图 5-8 “排除/包含”对话框

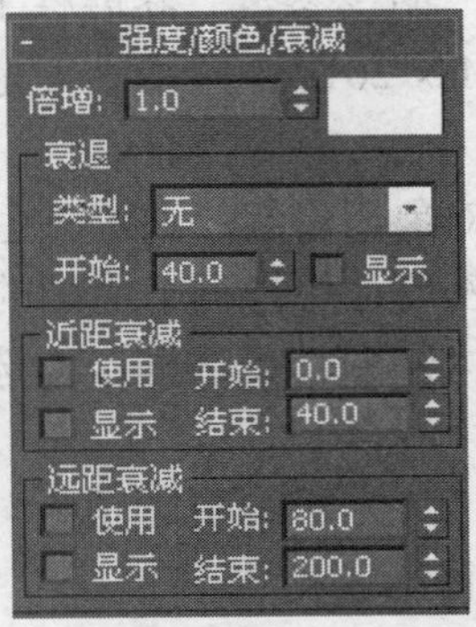

图 5-9 “强度/颜色/衰减”卷展栏

“衰退”栏：衰退可以使灯光强度逐渐衰弱。我们知道，在现实光照中，灯光强度会随着距离而逐渐的减弱，而在 3ds Max 2012 软件中，默认灯光是可以照射无限远的距离，并且灯光强度不会发生减弱，所以在场景中需要加入衰退的效果。

“类型”下拉列表框：用于设置灯光的衰减方式，有三种类型可选择。“无”不应用衰退，默认设置。从其源到无穷大灯光仍然保持全部强度，除非启用远距衰减。“倒数”应用反向衰退，灯光距离呈反比例关系变化。“平方反比”应用平方反比衰退，实际上这是灯光的“真实”衰退，但在计算机图形中可能很难查找，这是光度学灯光使用的衰退公式。如果“平方反比”衰退使场景太暗，可以尝试使用“环境”面板来增加“全局照明级别”值。

“开始”数值框：用于设置灯光开始衰减的位置。

“近距衰减”栏：控制灯光从光源处开始不可见到可见的距离。通过调节开始和结束位置来设定衰减范围。“开始”参数与“结束”参数用于设置衰减的开始区域和结束区域，如图 5-10 所示。

“远距衰减”栏：控制灯光从可见到不可见的距离。通过调节开始和结束位置来设定衰减范围。“开始”指定灯光开始淡出的位置，“结束”可以指定灯光由可见到不可见的距离，如图 5-11 所示。

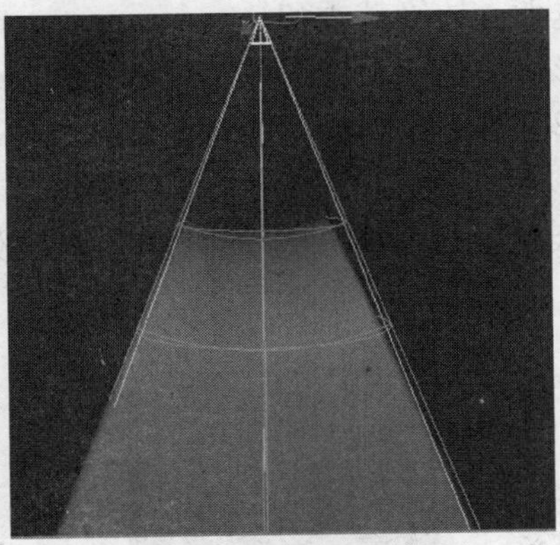

图 5-10 近距衰减

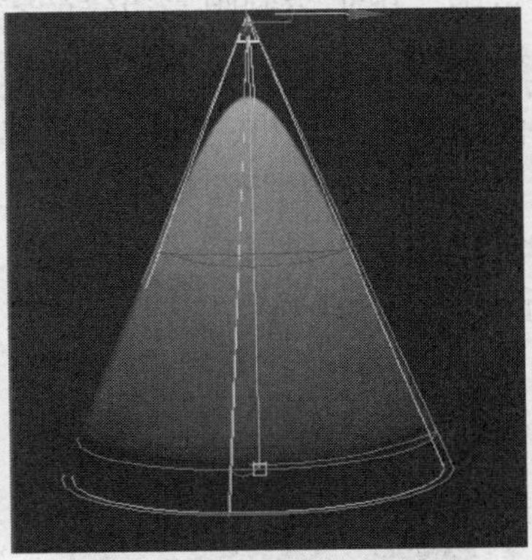

图 5-11 远距衰减

当创建光度学灯光后，该卷展栏会变为“强度/颜色/分布”卷展栏，它主要用于控制光度学灯光的发光强度、发光颜色和分布方式。

（3）“阴影参数”卷展栏。

“阴影参数”卷展栏主要用来控制阴影的颜色、密度以及阴影受大气影响后的效果。在3ds Max 2012中除了“天光”和“IES天光”以外都可以通过此卷展栏调节阴影，如图5-12所示。

对象阴影组：通过颜色选择器可以设置阴影的颜色。

密度：可以调节阴影的透明度。

“贴图”复选框：勾选贴图选项后，可以选择贴图指定给阴影，贴图颜色将与阴影颜色将进行混合。

“灯光影响阴影颜色”复选框：勾选该选项，灯光颜色与阴影颜色（如果阴影已设置贴图）混合起来。

“大气阴影”栏：用来控制灯光对场景中的大气装置产生的投射阴影，诸如体积雾这样的大气效果也会投影阴影，如图5-13所示。通过不透明度参数可以调整阴影的透明度，颜色量参数可以调整大气颜色与阴影颜色的混合量。

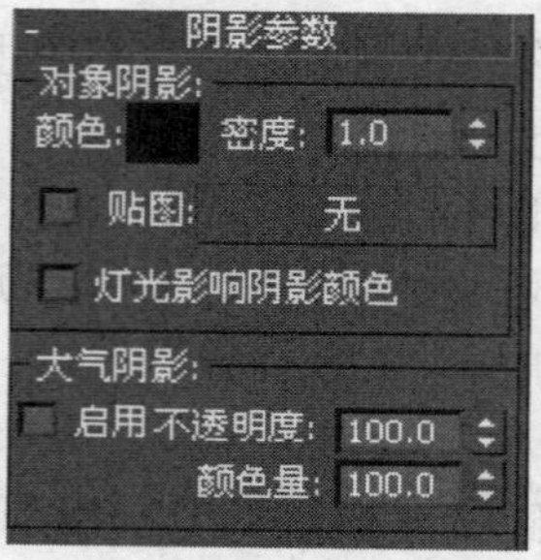

图5-12 阴影参数卷展栏

图5-13 云雾的大气效果投射出阴影

（4）“阴影贴图参数”卷展栏。

“阴影贴图参数”卷展栏主要用来控制加载贴图后贴图的大小，偏移量等，如图5-14所示。

偏移：用来控制阴影离物体的距离。

大小：用来控制阴影的细分量，值越大，对阴影的描述就越细致。

采样范围：用来控制阴影边缘的柔和程度，值越大，边缘越柔和。

“绝对贴图偏移”复选框：选中该复选框，阴影将按当前设置的单位进行偏移。

“双面阴影”复选框：选中该复选框，计算阴影时将不忽略物体的背面。

（5）“大气和效果”卷展栏。

“大气和效果”卷展栏可以指定、删除、设置大气的参数和与灯光相关的渲染效果，如图5-15所示。

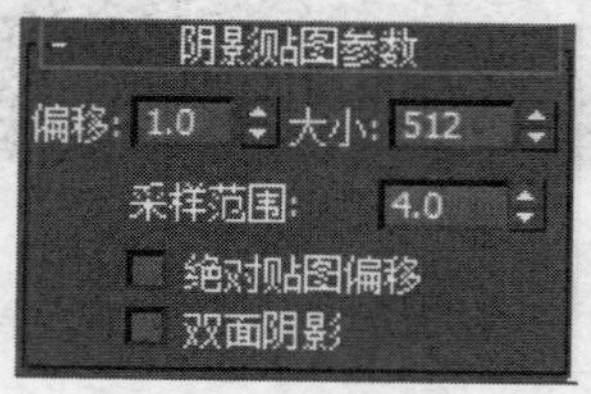

图5-14 “阴影贴图参数”卷展栏

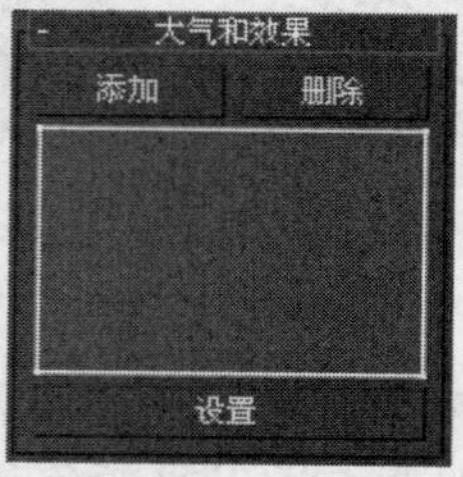

图5-15 “大气和效果”卷展栏

（6）“高级效果”卷展栏。

“高级效果”卷展栏提供影响灯光影响曲面方式的控件，也包括很多微调和投影灯的设置，如图 5-16 所示。

对比度：调整曲面的漫反射区域和环境光区域之间的对比度。

柔化漫反射边：增加可以柔化曲面的漫反射部分与环境光部分之间的边缘。

“漫反射”、“高光反射”、“仅环境光”复选框：用于设置灯光对物体表面的漫反射、高光、环境光的影响，如图 5-17 所示。

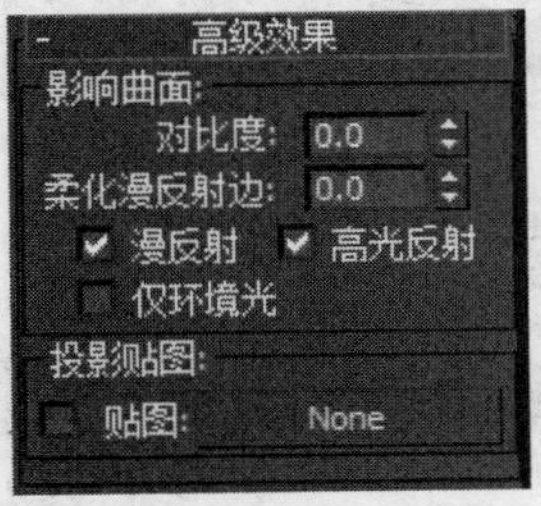

图 5-16　“高级效果”卷展栏

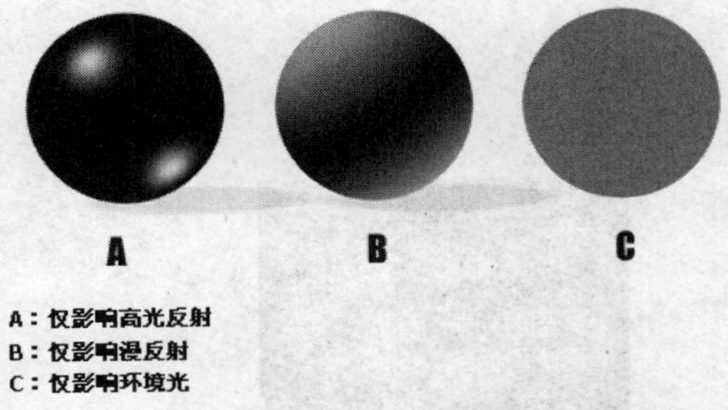

图 5-17　灯光对物体的影响

“投影贴图”栏：启用后可以通过“贴图”按钮投影选定的贴图，灯光将会在物体曲面上投射出该贴图。比如我们可以制作出电影投影机效果，或者制作树影投射到墙上的效果，如图 5-18 所示。

图 5-18　投影贴图组

7. 不同类型灯光的参数

在 3ds Max 2012 的灯光系统中，针对不同类型的灯光，3ds Max 2012 给出了相应的特定参数进行调节，下面我们针对不同类型的灯光参数进行具体的讲述。

（1）“聚光灯参数”卷展栏。

当创建或选择目标聚光灯或自由聚光灯后，在灯光选取的情况下单击“修改”面板，将在灯光修改参数里面出现“聚光灯参数”卷展栏，如图 5-19 所示。

“显示光锥”复选框：用于设置是否显示灯光的范围框，当聚光灯被选择时，总会显示聚光灯的锥体框。

“泛光化”复选框：勾选该选项后，聚光灯的照明方式和泛光灯十分接近，灯光会在所有方向上发射灯光。但是，投影和阴影只发生在聚光灯范围内。

聚光区/光束：调整灯光圆锥体的角度范围。聚光区值以度为单位进行测量。在聚光区中，灯光强度不会衰减。

衰减区/区域：调整灯光衰减区的角度范围。衰减区值以度为单位进行测量。在衰减区中，灯光会进行衰减，如图 5-20 所示，灯光照射范围逐渐衰减。

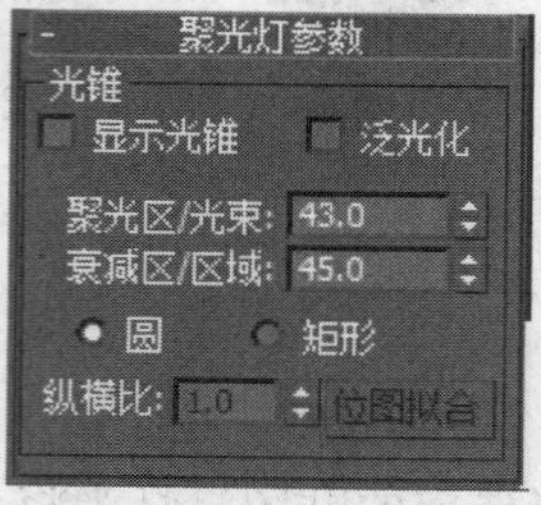

图 5-19 “聚光灯参数”卷展栏

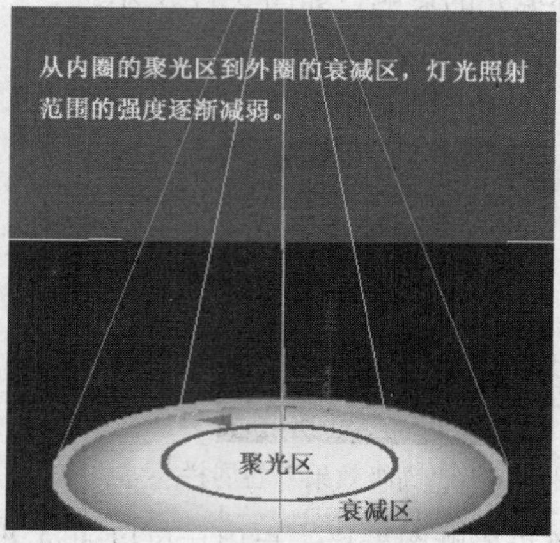

图 5-20 聚光区和衰减区

圆/矩形：确定灯光照射下聚光区和衰减区的形状。

纵横比：当聚光灯为矩形光束的时候，可以设定矩形光束的长宽比。只有选择“矩形”单选按钮后，该数值框才可用。

（2）“平行光参数”卷展栏。

当创建或选择目标平行光灯或自由平行光灯时，在灯光选取的情况下，点击“修改命令面板”，将在灯光修改参数里面出现“聚光灯参数”卷展栏，如图 5-21 所示。

“平行光参数”卷展栏的属性可以参照前面“聚光灯参数”卷展栏的属性，两者属性参数完全相同。

（3）“天光参数”卷展栏。

当创建或选择天光时，在灯光选取的情况下，点击“修改”面板，将在灯光修改参数里面出现“天光参数”卷展栏，如图 5-22 所示。在使用天光时，建议配合使用“渲染”菜单下的光跟踪器。

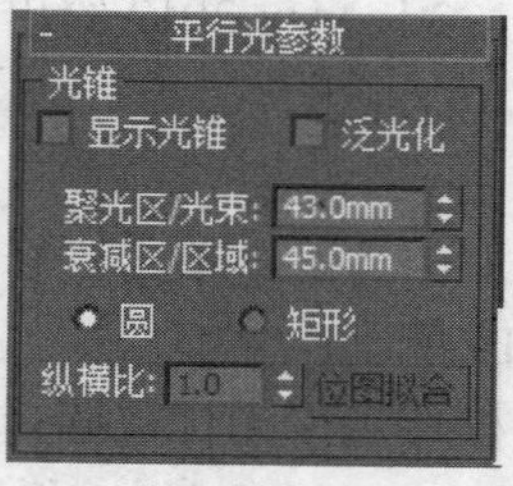

图 5-21 “平行光参数”卷展栏

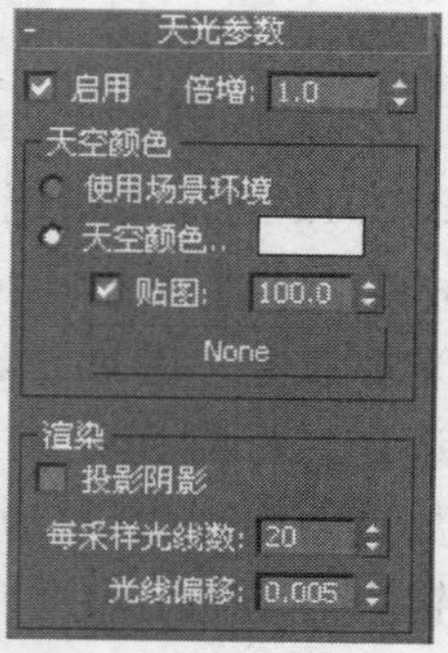

图 5-22 “天光参数”卷展栏

启用：勾选该选项，开启使用天光。

倍增：用于设置天光的强度。

“天空颜色”栏：勾选“使用场景环境”可以在“环境”面板上的“背景”颜色框中设置的灯光颜色。“天空颜色”颜色框可以设置天空的颜色，如黄昏时候可以选择暖黄色的颜色作为天空的颜色。勾选贴图选项可以在下面 None 按钮中指定一张贴图影响天空的颜色，旁边的微调器可以微调整使用贴图的百分比。

“渲染”栏：勾选“投射阴影”时会使天光投影阴影，当使用光能传递或光线跟踪时，该选项无效。

每采样光线数：用于计算落在场景中指定点上天光的光线数。

光线偏移：可以设置对象在场景中投影阴影的最短距离。将该值设置为 0 将在自身上投影阴影，将该值设置大的值可以防止附近的对象在该物体上投影阴影。

8. 三点照明法

场景中灯光的设置过程简称为“布光”。在设置灯光的时候，根据不同的场景需要和个人的理解，布光的方式也会有着很大的区别，可以说一个复杂的场景由不同的灯光师来布置就会出现多少种不同的方案。在制作室内效果图时，我们在布光的过程中经常使用三点照明法。

三点照明，又称为区域照明，它一般适用于较小的场景照明。如果创建的是比较复杂的场景，我们可以把场景归纳成几个不同的区域进行布光。它一般会在场景中设置三盏主要的灯光进行照明，分别为主体光、辅助光与背景光，如图 5-23 所示。

在如图 5-24 所示的场景中，采用了一盏聚光灯为主体光，主体光采用一个暖色调来照明物体；一盏泛光灯为辅助光照亮暗部，给予泛光灯一个冷色调来烘托效果；一盏泛光灯为背景光，背景光颜色也设为冷色调，最终效果如图 5-24 所示。

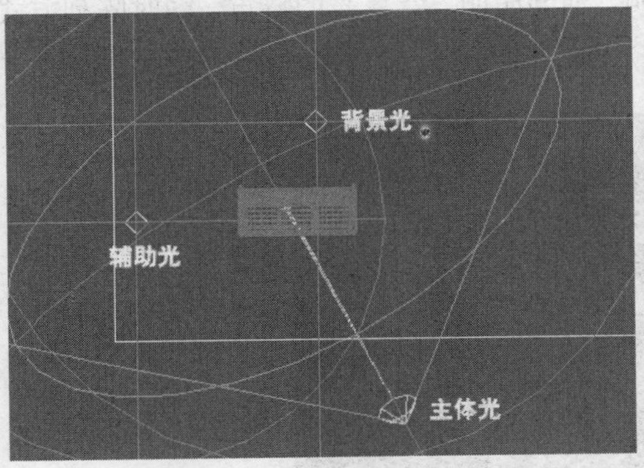

图 5-23　三点布光分析

图 5-24　三点布光制作的效果图

（1）主体光。

主体光就是场景中的主要照明的光源。它承担着照亮场景的主要作用，通常是场景中最亮并唯一一盏开启阴影的灯光。如图 5-25 所示，为只使用主体光照明的效果。

在图 5-25 中我们可以看出，在只有主体光的情况下，暗部呈现出的是完全的黑色，这也是由于 3ds Max 2012 的灯光系统在默认线性扫描渲染器中只是进行灯光直接照明的计算，没有计算灯光的间接照明。而在现实生活中，灯光在照射到物体时，会产生光线反弹而形成反光，所以暗部很少会呈现完全的黑色。

（2）辅助光。

辅助光也叫做补充光，它承担着辅助照亮场景的作用，通常位于主体光照射不到的范围，以模拟出灯光反弹的效果，形成真实的明暗层次。在上述场景中，我们在主体光照明的同时使用辅助光，辅助光把场景的暗部照亮，实现了现实灯光反弹的效果，丰富了整个暗部的层次，效果如图 5-26 所示。

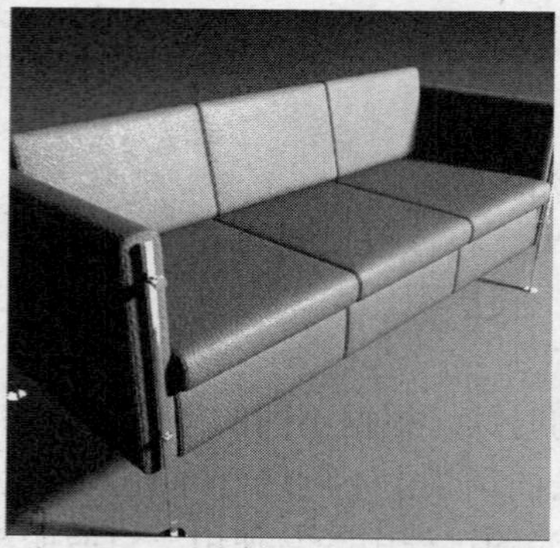
图 5-25　主体光的效果

图 5-26　增加辅助光的效果

（3）背景光。

背景光的作用是增加背景的亮度，从而衬托主体，并使主体对象与背景相分离。一般使用泛光灯亮度宜暗不可过亮，位于物体的背面，与主体光相对的位置。

9. 灯光阵列

在制作场景的效果图中，灯光阵列是一个最常用并且效果最完美的灯光布局方式，它有很多种不同的阵列方式，比如环形阵列、方形阵列、管形阵列、钻石形阵列等，如图 5-27 所示。无论什么样的阵列方式都需要遵循主体照明、辅助照明、背景光的特点，同时阵列方式都是以局部到整体的方式进行。

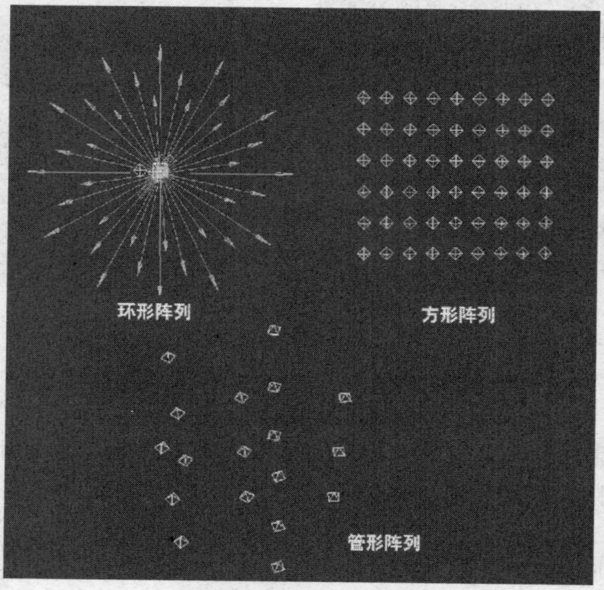

图 5-27　阵列方式

灯光的应用，大家应该遵循以下的 5 个原则：

（1）首先要对场景的照明做个整体的规划设计，分出场景的主要照明和辅助照明。

（2）灯光在于合适合理的应用，不要过多。在灯光布光时，要把握好灯光的主次进行灯光的添加，过多的灯光使整个工作过程变得杂乱无章，增加工作的难度，而视图显示与渲染速度也会受到严重影响。要结合灯光投影与阴影贴图及材质贴图，很多次要灯光的效果可以用材质来表现。例如灯罩受灯光影响发光的效果，夜晚从窗户外看见灯火通明的效果以及电视机的节目画面等，用自发光贴图去做会方便得多。

（3）利用灯光的衰减体现场景的明暗分布，灯光的场景照明要有层次性，不能一概而论。

根据场景的需要选用不同的灯光，注意灯光要打开衰减，并且根据需要设置灯光的强度和阴影参数。

（4）利用灯光的“排除”与“包括”功能设定灯光对哪些物体照明，哪些物体投射阴影。例如使场景的阴影主要来自于主体光源而辅助光不投射阴影。

（5）布光时应该遵循由主体到局部、由简到繁的过程。灯光阵列多用于实现真实光照的效果，而这种真实效果的实现是比较复杂的，对于灯光效果的形成，我们应该采取一定的步骤防止灯光布光杂乱无序，主次不分。应该遵循从主光源到次光源，从主体场景照明到局部照明的设置，在设置过程中需考虑灯光之间相互影响的照明效果，要综合调节灯光的强度、颜色、衰减等特性来增强现实感。总之，在学习布光的时候，要多看多实践、结合理论和实际进行分析。

5.1.3 任务实施

（1）打开随书附赠光盘中的“CD:\案例文件\chap-05\5-1 吊灯\5-1 吊灯.max”文件，单击“创建”面板→“灯光”→“标准灯光”→“泛光灯”按钮。

（2）在顶视图中创建泛灯光，如图 5-28 所示。在参数设置面板“强度/颜色/衰减”卷展栏中调整灯光“颜色”为黄色，倍增值为 2.081，勾选“远距离衰减”中“使用”复选框，“显示”复选框，设置“结束”值为 337.5，如图 5-29 所示。

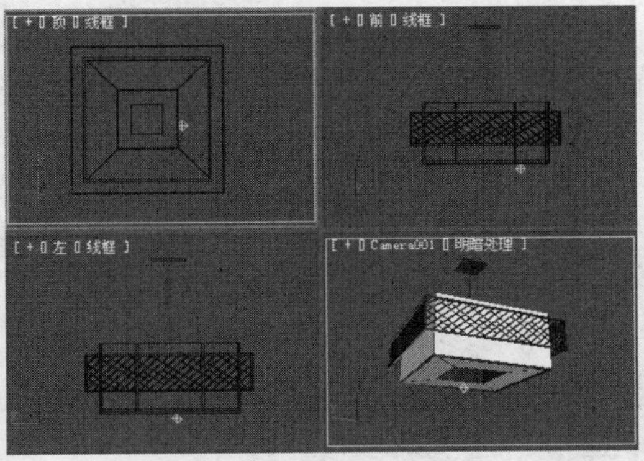

图 5-28 创建泛光灯

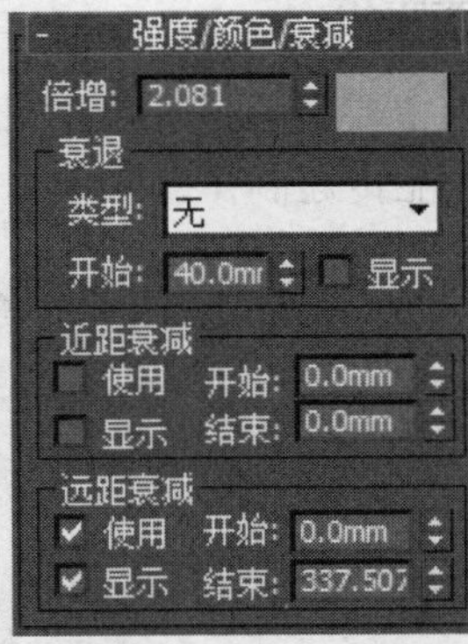

图 5-29 调整“强度/颜色/衰减”参数

（3）在顶视图中通过“移动”工具将泛光灯移动复制到合适位置，选择按“实例”复制，继续环形布光，如图 5-30 所示。

（4）按照步骤（2）（3）的方法，在吊灯内部再次创建泛光灯，参数如图 5-31 所示，复制到吊灯四侧，最终效果如图 5-32 所示。

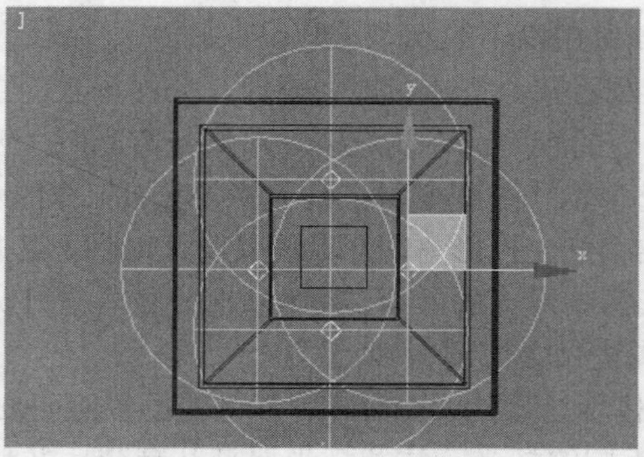

图 5-30　移动复制泛光灯

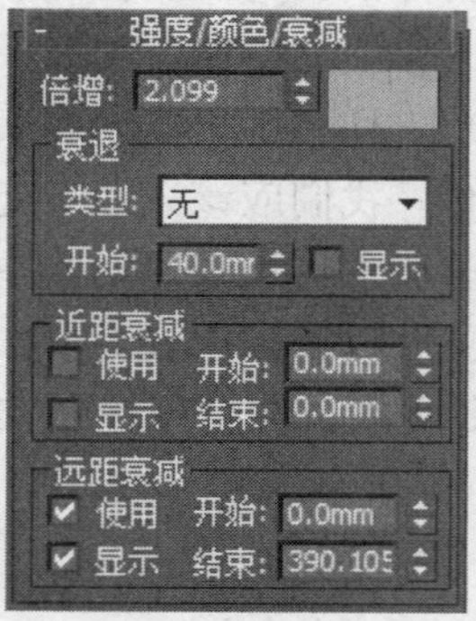

图 5-31　“泛光灯”参数

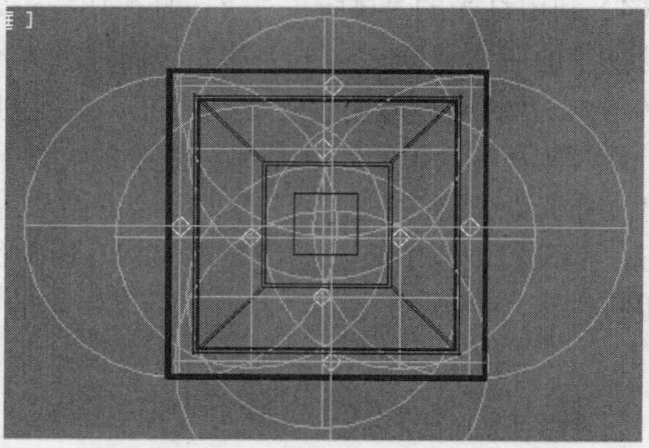

图 5-32　复制泛光灯

（5）单击“渲染”按钮，测试灯光效果。

任务 5.2　制作室内灯光效果

5.2.1　效果展示

本任务主要是通过光度学灯光中自由灯光制作灯带效果，通过目标灯光制作筒灯效果，最后运用光能传递制作整个室内空间的光源，效果如图 5-33 所示。

图 5-33　室内灯光效果

5.2.2 知识点介绍——3ds Max 2012 光度学灯光与高级照明

1．3ds Max 2012 光度学灯光

光度学灯光可以通过设置光度学值来模拟显示场景中的灯光效果，可以创建具体各种分布和颜色特性的灯光，或者导入照明制造商提供的特定光度学文件（光域网）。

（1）光度学灯光分类及创建方法。

在“创建”面板中单击“灯光”，在“灯光类型下拉列表”中选择“光度学”，如图 5-34 所示。在 3ds Max 2012 中，光度学灯光有 3 种：目标灯光、自由灯光和 mr Sky 门户，如图 5-35 所示。

图 5-34 灯光类型下拉列表

图 5-35 光度学灯光类型

（2）“灯光分布”卷展栏。

在光度学“灯光分布”下拉列表中包括光度学 Web、聚光灯、统一漫反射、统一球形 4 种类型，如图 5-36 所示。默认为统一球形，最常用的是光度学 Web。

图 5-36 “灯光分布”卷展栏

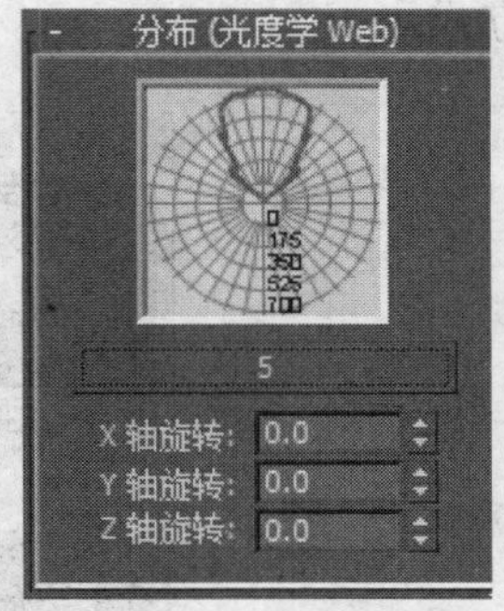

图 5-37 设置光度学灯光

当选择“光度学 Web”分布类型后，展开“分布（光度学 Web）卷展栏”，单击 < 选择光度学文件 > 按钮，载入光域网文件，在预览栏中可以看到灯光分布效果，如图 5-37 所示。

（3）“强度/颜色/衰减”卷展栏。

“强度/颜色/衰减”卷展栏用于设置光度学灯光的颜色和亮度，如图 5-38 所示。

灯光下拉列表框：在其中可以选择公用灯光。

开尔文：选择该单选按钮后，“灯光下拉列表”处于禁用状态，这时通过调整其右侧数值框中的数值来改变灯光的色温，从而改变灯光的颜色；也可以直接改变其右侧的颜色框中的颜色，来达到改变灯光颜色的目的。

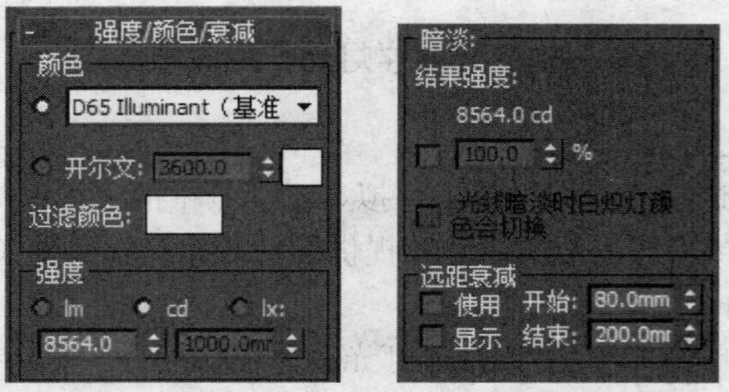

图 5-38 “强度/颜色/衰减”卷展栏

过滤颜色：模拟灯光被设置了过滤色的效果。

强度栏：用于设置光度学灯光的强度或亮度值。其中“lm”是光通量单位，100W 普通白炽灯的光通量约为 1750lm；“cd”用于设置灯光沿目标方向的最大发光强度，100W 普通白炽灯的光通量约为 139cd；“lx”用于测量被灯光照亮的表面面向光源方向上的照明度。Lux（勒克斯）为国际单位制单位，简写为 lx，相当于 1 流明/平方米。

“倍增”数值框：用于控制灯光的强度，与标准灯光下的“倍增”数值框设置方法一样。

光度学灯光中的阴影参数卷展栏、间接照明卷展栏与标准灯光中的参数设置是一样的，不再重复讲述。

2. 高级照明

高级照明是 3ds Max 所自带的高级渲染方式。3ds Max 2012 所支持的有两种，即光线跟踪与光能传递。其中光线跟踪比较常用，用于所有灯光且设置简单。而光能传递则要调整较多参数，但比较准确。在进行高精度制作时通常会使用光能传递。

单击主工具栏上的“渲染设置”按钮，开启场景渲染对话框，单击“高级照明”选项卡，再单击“选择高级照明”卷展栏下的下拉列表框，如图 5-39 所示，即可以选择光线跟踪与光能传递方式。

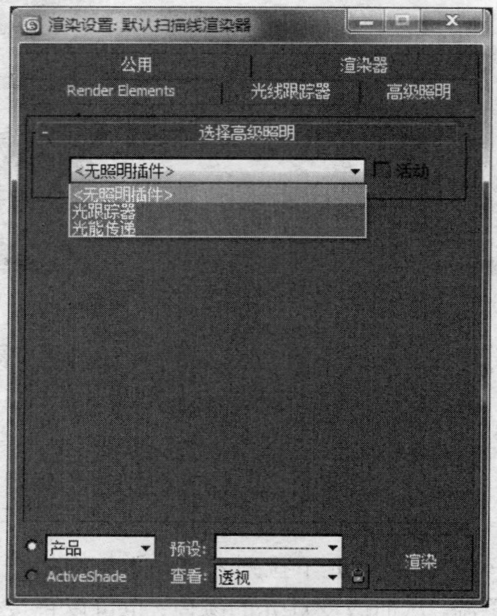

图 5-39 “高级照明”选项卡

（1）光线跟踪。

光线跟踪可以真实反映物体周围光线的反射和折射情况以及物体与物体之间的相互作用。单击“选择高级照明”卷展栏下的下拉列表框，再单击“光线跟踪”，则出现“光线跟踪”参数面板，如图 5-40 所示。

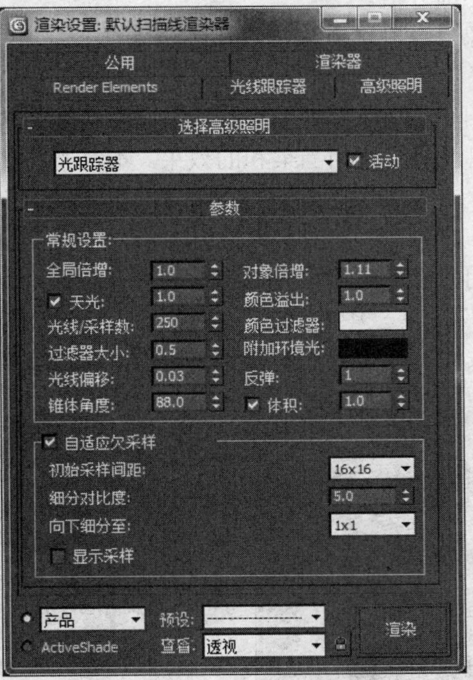

图 5-40　“光线跟踪”面板

全局倍增：增加光线跟踪的效果，使得灯光更加明亮。

对象倍增：可以控制各种物体反射光能的量。

天光：勾选该复选框，可以开启天光，通过数值输入框调整天光的强弱。

颜色溢出：通过数值输入框的调整，可以增加物体反射光的强弱，增加环境色。

光线/采样数：可以调整光线的细分程度，从而调整渲染效果，减少最终的噪点。但是数值过高会影响显示速度。通常采用默认值。

颜色过滤器：设置调整滤镜色色彩。

过滤器大小：通过调整数值输入框大小控制渲染时产生的噪点。在空间不够明朗的时候，可以通过修改该参数，调整画面质量。

附加环境光：设置附加的环境光颜色。

光线偏移：设置光线在物体边缘偏移的范围。

反弹：控制光线在物体之间的反弹次数。最小为 0，最大为 10。数值高低会影响到环境光强弱与渲染时间。

锥体角度：控制光线投射的锥形范围。

体积：勾选该选项，可以控制雾、光等大气效果的强弱。

自适应欠采样：勾选该选项，可以增加对比以及物体边缘的分界等位置。开启后可以具体控制细分值等具体参数。

初始采样间距：可以具体控制采样间距。数值范围为 1～32，减少间距可以帮助避免出现在不被自动细分的大表面上的噪点。

细分对比度：用于调整物体与阴影之间边缘的对比。数值越大，效果越好，但会降低渲染速度。

向下细分至：控制最小细分值。

显示采样：在渲染图像上，以红点显示具体各个采样。

（2）光能传递。

光能传递用于在 3D 空间内模拟真实自然的灯光环境。光能传递可以精确地按材质属性、颜色之间的关系，通过合理设置得到相当柔和的效果。不过光能传递最好配合“光度学”灯光使用。

单击主工具栏上的“渲染设置”按钮，开启场景渲染对话框，单击“高级照明”选项卡，再单击“选择高级照明”卷展栏下的下拉列表框中的“光能传递”选项即可，如图 5-41 所示。“光能传递处理参数”卷展栏中的参数主要用于启用光能传递功能和对光能传递的进程进行控制，单击“开始”按钮，即可开始光能传递运算，如图 5-42 所示。

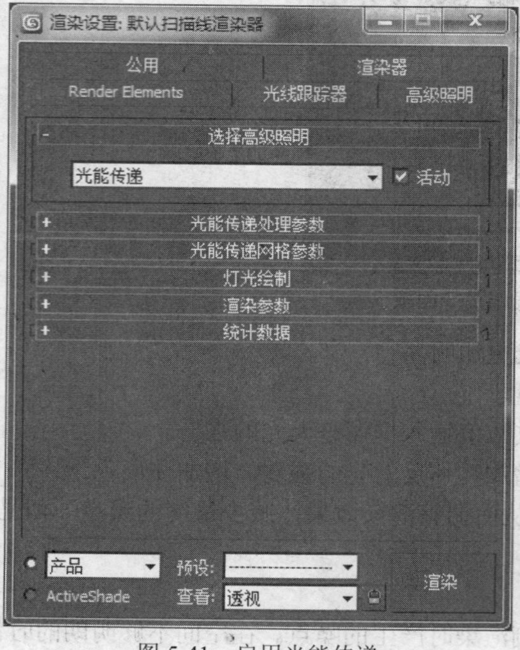

图 5-41　启用光能传递

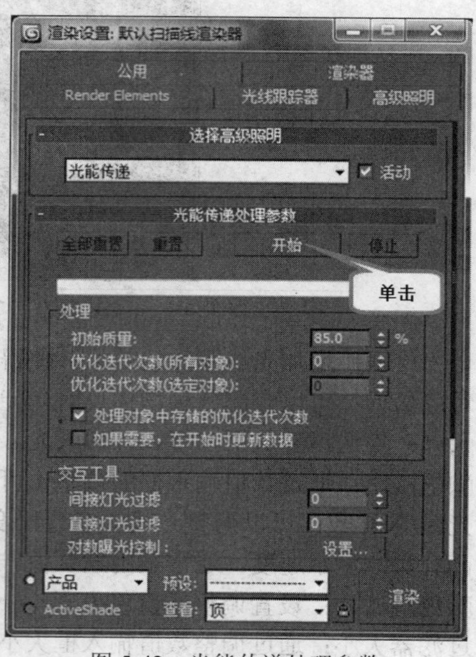

图 5-42　光能传递处理参数

运算过程所用时间的长短，主要取决于场景的复杂程度以及电脑性能的好坏。当运算完成后，视图中的模型会显示为网格状。

全部重置：重置光能传递的照明结果和几何体面的细分结果（即网格细分大小更改后，一定要点“全部重置”，否则网格细分大小不改变）。

重置：重置光能传递的照明结果。

开始：开始光能传递运算。

停止：停止光能传递运算。

初始质量：用来设置光能传递的精度，数值越大能量分布越平均，结果也越细腻。

优化迭代次数（所有对象）：设置场景中全部对象光能传递的结果的细化迭代次数，进行细化后可以减少模型面之间的光能分布差异，提高光能传递的品质，（一般设置为 2）。

过滤：可以匀化照明级别，消除相邻三角面的噪波，使用该项设置会损失图像的细节，所以数值不宜过大（一般设置为 3）。

全局细分设置：用于设置网格细分的尺寸，以便将场景中的对象进行网格细分，细分越精细，照明的结果就越准确，渲染效果也越好，但细分太小，又容易产生就斑点，所以最折中的方法是细分 300mm～500mm。

5.2.3　任务实施

1．制作吊灯效果

（1）打开随书附赠光盘中的“CD:\案例文件\chap-05\5-2 室内灯光\模型.max”文件，如图 5-43 所示。

（2）单击“创建”面板→“灯光”→“光度学”→“自由灯光”按钮，在顶视图中创建灯光，在顶视图及前视图中调整灯光的位置，使其位于吊灯下方，如图 5-44 所示。

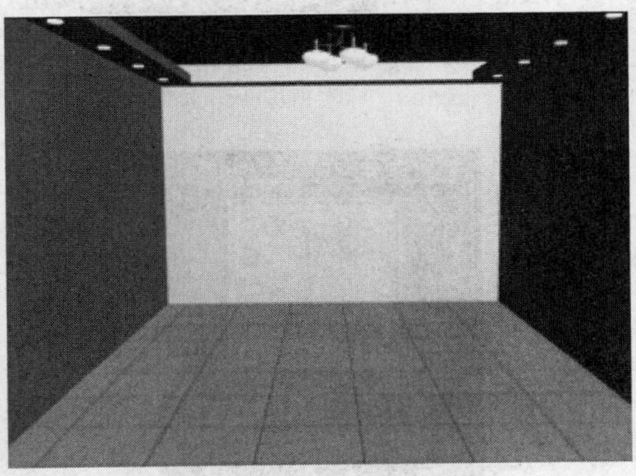

图 5-43　室内模型

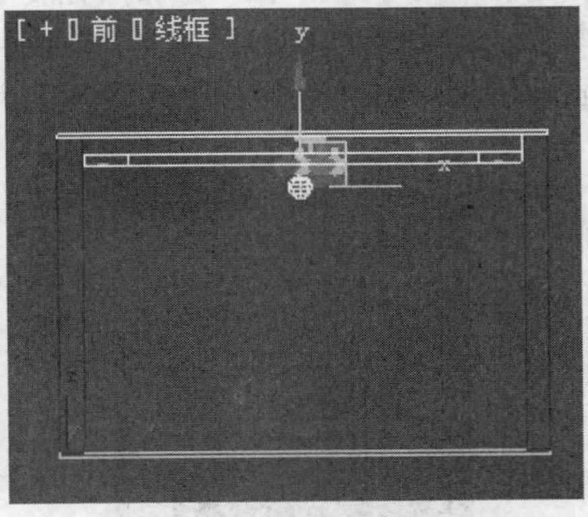

图 5-44　创建线光源

（3）在参数设置面板“强度/颜色/衰减”卷展栏中设置灯光大小为 300cd，如图 5-45 所示。在顶视图中使用“移动”工具，按“实例”复制 3 个灯光，将其放在其余 3 盏吊灯下方，如图 5-46 所示。

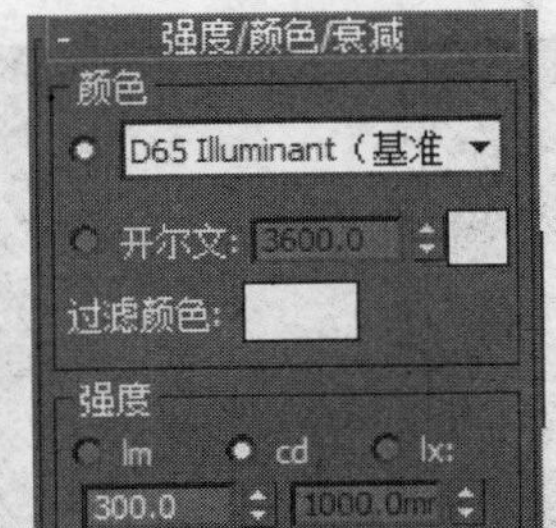

图 5-45　设置灯光大小

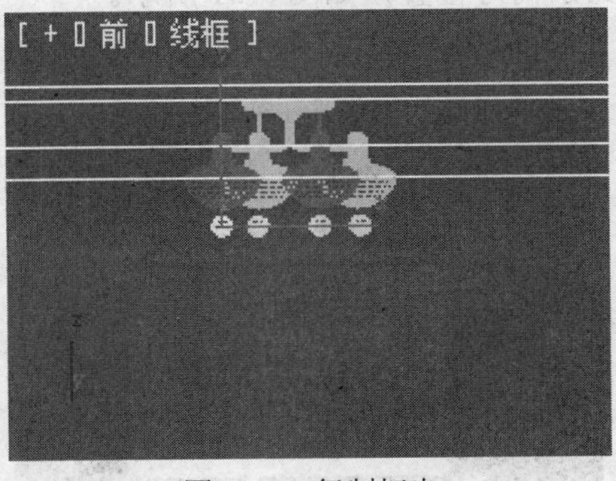

图 5-46　复制灯光

（4）单击“渲染”按钮，测试灯光效果，如图 5-47 所示。

2. 制作筒灯效果

（1）单击“创建”面板→“灯光”→“光度学”→“目标灯光”按钮，在前视图筒灯下方按住鼠标向下拖拉，创建目标灯光，如图 4-48 所示。在顶视图中将其移动到筒灯位置。

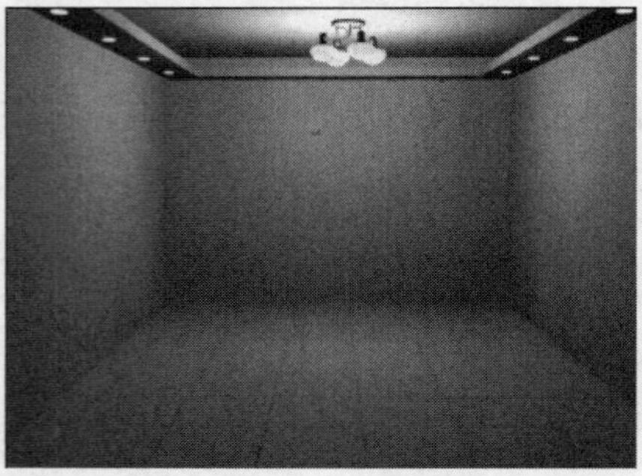

图 5-47 吊顶灯光效果

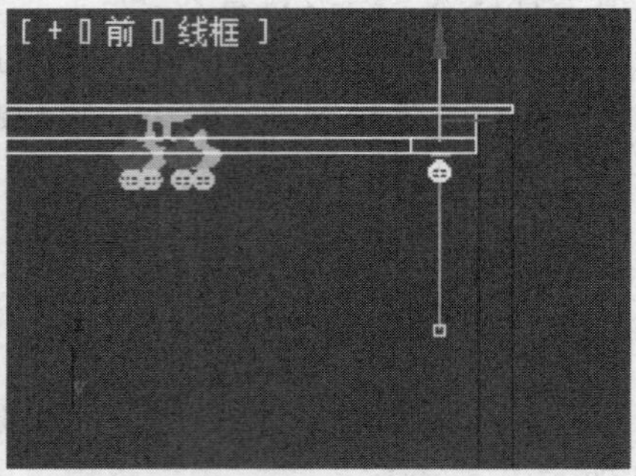

图 5-48 创建目标灯光

（2）选择创建的目标灯光，单击“修改”面板，在“灯光分布”卷展栏中选择“光度学 Web”，如图 5-49 所示。在“分布（光度学 Web）”卷展栏中单击 <选择光度学文件> 按钮，打开随书附赠光盘中的“CD:\案例文件\chap-05\5-2 室内灯光\maps\01.ies”文件，如图 5-50 所示。在“强度/颜色/衰减”卷展栏中设置强度为 1500cd。

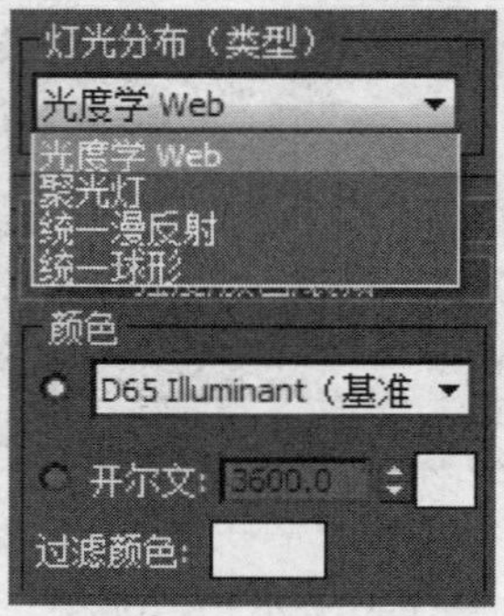

图 5-49 选择灯光部分类型

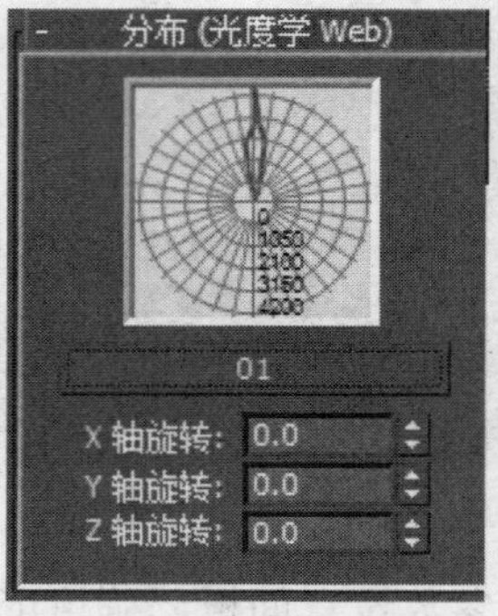

图 5-50 载入光域网

（3）在顶视图选择创建的目标灯光，使用“移动”工具按“实例”复制，将复制的灯光放到其余筒灯位置，如图 5-51 所示。

（4）单击“渲染”按钮，测试筒灯效果，如图 5-52 所示。

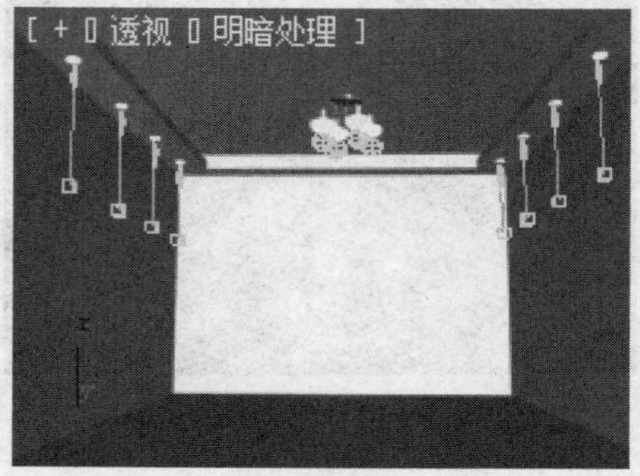

图 5-51 调整灯光位置

图 5-52 筒灯效果

注意　自由灯光是没有方向的灯，目标灯光是有方向的灯光。因此目标灯光比自由灯光多了一个目标控制点。在移动目标灯光时，必须将光源与目标控制点一起选中，才能移动，否则只能单独移动光源或目标控制点。

3. 制作灯带效果

（1）单击“创建”面板→“灯光”→“光度学”→“自由灯光”按钮，在顶视图单击，创建自由灯光。

（2）单击“修改”面板，在“图形/区域阴影”卷展栏下拉列表中选择“线”，设置“长度”值为 800，如图 5-53 所示。在“灯光分布”卷展栏中设置灯光分布为“统一漫反射”，如图 5-54 所示。在“强度/颜色/衰减”卷展栏中设置“过滤颜色”为黄色，“强度”为 500cd。

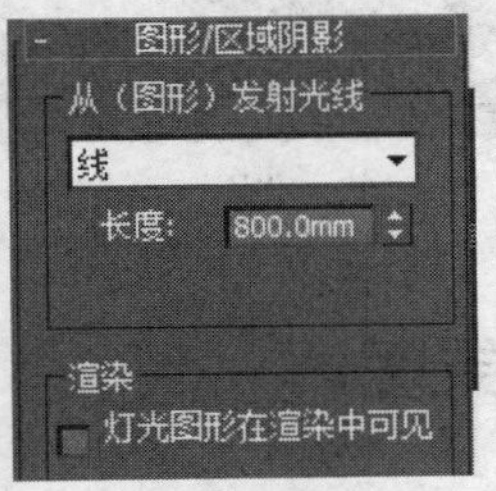

图 5-53　设置灯光形状

图 5-54　设置灯光分布类型

（3）在左视图中观察灯光发光方向为线段向下发光，如图 5-55 所示。选择灯光单击“镜像”按钮，选择 Y 轴镜像，这时发光方向会向上，如图 5-56 所示。

（4）选择灯光，在前视图中将灯光放到灯槽的位置，如图 5-57 所示。在顶视图中调整灯光位置，并使用“移动”工具按“实例”复制，首尾相连放置在灯槽左右两侧，如图 5-58 所示。

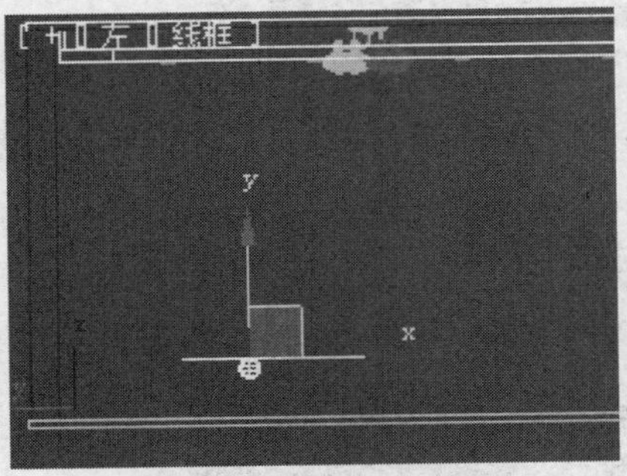

图 5-55　观看灯光发光方向

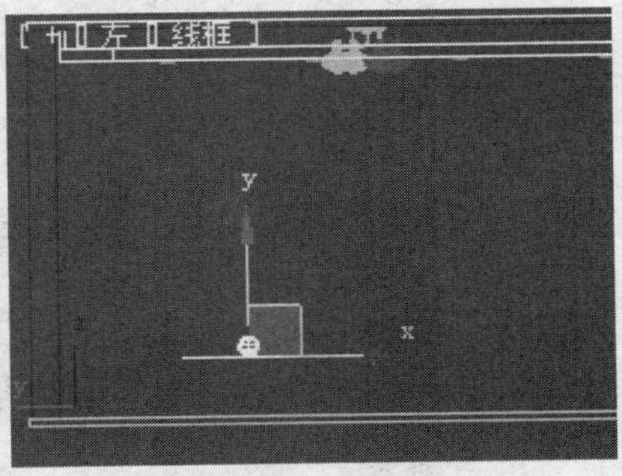

图 5-56　调整灯光发光方向

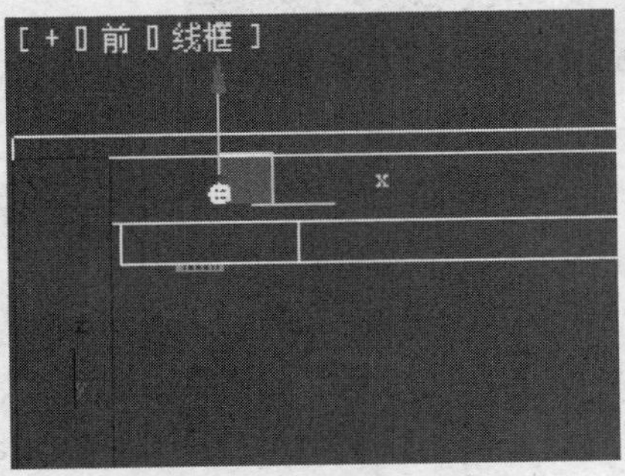

图 5-57　设置灯光位置

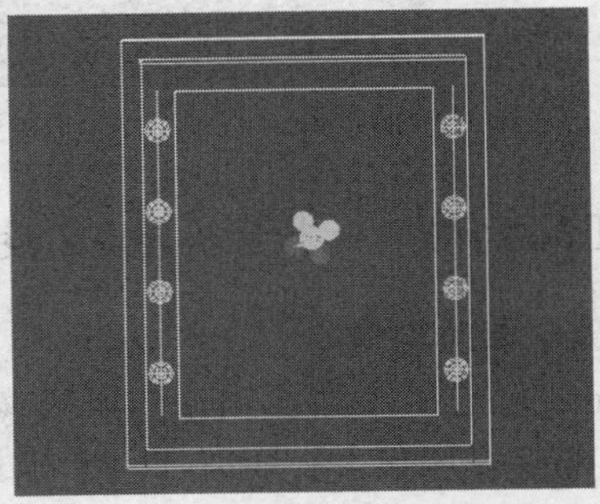

图 5-58　制作灯槽左右两侧灯带

（5）重复步骤（1）～（4），制作灯槽前后两侧的灯带，如图 5-59 所示。单击“渲染”按钮，测试筒灯效果，如图 5-60 所示。至此，室内灯光全部制作完成。

图 5-59　制作灯槽前后两端灯带

图 5-60　测试灯带效果

任务 5.3　渲染室内效果图

5.3.1　效果展示

本任务主要对制作好的室内场景设置创建摄像机，设置视角范围、光能传递参数，渲染输出室内效果图，如图 5-61 所示。

图 5-61　室内灯光效果

5.3.2　知识点介绍——摄像机与渲染设置

1．摄像机的类型

在 3ds Max 2012 中，可以应用摄像机从特定的观察点表现场景。摄影机不仅可以模拟现实世界中的静止图像、运动视频，并且可以赋予它们景深、动态模糊等效果。而 3ds Max 2012 的摄像机系统与现实摄像机的调节基本相同。

在 3ds Max 2012 中，可以单击“创建”面板中的摄像机按钮，进入摄像机创建面板，如图 5-62 所示。

（1）目标摄像机。

目标摄影机用于观察目标点附近的场景内容，与自由摄影机相比，它更容易定位，只需将目标点移动到需要观察的位置上即可。

目标摄像机由两部分组成：Camera（相机）和 Camera Target（目标点）。方形是目标点相机的“目标点”，另一个像一架小相机的图形就是相机，它总是指向目标点，也是制作效果图中最常用的一种相机，如图 5-63 所示。

图 5-62　摄像机创建面板

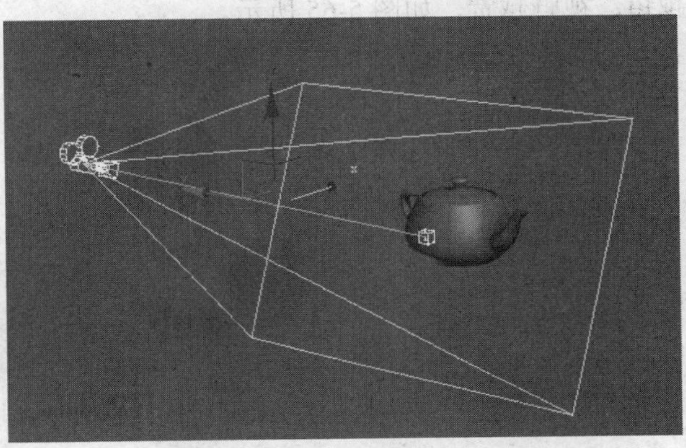

图 5-63　目标摄像机

（2）自由摄像机。

自由摄影机用于观察所指方向的场景内容，与目标摄影机不同，自由摄影机没有目标点。自由摄像机一般应用在轨迹动画制作上，例如室内动画浏览，进行场景穿行漫游时或将摄影机连接到行驶中的汽车上等。自由摄影机沿着路径移动时，相机的方向能随着路径的变化而自由变化，如图 5-64 所示。

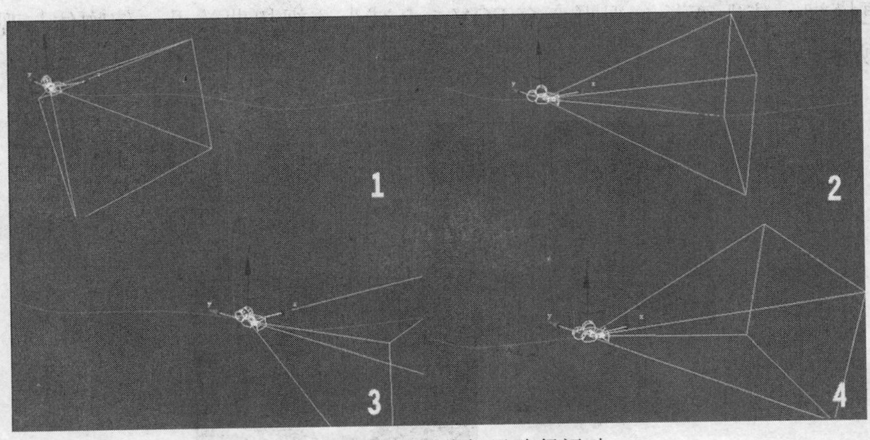

图 5-64　自由摄像机沿路径运动

2. 摄像机的特性

（1）焦距。

焦距是指镜头的光心到光聚焦之焦点的距离，镜头焦距的长短决定着拍摄的成像大小，视场角大小，景深大小和画面的透视强弱。焦距影响对象出现在图片上的清晰度，焦距越小图片中包含的场景就越多，加大焦距将包含更少的场景，但会显示远距离对象的更多细节。焦距始终以毫米为单位进行测量，50mm 镜头通常是摄影的标准镜头，焦距小于 50mm 的镜头称为短或广角镜头，焦距大于 50mm 的镜头称为长或长焦镜头。

（2）视野（fov）。

视野是指镜头所能覆盖的范围。一个摄像机镜头能涵盖多大范围的景物，通常以角度来表示，物体超过这个角度就不会被收在镜头里。这个角度就叫镜头的视野 FOV（或视角）。视野以水平线度数进行测量，例如 50mm 的镜头显示水平线为 46 度。镜头越长，视野越窄。镜头越短，视野越宽，如图 5-65 所示。

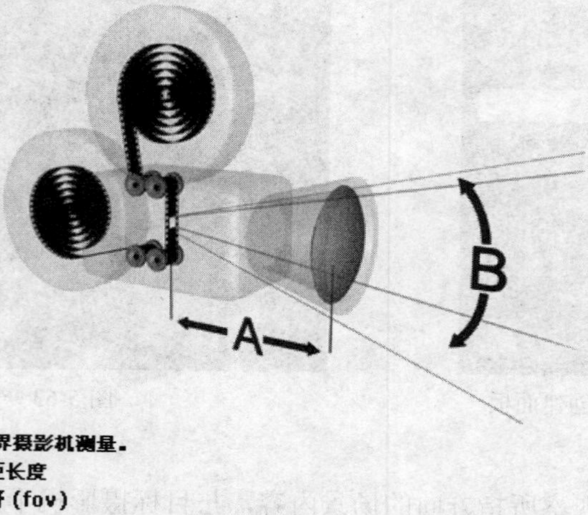

图 5-65 镜头与视野的关系

（3）视野和透视的关系。

焦距缩短，视野变宽 FOV，物体的透视效果会产生扭曲，使物体朝向观察者的方向看起来更深、更模糊。焦距变长，视野变窄 FOV，会减少透视扭曲效果，使物体与观察者平行，如图 5-66 所示。

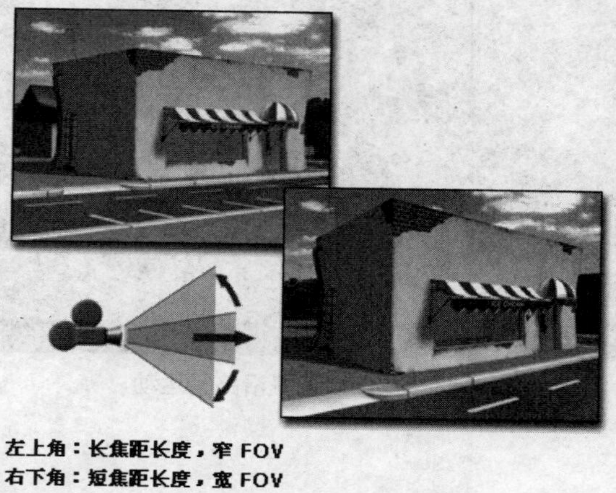

图 5-66 视野与透视的关系

3. 摄像机的创建

创建摄像机的方法有两种，一是通过“创建”面板创建；二是在激活的透视图中敲击组合键【Ctrl+C】，将以当前透视图的视角来创建摄像机。在创建摄像机时，我们应该考虑以下两点。

（1）室内摄像机的创建。

在室内场景中，我们创建摄像机时要充分考虑整个画面的构图、角度、光线关系、空间的大小等综合因素。在室内小空间的情况下，比如卧室、客厅等，我们创建摄像机时，摄像机高度应该与人眼高度一致，大约是 1.5m，当然，如果要追求一些特殊的效果，可以把摄像机和目标点降低或者升高；在大空间的情况下，如酒店大厅、机场候机室等，我们创建摄像机主要是要考虑如何体现空间的开阔。可以适当抬高目标点的高度，让顶部的空间更加开阔，或者将摄像机的位置和目标点的位置都抬高，以悬浮空中的姿态眺望整个空间，这样看到的空间也会开阔许多。在设置焦距时候，人眼的焦距为 43 毫米，一般来说为了追求真实效果，摄像机焦距应为 43 毫米，但往往用 43 毫米的焦距摄像机整个空间将变得十分的狭小。因此我们在创建摄像机时，要适当的减小焦距，增大视角。一般情况下，镜头焦距我们设置在 35mm 左右，同时需要注意的是如果为了增大空间感而把焦距调得过小，摄像机中的物体会发生比较剧烈的变形，也会失真。

总之，在创建摄像机时，大家应该多了解一下摄像方面的知识，同时，多去参考国内外的优秀作品，以从中获取经验。

（2）室外摄像机的创建。

室外效果图中摄像机的创建也要注意相机与主体的角度，尽量不要做成鸟瞰图效果，除非表现的是一个建筑群。同样在构图、光线、画面物体的疏密关系上都要遵循一个平衡。同时可以使用一下景深效果以及环境效果，比如雾效、光效等镜头效果。

4. 视图控制工具

创建摄像机后，在任意一个视图中按【C】键，即可将该视图转换为摄像机视图，此时视图控制区的视图控制工具也会转换为摄像机视图控制工具，如图 5-67 所示。

图 5-67 视图控制区

推拉摄像机：沿着摄像机的实现移动摄像机。摄像机的视线是摄像机和它的目标点之间的连线。移动摄像机时，它的镜头长度保持不变。

推拉目标：沿视线移动摄像机的目标点，镜头参数和场景构成不变。当使用目标摄像机时，可激活该按钮。

推拉摄像机+目标点：沿着视线移动摄像机和目标点。

透视：移动摄像机使其靠近目标点，同时改变摄像机的透视效果，从而导致镜头长度的变化。

侧滚摄像机：使摄像机绕着它的视线旋转。

视野：拉近或推远摄像机视图，摄像机的位置不发生改变。

环游摄像机：绕摄像机的目标点旋转摄像机。

摇移摄像机：使摄像机的目标点绕摄像机旋转。

5. 摄像机公用参数

创建摄像机后进入“修改”面板，可以针对摄像机进行参数设置。无论使用的是自由摄像机还是目标摄像机，其设置的参数都是相同的，如图 5-68 和图 5-69 所示。

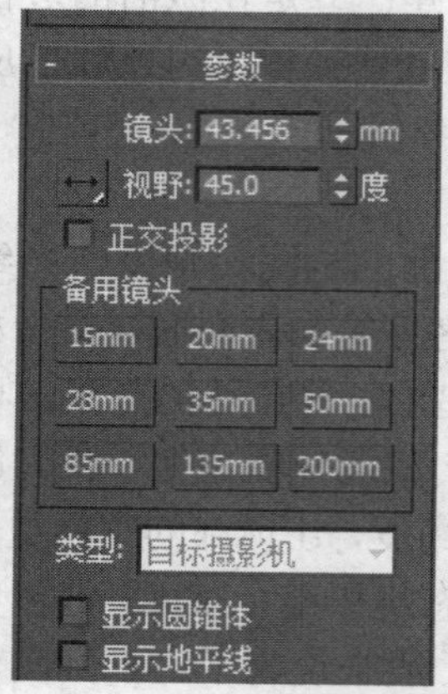

图 5-68 “参数”卷展栏 1

图 5-69 “参数”卷展栏 2

镜头：以毫米为单位设置摄影机的焦距。可以使用“镜头”微调器来指定焦距值。同时应该注意的是更改“渲染设置”对话框中的“光圈宽度”值也会更改镜头微调器字段的值。在备用镜头中可以选取一些常规的镜头，如 50mm 的镜头等。

视野：设置摄影机查看区域的范围（视野）。

正交投影：启用此选项后，摄影机视图看起来就像“用户”视图。禁用此选项后，摄影机视图好像标准的透视视图。

显示圆锥体：选择该复选框，系统将显示摄影机所能拍摄的锥形视野范围框。

显示地平线：选择该复选框，系统将在场景中显示地平线，以供摄像时作为判断依据。

“环境范围”栏：选择“显示”复选框，会显示大气效果范围框，其中“近距范围”和“远距范围”用于调节大气效果范围。

“剪切平面”栏：启用手动剪切选项可定义剪切平面。设置近距和远距平面可以确定剪切物体的距离，比近距剪切面近或比远距剪切面远的对象是不可视的，如图 5-70 所示。

图 5-70 近距剪切面和远距剪切面

“多过程效果”栏：使用该栏可以指定摄影机的景深或运动模糊效果。“启用”选项开启后，将使用效果预览或渲染；点击预览选项可以在摄像机视图中预览效果；“多过程效果”下拉列表可以选择“景深 mental ray”，“景深”或“运动模糊”，如图 5-71 所示；渲染每个过程效果启用后，则将在渲染或者预览效果的时候显示多重过滤效果的每个渲染过程，关闭则只显示最终渲染结果，如图 5-72 所示。

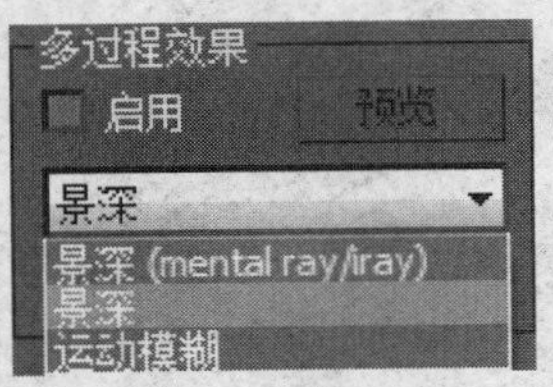

图 5-71　多过程效果下拉列表

图 5-72　多重过滤效果

6. 渲染器类型

所谓的渲染，就是指将场景中的模型、材质、灯光、大气环境等设置处理成图像或者动画格式的一种着色手段。我们在 3ds Max 2012 中制作的场景以及动画都需要进行渲染输出后进行应用。在 3ds Max 2012 中默认的渲染器是扫描线的渲染器，它只能计算光线的直接照明，对间接光照以及焦散等效果不支持。从 3ds Max 5.0 开始加入了具有全局照明功能的高级照明渲染器，比如光能传递等。3ds Max 6.0 开始把 mental ray 渲染器集成到了 3ds Max 当中。不仅 3ds Max 本身集成了多种渲染器，而且还有大量的外挂插件渲染器可以进行选择使用，比如我们最常用的 4R 渲染器中的 Vary、Final Render、Brazil 等。著名的 Next Limit 公司也开发了一款 Maxwell Render 渲染器供大家选择。

各种渲染器都把提高渲染速度、简化操作作为发展的目标，现今渲染器的算法已经十分地优化了，所以在 3ds Max 2011 开始内置进去的 Quicksilver Hardware Renderer 迅银硬件渲染器很有可能成为以后的发展方向。在此节中，我们主要针对 3ds Max 的默认扫描线渲染器进行讲解分析。

渲染器一般分为内置渲染器、外挂渲染器和独立渲染器。

内置渲染器指的是 3ds Max 自带的渲染器，比如在 3ds Max 2012 中的默认扫描线渲染器以及 Mantal Ray 等。

外挂渲染器指的是由第三方厂商提供的，以插件形式安装到 3ds Max 中的渲染器，比如我们常用的 VRay、Brazil、FinalRender 等。

独立渲染器也属于外挂渲染器的范畴，区别是独立渲染器提供了单独的操作界面，需要将 3ds Max 的场景信息输入到独立渲染器中再进行渲染。比如 Lightscape、Maxwell Render。

7. 渲染器输出设置

渲染用于及时查看目前的完成效果，以及在设计完成后制作出最终效果图。选择“渲染”菜单，“渲染设置”命令，或按【F10】键，或单击主工具栏上的“渲染设置”按钮，将打开“渲染设置”对话框，如图 5-73 所示。

“渲染设置”对话框中的“公用”选项卡主要用于设置渲染图像帧数的范围、输出图像尺寸的大小和图像的保存方式。在“公用”选项卡中，包括了公用参数、电子邮件通知、脚本和指定渲染器等 4 个卷展栏，如图 5-74 所示。

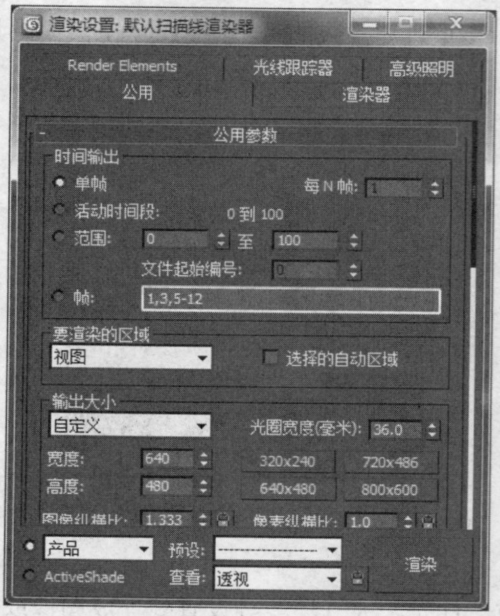

图 5-73 “渲染设置”对话框

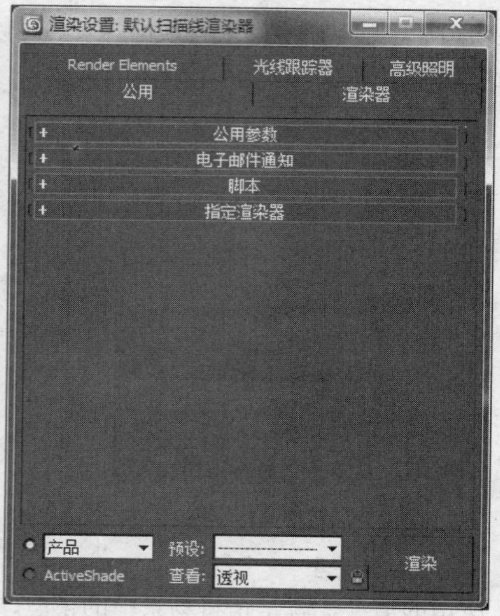

图 5-74 “公用”选项卡

（1）设置输出时间。

展开“公用参数”卷展栏，在“时间输出”选项组中可以设置渲染图像帧数的范围，如图 5-75 所示。

单帧：只渲染当前帧的图像。

活动时间段：渲染活动时间段为显示在时间滑块内的当前帧范围的图像。

范围：渲染指定两个数字之间（包括这两个数）的所有帧的图像。

帧：可以制定渲染非连续帧的图像，帧与帧之间用逗号隔开（如 2，5）或连续的帧范围，用连字符相连（如 0~5）。

（2）设置图像尺寸。

在“输出大小”选项栏中，可以设置输出图像的尺寸大小，如图 5-76 所示。“宽度”和“高度”选项用于设置输出图像的尺寸。在选项组的右侧，系统提供了 4 种输出尺寸供用户选择。

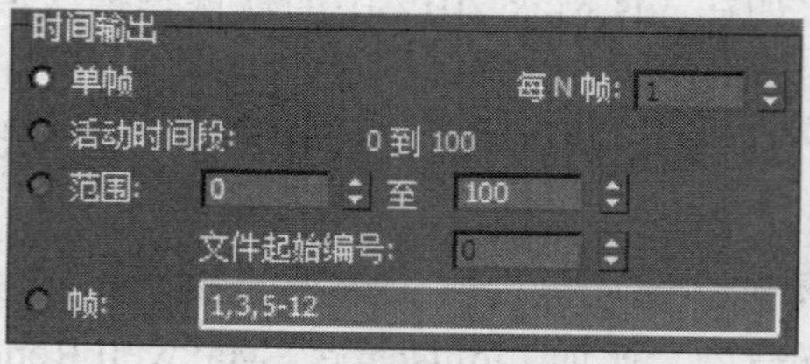

图 5-75 “时间输出”选项栏

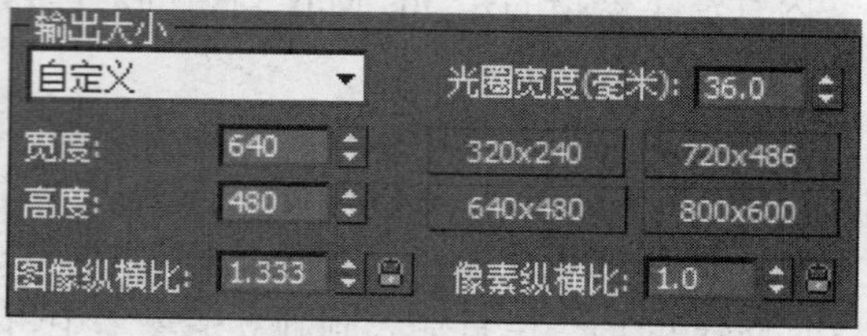

图 5-76 “输出大小”选项栏

“图像纵横比”选项用于控制输出图像宽度与高度的比例，当单击该选项右侧的“锁定”按钮，在改变输出图像尺寸时，宽高比将保持显示的比例不变。

（3）设置输出路径。

“渲染输出”选项栏主要用于设置输出图像保存方式，如图 5-77 所示。单击“文件”按钮，可以打开“渲染输出文件”对话框，对输出图像的保存路径和名称进行设置，如图 5-78 所示。

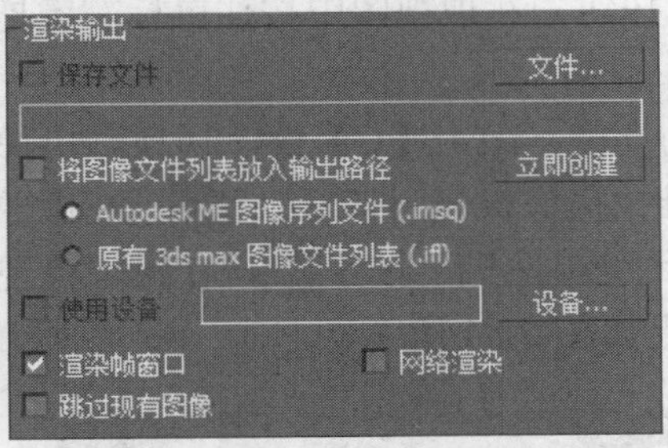

图 5-77　“渲染输出”选项栏

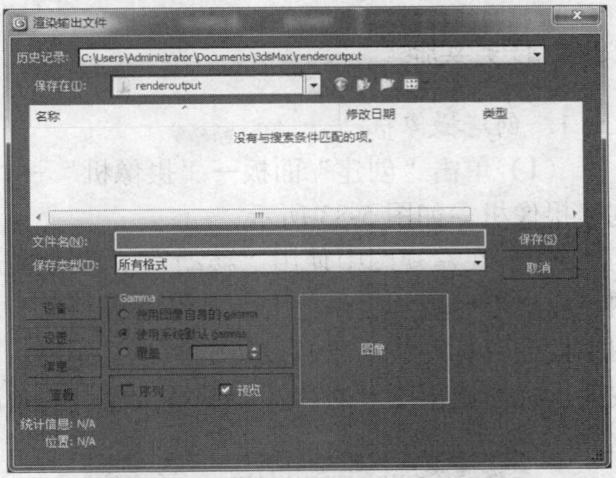

图 5-78　保存渲染图像

在渲染场景后，单击渲染图像窗口中的“保存”按钮，如图 5-79 所示，然后在打开的“保存图像”对话框中对渲染图像进行保存，如图 5-80 所示。

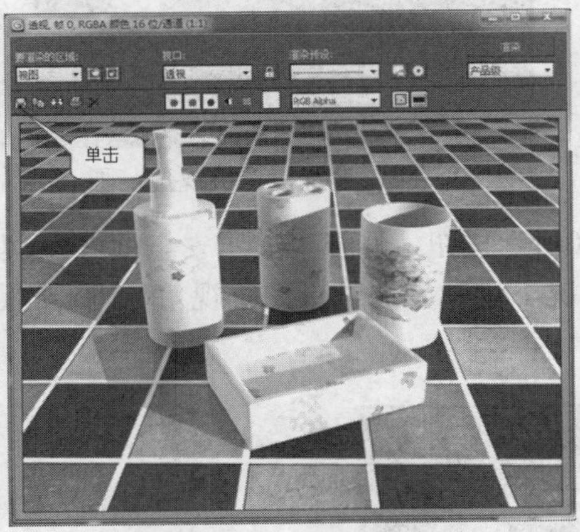

图 5-79　单击“保存”按钮

图 5-80　保存图像

（4）指定渲染器。

“指定渲染器”卷展栏显示指定给“产品级”和 ActiveShade 类别的渲染器，也显示“材质编辑器”中的示例窗。单击“选择渲染器”按钮，如图 5-81 所示，将打开“选择渲染器”对话框，在该对话框中可以选择需要的渲染器类型，如图 5-82 所示。

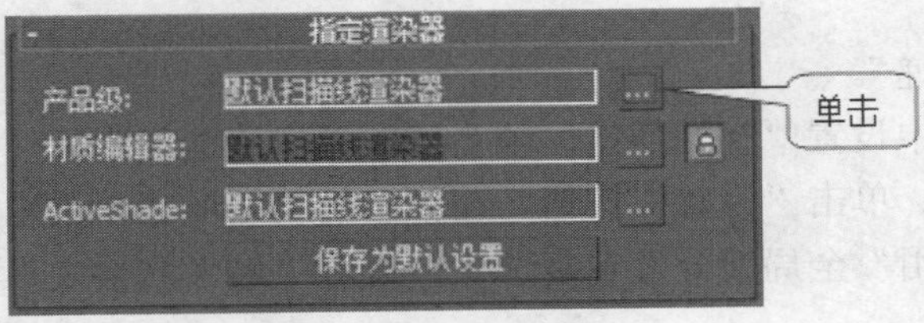

图 5-81　单击“选择渲染器”按钮

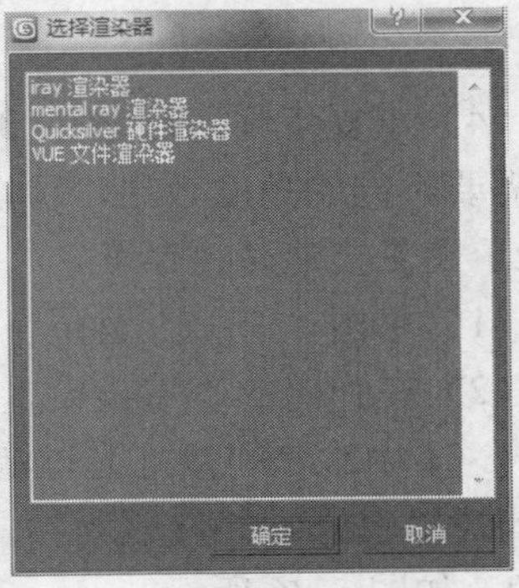

图 5-82　“选择渲染器”对话框

5.3.3 任务实施

1. 创建摄像机

（1）单击“创建”面板→“摄像机”→“目标”按钮，在顶视图中按住鼠标左键拖拉，创建摄像机，如图 5-83 所示。

（2）在左视图中使用“移动”工具调整摄像机的高度，敲击【C】键，切换到摄像机视图，观察摄像机角度，单击“视图控制工具”中的“推拉摄像机+目标”按钮，在摄像机视图中按住鼠标左键上下移动，调整镜头距离；单击“环绕摄像机”按钮，在摄像机视图中按住鼠标左键上下左右移动，调整摄像机的角度，效果如图 5-84 所示。

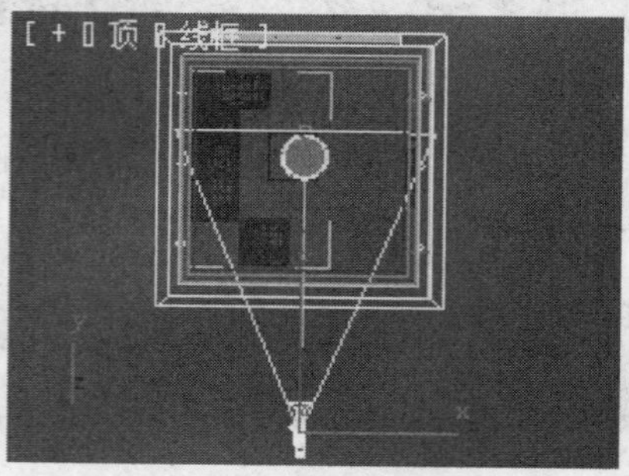

图 5-83 创建摄像机

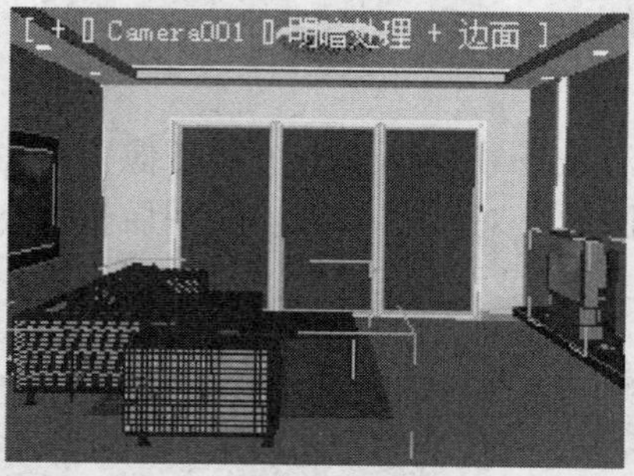

图 5-84 设置摄像机视角范围

（3）在摄像机视图中单击左上角的“Camera001”按钮，选择“显示安全框”，渲染出图的内容为安全框中的内容，可以在显示安全框的情况下进一步调整摄像机视角范围，如图 5-85 所示。

图 5-85 显示安全框

（4）重复步骤（1）～（3），可以创建第二个摄像机。每一个摄像机对应一个视角效果，如果需要不同的角度效果，可以创建多个摄像机。

2. 设置光能传递参数

（1）单击“渲染”菜单→“光能传递”。

（2）在弹出的“渲染设置”对话框中设置“初始质量”值为 80，“优化迭代次数（所有对象）”值为 2，“间接灯光过滤”值为 3。单击“设置”按钮，在弹出的“环境和效果”对话框中勾选“仅影响间接照明”，勾选“启用”全局细分设置复选框，设置“最大网格大小”值为 500，如图 5-86 所示。

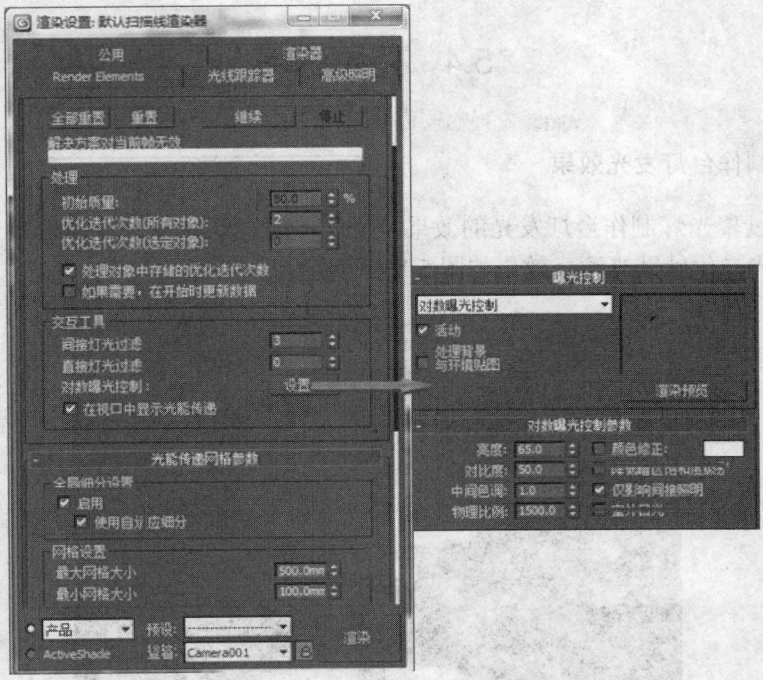

图 5-86　设置光能传递参数

（3）单击“开始”按钮，开始进行光能传递处理。

3. 渲染输出图像

（1）在摄像机视图中单击“渲染设置”按钮，设置输出大小为“720*468”。

（2）单击“渲染”按钮，渲染出图像，单击“保存”按钮，在弹出的“保存图像”对话框中选择“保存类型”为 JPEG 格式，输入“文件名”，单击“保存”按钮，保存渲染结果，如图 5-87 所示。

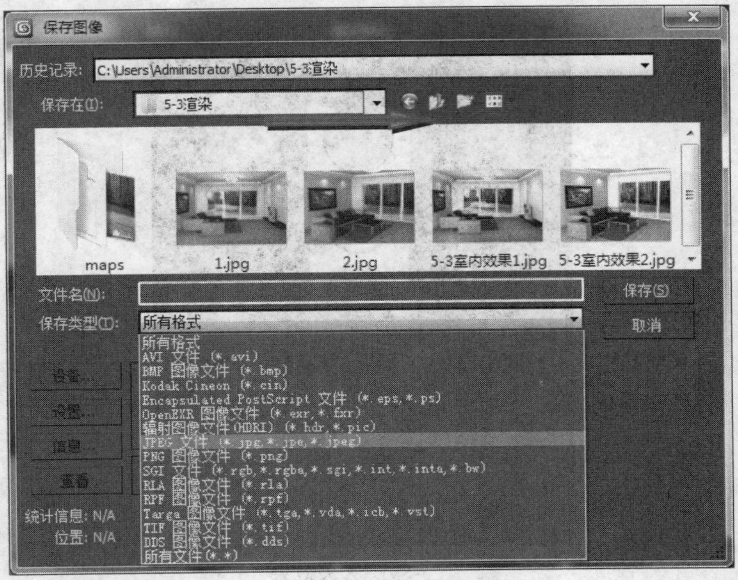

图 5-87　保存渲染文件

5.4 拓展练习

练习一：制作台灯发光效果

提示：通过聚光灯制作台灯发光的效果及光晕，通过泛光灯进行环形布光，产生辅助光源，再使用天光产生辅助光源，效果如图 5-88 所示。

图 5-88 台灯发光效果

练习二：制作玄关效果

提示：首先制作物体材质，创建摄像机，最后创建灯光，渲染出图。可以通过灯光阵列进行布光，或者运用光能传递制作场景灯光效果，如图 5-89 所示。

图 5-89 玄关效果

第 6 章　实战——室内效果图制作

本章将系统介绍 3ds Max 2012 根据图纸制作室内效果图的方法。根据 AutoCAD 图纸制作墙体，合并模型，设置摄像机和灯光效果并赋予模型材质，最后渲染出图。通过本章的学习，读者将了解 3ds Max 制作效果图的整体流程及方法。

学习目标：

- 了解 3ds Max 制作效果图的流程
- 掌握根据图纸创建墙体的方法
- 掌握 3ds Max 中合并模型的方法
- 掌握不同物体的材质制作及渲染输出的方法

任务 6.1　制作卧室效果图

6.1.1　效果展示

本任务主要是制作一个卧室空间效果。首先根据 AutoCAD 图纸建立墙体框架模型，合并家具模型，设置摄像机确定出图角度，并对模型赋予材质及创建灯光等效果，使二维空间中的设计在三维空间中形象地展现，效果如图 6-1 所示。

图 6-1　卧室效果图

6.1.2　知识点介绍——3ds Max 制作室内效果图的步骤

当今的建筑行业不管是静态的室内效果图像，还是动态类的建筑动画宣传片，都是室内设计建筑方面不同的表现。建筑行业内都用的是 3ds Max 软件外加 Photoshop 图形制作软件，来完成一张成品的室内作品。使用 3ds Max 软件制作室内效果图的基本步骤如下。

1. 建模

在 3ds Max 中，首先拿到设计师的图纸，了解设计师的意图后才是要准备建模。根据平面图的设计，在场景中建立地面、墙体、吊顶等大体框架，在搭好的框架中加入相机，进一步调整相机的参数至满意的角度后，便可在场景中创建其他的三维造型和调入家具。

将场景中所要展示的室内物品用模型做好，还需要参考实际的尺寸和比例，模型中物品的比例是很重要的。不管是室内或者室外的建筑设计，整体协调的比例，才能显示出建筑的效果。将创建的模型按照图纸的要求，调入场景中进行移动、旋转、缩放等处理，使这些物体模型整合在一起。

2. 材质

将各种物体模型摆放到合适的位置后，我们所看到的物品，房屋都是没有色彩的，那我们就需要给这些房子添上外衣即给场景中各种物体赋予材质，包括室内各个物品的贴图，地板的贴图，室外天空的贴图。有时候一些很不起眼的东西放到整个模型中会对图面有很大的改善。比如一个白色的坐垫上放一本以红色为主的封面的书或是一个黑色台面的茶几上放一个白色陶瓷的茶杯等这些细节都能让图面生动起来。

3. 灯光

调整场景中的灯光环境，使整个场景物体能表现出较好的立体感和层次感。我们需要给物品、天空打上灯光，白天室外的灯光，夜晚室内的灯光都是不同的，不同时间段的光线，会照出不同的环境色。不同材质的物体，它的高光、反射、漫反射都是不同的，物体周围的反射可以衬托出物体的体积感。制作室内效果图过程中，在场景中添加灯光时，应注意各区内灯光的多少及分布的差异会在场景中产生不同的室内光影效果，所烘托表现的气氛可能会有较大的差异，这时就特别注意使灯光布局所产生的光影效果和气氛与总体设计不产生矛盾。这个比较灵活，在制作中遵守明冷暗暖、远虚近实的原则，这是对一个白天的表现来说的，所以以这个为出发点，打灯的思路就不会乱了，打起灯来也比较容易控制。然后就是大的气氛的把握，像办公空间以冷色为主，点缀一点暖色让工作人员在严肃的工作环境中心灵有点依靠，或是酒店的包间以暖色为主，透出一点冷色增强图面的一点艺术性等。总之在灯光的运用上要用心去体会和感觉。

4. 渲染

当一个室内设计的模型材质灯光都打好后，就要开始渲染了。在三维的软件里面，可以 360 度地看到这个场景的任何角度，但是如果我们需要渲染输出的是一张静态图片，那就要考虑摄像机镜头了，我们要展示哪部分给别人观看，从哪个角度会有最好的效果，调整好摄像机镜头，调整渲染设计中的参数，达到理想的效果。在渲染输出的，我们做出的是主要的建筑，比如我们所看到的是室内的物体，但是室外的一些辅助的物体，可以在辅助软件 Photoshop 进行处理。输出图像的大小根据图纸大小而定，一般制作效果图图像的分辨率最好不小于 120 像素/英寸。

5. 效果图后期处理

在制作效果图的最后，我们可以再为其添加绿化及配景，这个过程称为“效果图后期处理”，一般需要在 Photoshop 等图像处理软件中进行。在 Photoshop 中进行后期处理，一般需要调整整个画面的基调色、亮度及反差，使画面表现出较好的色感及层次感；添加各种配景使画面显得更为生动；进行适当的光影效果处理，使整个画面呈现较好的艺术效果。

6.1.3 任务实施

1. 创建室内模型框架

（1）设置系统单位。

单击“自定义”菜单→“单位设置”，单击“系统单位设置”按钮，在弹出的“系统单位设置”对话框中将系统单位比例设置为“毫米”，如图 6-2 所示。在“单位设置”对话框中将“显示单位比例”中的“公制”设置为“毫米”，如图 6-3 所示，使得创建的室内模型单位与 AutoCAD 图纸中的单位统一。

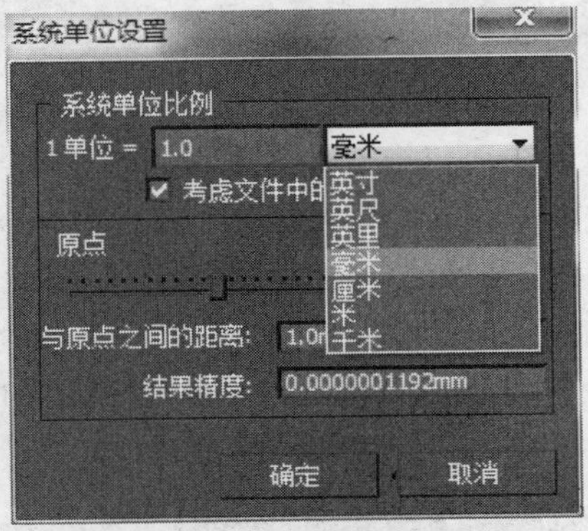

图 6-2　系统单位设置

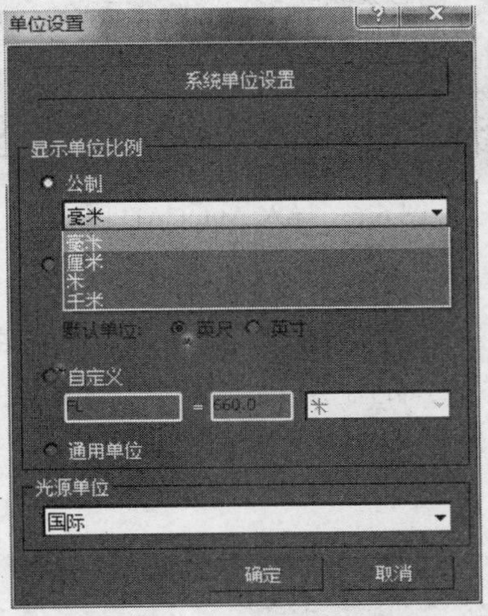

图 6-3　单位比例设置

（2）创建墙体模型。

1）单击左上角按钮，选择“导入”命令下的“导入”，如图 6-4 所示。在弹出的“选择要导入的文件”对话框中打开随书附赠光盘中的“CD:\案例文件\chap-06\6-1 卧室的制作\图纸.dwg”文件。在弹出的“AutoCAD DWG/DXF 导入选项”中勾选“焊接附近顶点”选项，并将“焊接阈值”设置为 10，如图 6-5 所示。

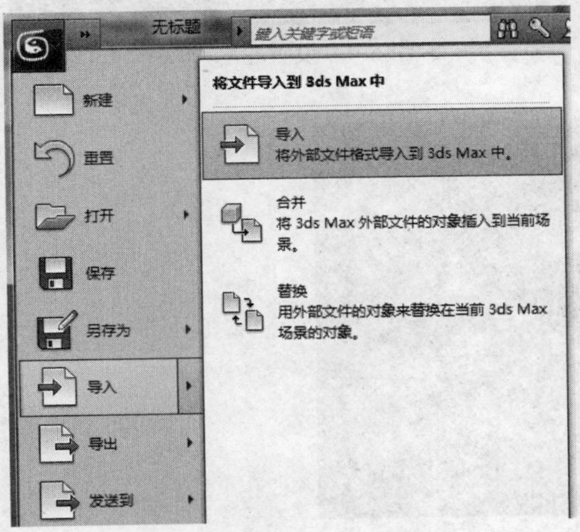

图 6-4　选择“导入”命令

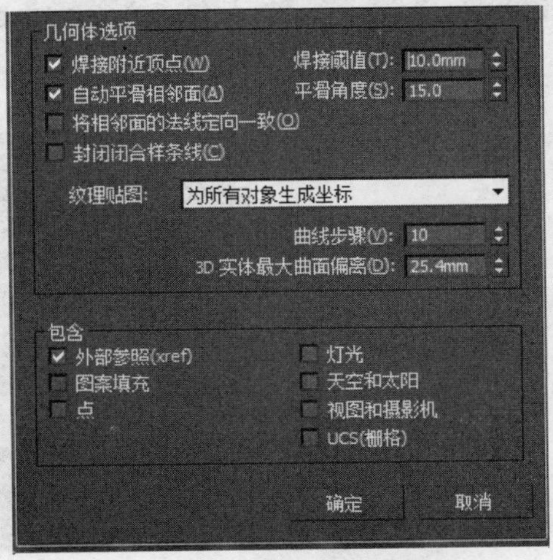

图 6-5　设置“焊接阈值”

2）在 3ds Max 的视图框中将看到导入的 AutoCAD 图纸，如图 6-6 所示。在顶视图中选择墙体框架，单击“编辑”菜单→“反选”，再敲击【Delete】键，删除室内图块部分，只保留墙体。至此，图纸清理完成，效果如图 6-7 所示。

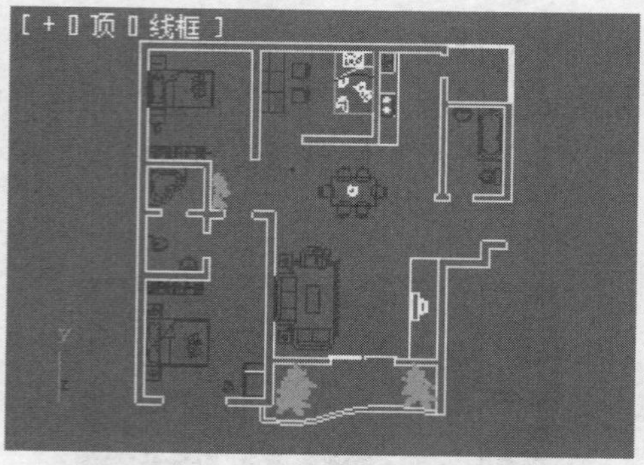

图 6-6　导入 AutoCAD 图纸

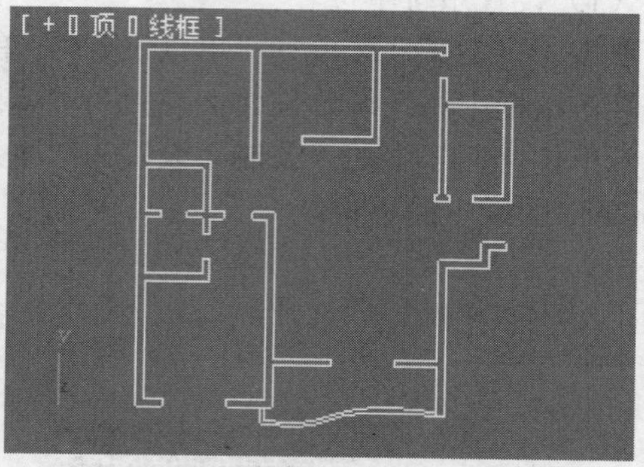

图 6-7　清理图纸

3）单击“创建”面板→“图形”→“线”按钮，右击“三维捕捉”命令，打开“顶点”捕捉，在顶视图中使用“线”命令勾画卧室的内框线，如图 6-8 所示。在“修改器命令”面板中展开“线”的子层级，选择“样条线”，在“几何体”参数卷展栏中选择“轮廓”，设置值为 240，效果如图 6-9 所示。退出“线”的子层级，在场景中选择线对象，单击“修改器”命令面板，在“修改器下拉列表”中选择“挤出”命令，设置“数量”为 3000，效果如图 6-10 所示。

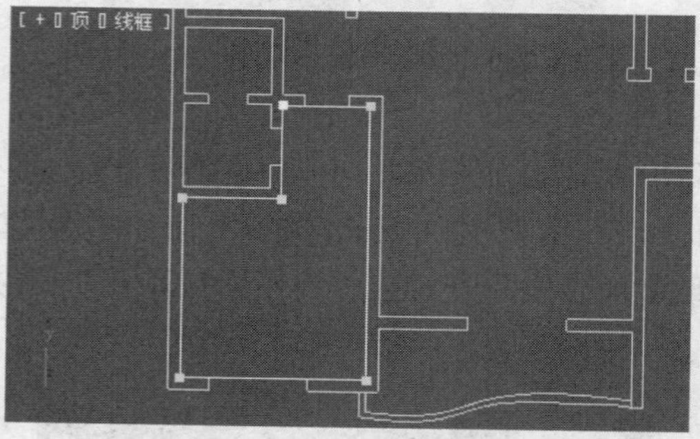

图 6-8　勾画卧室内框线

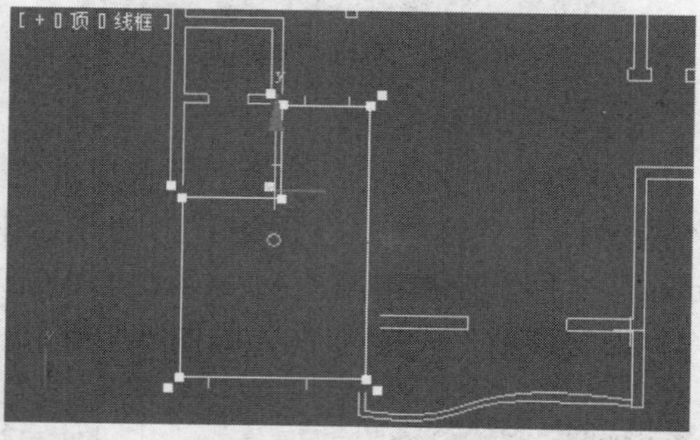

图 6-9　设置轮廓厚度

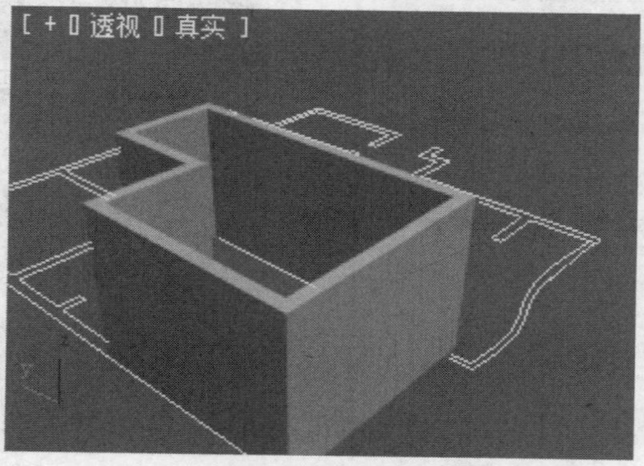

图 6-10　挤出墙体高度

4）单击“创建”面板→“图形”→“矩形”按钮，打开“顶点”捕捉，在顶视图中门、窗的位置绘制矩形，使用“缩放”工具调整其大小，如图 6-11 所示。选择门处的两个矩形，单击“修改器列表”中的“挤出”命令，挤出 2000 的高度，用同样的方法将窗户处的矩形挤出 1500 的高度，在前视图中将其沿 Y 轴移动 900 的距离，效果如图 6-12 所示。

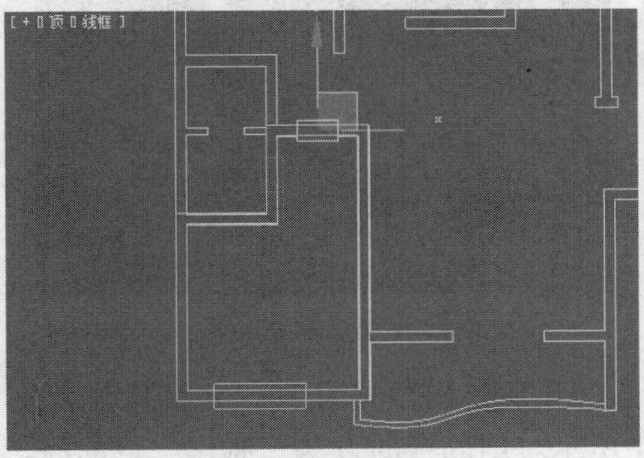

图 6-11　调整矩形大小

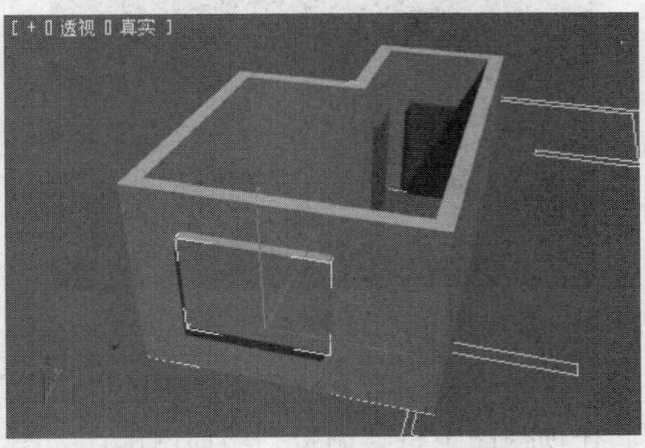

图 6-12　设置门窗矩形高度

5）选择场景中门处的长方体，右击鼠标，选择“转换为可编辑多边形”，在“编辑几何体”卷展栏中选择“附加”命令，将另一个门、窗处的长方体附加在一起。单击墙体框架，单击“创建”面板→“几何体”→“复合对象”→“布尔”→“拾取操作对象 B ”按钮，拾取场景中的门窗矩形，效果如图 6-13 所示。

6）在场景中选择模型框架，单击“修改器命令面板”，为模型取名为“墙体”。至此，卧室的墙体框架制作完成。

（3）创建地面与天花。

1）单击“创建”面板→“图形”→“线”按钮，打开“三维捕捉”中的“顶点”捕捉，在顶视图中勾画墙体的外框线，如图 6-14 所示。

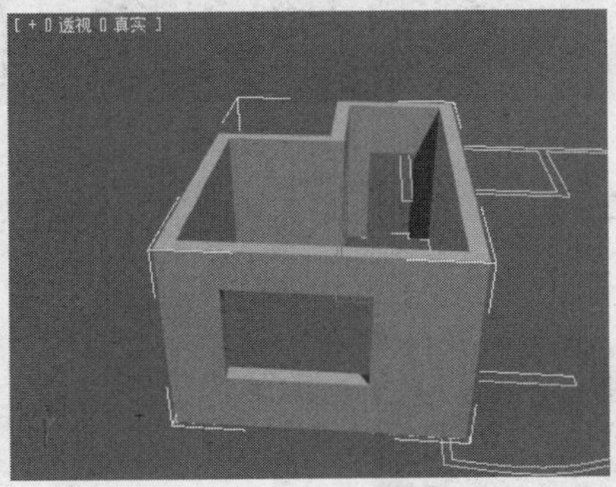

图 6-13　创建门窗洞

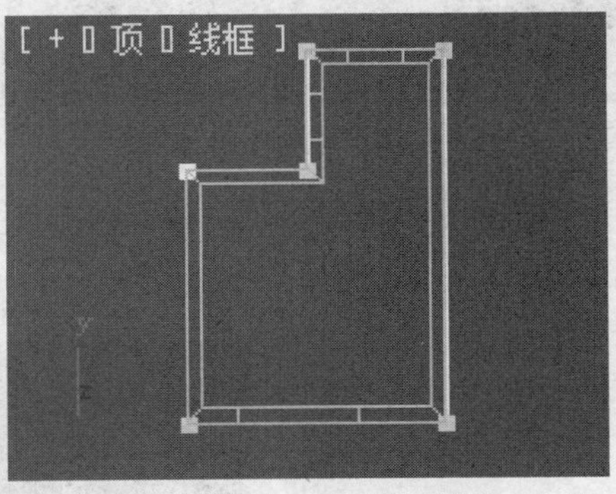

图 6-14　勾画墙体外框线

2）选择勾画的线段，单击“修改器下拉列表”中的“挤出”命令，设置挤出数量为 100。将该模型取名为“天花”。

3）在前视图中选择“天花”模型，按住【Shift】键向下移动复制对象，将其取名为“地面”。使用捕捉工具将其对齐墙体底部，如图 6-15 所示。

（4）制作门与吊顶。

1）单击“创建”面板→“图形”→“矩形”按钮，打开“三维捕捉”中的“顶点”捕捉，在前视图中捕捉门区域的顶点绘制矩形，如图 6-16 所示。

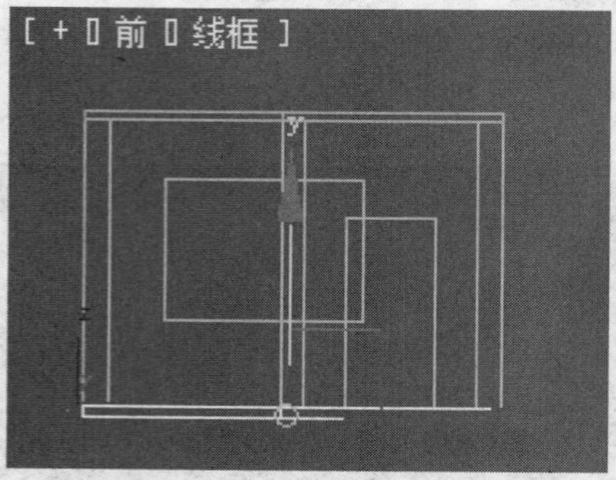

图 6-15　创建地面对象

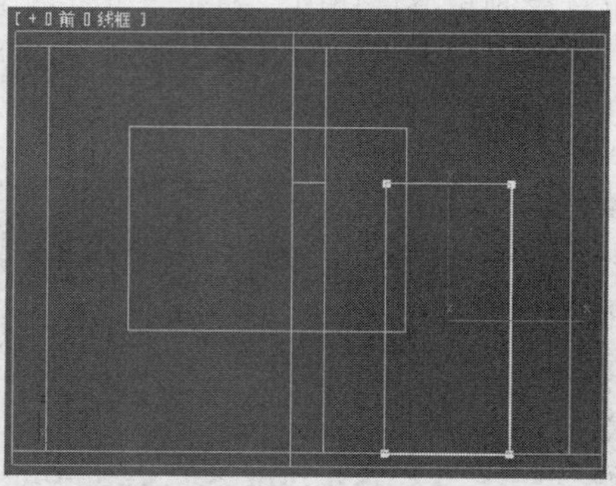

图 6-16　绘制矩形

2）单击“修改器下拉列表”中的“挤出”命令，设置挤出数量为 50，并将其取名为“门 01”。在顶视图中将其调整到墙体内部，如图 6-17 所示。用同样的方法，制作主卫的门。

3）单击“创建”面板→“图形”→“矩形”按钮，打开“三维捕捉”中的“顶点”捕捉，在顶视图中捕捉墙体左侧内部顶点绘制矩形，将矩形的宽度设置为 450，如图 6-18 所示。单击“修改器下拉列表”中的“挤出”命令，设置挤出数量为 80，并将其取名为“吊顶”。

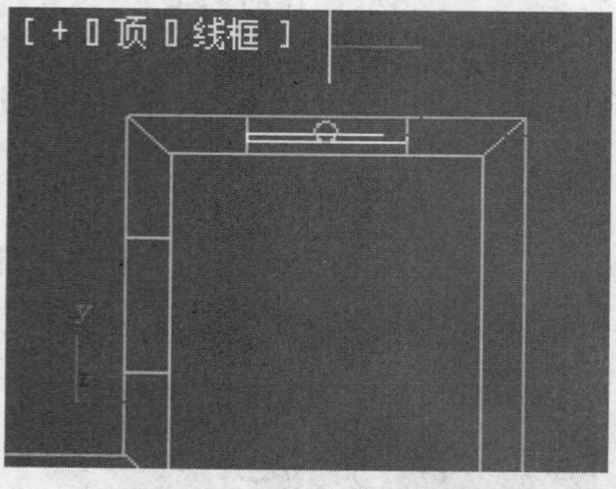

图 6-17　调整门 01 位置

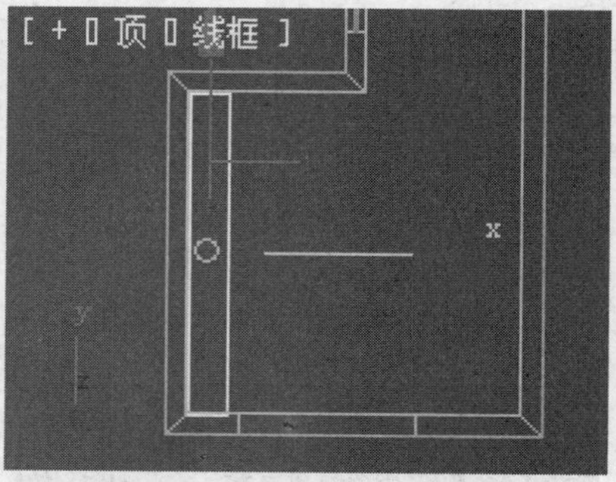

图 6-18　绘制矩形

4）在前视图中选择吊顶对象，右击“移动”工具，设置“偏移：屏幕”中的 Y 轴值为-150，效果如图 6-19 所示。

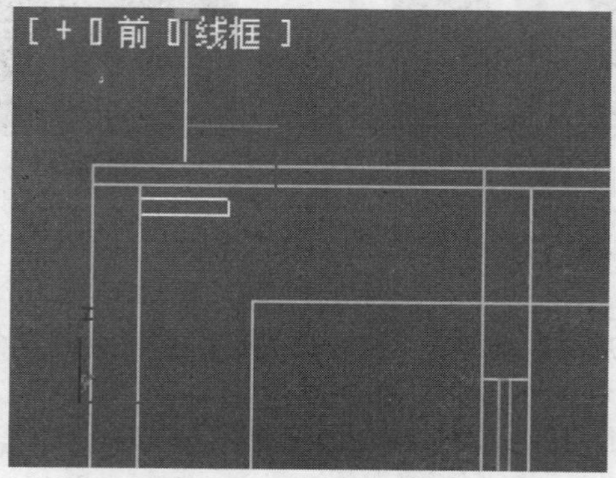

图 6-19　设置吊顶的位置

5）单击“创建”面板→“图形”→“圆”按钮，在顶视图中创建一个半径为 50 的圆，单击“修改器下拉列表”中的“挤出”命令，设置挤出数量为 2，将该模型取名为“筒灯 01”，如图 6-20 所示。

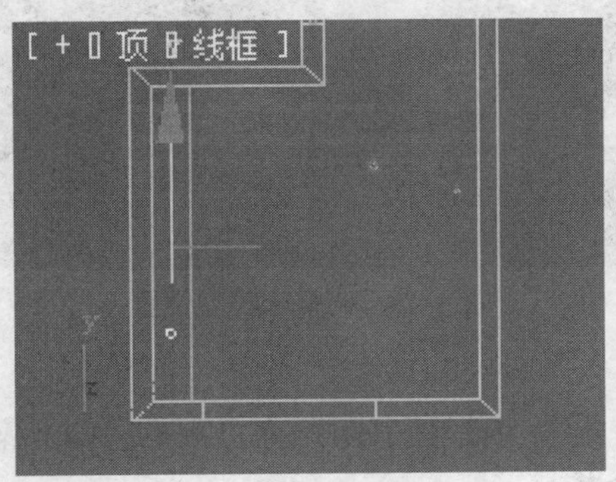

图 6-20　创建筒灯

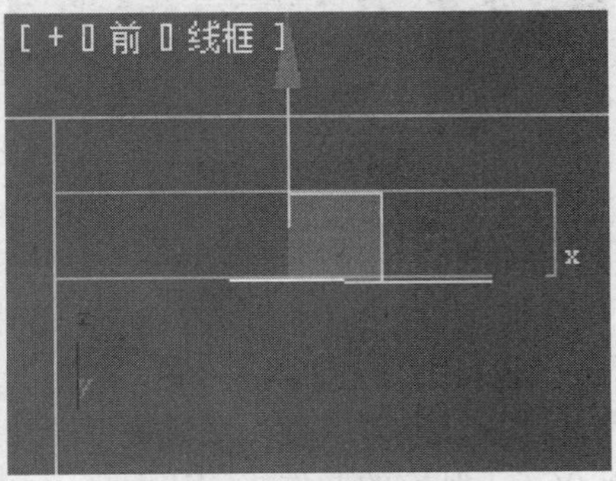

图 6-21　调整筒灯位置

6）在前视图中使用“移动”工具，将筒灯 01 位置调整到吊顶下方，如图 6-21 所示。在顶视图中使用“移动”工具，按住【Shift】键，按“实例”复制两个筒灯，效果如图 6-22 所示。最终效果如图 6-23 所示，至此整个室内框架模型创建完成。

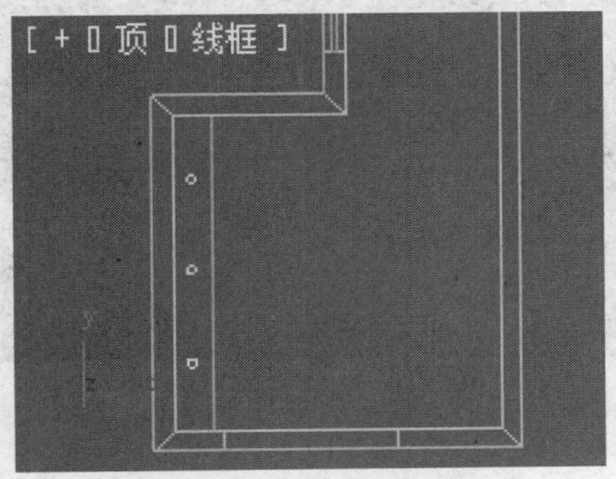

图 6-22　按实例复制筒灯

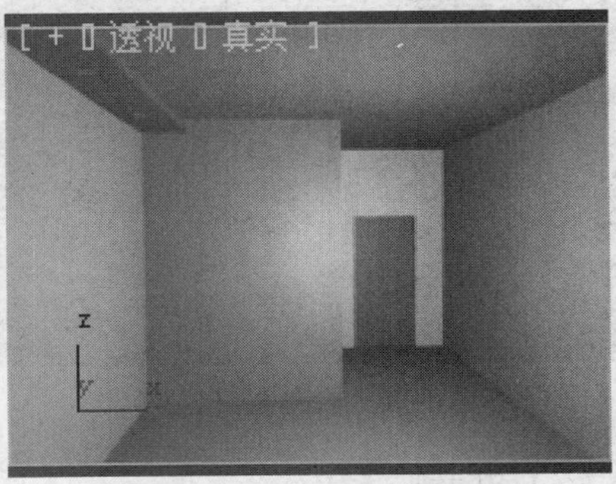

图 6-23　室内框架模型

2. 合并卧室模型

（1）合并床。

1）单击左上角“文件”按钮→“导入”→“合并”，选择随书附赠光盘中的“CD\案例文件\chap-06\6-1 卧室的制作\model\床 01.max”文件合并。

2）在顶视图中选择床模型，单击“镜像”工具，沿 X 轴镜像，并将其调整到合适的位置，如图 6-24 所示。

3）在前视图中使用“移动”及“捕捉”工具，将床在垂直方向上调整到合适的位置，如图 6-25 所示。

（2）合并吊灯。

1）单击左上角“文件”按钮→“导入”→“合并”，选择随书附赠光盘中的“CD:\案例文件\chap-06\6-1 卧室的制作\model\吊灯-1.max”文件合并。

2）在场景中选择吊灯模型，右击“缩放”工具，设置“偏移：屏幕”为 50%。在顶视图及前视图中使用“移动”工具将其调整到合适的位置，如图 6-26 所示。

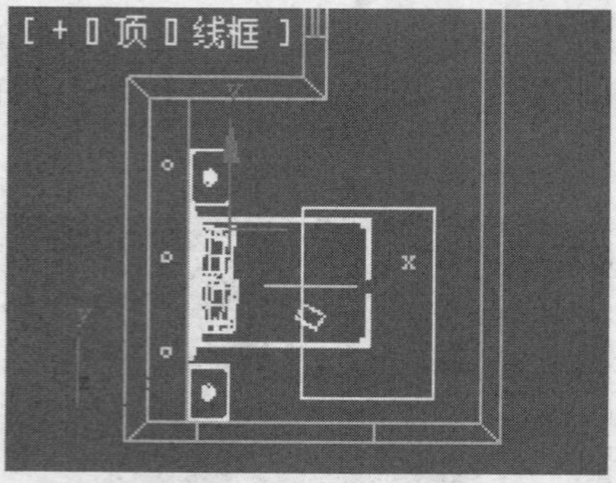

图 6-24 合并床模型

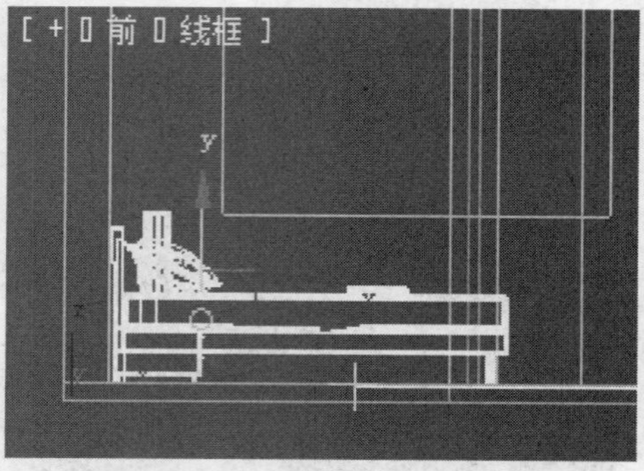

图 6-25 调整床模型位置

（3）合并面灯模型。

1）单击左上角“文件”按钮→“导入”→“合并”，选择随书附赠光盘中的“CD:\案例文件\chap-06\6-1 卧室的制作\model\面灯.max”文件合并。

2）在场景中选择面灯模型，将其调整到合适的位置。在顶视图使用“移动”工具，按住【Shift】键，按“实例”复制面灯模型，效果如图 6-27 所示。

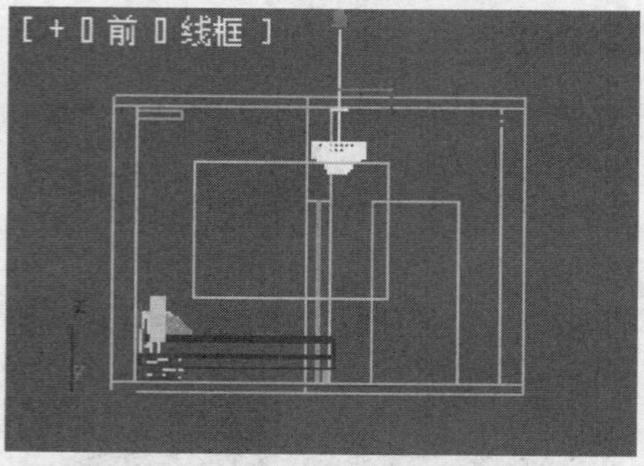

图 6-26 合并吊灯模型

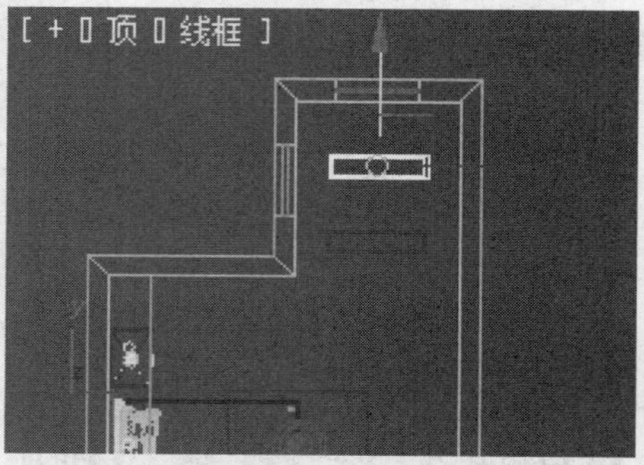

图 6-27 复制面灯模型

（4）合并其他模型。

按照上述方法合并场景其他模型，调整其大小、位置，最终效果如图 6-28 所示。

3. 创建摄像机

（1）单击“创建”面板→“摄像机”→“目标”摄像机，在顶视图中创建目标摄像机，如图 6-29 所示。在摄像机参数面板中调整其“镜头”参数为 28。

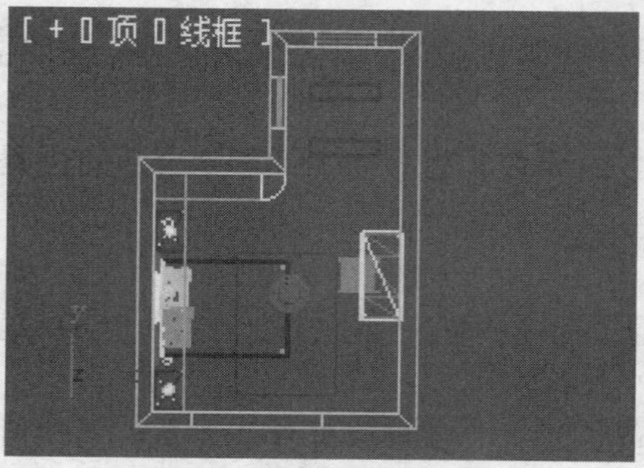

图 6-28 合并场景模型

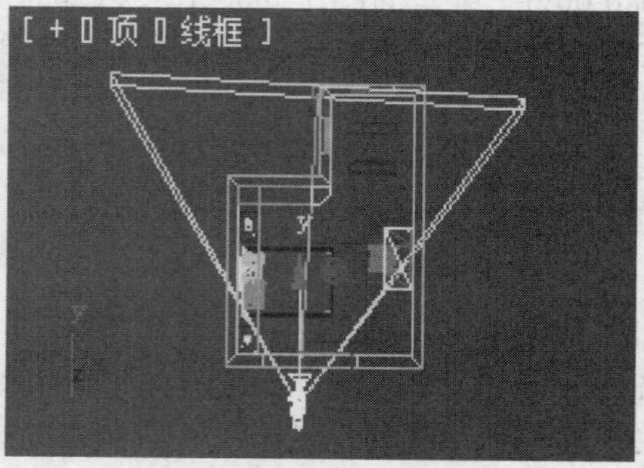

图 6-29 创建摄像机

（2）在左视图中使用“移动”工具，调整摄像机及目标点在垂直方向上的位置，如图 6-30 所示。

（3）在透视图左上角单击“透视”切换到摄像机视图，确认视角，效果如图 6-31 所示。

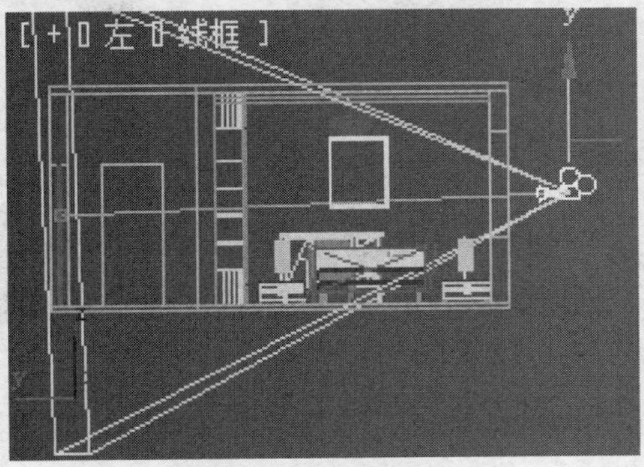

图 6-30　调整摄像机位置

图 6-31　摄像机设图效果

4. 制作部分物体材质

（1）制作墙体、天花、吊顶材质。

1）单击“材质编辑器”，选择一个空的材质球，命名名“乳胶漆”，参数设置如图 6-32 所示。

2）在场景中选择墙体、天花、吊顶对象，单击“将材质赋予选择对象”按钮，效果如图 6-33 所示。

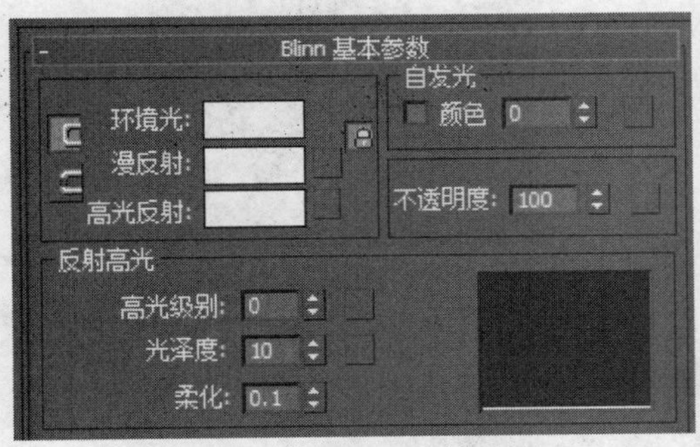

图 6-32　设置乳胶漆参数

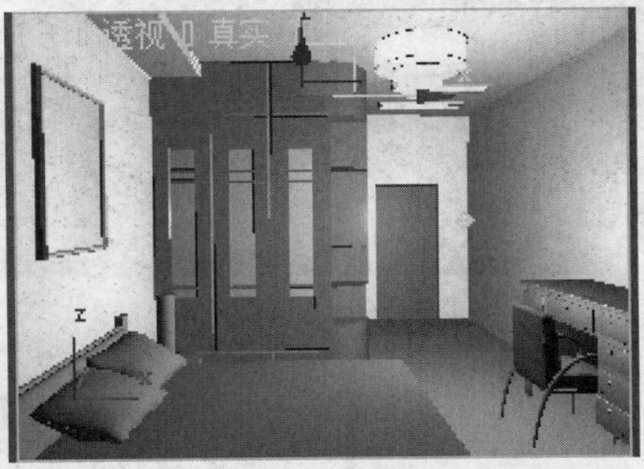

图 6-33　墙体、天花、吊顶效果

（2）制作筒灯材质。

1）单击“材质编辑器”，选择一个空的材质球，命名为“筒灯”，设置“漫反射”颜色、“自发光”颜色，参数设置如图 6-34 所示。

2）在场景中选择筒灯对象，单击“将材质赋予选择对象”按钮，赋予材质，效果如图 6-35 所示。

（3）制作地板材质。

1）单击“材质编辑器”，选择一个空的材质球，命名为“地板”。设置“漫反射”贴图为随书附赠光盘中的“CD:\案例文件\chap-06\6-1 卧室的制作\maps\实木 B.jpg”文件，参数设置如图 6-36 所示。

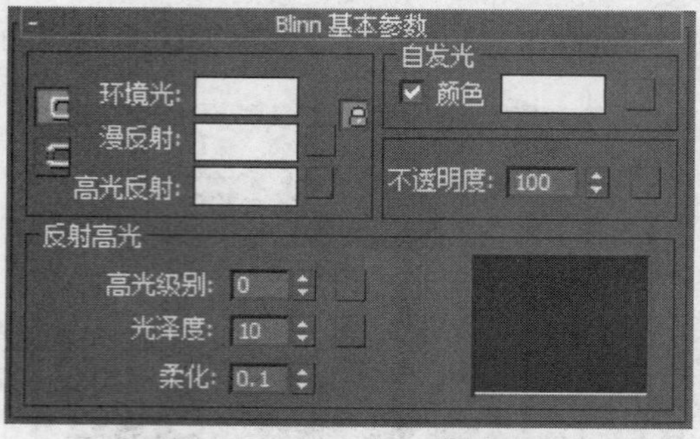

图 6-34 设置筒灯参数

图 6-35 筒灯材质效果

2）在“贴图”通道中将“漫反射”贴图通道中的位图复制到“凹凸”通道中，设置数值为 30。

3）在场景中选择地面对象，单击“将材质赋予选择对象”按钮，赋予材质。在“修改器下拉列表”中选择“UVW”贴图，参数设置如图 6-37 所示，效果如图 6-38 所示。

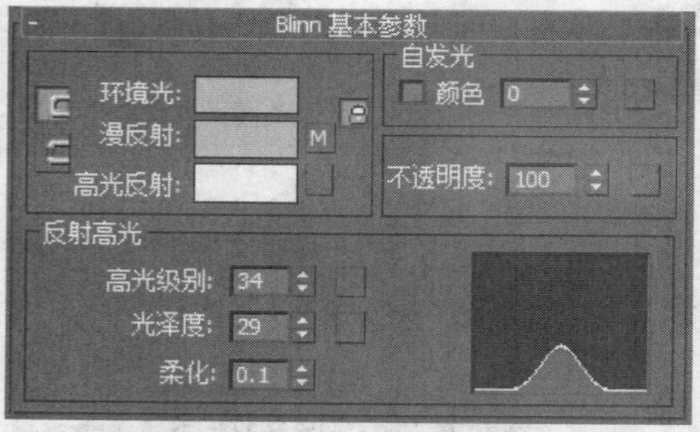

图 6-36 木地板参数

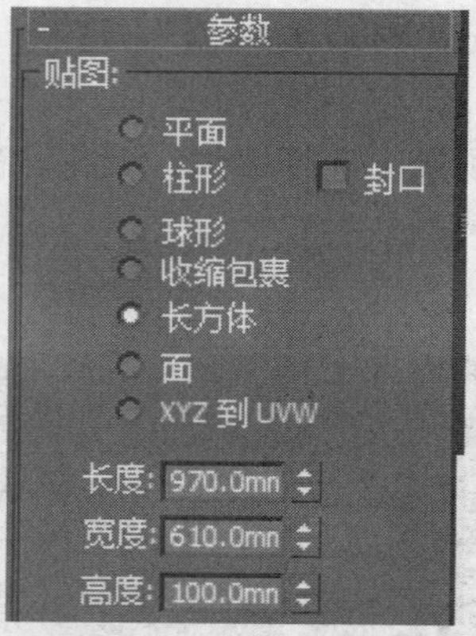

图 6-37 UVW 贴图参数

图 6-38 地面材质效果

（4）制作门材质。

1）单击“材质编辑器”，选择一个空的材质球，命名为“门”，设置“漫反射”贴图为随书附赠光盘中的“CD:\案例文件\chap-06\6-1 卧室的制作\maps\men03.jpg”文件。

2）在场景中选择门对象，单击“将材质赋予选择对象”按钮，赋予材质。在“修改器下拉列表”中选择“UVW”贴图，参数设置如图 6-39 所示，效果如图 6-40 所示。

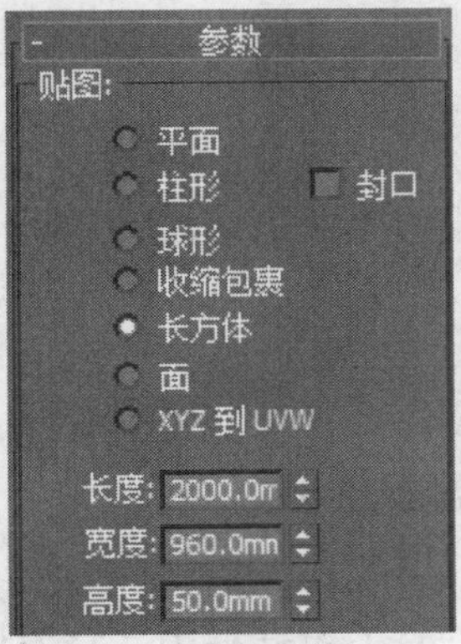

图 6-39　UVW 贴图参数

图 6-40　门材质效果

（5）制作相框材质.

1）在场景中选择相框对象，单击“组”菜单→“打开”命令，进入相框组。单击“材质编辑器”，选择一个空的材质球，命名为“相框木纹”，设置“漫反射”贴图为随书附赠光盘中的“CD:\案例文件\chap-06\6-1卧室的制作\maps\橡木 06.jpg”文件。

2）在场景中选择相框框架对象，单击“将材质赋予选择对象”按钮，赋予材质。在“修改器下拉列表”中选择“UVW”贴图，调整 UVW 贴图参数到合适的大小。

3）在场景中选择相框相片对象，选择一个空的材质球，取名“装饰画”，设置“漫反射”贴图为随书附赠光盘中的“CD:\案例文件\chap-06\6-1 卧室的制作\maps\ 16.jpg”文件，单击“将材质赋予选择对象”按钮，赋予材质。在“修改器下拉列表”中选择“UVW”贴图，调整 UVW 贴图参数到合适的大小，效果如图 6-41 所示。

图 6-41　相框材质效果

4）在场景中选择相框对象，单击“组”菜单→“关闭”命令，退出相框材质的编辑。

（6）制作衣柜材质。

1）在场景中选择衣柜对象，单击“组”菜单→“打开”命令，进入衣柜组。单击“材质编辑器”，选择一个空的材质球，命名为“衣柜木纹”，设置“漫反射”贴图为随书附赠光盘中的“CD:\案例文件\chap-06\6-1 卧室的制作\maps\榉木 02.jpg”文件，参数设置如图 6-42 所示。

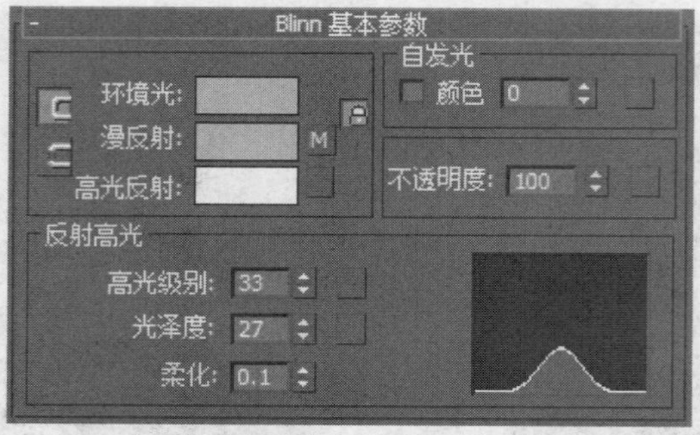

图 6-42　衣柜木纹参数

2）单击“按名称选择”按钮，在弹出的“从场景选择”对话框中选择衣柜主体、衣柜门、衣柜右对象，如图 6-43 所示。单击“将材质赋予选择对象”按钮，赋予材质。

3）单击“材质编辑器”，选择一个空的材质球，命名为“衣柜玻璃”，单击 Standard 按钮，选择“光线跟踪”选项，设置环境光颜色为（183，183，183），发光颜色为（22，51，74），其他参数设置如图 6-44 所示。

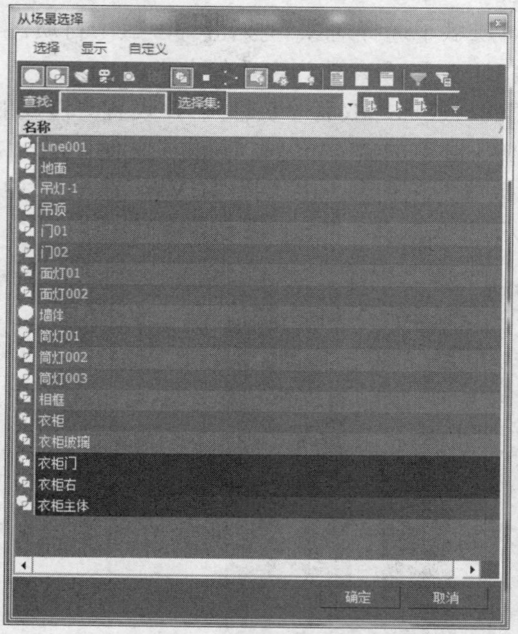

图 6-43　选择对象

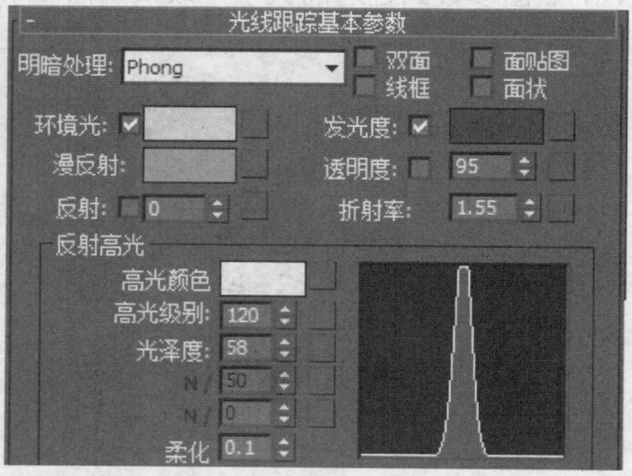

图 6-44　设置玻璃参数

4）单击“按名称选择”按钮，选择衣柜玻璃对象，单击“将材质赋予选择对象”按钮，赋予材质，效果如图 6-45 所示。

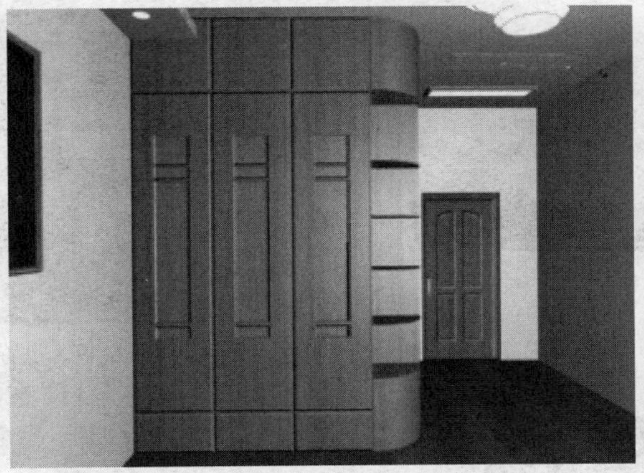

图 6-45　衣柜效果

5）在场景中选择衣柜对象，单击“组”菜单→“关闭”命令，退出衣柜材质的编辑。

（7）制作床材质。

1）在场景中选择床对象，单击“组”菜单→“打开”命令，单击“材质编辑器”，选择一个空的材质球，命名为“床木纹”，设置“漫反射”贴图为随书附赠光盘中的“CD:\案例文件\chap-06\6-1 卧室的制作\maps\柚木 05.jpg”文件，参数设置如图 6-46 所示。

2）在场景中选择床头、床脚部分，单击“将材质赋予选择对象”按钮，赋予材质。

3）单击“材质编辑器”，选择一个空的材质球，命名为“床垫”，设置“漫反射”贴图为随书附赠光盘中的“CD:\案例文件\chap-06\6-1 卧室的制作\maps\布料 04.jpg”文件，参数设置如图 6-47 所示。在“贴图”通道中将“漫反射”贴图通道中的位图复制到“凹凸”通道中，并设置数值为 60。在场景中选择床垫部分，单击“将材质赋予选择对象”按钮，赋予材质，如图 6-48 所示。

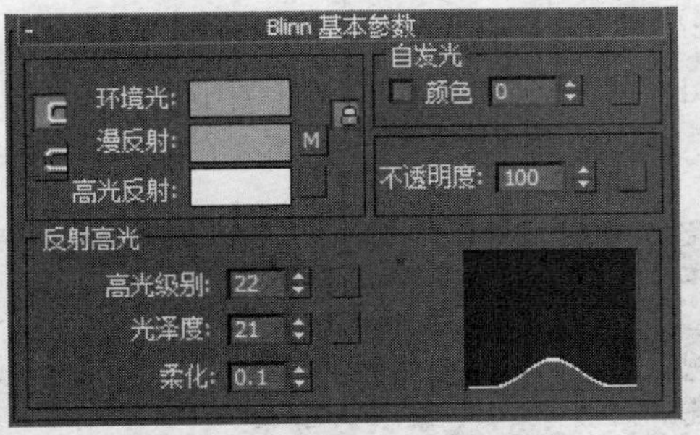

图 6-46　设置床木纹参数

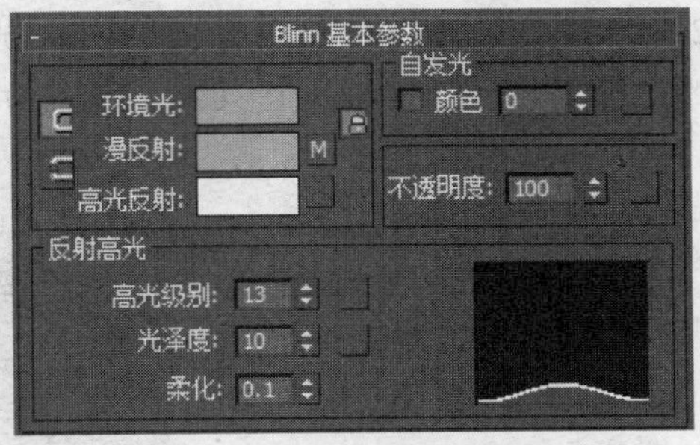

图 6-47　设置床垫参数

4）单击“材质编辑器”，选择一个空的材质球，命名为“枕头”，设置“漫反射”贴图为随书附赠光盘中的“CD:\案例文件\chap-06\6-1 卧室的制作\maps\枕头.jpg”文件，参数设置如图 6-49 所示。单击“修改器堆栈”中的“UVW 贴图”选项，在参数卷展栏中的“对齐”设置中单击“适配”按钮，将图像与模型适配，再调整 UVW 贴图参数到合适的大小，如图 6-50 所示。在“贴图”通道中选择“凹凸”通道，载入位图“CD:\案例文件\chap-06\6-1 卧室的制作\maps\凹凸 01.jpg”，设置数值为 150。

5）在场景中选择枕头对象，单击“将材质赋予选择对象”按钮，赋予材质，效果如图 6-51 所示。

图 6-48 床垫效果

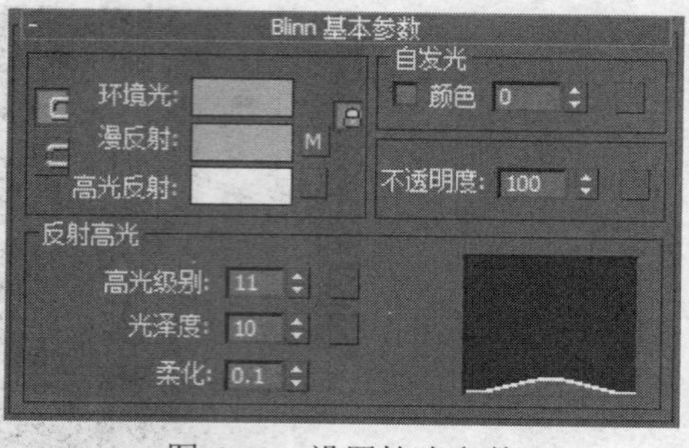

图 6-49 设置枕头参数

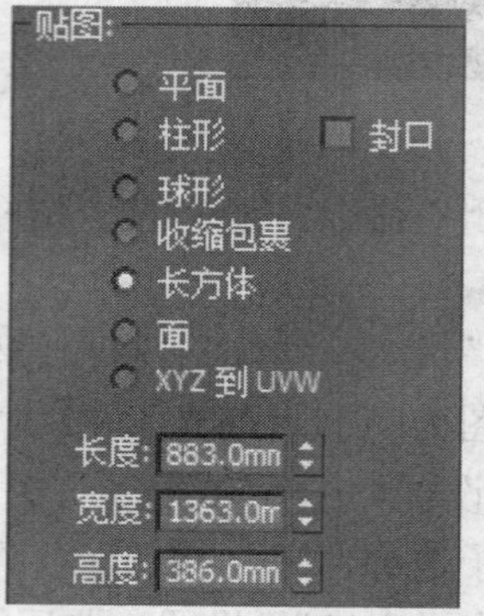

图 6-50 调整 UVW 贴图参数

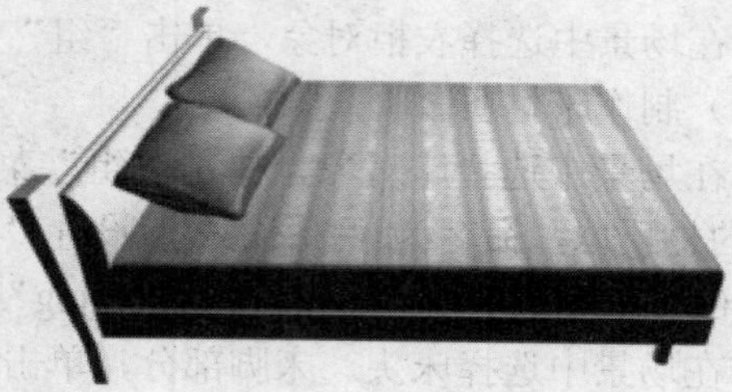

图 6-51 枕头材质效果

5. 创建灯光

（1）创建吊灯光源。

1）在创建灯光前，可以把场景中部分物体隐藏，以便观察调整灯光效果。选择需要隐藏的物体，右击鼠标，选择“隐藏选择对象”。

2）单击“创建”面板→“灯光”→“光度学”→“自由灯光”按钮，在吊灯下方创建自由灯光，在“修改”面板中将其大小设置为 400cd，如图 6-52 所示。场景中的位置如图 6-53 所示。

图 6-52 设置灯光强度

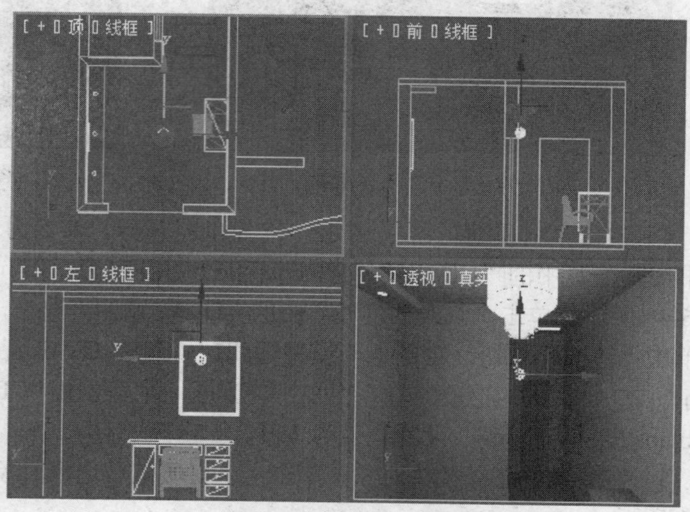

图 6-53 在场景中创建吊灯光源

3）单击“渲染”按钮，场景中的灯光效果如图 6-54 所示。

图 6-54　吊灯灯光效果

（2）创建筒灯光源。

1）单击“创建”面板→“灯光”→“光度学”→“目标灯光”按钮，在前视图筒灯下方，按住鼠标拖拉创建一个目标灯光，如图 6-55 所示。

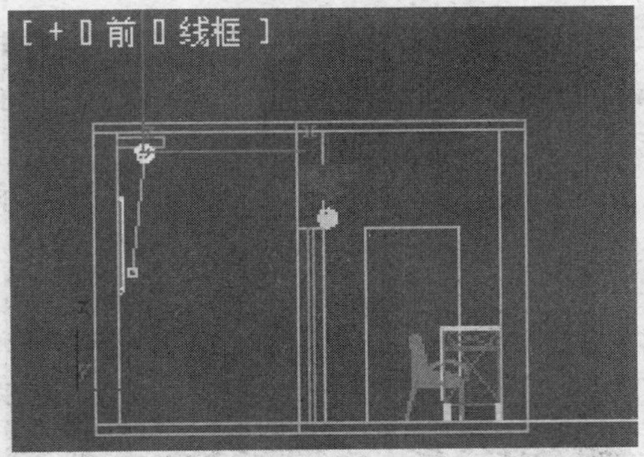

图 6-55　创建目标灯光

2）在“修改器命令面板”参数卷展栏中的“灯光分布”中选择“光度学 Web”，如图 6-56 所示。在“分布（光度学 Web）”选项中单击 < 选择光度学文件 > 按钮，在弹出的“打开光域 Web”文件中打开随书附赠光盘中的“CD:\案例文件\chap-06\6-1 卧室的制作\TOP 1.IES”文件，如图 6-57 所示。设置灯光强度为 300cd。

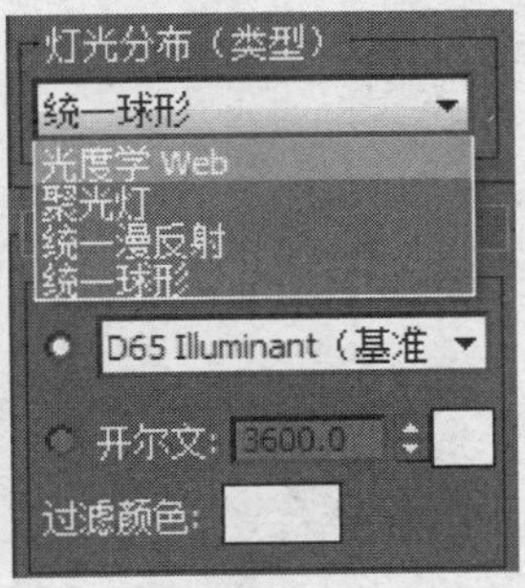

图 6-56　选择灯光分布类型

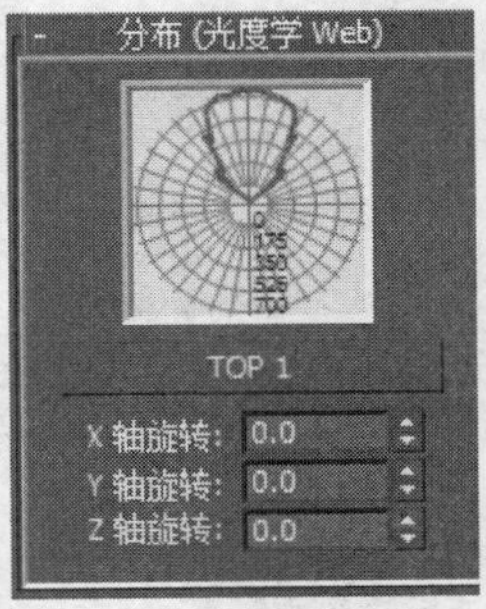

图 6-57　设置光度学 Web

3）在“选择过滤器”中选择“L-灯光”，如图 6-58 所示。在场景中选择目标灯光，在视图中调整其位置，放置到筒灯下方，使用“移动”工具，按住【Shift】键，按“实例”复制 2 个，放置到另外两个筒灯下方，如图 6-59 所示。

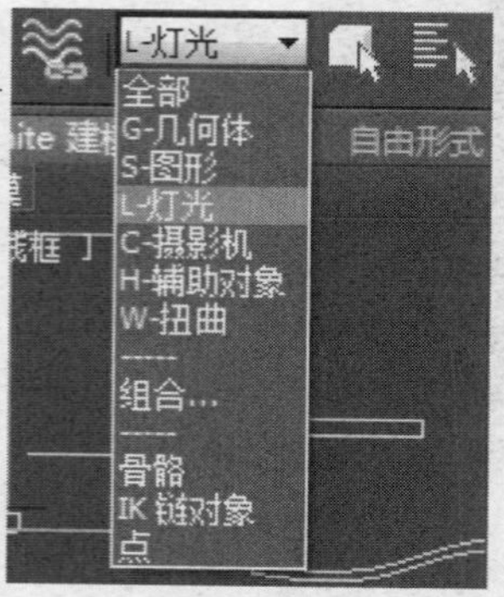

图 6-58　选择 L-灯光过滤

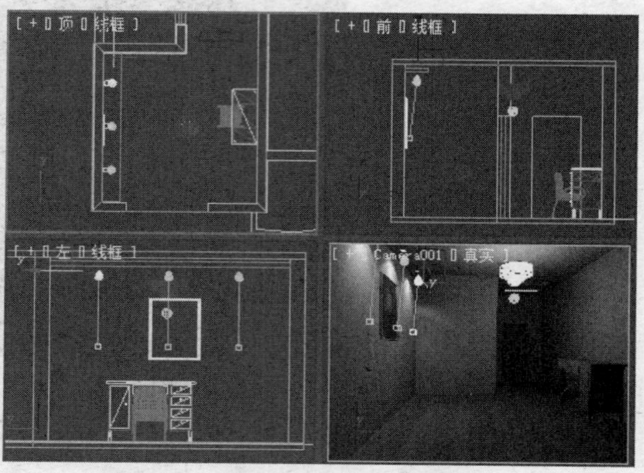

图 6-59　复制 Web 灯光

4）单击“渲染”按钮，测试效果如图 6-60 所示。

图 6-60　测试筒灯效果

（3）设置走廊面灯光源。

1）单击“创建”面板→“灯光”→“光度学”→“自由灯光”按钮，在“图形/区域阴影”卷展栏中选择“矩形”，设置长度、宽度分别为 250、1000，如图 6-61 所示。灯光强度设置为 400cd。

图 6-61　设置自由灯光图形类型

2）在顶视图单击创建自由灯光，在前视图中调整其位置，将其放在走廊面灯下方，使用“移动”工具，按住【Shift】键，按“实例”复制 1 个到另一个面灯下方，如图 6-62 所示。

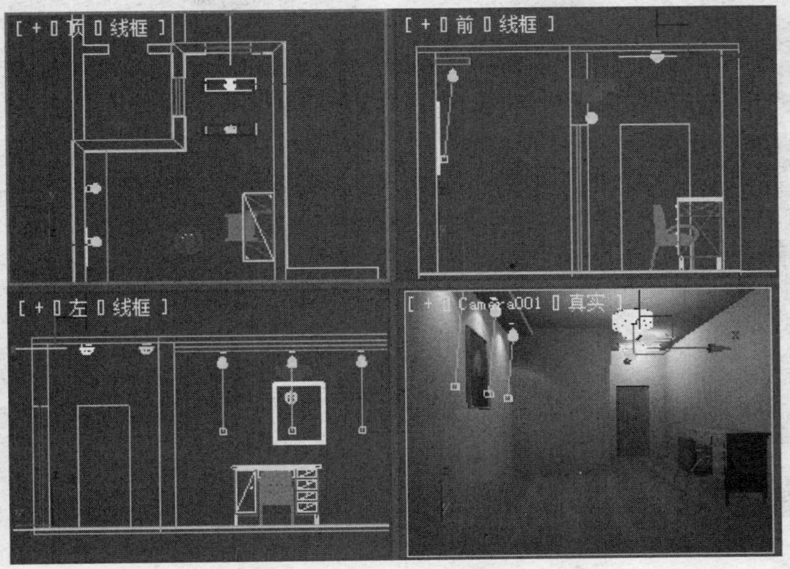

图 6-62　创建走廊面灯

3）单击“渲染”按钮，测试效果如图 6-63 所示。

图 6-63　测试走廊灯光效果

6. 渲染测试

（1）光能传递测试。

1）在场景中右击鼠标，选择“全部取消隐藏”，将隐藏的物体显示在场景中。

2）单击“渲染”菜单→“光能传递”，在弹出的“渲染设置”对话框中将“光能传递处理参数”卷展栏中的“优化迭代次数”设置为 2，“间距灯光过滤”设置为 2，如图 6-64 所示。

3）展开“光能传递网格参数”卷展栏，勾选“启用”全局细分设置复选框，设置“最大网格大小”为 500，如图 6-65 所示。

4）单击“光能传递处理参数”卷展栏中的“开始”按钮，开始进行光能传递。

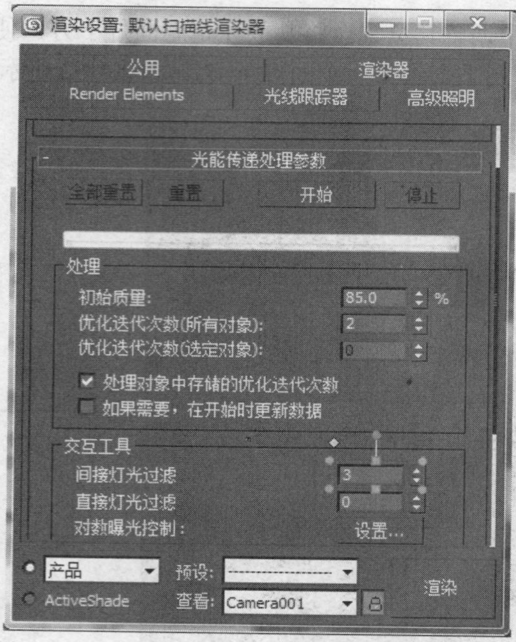

图 6-64 设置光能传递处理参数

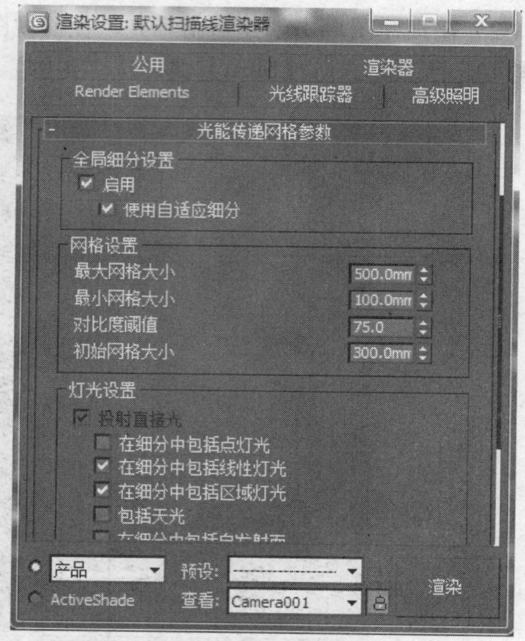

图 6-65 设置光能传递网格参数

（2）渲染输入。

1）在透视图左上角右击鼠标，选择切换到摄像机视图。

2）单击“渲染设置”按钮，在弹出的“渲染设置”对话框中设置输出图像大小，如图 6-66 所示。单击“渲染”按钮，进行渲染。

3）在渲染出的对话框中单击“保存图像”按钮，将图像进行保存，如图 6-67 所示。

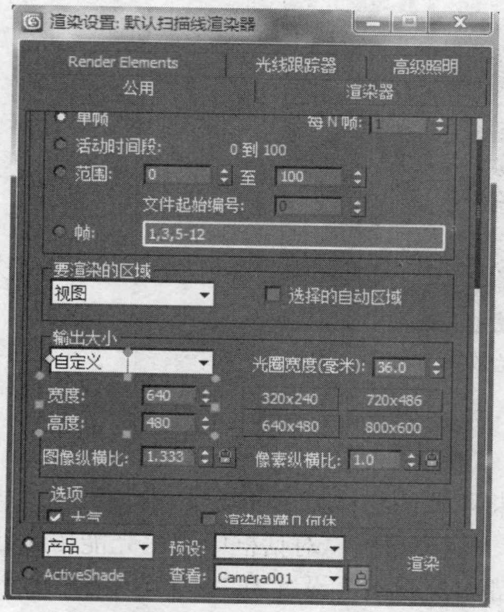

图 6-66 设置输出大小

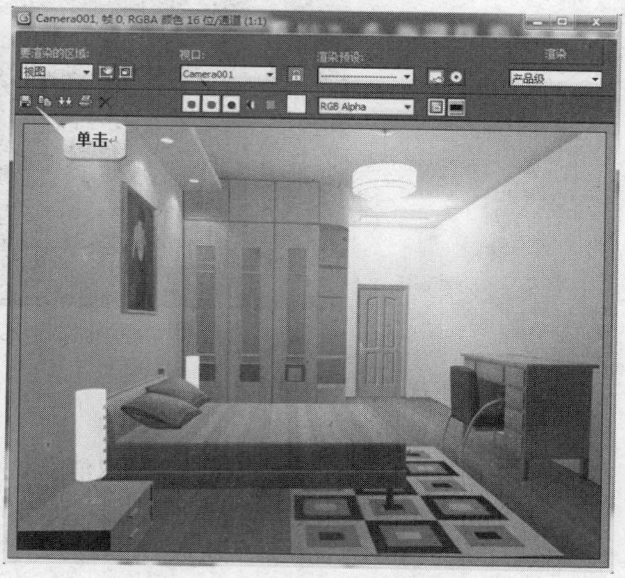

图 6-67 保存渲染图像

7. 效果图后期处理

（1）启动 Photoshop 软件，单击“文件”菜单→“打开”，选择渲染输出的图像。

（2）选择“图像”菜单→“调整”→“曲线”，调整图像的明暗度，如图 6-68 所示。

（3）选择“图像”菜单→“调整”→“亮度/对比度”，调整图像的亮度，如图 6-69 所示。

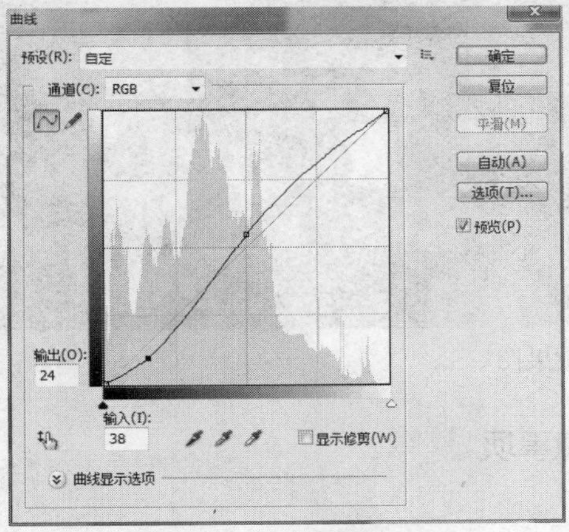

图 6-68　曲线调整图像

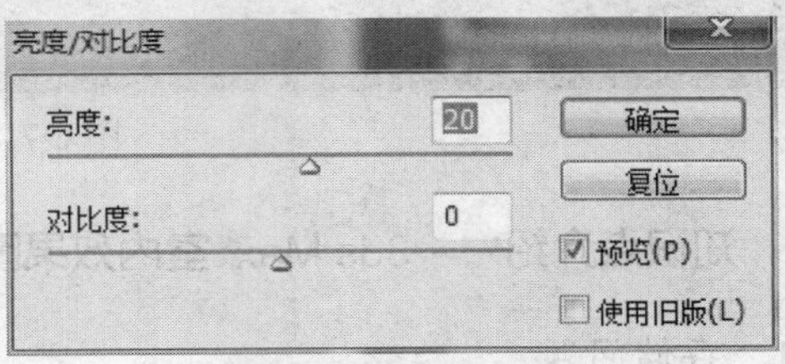

图 6-69　调整图像亮度

（4）调整好图像色彩后，单击“文件”菜单→“存储为”命令，保存图像，将图像格式设置为 jpg，最终效果如图 6-70 所示。至此，卧室效果图制作完成。

图 6-70　卧室效果图

任务 6.2　制作客厅效果图

6.2.1　效果展示

本任务主要是制作一个客厅空间效果。首先分析 AutoCAD 图纸，了解设计思想。再根据图纸建立墙体框架模型，合并家具模型，设置摄像机确定出图角度，并对模型赋予材质及创建灯光等效果，使二维空间中的设计在三维空间中形象的展现，效果如图 6-71 所示。

图 6-71 客厅效果图

6.2.2 知识点介绍——3ds Max 室内效果图的注意事项

1．存储问题

我们在制作室内效果图时，由于 3ds Max 软件非常大，对计算机硬件要求较高，因此在需要备份的环节应该及时存储备份，以免由于死机等问题造成文件丢失。另外，由于 3ds Max 建模和调节时间很漫长，应该注意将 3ds Max 自动备份的时间更改为 15～20 分钟，这个时间段能够保证 3 次备份有 1 次是在关键操作时候的备份，一旦操作失误或者思维有误想恢复的时候能找到所要的备份。

2．建模的注意事项

（1）进行室内建模尽量在最大视图中操作，注意边线的对齐，保证每个墙跟其他结构部件相连接的时候都是并集，而没有交集也没有补集，以避免室内渲染的时候出现漏光的情况。

（2）调整步数，尽量减少面的数量。一般近距离的曲面步数要大一点，远距离的要小一点。距离越远步数越小，这样极大地加快了渲染速度。

（3）布尔运算的时候很容易使线段自由连接，出现坏面。因此应尽量减少坏面出现。

3．材质的编辑

室内材质的制作要日常积累。要知道水、玻璃、木材、亚光漆等常用材质的制作。尽量不要用贴图，能用 3ds Max 自带材质调节的，可少用贴图。

4．灯光处理

室内灯光偏暖，室外灯光偏冷，所以一般灯光要稍微带一点颜色。室内灯光一般设置一点黄色，室外灯光一般设置一点蓝色。

5．渲染输出

（1）摄像机的布置要注意角度和焦距的控制。对于初学者可以通过摄像机参数卷展栏中的常用焦距数值来调整。

（2）渲染器室内常用的有光能传递（3ds Max 自带的渲染器），还有 Vray 渲染器。光能传递对计算机要求较高，并且速度较慢，现在一般较少使用。本书是为了让读者更好地了解灯光设置而采用了光能传递。当前室内效果图制作一般用 Vray 渲染器的比较多，材质操作更简单，渲染速度更快。Vary 被称为是 3ds Max 插件里面渲染速度最快的渲染插件，读者可以在后期的学习中自行学习该插件。

6.2.3　任务实施

1. 创建客厅框架模型

（1）设置系统单位。

请参看 6.1.3 节中单位设置的方法。

（2）清理图纸。

1）启动 AutonCAD 软件，选择“文件”菜单→“打开”，选择随书附赠光盘中的“CD:\案例文件\chap-06\6-2 制作客厅效果图\图纸.dwg”文件。

2）按住鼠标左键拖拉，框选“地面材质图”图纸框，按组合键【Ctrl+C】复制。选择“文件”菜单→“新建”→“打开”按钮，按组合键【Ctrl+V】粘贴。选择不需要的地面填充部分，敲击【Delete】键删除，只保留墙体框架部分，如图 6-72 所示。

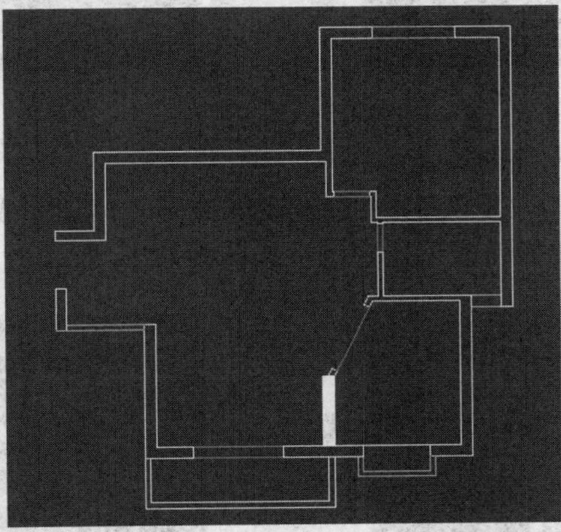

图 6-72　清理图纸

3）单击“文件”菜单→“保存”，将其保存为“墙体.dwg”。

（3）创建墙体框架。

1）启用 3ds Max 软件，单击左上角的“文件”按钮，选择“导入”→“导入”保存的“墙体.dwg”文件，勾选“焊接附近顶点”，如图 6-73 所示。

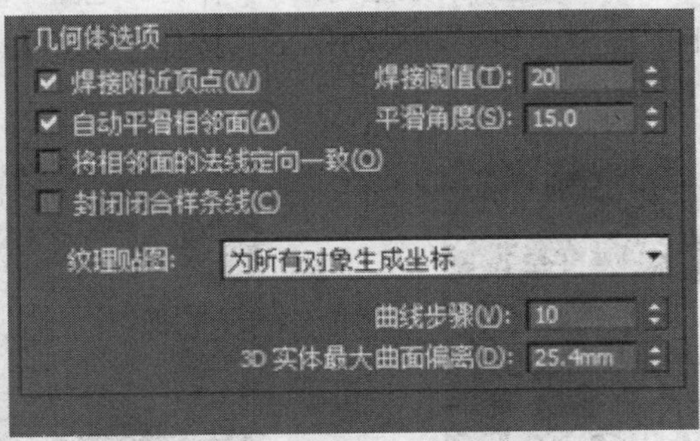

图 6-73　勾选“焊接顶点”

2）在顶视图中选择导入的墙体框架，单击“组”菜单→“成组”，将导入的图纸成组。

3）单击“创建”面板→“图形”→“线”按钮，打开“捕捉”选项中的“顶点”，在顶视图勾画墙体边线，在“修改器下拉列表”中选择“挤出”命令，设置挤出数量为 3000，如图 6-74 所示。

4）单击“创建”面板→“图形”→“矩形”按钮，在顶视图门洞位置根据图纸绘制矩形，使用“缩放工具”调整大小，如图 6-75 所示。在“修改器下拉列表”中选择“挤出”命令，设置挤出数量为 2000。

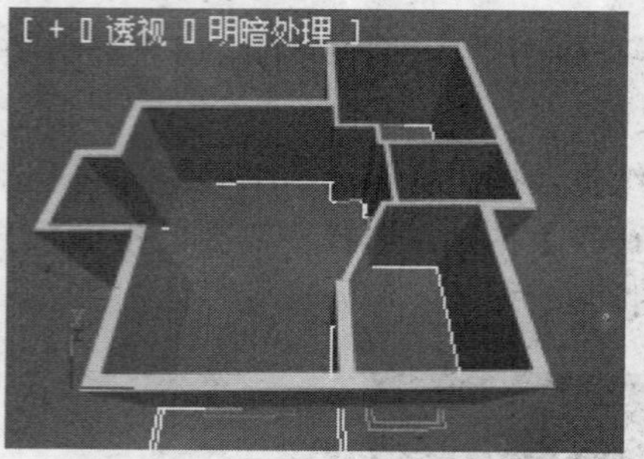

图 6-74　创建墙体

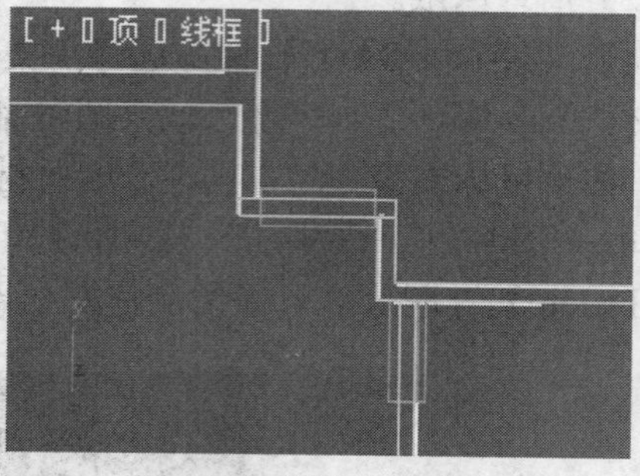

图 6-75　调整矩形大小

5）在场景中选择与门相连的墙体，单击“创建”面板→“几何体”→“复合对象”→“布尔”→ 拾取操作对象 B 按钮，拾取步骤 4）中挤出的长方体，创建完成门洞，如图 6-76 所示。

6）按照步骤 4）、5）的操作，创建窗洞，如图 6-77 所示。

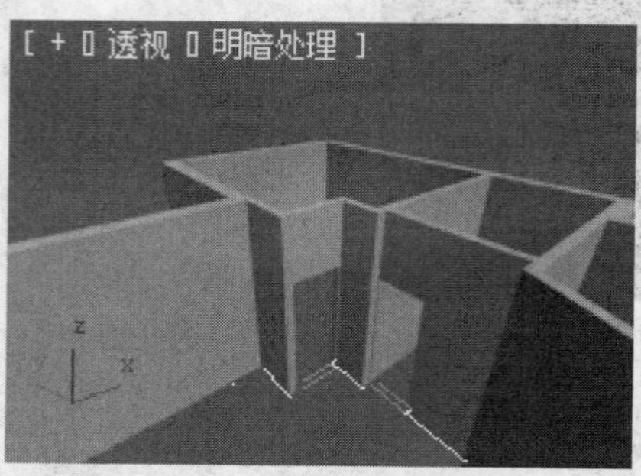

图 6-76　创建门洞

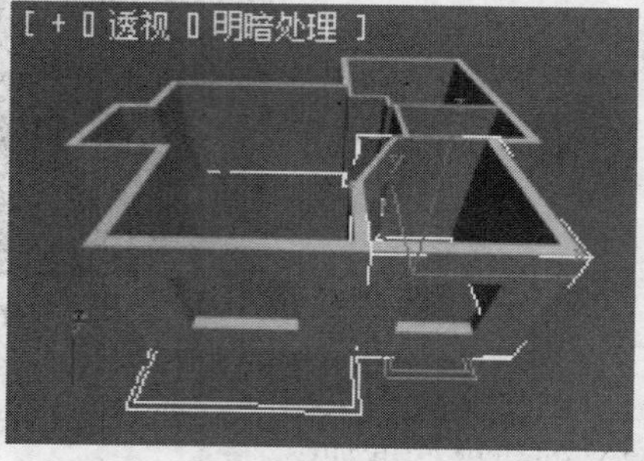

图 6-77　创建窗洞

7）单击“创建”面板→“图形”→“线”按钮，在顶视图中勾画客厅内边线，在“修改器下拉列表”中选择“挤出”命令，设置挤出数量为 100，作为“地面”模型，效果如图 6-78 所示。

8）在前视图中选择地面模型，使用“移动”工具按住【Shift】键，复制一个到顶部，作为“顶面”模型，效果如图 6-79 所示。

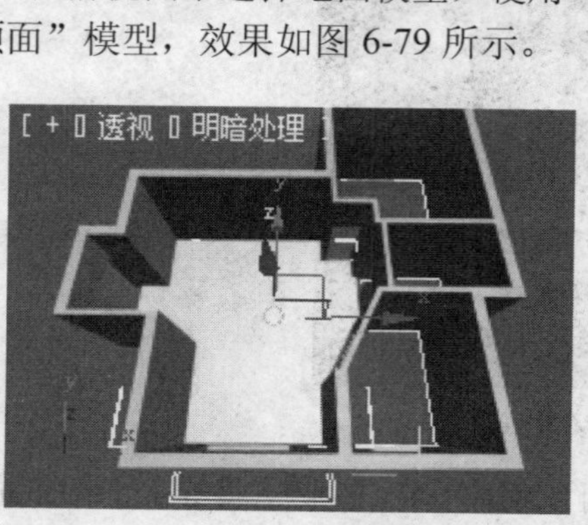

图 6-78　创建地面模型

图 6-79　创建顶面模型

（4）创建吊顶。

1）启动 AutonCAD 软件，选择“文件”菜单→“打开”命令，选择随书附赠光盘中的“CD:\案例文件\chap-06\6-2 制作客厅效果图\图纸.dwg”文件。

2）按住鼠标左键拖拉，框选“天花布置图”图纸框，按组合键【Ctrl+C】复制。选择“文件”菜单→“新建”→“打开”按钮，按组合键【Ctrl+V】粘贴。选择不需要的填充部分，敲击【Delete】键删除，只保留墙体框架及吊顶部分，如图 6-80 所示。单击“文件”菜单→“保存”命令，将其存储为“天花.dwg”。

3）在 3ds Max 中选择建立好的墙体框架，右击鼠标，选择“隐藏选定对象”，单击左上角的“文件”菜单按钮，选择“导入”→“导入”天花.dwg 图纸。选择导入的部分，单击“组”菜单→“成组”命令。

4）在场景中空白处右击鼠标，选择“全部取消隐藏”，在顶视图中使用“移动”工具，开启“3 捕捉”中的“顶点”捕捉，将导入的天花图纸与建立好的模型对齐，如图 6-81 所示。

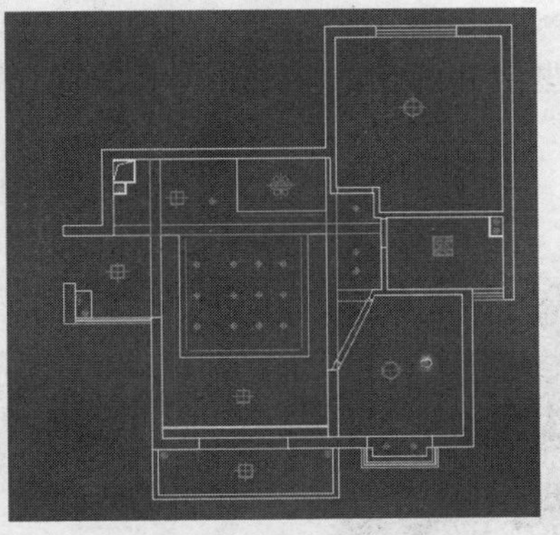

图 6-80　清理天花布置图纸

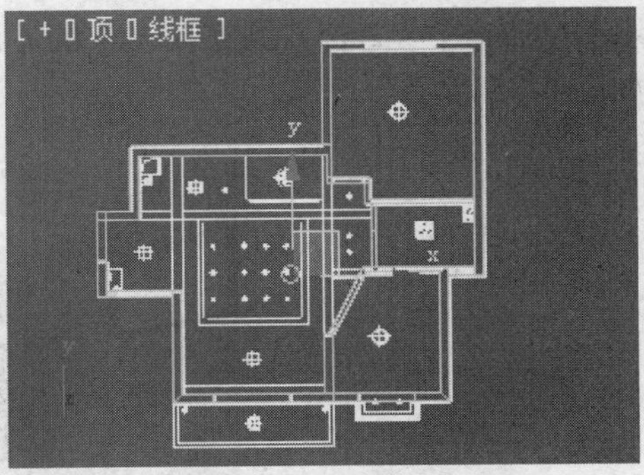

图 6-81　将图纸对齐模型

5）单击“创建”面板→“图纸”→“矩形”按钮，开启“顶点”捕捉，在顶视图中央吊顶部分绘制矩形，在“修改器下拉列表”中选择“挤出”命令，设置挤出数量为 350。在前视图中使用“移动”工具将其对齐墙体顶面，如图 6-82 所示。

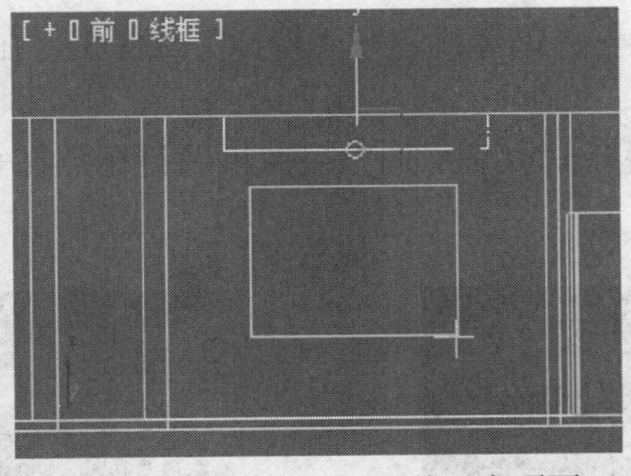

图 6-82　将挤出的长方体对齐顶面

6）单击“创建”面板→“图纸”→“矩形”按钮，开启“顶点”捕捉，在顶视图中吊顶中央部分再次绘制矩形，在“修改器下拉列表”中选择“挤出”命令，设置挤出数量为 100。单击“对齐”工具，在顶视图中拾取步骤 5）中创建的长方体，设置 X、Y 轴中心对齐，在前视图中使用“移动”工具将其对齐步骤 5）中创建的长方体底端，如图 6-83 所示。至此，顶面中央吊顶制作完成。

7）参看步骤 5)、6）使用“线”、“挤出”工具制作客厅顶面边缘的梁及吊顶，最终效果如图 6-84 所示。

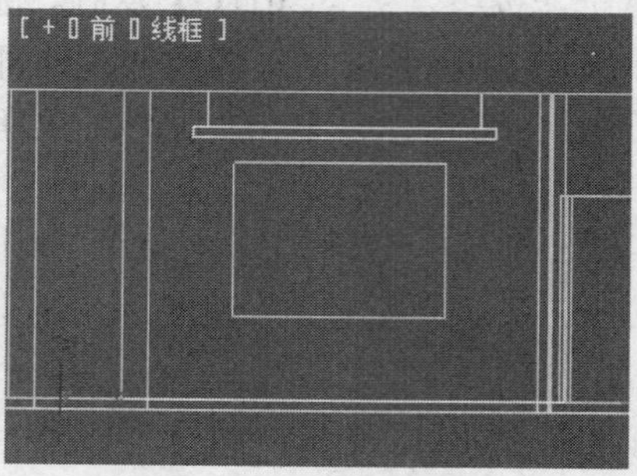

图 6-83 制作顶面中央吊顶

图 6-84 客厅框架模型效果

2. 合并家具模型

参看 6.1.3 中“2.合并卧室模型”的方法，将模型合并到场景中，并将其放置到合适的位置，如图 6-85 所示。

图 6-85 合并家具模型

3. 创建摄像机

（1）单击“创建”面板→“摄像机”→“目标”摄像机，在顶视图中创建目标摄像机 1，如图 6-86 所示。

（2）在左视图中使用“移动”工具，调整摄像机及目标点在垂直方向上的位置，如图 6-87 所示。

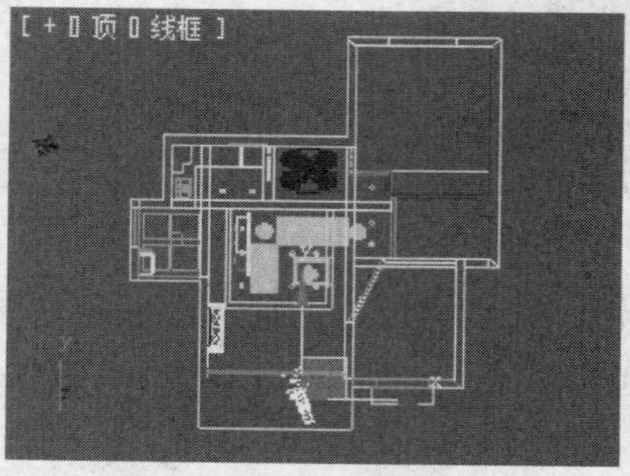

图 6-86 创建摄像机 1

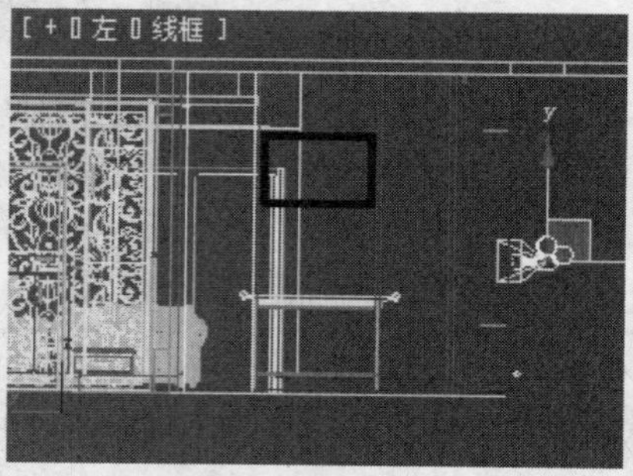

图 6-87 调整摄像机位置

（3）按照步骤（1）、（2）在顶视图中创建摄像机 2，如图 6-88 所示。在透视图左上角单击“透视”切换到摄像机 2 视图，确认视角，单击左上角“Camera002”，选择“显示安全框”，确认视角的范围，效果如图 6-89 所示。

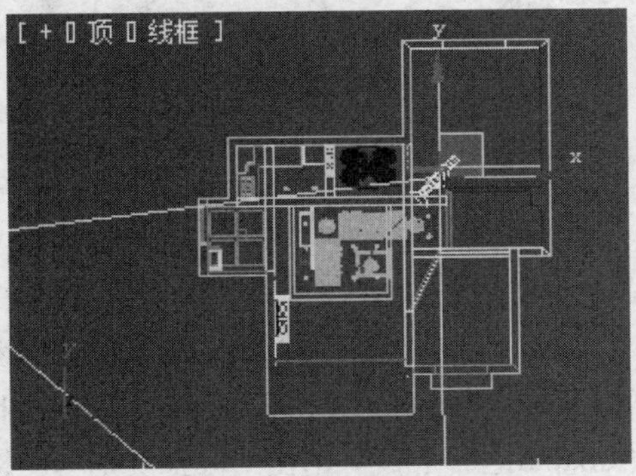

图 6-88　创建摄像机 2

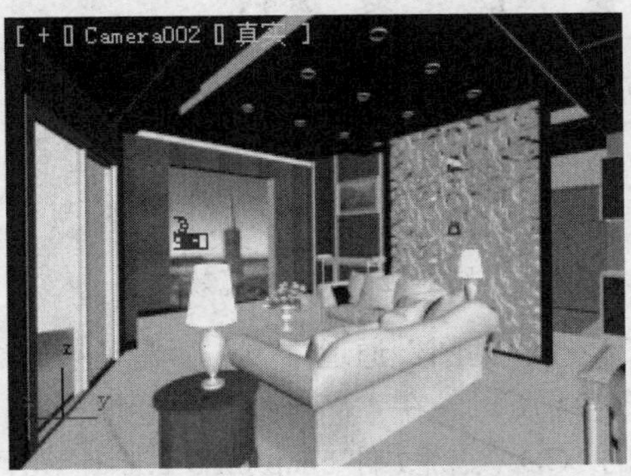

图 6-89　摄像机 2 视觉效果

4. 制作部分物体材质

（1）环境贴图。

1）单击“创建”面板→“几何体”→“标准基本体”→“平面”按钮，在前视图客厅窗户外创建一个平面。在“修改器下拉列表”中选择“弯曲”，设置弯曲“角度”为-189.5。在“修改器下拉列表”中选择“UVW”贴图，类型为“平面”，效果如图 6-90 所示。

2）单击“材质编辑器”，选择一个空的材质球，命名为“环境”。在“漫反射贴图通道”中选择“位图”，载入随书附赠光盘中的“CD:\案例文件\chap-06\6-2 制作客厅效果图\maps\环境.jpg”文件，在“贴图”通道中按实例复制到“高光颜色”、“高光级别”、“自发光”通道中，如图 6-91 所示。

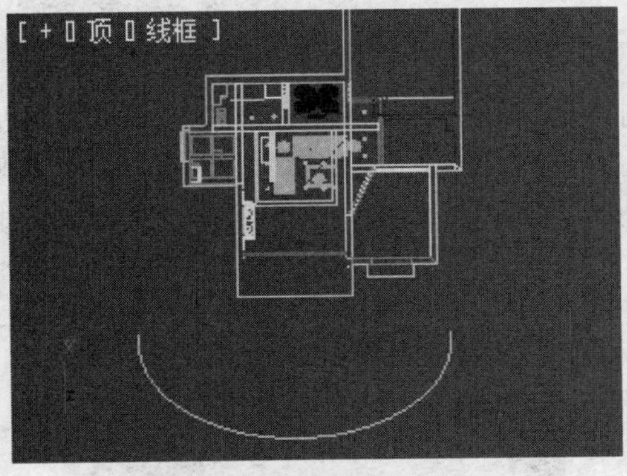

图 6-90　创建弯曲平面

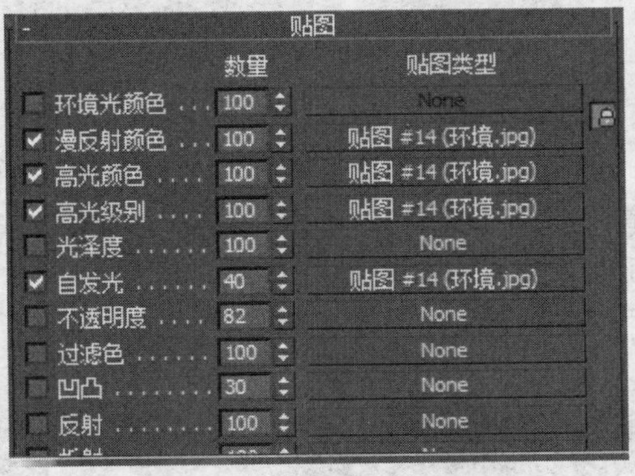

图 6-91　设置贴图通道

3）在场景中选择创建的平面，单击“将材质赋予选择对象”按钮，将设置好的材质赋予给平面，效果如图 6-92 所示。

（2）制作地砖材质。

1）单击“材质编辑器”，选择一个空的材质球，命名为“地板砖”。单击 Standard 按钮，选择“光线跟踪”，设置光线跟踪基本参数，如图 6-93 所示。

图 6-92　设置环境效果

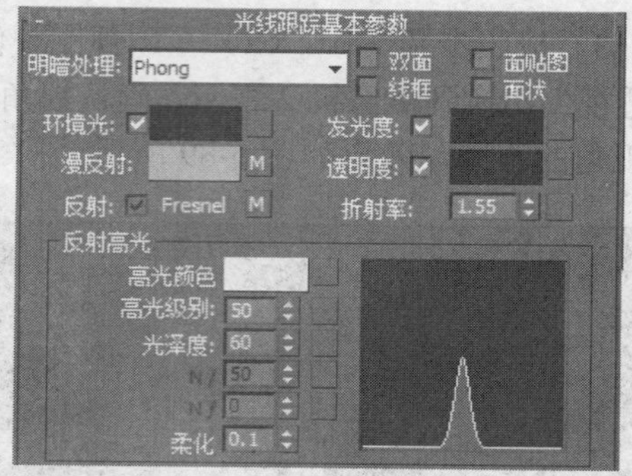

图 6-93　光线跟踪基本参数

2）在“贴图”通道中单击“漫反射贴图通道”按钮，选择“平铺”，设置平铺坐标参数，如图 6-94 所示。在“高级纹理”卷展栏中设置“平铺设置”中的“纹理”贴图为随书附赠光盘中的“CD:\案例文件\chap-06\6-2 制作客厅效果图\maps\地砖.jpg”，单击“转到父对象”按钮，设置“砖缝设置”中的间距，如图 6-95 所示。单击“转到父对象”按钮，返回贴图通道。

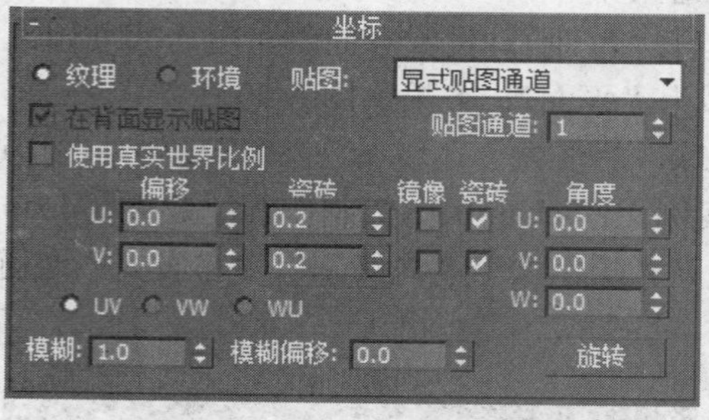

图 6-94　设置平铺坐标参数

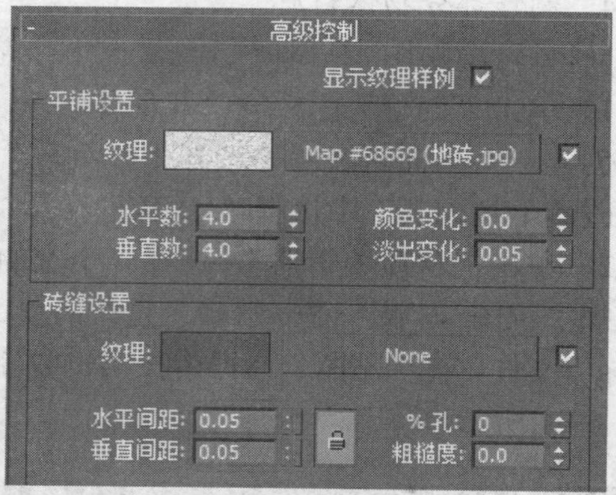

图 6-95　设置砖缝参数

3）将“漫反射贴图通道”中的贴图按“实例”复制到“凹凸贴图通道”，如图 6-96 所示。

4）单击“贴图通道”中的“反射贴图通道”，选择“衰减”；单击“白色调节框”的贴图通道，选择“噪波”；单击“转到父对象”按钮，返回到光线跟踪参数设置界面。至此，地砖材质制作完成，效果如图 6-97 所示。

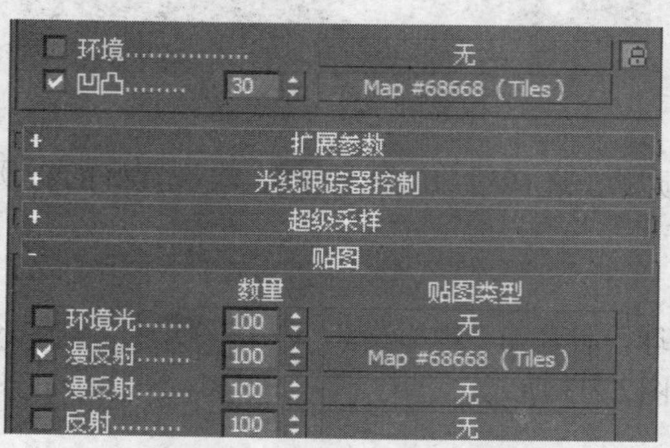

图 6-96　设置凹凸贴图通道

图 6-97　地砖材质效果

5）在场景中选择地面，单击“将材质赋予选择对象”按钮，将设置好的材质赋予给对象。

（3）制作墙面材质。

1）单击“材质编辑器”，选择一个空的材质球，命名为“墙纸”。单击 Standard 按钮，选择“光线跟踪”。

2）在“贴图通道”中单击“漫反射贴图通道”→“位图”，选择随书附赠光盘中的“CD:\案例文件\chap-06\6-2 制作客厅效果图\maps\木纹 01.jpg”，在“坐标”卷展栏中将“角度”W设置为 90，如图 6-98 所示。单击“转到父对象”，将“漫反射贴图通道”中的图像按实例复制到“凹凸贴图通道”。至此，墙面材质制作完成，效果如图 6-99 所示。

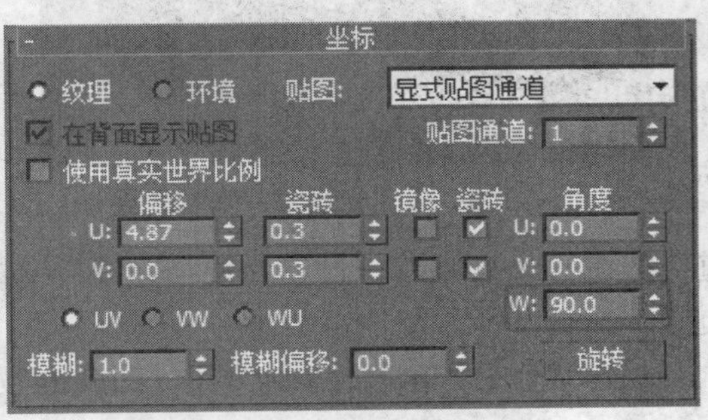

图 6-98　设置坐标角度

图 6-99　墙面材质效果

3）在场景中选择墙面对象，单击“将材质赋予选择对象”按钮，将设置好的材质赋予给对象。

（4）制作天花吊顶材质。

1）单击“材质编辑器”，选择一个空的材质球，命名为“天花”。在“Blinn 基本参数”卷展栏中设置“漫反射”颜色为白色，参数设置如图 6-100 所示。

2）在“贴图通道”中单击“凹凸贴图通道”，选择“噪波”，设置“噪波阈值”大小为 1.5。至此，吊顶乳胶漆材质制作完成，效果如图 6-101 所示。

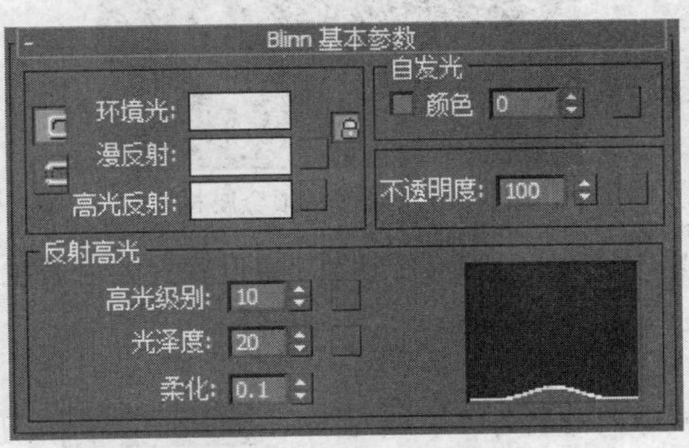

图 6-100　设置吊顶基本参数

图 6-101　乳胶漆材质效果

3）在场景中选择天花、吊顶，单击“将材质赋予选择对象”按钮，将设置好的材质赋予给对象。

（5）制作欧式吊灯材质。

1）单击“材质编辑器”。选择一个空的材质球，命名为“墙纸”。单击 Standard 按钮，选择“光线跟踪”，设置“明暗处理”为金属，“漫反射”颜色为黄色，如图 6-102 所示。光线跟踪基本参数如图 6-103 所示。

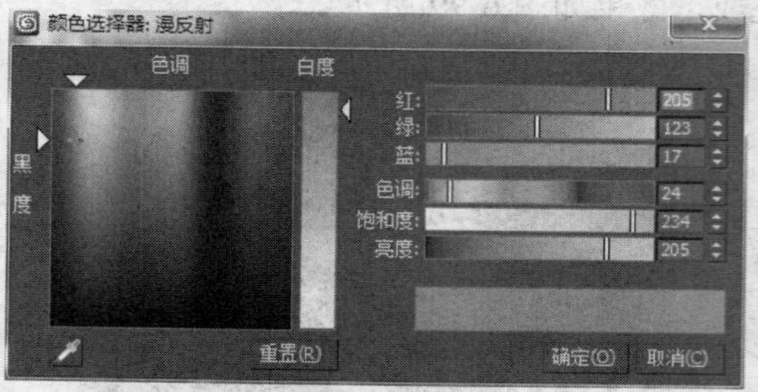

图 6-102　设置“漫反射”颜色

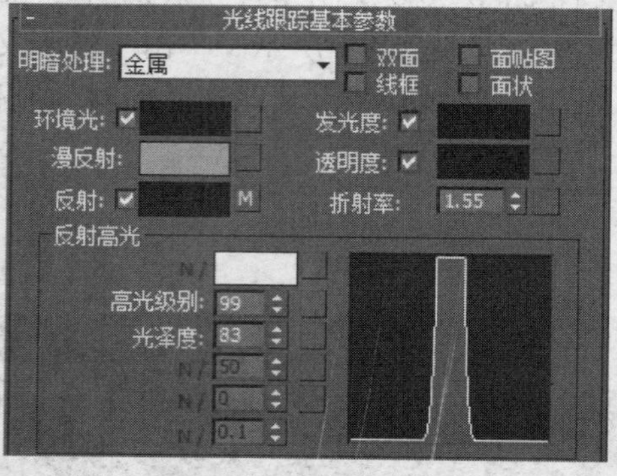

图 6-103　设置光线跟踪基本参数

2）在“贴图通道”中单击“反射贴图通道”按钮→“衰减”→设置“混合曲线”，如图 6-104 所示。单击“转到父对象”，返回贴图通道。

3）单击“凹凸贴图通道”按钮→“噪波”，设置“噪波阈值”大小为 970，凹凸的数值为 7。

4）单击“环境贴图通道”按钮→“位图”，载入随书附赠光盘中的“CD:\案例文件\chap-06\6-2 制作客厅效果图\maps\01.hdr”，设置“坐标”卷展栏中的“模糊”数值为 30，至此，吊顶金属材质制作完成，效果如图 6-105 所示。

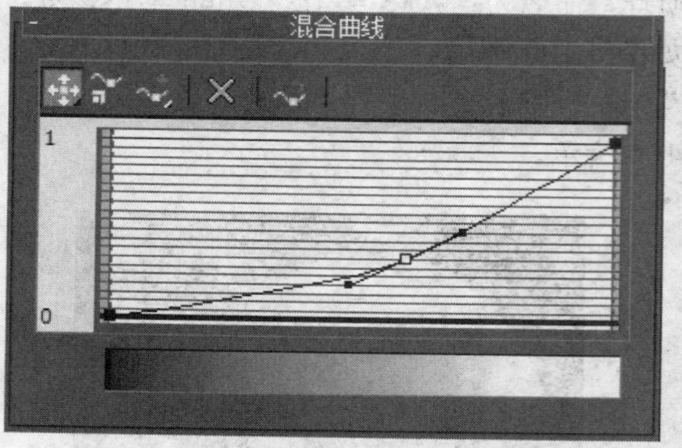

图 6-104　设置混合曲线

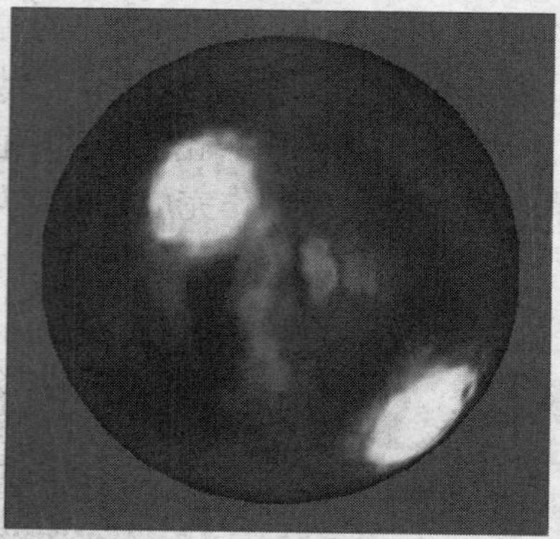
图 6-105　制作吊顶金属材质

5）在场景中选择欧式吊顶，单击“将材质赋予选择对象”按钮，将设置好的材质赋予给对象。

（6）制作沙发材质。

1）单击“材质编辑器”，选择一个空的材质球，命名为“墙纸”。单击 Standard 按钮，选择“光线跟踪”，设置“明暗处理”为各向异性，光线跟踪基本参数如图 6-106 所示。

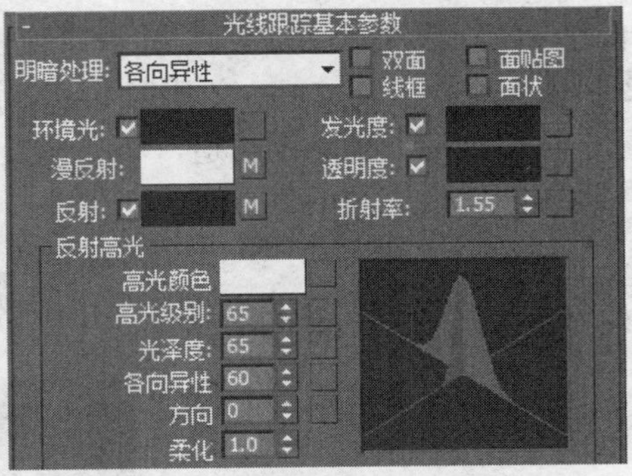

图 6-106　光线跟踪基本参数

2）在”贴图通道”中单击 “漫反射贴图通道”按钮→“位图”，载入随书附赠光盘中的“CD:\案例文件\chap-06\6-2 制作客厅效果图\maps\皮纹.jpg”，将其按“实例”复制到“凹凸贴图通道”。

3）单击“反射贴图通道”按钮→“衰减”，设置衰减“混合曲线”，如图 6-107 所示。至此，沙发材质制作完成，效果如图 6-108 所示。

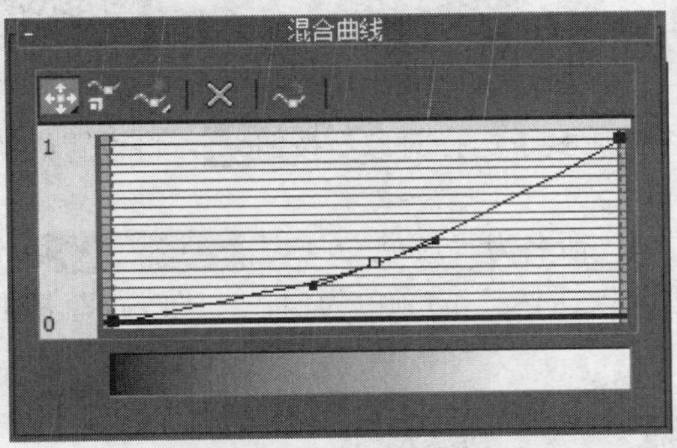

图 6-107　衰减混合曲线

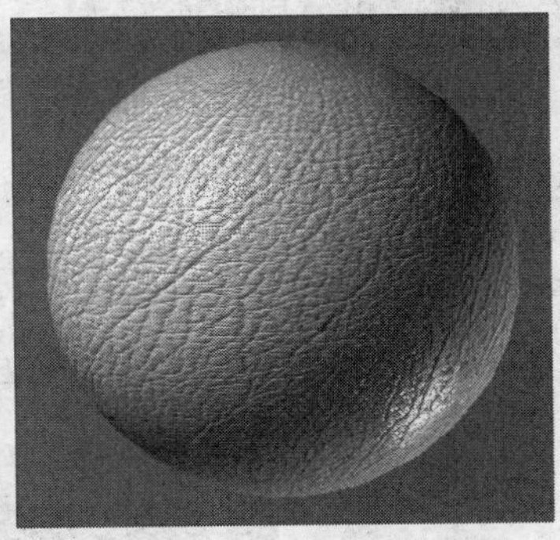

图 6-108　沙发材质效果

4）在场景中选择沙发，单击“将材质赋予选择对象”按钮，将设置好的材质赋予给对象。

（7）制作推拉门材质。

1）单击“材质编辑器”，选择一个空的材质球，命名为“木头”。单击 Standard 按钮，选择“光线跟踪”，设置“明暗处理”为金属，光线跟踪基本参数如图 6-109 所示。

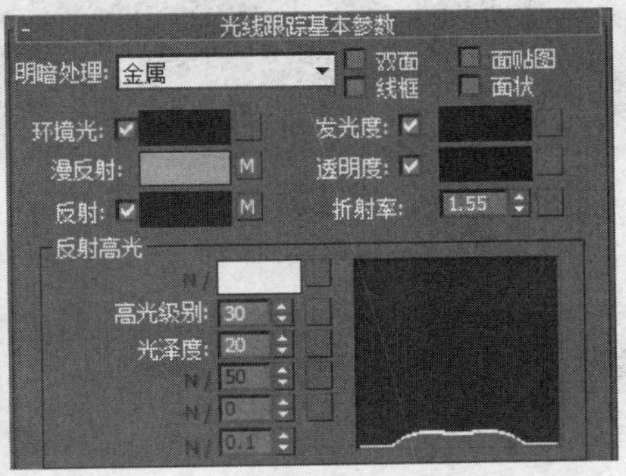

图 6-109　光线跟踪基本参数

2）在”贴图通道”中单击 “漫反射贴图通道”按钮→“位图”，载入随书附赠光盘中的“CD:\案例文件\chap-06\6-2 制作客厅效果图\maps\纹理 01.jpg”，设置位图“坐标”中“角度”W 为 90，单击“返回父对象”按钮，返回到贴图通道，将“漫反射贴图通道”中的设置按实例复制到“凹凸贴图通道”，设置凹凸值为 80。

3）单击“反射贴图通道”按钮→“衰减”，设置“衰减参数”中的“白色调节框”的颜色为黑色，如图 6-110 所示。至此，推拉门门框材质制作完成，效果如图 6-111 所示。

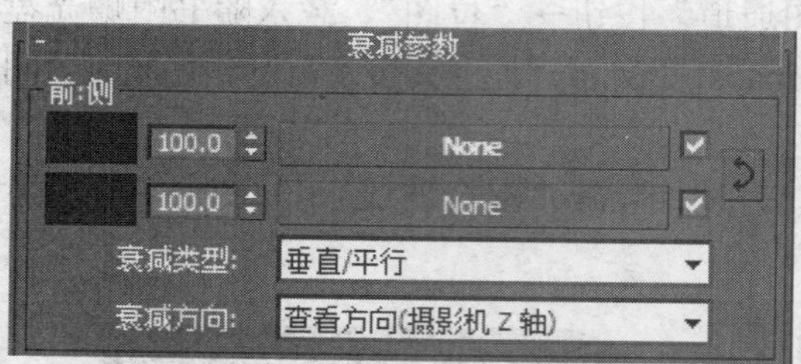

图 6-110　设置“白色调节框”颜色

图 6-111　门框木纹效果

4）在场景中选择推拉门门框部分，单击“将材质赋予选择对象”按钮，将设置好的材质赋予给对象。

5）单击“材质编辑器”，选择一个空的材质球，命名为“玻璃”。单击 Standard 按钮，选择“光线跟踪”，设置“漫反射”颜色为浅灰色，“透明度”的颜色为白色，光线跟踪基本参数如图 6-112 所示。

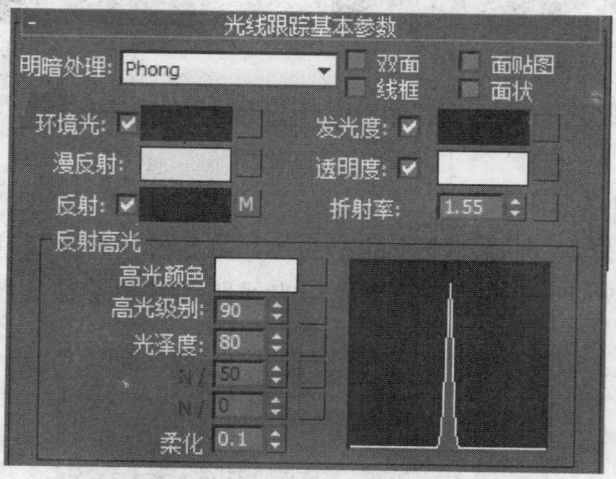

图 6-112　光线跟踪基本参数

6）单击“贴图通道”中的“反射贴图通道”按钮→“衰减”，设置“衰减参数”中的“白色调节框”的颜色为黑色，如图 6-113 所示。调整“混合曲线”卷展栏中的曲线，如图 6-114 所示。至此，玻璃材质制作完成，效果如图 6-115 所示。

7）在场景中选择推拉门玻璃部分，单击“将材质赋予选择对象”按钮，将设置好的材质赋予给对象。

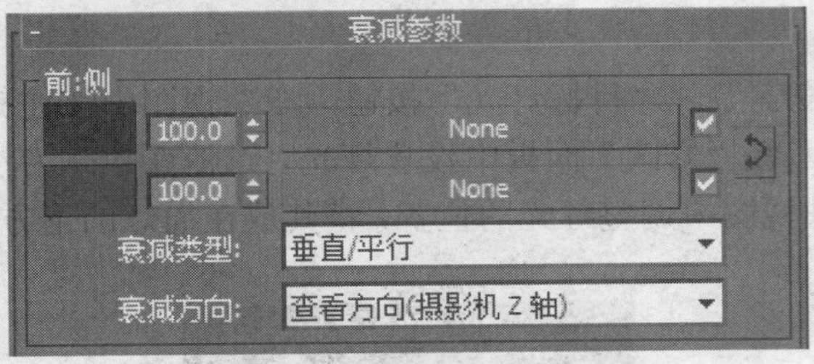

图 6-113　设置“白色调节框”颜色

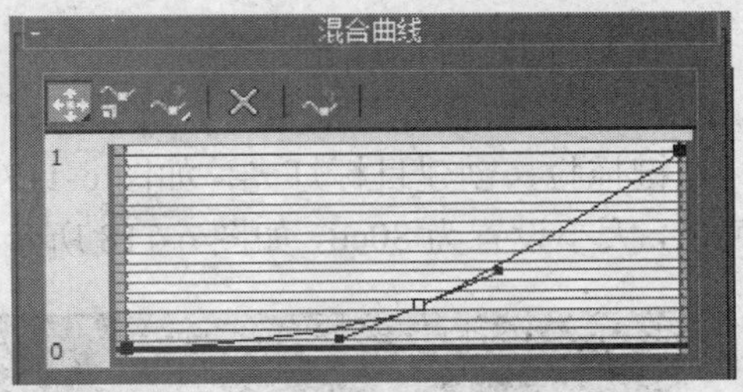

图 6-114　调整“混合曲线”

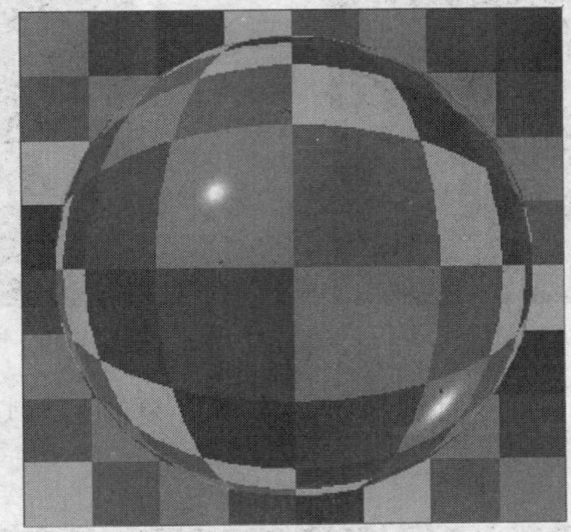
图 6-115　设置玻璃材质

5. 创建灯光

（1）创建自由灯光。

1）单击“创建”面板→“灯光”→“光度学”→“自由灯光”按钮，在顶视图中餐厅吊顶的下方创建自由灯光，在“修改”面板中将其大小设置为 10cd，在左视图中调整灯光的垂直位置，使其位于吊顶下方。

2）在顶视图中使用“移动”工具按“实例”复制 2 个，放置在餐厅，再将灯光复制 8 个，放置到客厅的一侧，如图 6-116 所示。

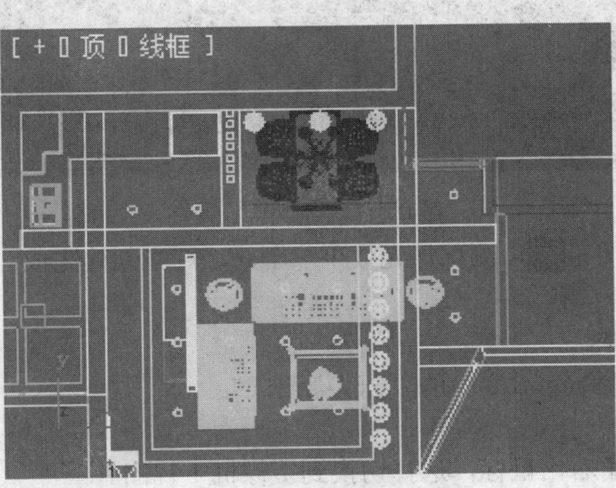

图 6-116　复制自由灯光

3）单击“渲染”按钮，测试灯光效果。

（2）创建目标灯光。

1）单击“创建”面板→“灯光”→“光度学”→“目标灯光”按钮，在左视图中按住鼠标左键拖拉，创建目标灯光，如图 6-117 所示。在“修改”面板中设置灯光“过滤颜色”为浅黄色，大小设置为 80cd，如图 6-118 所示。在顶视图中调整灯光的位置，将其放在筒灯的下方。

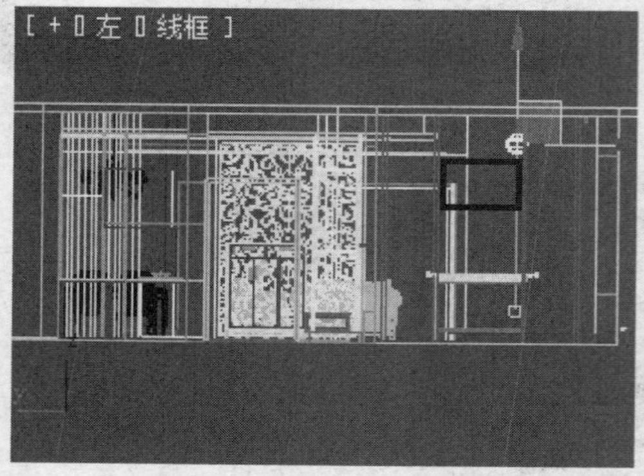

图 6-117 创建目标灯光

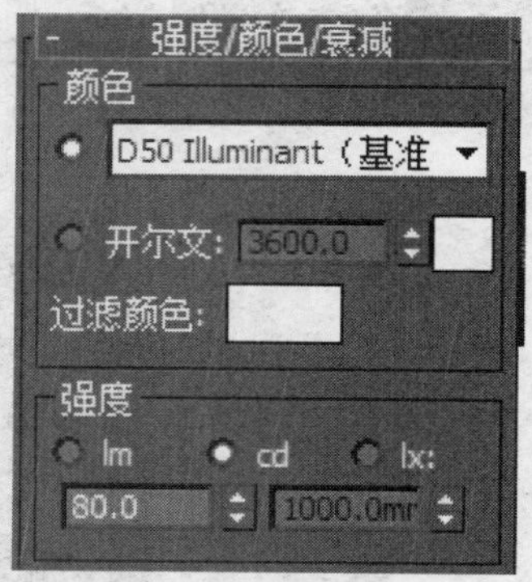

图 6-118 设置灯光的颜色与大小

2）在顶视图中使用“移动”工具选择按“实例”复制目标灯光，将其放置到其余筒灯的位置，如图 6-119 所示。

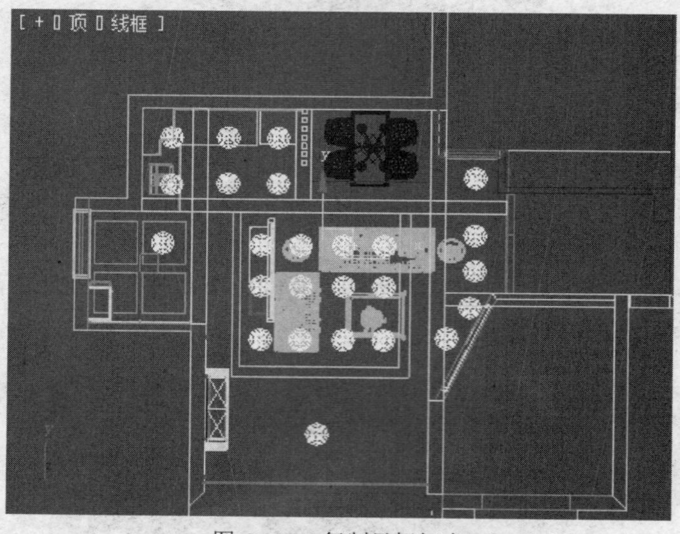

图 6-119 复制目标灯光

3）单击“渲染”按钮，测试灯光效果。至此，灯光创建完成。

6. 渲染输出

（1）光能传递测试。

光能传递的设置请参看 6.1.3 中的“6.渲染测试”。

（2）渲染输入。

1）在透视图左上角右击鼠标，选择切换到摄像机 1 视图。

2）单击“渲染设置”按钮，在弹出的“渲染设置”对话框中设置输出大小的“宽度”、“高度”分别为 1024、621。单击“渲染”按钮，进行渲染，效果如图 6-120 所示。

图 6-120 摄像机 1 渲染效果

3）在渲染出的对话框中单击“保存图像”按钮，将图像进行保存。

4）重复步骤 1）～3），渲染摄像机 2 的效果，如图 6-121 所示。

图 6-121 摄像机 2 渲染效果

7. 效果图后期处理

（1）启动 Photoshop 软件，单击“文件”菜单→“打开”命令，选择摄像机 1 渲染输出的图像。

（2）选择“图像”菜单→“调整”→“色阶”命令，调整“输入色阶”参数，如图 6-122 所示。

（3）选择“图像”菜单→“调整”→“亮度/对比度”命令，调整图像的亮度、对比度，如图 6-123 所示。

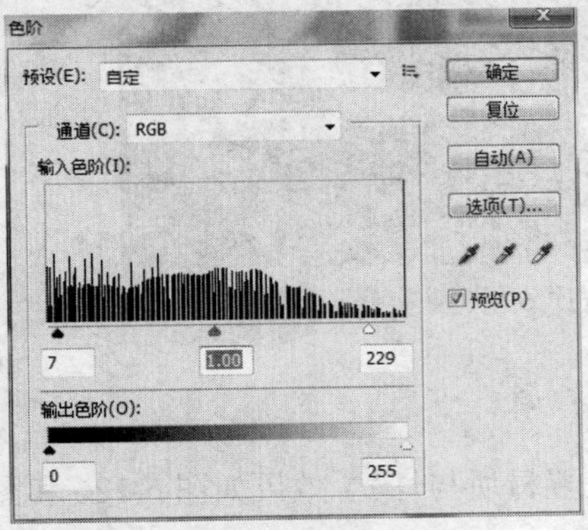

图 6-122 调整色阶参数

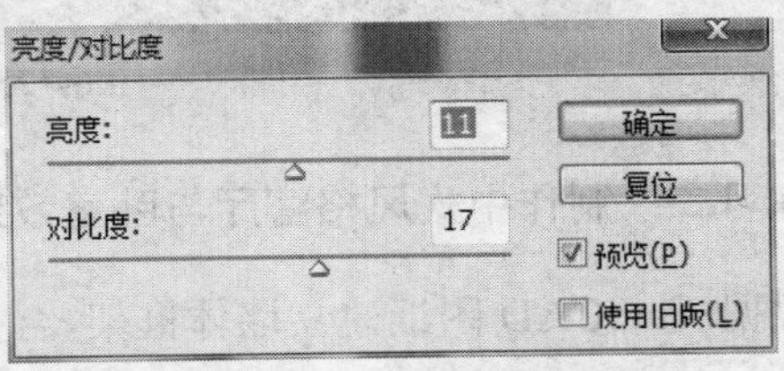

图 6-123 调整图像亮度/对比度

（4）调整好图像色调后，单击“文件”菜单，选择“存储为”命令保存图像，将图像格式设置为 jpg，最终效果如图 6-124 所示。至此，客厅效果图制作完成。

图 6-124　客厅效果图

6.3　拓展练习

练习一：制作客厅、餐厅效果

根据本章所学内容制作一个现代风格的客厅及餐厅效果，如图 6-125 所示。

图 6-125　客厅与餐厅效果

练习二：制作中式风格客厅与卧室效果

根据 AutoCAD 图纸建立墙体框架，合并模型，设置材质与灯光，效果如图 6-126 和图 6-127 所示。

图 6-126　中式风格客厅效果

图 6-127　中式风格卧室效果

参考文献

[1] 黄喜云，周文明主编. 3ds Max 2012 室内效果图制作实例教程. 人民邮电出版社，2013.

[2] 瞿颖健，曹茂鹏编著. 3ds Max 2010 完全自学教程. 人民邮电出版社，2011.

[3] 卓越科技编著. 3ds Max，Vary，Photoshop 效果图制作融会贯通. 电子工业出版社，2009.

[4] 吴俭，胡晓旭主编. 3ds Max 2009 基础案例教程. 中国水利水电出版社，2009.

[5] 王玉梅，姜杰编著. 3ds Max 2009 中文版效果图制作从入门到精通. 人民邮电出版社，2010.